21世纪高等学校计算机
专业实用规划教材

计算机网络安全
（第3版）

◎ 刘远生　主编　李民　张伟　副主编

U0286020

清华大学出版社

北京

内 容 简 介

本书系统地介绍了网络安全的基本知识、安全技术及其应用。重点介绍网络系统的安全运行和网络信息的安全保护与应用,内容包括网络操作系统安全、网络实体安全、网络数据库与数据安全、数据加密技术与应用、网络攻防技术、互联网安全、无线网络安全和典型的网络安全应用实例。

本书讲解了网络安全的原理和技术难点,理论知识和实际应用紧密结合,典型实例的应用性和可操作性强。各章末配有多种习题,便于教学和自学。本书内容安排合理,逻辑性较强,通俗易懂。

本书可作为高等院校信息安全、计算机、通信等专业的教材,也可作为网络管理人员、网络工程技术人员和信息安全管理人员及对网络安全感兴趣的读者的参考书。

图书在版编目(CIP)数据

计算机网络安全/刘远生主编. —3 版. —北京:清华大学出版社,2018(2022.1重印)
(21 世纪高等学校计算机专业实用规划教材)
ISBN 978-7-302-48609-1

Ⅰ. ①计… Ⅱ. ①刘… Ⅲ. ①计算机网络—网络安全—高等学校—教材 Ⅳ. ①TP393.08

中国版本图书馆 CIP 数据核字(2017)第 253677 号

责任编辑:付弘宇   张爱华
封面设计:刘 键
责任校对:时翠兰
责任印制:杨 艳

出版发行:清华大学出版社
　　　　　网　　　址:http://www.tup.com.cn,http://www.wqbook.com
　　　　　地　　　址:北京清华大学学研大厦 A 座　　　　　邮　　编:100084
　　　　　社 总 机:010-62770175　　　　　　　　　　　　邮　　购:010-83470235
　　　　　投稿与读者服务:010-62776969,c-service@tup.tsinghua.edu.cn
　　　　　质量反馈:010-62772015,zhiliang@tup.tsinghua.edu.cn
　　　　　课件下载:http://www.tup.com.cn,010-83470236
印 装 者:三河市金元印装有限公司
经　　销:全国新华书店
开　　本:185mm×260mm　　　　印　张:20　　　　　　字　　数:490 千字
版　　次:2006 年 5 月第 1 版　　2018 年 8 月第 3 版　　印　　次:2022 年 1 月第 7 次印刷
印　　数:50501～52500
定　　价:49.80 元

产品编号:070716-01

出 版 说 明

随着我国改革开放的进一步深化,高等教育也得到了快速发展,各地高校紧密结合地方经济建设发展需要,科学运用市场调节机制,加大了使用信息科学等现代科学技术提升、改造传统学科专业的投入力度,通过教育改革合理调整和配置了教育资源,优化了传统学科专业,积极为地方经济建设输送人才,为我国经济社会的快速、健康和可持续发展以及高等教育自身的改革发展做出了巨大贡献。但是,高等教育质量还需要进一步提高以适应经济社会发展的需要,不少高校的专业设置和结构不尽合理,教师队伍整体素质亟待提高,人才培养模式、教学内容和方法需要进一步转变,学生的实践能力和创新精神亟待加强。

教育部一直十分重视高等教育质量工作。2007 年 1 月,教育部下发了《关于实施高等学校本科教学质量与教学改革工程的意见》,计划实施“高等学校本科教学质量与教学改革工程(简称‘质量工程’)”,通过专业结构调整、课程教材建设、实践教学改革、教学团队建设等多项内容,进一步深化高等学校教学改革,提高人才培养的能力和水平,更好地满足经济社会发展对高素质人才的需要。在贯彻和落实教育部“质量工程”的过程中,各地高校发挥师资力量强、办学经验丰富、教学资源充裕等优势,对其特色专业及特色课程(群)加以规划、整理和总结,更新教学内容、改革课程体系,建设了一大批内容新、体系新、方法新、手段新的特色课程。在此基础上,经教育部相关教学指导委员会专家的指导和建议,清华大学出版社在多个领域精选各高校的特色课程,分别规划出版系列教材,以配合“质量工程”的实施,满足各高校教学质量和教学改革的需要。

本系列教材立足于计算机专业课程领域,以专业基础课为主、专业课为辅,横向满足高校多层次教学的需要。在规划过程中体现了如下一些基本原则和特点。

(1)反映计算机学科的最新发展,总结近年来计算机专业教学的最新成果。内容先进,充分吸收国外先进成果和理念。

(2)反映教学需要,促进教学发展。教材要适应多样化的教学需要,正确把握教学内容和课程体系的改革方向,融合先进的教学思想、方法和手段,体现科学性、先进性和系统性,强调对学生实践能力的培养,为学生知识、能力、素质协调发展创造条件。

(3)实施精品战略,突出重点,保证质量。规划教材把重点放在公共基础课和专业基础课的教材建设上;特别注意选择并安排一部分原来基础比较好的优秀教材或讲义修订再版,逐步形成精品教材;提倡并鼓励编写体现教学质量和教学改革成果的教材。

(4)主张一纲多本,合理配套。专业基础课和专业课教材配套,同一门课程有针对不同层次、面向不同应用的多本具有各自内容特点的教材。处理好教材统一性与多样化,基本教材与辅助教材、教学参考书,文字教材与软件教材的关系,实现教材系列资源配套。

(5)依靠专家,择优选用。在制定教材规划时要依靠各课程专家在调查研究本课程教材建设现状的基础上提出规划选题。在落实主编人选时,要引入竞争机制,通过申报、评审确定主题。书稿完成后要认真实行审稿程序,确保出书质量。

　　繁荣教材出版事业,提高教材质量的关键是教师。建立一支高水平教材编写梯队才能保证教材的编写质量和建设力度,希望有志于教材建设的教师能够加入到我们的编写队伍中来。

21世纪高等学校计算机专业实用规划教材

联系人:魏江江 weijj@tup.tsinghua.edu.cn

前　言

　　Internet 已成为全球规模最大、信息资源最丰富的计算机网络,利用它组成的企业内部专用网 Intranet 和企业间的外联网 Extranet,也已经得到广泛应用。随着以移动互联网、云计算、大数据、物联网、车联网等为代表的新型网络形态及网络服务的兴起和推广应用,网络技术的发展日新月异,但随之而来的信息安全问题也越来越突出。黑客、间谍的组织性更强、技术更加专业,犯罪动机也比以往任何时候都来得强烈,作案工具也更加强大,作案手段更是层出不穷。相比于以往偶发的数据泄露或黑客攻击事件,云计算和大数据时代的网络系统一旦受到黑客攻击就会造成大量有价值的数据信息泄露,对整个企业甚至整个行业而言都是毁灭性的打击。云端的大数据对于黑客来说是极具吸引力的获取信息的目标,因此现代网络的安全防护是至关重要的。如何使计算机网络系统不受破坏、提高系统的安全可靠性,已成为人们关注和亟须解决的问题。每个网络系统的管理人员、用户和工程技术人员都应该掌握一定的计算机网络安全技术,以使自己的信息系统能够安全、稳定地运行并提供正常的安全服务。编写本书的目的就是帮助读者了解和掌握一定的网络安全知识、技术和实用技能,以便在工作中能正确、及时地采取措施保护网络环境的安全可靠。

　　本书自 2006 年 5 月第 1 版、2009 年 6 月第 2 版问世以来受到了广大读者的肯定和欢迎,已印刷十余次。由于计算机网络安全的相关技术更新和发展很快,为了使读者能全面、及时地了解和应用计算机网络安全技术,掌握网络安全的实践技能和实际应用,应出版社的要求,编者在向部分使用本教材的院校进行书面调研和直接与一些有着丰富教学经验的教师讨论之后,确定了对本书第 2 版进行修订的大纲,由几位有实践经验的教师参与编写,形成了本书的再次修订版——第 3 版。

　　本次修订的基本思想是按照我国高等教育对应用型人才的培养目标和要求,在理论知识够用的基础上,增加实际应用的内容,使之更能体现对应用型人才注重实践、实际应用和技能的培养要求。本次修订主要做了如下工作。

　　(1) 减少了计算机网络理论部分的内容和难度,删除了过时的内容,简化了使用不多的部分内容。

　　(2) 对部分章节内容进行了合并,压缩了篇幅(如原防火墙的内容并入"网络攻防技术"一章)。

　　(3) 增加了一些新知识、新技术,对原版本中所涉及的软件工具内容进行了升级,重点增加了一些实用的网络安全新技术和软件的应用实践内容(如增加了"无线网络安全"和"网络安全实践"相关内容)。

　　本次修订中增加的"网络安全实践"一章,包括新增加的网络安全应用实例以及对原有网络安全应用实践进行升级的内容。这些应用实例的实用性和可操作性都较强。该章既可

IV

作为与前面各章内容相对应的"实验指导书",也可单独作为掌握一定网络安全基础知识的读者的网络安全实践教材或参考书。通过学习和实践这些相关实例,读者可以了解和掌握网络安全工具(软件)的应用和操作技能。

修订后全书共 9 章,内容包括网络安全概述、网络操作系统安全、网络实体安全、网络数据库与数据安全、数据加密技术与应用、网络攻防技术、互联网安全、无线网络安全和网络安全实践。

本书内容安排合理,逻辑性强,重点突出,通俗易懂。本书可作为高等院校信息安全、计算机、通信等专业的教材,也可作为网络管理人员、网络工程技术人员和信息安全管理人员及对网络安全感兴趣的读者的参考书。本书涉及的内容比较广泛,读者在学习和参考时,可在内容、重点和深度上酌情取舍。

本书由刘远生任主编,李民、张伟任副主编。刘远生编写了第 1 和第 5 章,李民编写了第 3 和第 8 章,张伟编写了第 9 章,韩长军编写了第 2 章,李荣霞编写了第 4 章,龙海燕编写了第 6 和第 7 章,全书由刘远生统阅定稿。

本书的修订编写得到了清华大学出版社的大力支持,在此表示衷心的感谢。

网络安全内容庞杂,技术发展迅速,由于编者水平有限,加之时间仓促,书中难免存在不当之处,殷切希望各位读者提出宝贵意见,恳请各位专家、学者给予批评指正。

本书的部分习题答案可以从清华大学出版社网站 www.tup.com.cn 下载。关于资源下载和本书使用中的问题,可以发邮件到邮箱 fuhy@tup.tsinghua.edu.cn。

编　者

2018 年 3 月

目　　录

第1章 网络安全概述

本章要点
- 网络安全的概念、特征和安全目标；
- 网络的安全的威胁和风险；
- 网络安全体系结构；
- 网络安全的策略和技术；
- 网络安全的评价准则；
- 网络系统安全的日常管理。

随着计算机网络技术的迅速发展和普及应用，人类已进入网络化、信息化和数字化时代，计算机网络技术的发展与应用已成为影响一个国家或地区政治、经济、军事、科学与文化发展的重要因素之一，也是影响人们日常生活的重要因素。但由于计算机网络具有开放性和互联性等特征，因此极易受到异常因素的影响，如网络受到黑客和病毒的攻击和入侵，使网络系统遭到破坏，导致信息的泄露或丢失。因此，如何有效地保证网络系统安全，已成为人们非常关注的问题。

本章主要介绍网络安全的概念、网络安全的威胁与风险管理、网络安全体系结构、网络安全策略与技术、网络安全级别和网络系统安全的日常管理等内容。

1.1 网络安全概论

网络安全是一门涉及领域相当广泛的学科，这是因为在目前的公用通信网络中存在着各种各样的安全漏洞和威胁。凡是涉及网络上信息的机密性、完整性、可用性、真实性和可控性的相关技术和理论都是网络安全的研究范围。

1.1.1 网络安全的概念

网络安全本质上就是网络上的信息系统安全。网络安全包括系统安全运行和系统信息安全保护两方面。信息系统的安全运行是信息系统提供有效服务（即可用性）的前提，信息的安全保护主要是确保数据信息的机密性和完整性。

从不同的角度来看，网络安全又具有不同的含义。

从用户（个人、企业等）的角度来讲，他们希望涉及个人隐私或商业利益的信息在网络上传输时受到机密性、完整性和真实性的保护，避免其他人或对手利用窃听、冒充、篡改或抵赖等手段对用户的利益和隐私造成损害，同时也希望当信息保存在某个网络系统中时，不受其他非法用户的非授权访问和破坏。

从网络运行和网络管理者的角度来讲,他们希望对本地网络信息的访问操作能够得到保护和控制,避免遭受病毒、非法存取、拒绝服务或网络资源的非法占用及非法控制等威胁,制止和防御网络黑客的攻击。

对安全保密部门来讲,他们希望对非法的、有害的或涉及国家或地区机密的信息进行过滤和防护,防止其通过网络泄露,避免由于这类信息的泄露对社会产生危害,给国家造成巨大的经济损失,甚至威胁到国家安全。

从社会教育和意识形态角度来讲,网络上不健康的内容会对社会的稳定和人类的发展造成阻碍,必须对其进行控制。

由此可见,网络安全在不同的环境和具体的应用中可以有不同的解释。

1.1.2 网络安全目标

网络安全的目标主要表现在系统的可用性、可靠性、机密性、完整性、不可抵赖性及可控性等方面。

1. 可用性

可用性是网络信息可被授权实体访问并按需求使用的特性。网络最基本的功能就是为用户提供信息和通信服务,而用户对信息和通信的需求是随机的(内容的随机性和时间的随机性)、多方面的(文字、语音、图像等),有的用户还对服务的实时性有较高的要求。网络必须能保证所有用户的通信需要,一个授权用户无论何时提出要求,网络都必须是可用的,不能拒绝用户的要求。网络环境下拒绝服务、破坏网络和有关系统的正常运行等都属于对可用性的攻击。对于此类攻击,一方面要采取物理加固技术,保障物理设备安全、可靠地工作;另一方面要通过访问控制机制,阻止非法用户进入网络。

2. 可靠性

可靠性是指网络信息系统能够在规定条件下和规定时间内,实现规定功能的特性。可靠性是网络安全最基本的要求之一,是所有网络信息系统建设和运行的目标。目前,对于网络可靠性的研究偏重于硬件方面,主要采用硬件冗余、提高可靠性和精确度等方法。实际上,软件的可靠性、人员的可靠性和环境的可靠性在保证系统可靠性方面也是非常重要的。

3. 机密性

机密性是网络信息不被泄露给非授权用户和实体,或供其利用的特性。这些信息不仅指国家或地区的机密,也包括企业和社会团体的商业和工作秘密,还包括个人的秘密(如银行账号)和个人隐私等。机密性主要通过信息加密、身份认证、访问控制、安全通信协议等技术实现,它是在可用性和可靠性的基础上,保障网络信息安全的重要手段。

4. 完整性

完整性是网络信息未经授权不能进行改变的特性。网络信息在存储或传输的过程中应保证不被偶然或蓄意地篡改或伪造,确保授权用户得到的信息是真实的。如果信息被未经授权的实体修改了或在传输的过程中出现错误,信息的使用者应能够通过一定的方式判断出信息是否真实可靠。

5. 不可抵赖性

不可抵赖性也称可审查性,是指通信双方在通信过程中,对自己所发送或接收的消息不可抵赖,即发送者不能否认其发送过消息的事实和消息的内容,接收者也不能否认其接收到消息的事实和内容。

6. 可控性

可控性是对网络信息的内容及其传播具有控制能力的特性。保障系统依据授权提供服务,使系统在任何时候都不被非授权人使用,对黑客入侵、口令攻击、用户权限非法提升、资源非法使用等采取防范措施。

1.2 网络安全面临的威胁与风险

网络的开放性和共享性在方便人们使用的同时,也使得网络系统容易受到黑客攻击。网络的安全威胁是指对网络系统的网络服务、网络信息的机密性和可用性产生不利影响的各种因素。网络威胁也包括缓冲区溢出、假冒用户、电子欺骗等安全漏洞。

1.2.1 网络安全漏洞

目前,没有安全漏洞的计算机网络几乎是不存在的。而正是因为这些漏洞才使得攻击能够成功,从而引起了攻击者的兴趣。安全漏洞是网络被攻击的客观原因,它与许多技术因素有关。

1. 漏洞的概念

从广义上讲,漏洞是在硬件、软件、协议的具体实现或系统安全策略以及人为因素上存在的缺陷,从而可以使攻击者能够在未经系统合法用户授权的情况下访问或破坏系统。全世界的路由器、服务器和客户端软件、操作系统和防火墙等每时每刻都会有很多漏洞出现,它们会影响到很大范围内的网络安全。

漏洞是由于系统设计人员、制造人员、检测人员或管理人员的疏忽或过失而隐藏在系统中的。发现漏洞的人主要包括计算机专家、黑客、安全服务商、安全组织、系统管理员和个人用户等。当发现漏洞时,计算机专家和安全服务商组织通常会向安全组织机构发出警告。黑客发现新漏洞后会采用新的攻击方法进行网络攻击,新的攻击方法意味着新漏洞的发现,因此黑客是通过网络攻击活动间接发布漏洞信息的。

1988年美国的莫里斯蠕虫事件,导致上千台计算机崩溃,造成了巨大的损失,使人们认识到网络安全状况的脆弱性和突发性,以及对网络安全事件进行紧急响应的重要性。在美国国防部资助下,卡内基梅隆大学软件工程研究中心成立了世界上第一个计算机紧急响应小组(Computer Emergency Response Team,CERT)。这些年来,CERT在反击大规模的网络入侵方面起到了重要作用。CERT是著名的信息安全组织,专门处理计算机网络安全问题。CERT主要提供针对新的安全漏洞发布建议,24小时全天候为遭受破坏的用户提供重要技术意见,利用它的Web站点提供有用的安全信息等服务。

2. 漏洞类型

根据漏洞的载体(网络实体)类型,漏洞主要分为操作系统漏洞、网络协议漏洞、数据库漏洞和网络服务漏洞等。

1)操作系统漏洞

任何操作系统都可能存在漏洞,这些漏洞产生的原因很多,主要有以下几种。

(1) 操作系统陷门。一些操作系统为了安装其他公司的软件包而保留了一种特殊的管理程序功能,尽管此功能的调用需要以特权方式进行,但如果未受到严密的监控和必要的认证限制,就有可能形成操作系统陷门。

(2) 输入输出的非法访问。有些操作系统一旦输入/输出(I/O)操作被检查通过后,该操作系统就会继续执行下去而不再检查,从而造成后续操作的非法访问。还有些操作系统使用公共系统缓冲区,任何用户都可以搜索该缓冲区,如果该缓冲区没有严格的安全措施,那么其中的机密信息(如用户的认证数据、口令等)就有可能被泄露。

(3) 访问控制的混乱。在操作系统中,安全访问强调隔离和保护措施,而资源共享要求开放。如果在设计操作系统时不能处理好这二者之间的矛盾关系,就可能出现安全问题。

(4) 不完全的中介。完全的中介必须检查每次的访问请求以进行适当的审批,而某些操作系统却省略了必要的安全保护。要建立安全的操作系统,必须构造操作系统的安全模型和不同的实施方法。另外,还需要建立和完善操作系统的评估标准、评价方法和测试质量。

2) 网络协议漏洞

TCP/IP 的目标是保证通信和传输。TCP/IP 没有内在的控制机制支持源地址的鉴别,这是 TCP/IP 存在漏洞的根本原因。黑客就会利用 TCP/IP 的漏洞,使用侦听方法来获取数据,对数据进行检查、推测 TCP 的序列号、修改传输路由、修改鉴别过程、插入黑客指令等。

3) 数据库漏洞

数据库管理系统(DBMS)作为操作系统的应用程序,其库文件可以被看作操作系统上的一个客体,其应用进程又是操作系统的主体。因此,数据库的安全是以操作系统的安全为基础的,没有操作系统的安全,就谈不上数据库的安全。但是,并不是有了安全的操作系统,就能绝对保证数据库的安全。由于对数据库的管理是建立在分级管理的概念上的,所以其安全性不是绝对的。

4) 网络服务漏洞

(1) 匿名 FTP。匿名 FTP 是人们常用的一种 FTP 服务方式。多数 FTP 服务器可以用 Anonymous 用户名登录,这样就存在用户破坏系统和文件的可能性。另外,上传的软件可能具有破坏性,大量上传的文件还会耗费磁盘空间。建立匿名服务器时,应当确保用户不能访问系统的重要部分,尤其是包含系统配置信息的文件目录。如果没必要使用匿名登录,应将其关闭,并定时检查服务器日志。

(2) 电子邮件。电子邮件服务器本身就存在安全漏洞,一旦漏洞被黑客利用就可能对网络造成巨大的威胁。如 UNIX/Linux 系统的邮件服务器 Sendmail 是以 root 账号运行的,如果黑客掌握了这个漏洞就可以利用它来攻击系统。曾经就有蠕虫病毒利用 Sendmail 的安全缺陷使大批的网络服务器陷于瘫痪的案例。

(3) 域名服务(DNS)。DNS 需要用户提供用户机器的硬件和软件信息。黑客经常把它作为一种攻击目标。假冒的 DNS 服务器可能会提供一些错误的信息甚至错误的域名解析,这样就造成了 DNS 欺骗。

(4) Web 服务。Web 服务器本身存在一些漏洞,如 IIS(运行于 Windows 下)和 Apache (运行于 UNIX 下)本身的漏洞,使得黑客能入侵到主机系统,破坏一些重要数据,甚至造成系统瘫痪。另外,程序员在编写 CGI 程序时会留下一些 bug,从而为网络攻击者创造了条件。

3. 典型的网络结构及安全漏洞

典型的网络结构及安全漏洞如图 1.2.1 所示,这些安全漏洞及其原因有:

(1) 不充分的路由器访问控制。配置不当的路由器 ACL 会使 ICMP、IP 和 NetBIOS 信息泄露,从而导致对目标网点 DMZ 上服务器所提供的服务进行未授权的访问。

(2) 未实施安全措施且无人监管的远程访问网点,容易成为攻击者进入网络的入口。

(3) 操作系统和应用程序版本、用户或用户组、共享资源、DNS 信息以及运行中的服务(如 SNMP)等信息不经意地泄露给攻击者。

(4) 运行非必要服务(如 FTP 等)的主机提供了进入内部网络的通路。

(5) 客户机上级别低的、易于被猜中或重用的口令使服务器易被入侵。

(6) 具有太多特权的用户账号或测试账号。

(7) 配置不当的 Internet 服务器,特别是 Web 服务器上 CGI 脚本和匿名 FTP。

(8) 配置不当的防火墙或路由器允许直接侵入某个服务器后访问内部系统。

(9) 没有打过补丁的、过时的、脆弱的或遗留在默认配置状态的软件。

(10) 过度的文件和目录访问控制。

(11) 过度的信任关系将给攻击者提供未授权访问敏感信息的机会。

(12) 不加认证的服务。

(13) 没有采纳公认的安全策略、规程、指导和最低基线标准。

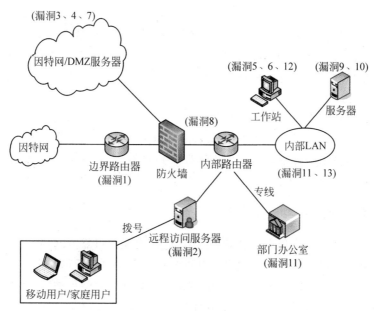

图 1.2.1　典型的计算机网络结构及安全漏洞

1.2.2　网络安全的威胁

网络安全的威胁来自于网络中存在的不安全因素。网络不安全因素有两方面:一方面是网络本身的不可靠性和脆弱性;另一方面是人为破坏,这也是网络安全的最大威胁。网络安全的主要威胁有以下几种。

1. 物理威胁

物理威胁在网络中是最难控制的,它可能来源于外界的有意或无意的破坏。物理威胁有时可以造成致命的系统破坏。因此,防范物理威胁是很重要的。但在网络管理和维护中很多物理威胁往往被忽略,如网络设备被盗等。另外,在更换设备时,注意销毁无用系统信息也很重要。如在更换磁盘时,必须对不用的磁盘进行格式化处理,因为利用反删除软件很容易获取仅从磁盘上删除的文件。

2. 操作系统缺陷

操作系统是用户在使用计算机前必须安装的系统软件。很多操作系统在安装时都存在端口开放、无认证服务和初始化配置问题,而这些又是操作系统自带的系统应用程序,如果这些应用程序有安全缺陷,那么系统就会处于不安全状态,这将极大地影响系统的信息安全。

3. 网络协议缺陷

由于 TCP/IP 在最初设计时并没有把安全作为考虑重点,而所有的应用协议都是基于TCP/IP 的,因此各种网络低层协议本身的缺陷将会极大地影响上层应用的安全。

4. 体系结构缺陷

在现实应用中,大多数体系结构的设计和实现都存在着安全问题,即使是完美的安全体系结构,也有可能会因为一个小小的编程缺陷而被攻击。另外,安全体系中的各种构件如果缺乏密切的合作,也容易导致整个系统被各个击破。

5. 黑客程序

黑客(Hacker)的原意是指具有高超编程技术、强烈解决问题和克服限制欲望的人,而现在是泛指那些强行闯入系统或以某种恶意的目的破坏系统的人。黑客程序是一类专门用于通过网络对远程计算机设备进行攻击,进而控制、窃取、破坏信息的软件程序。

6. 计算机病毒

计算机病毒是指在计算机程序中编制或插入的、破坏计算机功能或数据、影响计算机使用且能够自我复制的一组计算机指令或程序代码,它具有寄生性、潜伏性、传染性和破坏性等特征。随着网络技术的发展,计算机病毒的种类越来越多,如系统病毒、脚本病毒、宏病毒、后门病毒和捆绑机病毒等。

1.2.3 网络安全的风险评估

由于网络系统会受到多种形式的威胁,所以绝对安全与可靠的网络系统是不存在的,只能通过一定的措施把风险降到一个可以接受的程度。定期对企业的安全工作进行分析是非常重要的,但同样不可轻视的还包括在这个过程中进行网络风险评估。

风险评估(Risk Assessment)是对信息资产面临的威胁、存在的弱点、造成的影响,以及三者综合作用而带来风险的可能性的评估。作为风险管理的基础,风险评估是确定信息安全需求的一个重要途径,属于组织信息安全管理体系策划的过程。

网络安全的风险评估是有效保证信息系统安全的前提条件。只有准确地了解系统的安全需求、安全漏洞及其可能的危害,才能制定并实施正确的安全策略。另外,风险评估也是制定安全管理措施的依据之一。网络风险评估包括对来自企业外部的网络风险和企业内部网络风险进行评估。对企业内部的网络风险评估与外部的风险评估使用相同的方法，不过要从访问内网的用户角度来指导进行。

通过对网络系统全面、充分、有效的安全评估，能够快速检测出网络上存在的安全隐患、网络系统中存在的安全漏洞、网络系统的抗攻击能力等。根据对网络业务的安全需求、安全策略和安全目标的评估结果，可以提出合理的安全防护措施建议。网络安全评估主要有以下项目。

- 安全策略评估。
- 网络物理安全评估。
- 网络隔离的安全性评估。
- 系统配置的安全性评估。
- 网络防护能力评估。
- 网络服务的安全性评估。
- 网络应用系统的安全性评估。
- 病毒防护系统的安全性评估。
- 数据备份的安全性评估。

网络安全在过去一直倾向于采取被动式管理的防护策略，被动式防护所使用的设备及工具也是最省事且直接有效的，例如防火墙、入侵检测等。但在复合式病毒出现后，被动式防护策略的防御力已显得不足。漏洞扫描仪是网络安全中评估弱点及风险的重要工具，其主要功能是找出网络主机及设备的漏洞和隐藏性风险以及鉴定网络架构的安全程度，可对SMTP、POP、HTTP、FTP、SNMP、Telnet、SSH、NFS等协议和账号密码的管理疏失及不当的设定做安全检测。它还可对防火墙、路由器等硬件设备以及数据库服务器等进行检测。漏洞扫描后所产生的风险评估安全报告也可分别提供给管理者及技术人员，管理者报告仅提供了解整个网络的安全状态及风险程度分析，而技术人员报告则提供每一个弱点说明、修补建议和修补方法。这样可将隐藏性风险及威胁降至最低，使原本必需大费周折的弱点安全评估工作变得轻松容易。

一般来说，一个有效的网络风险评估测试方法可以解决以下问题。

- 防火墙配置不当的外部网络拓扑结构。
- 路由器过滤规则和设置不当。
- 弱认证机制。
- 配置不当或易受攻击的电子邮件和 DNS 服务器。
- 潜在的网络层 Web 服务器漏洞。
- 配置不当的数据库服务器。
- 易受攻击的 FTP 服务器。

1.3　网络安全体系结构

网络安全体系结构是网络安全层次的抽象描述。在大规模的网络工程建设、管理及基于网络安全系统的设计与开发过程中，需要从全局的体系结构角度考虑安全问题的整体解决方案，才能保证网络安全功能的完备性和一致性，降低安全代价和管理开销。这样一个网络安全体系结构对于网络安全的设计、实现与管理都有重要的意义。

网络安全是一个范围较广的研究领域,人们一般都只是在该领域中的一个小范围做自己的研究,开发能够解决某种特殊的网络安全问题方案。例如,有人专门研究加密和鉴别,有人专门研究入侵和检测,有人专门研究黑客攻击等。网络安全体系结构就是从系统化的角度理解这些安全问题的解决方案,对研究、实现和管理网络安全的工作具有全局指导作用。

1.3.1 OSI 安全体系

1. OSI 参考模型

OSI 参考模型是国际标准化组织(ISO)为解决异种机互连而制定的开放式计算机网络层次结构模型,它的最大优点是将服务、接口和协议这三个概念明确地区分开来。OSI 参考模型将计算机网络划分为七个层次,自下而上分别为物理层、数据链路层、网络层、传输层、会话层、表示层和应用层。

ISO 于 1989 年 2 月公布的 ISO 7498-2《网络安全体系结构》文件,给出了 OSI 参考模型的安全体系结构,简称 OSI 安全体系结构。这是一个普遍适用的安全体系结构,它对具体网络的安全体系结构具有指导意义,其核心内容是保证异构网络系统之间远距离交换信息的安全。

OSI 安全体系结构主要包括网络安全机制和网络安全服务两方面的内容。网络安全机制和安全服务与 OSI 网络层次之间形成了一定的逻辑关系。

2. 网络安全机制

在《网络安全体系结构》文件中规定的网络安全机制有八项:加密机制、数字签名机制、访问控制机制、数据完整性机制、交换鉴别机制、信息量填充机制、路由控制机制和公证机制。OSI 安全体系结构、OSI 安全服务、安全机制及 OSI 层次之间的关系如图 1.3.1、表 1.3.1 和表 1.3.2 所示。

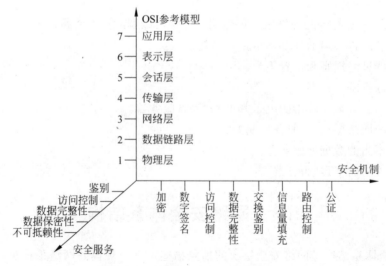

图 1.3.1 OSI 网络安全体系结构

表 1.3.1 与网络各层相关的 OSI 安全服务

安全服务		OSI 层次						
		1	2	3	4	5	6	7
鉴别服务	同等实体鉴别			√	√			√
	数据源鉴别			√	√			√
访问控制	访问控制服务			√	√			√
数据完整性	带恢复功能的连接完整性	√			√			√
	不带恢复功能的连接完整性			√	√			√
	选择字段连接完整性							
	选择字段无连接完整性			√	√			
	无连接完整性							√
数据保密性	连接保密性	√	√	√	√		√	√
	无连接保密性		√	√	√		√	√
	信息流保密性	√		√				√
非否认服务	发送非否认							√
	接受非否认							√

注：√表示提供安全服务；空白表示不提供安全服务。

表 1.3.2　OSI 安全服务与安全机制的关系

安全服务		安全机制							
		加密	数字签名	访问控制	数据完整性	交换鉴别	信息量填充	路由控制	公证
鉴别服务	同等实体鉴别	√	√			√			
	数据源鉴别	√	√						
访问控制	访问控制			√					
数据完整性	带恢复功能的连接完整性	√			√				
	不带恢复功能的连接完整性	√			√				
	选择字段连接完整性	√			√				
	选择字段无连接完整性	√	√		√				
	无连接完整性	√	√		√				
数据保密性	连接保密性	√						√	
	无连接保密性	√						√	
	信息量保密性	√					√	√	
非否认服务	发送非否认		√		√				√
	接受非否认		√		√				√

注：√表示提供安全服务；空白表示不提供安全服务。

1）加密机制

数据加密是提供信息保密的主要方法，可保护数据存储和传输的保密性。此外，加密技术与其他技术合作，可保证数据的完整性。

2）数字签名机制

数字签名可解决传统手工签名中存在的安全缺陷，在电子商务中使用较为广泛。数字签名主要解决否认问题（发送方否认发送了信息）、伪造问题（某方伪造了文件却不承认）、冒充问题(冒充合法用户在网上发送文件)和篡改问题(接收方私自篡改文件内容)。

3) 访问控制机制

访问控制机制可以控制哪些用户对哪些资源进行访问,以及对这些资源可以访问到什么程度。如非法用户企图访问资源,该机制则会加以拒绝,并将这一非法事件记录在审计报告中。访问控制可以直接支持数据的保密性、完整性、可用性,它对数据的保密性、完整性和可用性所起的作用是非常明显的。

4) 数据完整性机制

数据完整性机制保护网络系统中存储和传输的软件(程序)和数据不被非法改变,如添加、删除、修改等。

5) 交换鉴别机制

交换鉴别机制是通过相互交换信息来确定彼此的身份。在计算机中,鉴别主要有站点鉴别、报文鉴别、用户和进程的认证等,通常采用口令、密码技术、实体的特征或所有权等手段进行鉴别。

6) 信息量填充机制

攻击者将对传输信息的长度、频率等特征进行统计,以便进行信息流量分析,从中得到对其有用的信息。采用信息量填充机制,可保持系统信息量基本恒定,因此能防止攻击者对系统进行信息流量分析。

7) 路由控制机制

路由控制机制可以指定通过网络发送数据的路径,因此,采用该机制可以选择那些可信度高的结点传输信息。

8) 公证机制

公证机制就是在网络中设立一个公证机构,来中转各方交换的信息,并从中提取相关证据,以便对可能发生的纠纷做出仲裁。

3. 网络安全服务

在"网络安全体系结构"文件中规定的网络安全服务有五项:鉴别服务、访问控制服务、数据完整性服务、数据保密性服务和非否认服务。

1) 鉴别服务

鉴别服务包括同等实体鉴别和数据源鉴别两种服务。使用同等实体鉴别服务可以对两个同等实体(用户或进程)在建立连接和开始传输数据时进行身份的合法性和真实性验证,以防止非法用户的假冒,也可防止非法用户伪造连接初始化攻击。数据源鉴别服务可对信息源点进行鉴别,确保数据是由合法用户发出的,以防假冒。

2) 访问控制服务

访问控制包括身份验证和权限验证。访问控制服务防止未授权用户非法访问网络资源,也防止合法用户越权访问网络资源。

3) 数据完整性服务

数据完整性服务防止非法用户对正常数据的变更,如修改、插入、延时或删除,以及在数据交换过程中的数据丢失。数据完整性服务可分为以下五种情形,通过这些服务可以满足不同用户、不同场合对数据完整性的要求。

- 带恢复功能的面向连接的数据完整性。

- 不带恢复功能的面向连接的数据完整性。
- 选择字段面向连接的数据完整性。
- 选择字段无连接的数据完整性。
- 无连接的数据完整性。

4）数据保密性服务

采用数据保密性服务的目的是保护网络中各通信实体之间交换的数据，即使被非法攻击者截获，也使其无法解读信息内容，以保证信息不失密。该服务也提供面向连接和无连接两种数据保密方式。保密性服务还提供给用户可选字段的数据保护和信息流安全，即对可能从观察信息流就能推导出的信息提供保护。信息流安全的目的是确保信息从源点到目的点的整个流通过程的安全。

5）非否认服务

非否认服务可防止发送方发送数据后否认自己发送过数据，也可防止接收方接收数据后否认自己接收过数据。它由源点非否认服务和交付非否认服务两种服务组成。这实际上是一种数字签名服务。

1.3.2 网络安全模型

计算机网络与信息安全是一个系统工程，必须保证网络系统和信息资源的整体安全性。为此，人们建立了网络安全模型，并对其整体安全性进行研究。P2DR 和 PDRR 就是常用的两种安全模型。

1. P2DR 网络安全模型

P2DR 是美国国际互联网安全系统公司（ISS）提出的动态网络安全体系的代表模型，也是动态安全模型的雏形。它包含四个主要部分：Policy（策略）、Protection（防护）、Detection（检测）和 Response（响应）。其中，防护、检测和响应组成了一个完整、动态的安全循环（见图 1.3.2），在安全策略的指导下保证网络的安全。

P2DR 模型的基本思想是：在整体安全策略的控制和指导下，在综合运用防护工具（如防火墙、身份认证、加密等）的同时，利用检测工具（如漏洞评估、入侵检测等）了解和评估系统的安全状态，通过适当的反应将系统调整到"最安全"和"风险最低"的状态。

图 1.3.2　P2DR 安全模型

1）Policy（策略）

在建立网络安全系统时，一个重要任务就是制定网络安全策略。策略体系的建立包括安全策略的制定、安全策略的评估和安全策略的执行等过程。网络安全策略一般包括两部分：总体的安全策略和具体的安全规则。总体的安全策略用于阐述本部门网络安全的总体思想和指导方针；具体的安全规则是根据总体安全策略提出的具体网络安全实施规则，它用于说明网络上什么活动是被允许的，什么活动是被禁止的。

由于安全策略是安全管理的核心，要实施动态网络安全循环过程必须制定网络系统的安全策略，所有的防护、检测、响应都是依据安全策略实施的，网络系统安全策略为安全管理提供管理方向和支持手段。

2）Protection（防护）

防护是根据系统可能出现的安全问题采取一些预防措施，通过一些传统的静态安全技术及方法来实现的。通常采用的主动防护技术有：数据加密、身份验证、访问控制、授权和虚拟专用网技术等；被动防护技术有：防火墙技术、安全扫描、入侵检测、路由过滤、数据备份和归档、物理安全、安全管理等。

安全防护是 P2DR 模型中最重要的部分，通过它可以预防大多数的入侵事件。防护包含系统安全、网络安全和信息安全三种防护类型。系统安全防护指操作系统的安全防护，即各个操作系统的安全配置、使用和打补丁等，不同操作系统有不同的防护措施和相应的安全工具；网络安全防护指网络管理的安全及网络传输的安全；信息安全防护指数据本身的保密性、完整性和可用性，数据加密就是信息安全防护的重要技术。

3）Detection（检测）

攻击者如果穿过防护系统，检测系统就要将其检测出来，如检测入侵者的身份、攻击源点和系统损失等。防护系统可以阻止大部分的入侵事件，但不能阻止所有的入侵事件，特别是那些利用新的系统缺陷、新的攻击手段的入侵。如果入侵事件发生，就要启动检测系统进行检测。

检测与防护有根本的区别。防护主要是修补系统和网络缺陷，增加系统的安全性能，从而消除攻击和入侵的条件，避免攻击的发生；而检测是根据入侵事件的特征进行的。因为黑客往往是利用网络和系统缺陷进行攻击的，所以入侵事件的特征一般与系统缺陷的特征有关。在 P2DR 模型中，防护和检测有互补关系。如果防护系统过硬，绝大部分入侵事件就会被阻止，那么检测系统的任务就减少了。

检测是动态响应的依据，也是强制落实安全策略的有力工具，通过不断地检测和监控网络系统来发现新的威胁和弱点，通过循环反馈来及时做出有效的响应。

4）Response（响应）

系统一旦检测出有入侵行为，响应系统则开始响应，进行事件处理。P2DR 中的响应就是在已知入侵事件发生后进行的紧急响应（事件处理）。响应工作可由一个特殊部门负责，那就是计算机安全应急响应小组。从 CERT 建立之后，世界各国和地区以及各机构也纷纷建立自己的计算机应急响应小组。我国第一个计算机安全应急响应小组（CCERT）建立于1999 年，主要服务于 CERNET。不同机构的网络系统也有相应的计算机安全应急响应小组。

响应的主要工作可分为紧急响应和恢复处理两种。紧急响应就是当安全事件发生时采取的应对措施；恢复处理是指事件发生后，把系统恢复到原来状态或比原来更安全的状态。

紧急响应在安全系统中占有重要的地位，是解决潜在安全性问题最有效的办法。从某种意义上讲，解决安全问题就是要解决紧急响应和异常处理问题。要解决好紧急响应问题，就要制订好紧急响应方案，做好紧急响应方案中的一切准备工作。

恢复处理包括系统恢复和信息恢复两方面。系统恢复是指修补缺陷和消除后门，不让黑客再利用这些缺陷入侵系统。消除后门是系统恢复的一项重要工作。一般而言，黑客第一次入侵是利用系统缺陷，在入侵成功后就在系统中留下一些后门（如安装木马），因此尽管缺陷被补丁修复，黑客还可再通过其留下的后门入侵系统。信息恢复是指恢复丢失的数据。丢失数据可能是由于黑客入侵所致，也可能是系统故障、自然灾害等原因所致。

2. PDRR 网络安全模型

PDRR 是美国国防部提出的安全模型，它包含了网络安全的四个环节：Protection（防护）、Detection（检测）、Response（响应）和 Recovery（恢复），如图 1.3.3 所示。PDRR 模式是一种公认的比较完善也比较有效的网络信息安全解决方案，可用于政府、机关、企业等机构的网络系统。

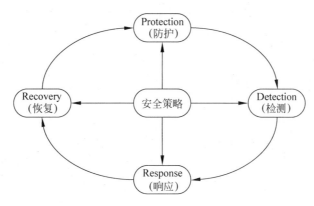

图 1.3.3　PDRR 安全模型

PDRR 模型与前述的 P2DR 模型有很多相似之处。其中 Protection（防护）和 Detection（检测）两个环节的基本思想是相同的，P2DR 模型中的 Response（响应）环节包含了紧急响应和恢复处理两部分，而在 PDRR 模型中 Response（响应）和 Recovery（恢复）是分开的，内容也有所扩展。

响应是在已知入侵事件发生后，对其进行处理。在大型网络中，响应除了对已知的攻击采取应对措施外，还提供咨询、培训和技术支持。人们最熟悉的响应措施就是采用杀毒软件对因计算机病毒造成的系统损害的处理。

恢复是 PDRR 网络信息安全解决方案中的最后环节。它是在攻击或入侵事件发生后，把系统恢复到原来的状态或比原来更安全的状态，把丢失的数据找回来。恢复是对入侵最有效的挽救措施。

P2DR 和 PDRR 安全模型都存在一定的缺陷。它们都更侧重于技术，而对诸如管理方面的因素并没有强调。模型中一个明显的不足就是忽略了内在的变化因素，如人员的流动、人员素质的差异和策略贯彻的不稳定性等。实际上，安全问题牵涉面广，除了涉及防护、检测、响应和恢复外，系统本身安全的"免疫力"的增强、系统和整个网络的优化，以及人员素质的提升等，都是网络安全中应该考虑到的问题。网络安全体系应该是融合了技术和管理在内的一个可以全面解决安全问题的体系结构，且应具有动态性、过程性、全面性、层次性和平衡性等特点。

1.4　网络安全策略与技术

网络安全是一项复杂的系统工程，针对来自不同方面的安全威胁，需要采取不同的安全对策。只有在法律、制度和管理上采取综合策略，再利用先进的网络安全技术，才能使网络系统达到较好的安全效果。

1.4.1　网络安全策略

网络安全策略是指在特定的环境中,为保证达到一定级别的安全保护所必须遵守的规则。要实现网络安全,一般从以下几方面制定网络安全策略。

1. 物理安全策略

制定物理安全策略的目的是保护计算机系统、交换机、路由器、服务器、打印机等硬件实体和通信链路免受自然灾害、人为破坏和搭线窃听等攻击;验证用户身份和使用权限,防止用户越权操作;确保网络设备有一个良好的电磁兼容环境;建立完备的机房安全管理制度,防止非法人员进入网络中心进行偷窃和破坏活动等。

2. 访问控制策略

访问控制的主要任务是保证网络资源不被非法使用和访问。它通过减少用户对资源的访问来降低资源被攻击的概率,以达到保护网络系统安全的目的。访问控制策略是保证网络安全最重要的核心策略之一,是维护网络系统安全、保护网络资源的重要手段。

3. 信息加密策略

信息加密的目的是要保护网络系统中存储的数据和在通信线路上传输的数据的安全。网络加密可以在数据链路层、网络层和应用层实现,用户可根据不同的需要,选择适当的加密方式。加密是实现网络安全的最有效的技术之一。

4. 安全管理策略

在网络安全中,加强网络的安全管理,制定有关规章制度,对于确保网络的安全、可靠运行,将起到十分有效的作用。使用计算机网络的各企事业单位,应建立相应的网络安全管理办法,加强内部管理,提高整体的网络安全意识。网络安全管理策略包括:确定安全管理等级和安全管理范围;制定有关网络操作的使用规程和人员出入机房的管理制度;制定网络系统的维护制度和应急措施等。

除了以上所述的安全策略之外,制定严格的法律、法规也是保证网络安全的有效方法。网络上计算机犯罪已经逐渐成为当今社会的主要犯罪形式之一,因此,必须建立相关的法律、法规,使非法分子慑于法律的威严,不敢轻举妄动。

1.4.2　网络安全技术

先进的网络安全技术是实现网络安全的根本保证。用户对自身面临的威胁进行风险评估,决定其所需要的安全服务种类,选择相应的安全机制,再集成先进的安全技术,就形成一个全方位的安全问题解决方案。

1. 安全漏洞扫描技术

安全漏洞扫描技术用于对网络系统进行安全检查,寻找和发现其中可被攻击者利用的安全漏洞和隐患。安全漏洞扫描技术通常采用被动式和主动式两种策略。被动式策略是基于主机的检测,对系统中不适当的系统设置、脆弱的口令及其他违反安全规则的对象进行检查;主动式策略是基于网络的检测,通过执行一些脚本文件对系统进行非破坏性攻击,并根据系统的反应来判断是否存在安全漏洞。检测结果将指出系统所存在的安全漏洞,并给出阻塞漏洞的建议。

2. 网络嗅探技术

网络嗅探技术是利用计算机的网络端口截获网络中数据报文的一种技术。它工作在网络的底层,可以对网络传输数据进行记录,从而帮助网络管理员分析网络流量,找出网络潜在的问题。例如,网络的某一段运行得不是很好,报文发送比较慢,而用户又不知道问题出在什么地方,此时就可以用嗅探器来做出精确的问题判断。

3. 数据加密技术

数据加密技术就是对信息进行重新编码,从而达到隐藏信息内容,使非法用户无法获取信息真实内容的一种技术手段。现代加密算法不仅可以实现信息加密,还可以实现数字签名和身份认证等功能,因此,数据加密技术是网络信息安全的核心技术。

4. 数字签名技术

数字签名是在电子文件上签名的技术,以解决伪造、抵赖、冒充和篡改等安全问题。数字签名一般采用非对称加密技术,签名者用自己的私钥对明文进行加密,将其作为签名;接收方使用签名者的公钥对签名进行解密,若结果与明文一致,则证明对方身份是真实的。

5. 鉴别技术

鉴别技术用在安全通信中,目的是对通信双方的身份以及传输数据的完整性进行验证。按照鉴别内容的不同,鉴别技术可以分为用户身份鉴别和消息内容鉴别。利用数字签名,可同时实现收发双方的身份鉴别和消息完整性鉴别。

6. 访问控制技术

访问控制通常采用设置口令和入网限制,采取 CA 认证和数字签名等技术对用户身份进行验证和确认,设置不同软件及数据资源的属性和访问权限,进行网络监控、网络审计和跟踪,使用防火墙系统、入侵检测和防护系统等方法实现。

7. 安全审计技术

安全审计技术能记录用户使用计算机网络系统进行所有活动的过程,是提高网络安全性的重要工具。它通过记录和分析历史操作,能够发现系统漏洞或对可能产生破坏性的行为进行审计跟踪。

8. 防火墙技术

防火墙是在两个网络之间执行访问控制策略的一个或一组系统,它包括硬件和软件。防火墙对经过的每一个数据包进行检测,判断数据包是否与事先设置的过滤规则匹配,并按控制机制做出相应的动作,从而保护网络的安全。防火墙是企业网与 Internet 连接的第一道屏障。

9. 入侵检测技术

网络入侵检测技术是一种动态的攻击检测技术,能够在网络系统的运行过程中发现入侵者的攻击行为和踪迹。一旦发现网络被攻击,立刻根据用户所定义的动作做出反应,如报警、记录、切断或拦截等。入侵检测系统被认为是防火墙之后的第二道安全防线,与防火墙相辅相成,构成比较完整的网络安全基础结构。

10. 病毒防范技术

病毒防范是指通过建立合理的计算机病毒防范体系和制度,及时发现计算机病毒的入侵,并采取有效的手段阻止病毒的传播和破坏,恢复受影响的计算机系统和数据。一个安全的网络系统,必须具备强大的病毒防范和查杀能力。

1.5　网络安全评价准则

1.5.1　可信计算机系统评价准则

计算机网络系统的安全评价,通常采用美国国防部计算机安全中心制定的《可信计算机系统评估准则》(TCSEC)。TCSEC 定义了系统的安全策略、系统的可审计机制、系统安全的可操作性、系统安全的生命期保证以及建立和维护的系统安全等五要素的相关文件。

TCSEC 中根据计算机系统所采用的安全策略、系统所具备的安全功能将系统分为 A、B(B1、B2、B3)、C(C1、C2)和 D 等四类七个安全级别。

(1) D 类(最低安全保护级):该类未加任何实际的安全措施,系统软硬件都容易被攻击。这是安全级别最低的一类,不再分级。该类说明整个系统都是不可信任的。对于硬件来说,没有任何保护可用;对于操作系统来说较容易受到损害;对于用户和他们对存储在计算机上信息的访问权限没有身份验证。常见的无密码保护的个人计算机系统、MS-DOS 系统、Windows 95/98 系统等都属于这一类。

(2) C 类(被动的自主访问策略),该类又分为以下两个子类(级)。

- C1 级(无条件的安全保护):这是 C 类中安全性较低的一级,它提供的安全策略是无条件的访问控制,对硬件采取简单的安全措施(如加锁),用户要有登录认证和访问权限限制,但不能控制已登录用户的访问级别,因此该级也叫选择性安全保护级。早期的 SCO UNIX、NetWare v3.0 以下系统均属于该级。

- C2 级(有控制的访问保护级):这是 C 类中安全性较高的一级,除了提供 C1 级中的安全策略与控制外,还增加了系统审计、访问保护和跟踪记录等特性。UNIX/Xenix 系统、NetWare v3.x 及以上系统和 Windows NT/2000 系统等均属于该级。

(3) B 类(被动的强制访问策略类):该类要求系统在其生成的数据结构中带有标记,并要求提供对数据流的监视。该类又分为以下三个子类(级)。

- B1 级(标记安全保护级):它是 B 类中安全性最低的一级。除满足 C 类要求外,还要求提供数据标记。B1 级的系统安全措施支持多级(网络、应用程序和工作站等)安全。label(标记)是指网上的一个对象,该对象在安全保护计划中是可识别且受保护的。该级是支持秘密、绝密信息保护的最低级别。

- B2 级(结构安全保护级):该级是 B 类中安全性居中的一级,它除满足 B1 要求外,还要求计算机系统中所有对象都加标记,并给各设备分配安全级别。

- B3 级(安全域保护级):该级是 B 类中安全性最高的一级。它使用安装硬件的办法来加强安全域。如安装内存管理硬件来保护安全域免遭无授权访问或其他安全域对象的修改。

(4) A 类(验证安全保护级):A 类是安全级别最高的一级,它包含了较低级别的所有特性。该级包括一个严格的设计、控制和验证过程,设计必须从数学角度经过验证,且必须对秘密通道和可信任的分布进行分析。

1.5.2　计算机信息安全保护等级划分准则

随着我国信息技术的快速发展,计算机信息网络已经应用到国民经济和社会生活的各个领域和部门,成为国家事务、经济建设、国防建设、尖端科学技术等重要领域管理中必不可少的工具和手段。当前,我国计算机信息系统的建设和使用正在逐步由封闭向开放,由静态向动态,由单一系统向系统互联等方面转变,从而对信息系统的安全保护工作提出了前所未有的强烈要求。为此,国家公安部组织制定了强制性国家标准《计算机信息安全保护等级划分准则》,该准则于 1999 年 9 月 13 日经国家质量技术监督局发布,并于 2001 年 1 月 1 日起实施。

该准则是建立安全等级保护制度、实施安全等级管理的重要基础性标准。它将计算机信息系统安全保护等级划分为五个级别,进行规范、科学和公正的评定和监督管理。该准则第一为计算机信息系统安全等级保护管理法规的制定和执法部门的监督检查提供依据;第二为计算机信息系统安全产品的研制提供技术支持;第三为安全系统的建设和管理提供技术指导。因此,该标准的发布和实施,必将极大地促进我国计算机信息系统安全工作的发展。该准则划分的五个安全级别及含义如下。

第一级为用户自主保护级。该级使用户具备自主安全保护能力,保护用户和用户组信息,避免被其他用户非法读写和破坏。

第二级为系统审计保护级。它具备第一级的保护能力,并创建和维护访问审计跟踪记录,以记录与系统安全相关事件发生的日期、时间、用户及事件类型等信息,使所有用户对自己的行为负责。

第三级为安全标记保护级。它具备第二级的保护能力,并为访问者和访问对象指定安全标记,以访问对象标记的安全级别限制访问者的访问权限,实现对访问对象的强制保护。

第四级为结构化保护级。它具备第三级的保护功能,并将安全保护机制划分为关键部分和非关键部分两层结构,其中的关键部分直接控制访问者对访问对象的访问。该级具有很强的抗渗透能力。

第五级为安全域保护级。它具备第四级的保护功能,并增加了访问验证功能,负责仲裁访问者对访问对象的所有访问活动。该级具有极强的抗渗透能力。

1.6 网络系统的安全管理

对于网络系统的安全管理和维护,不仅需要有配套的安全防御措施,还需要规范的管理制度和流程,更需要高素质的安全管理和操作人员。

1.6.1 网络系统的日常管理

一般网络管理人员所面对的网络管理环境大都已经采取了某些安全措施,构成了一定的防御体系。从管理的角度讲,比较重视网络安全的企业或事业单位,都设有专门的安全管理机构,并制定了相应的安全制度和规范。从网络管理人员的素质讲,一般都具有一定的安全技能,如分析日志、了解攻击特点、熟悉各类操作系统,以及本网络的拓扑、IP 分配情况、设备配置情况、系统配置情况、应用系统情况等。但这些还远远没有达到网络安全日常维护的要求。

网络系统的安全维护通常包含以下几个方面。

1. 口令管理

口令(密码)问题容易被人忽视。许多系统建设得非常完美,但在口令管理上却不够严格,甚至漏洞百出。试想,即便是世界上最坚固的保险柜,如果其密码设置为 0000,那么这个"坚固"的躯壳就会成为一种摆设了。

一般网络工作人员常犯的口令错误有:多个账号使用同一个密码;密码全部采用数字组合或字母组合;密码从不更新;密码被记录于易见的媒体上;远程登录系统时,账号和密码在网络中以明文形式传输等。

作为网络安全管理人员,在口令管理上应该养成好习惯,例如:选取数字、字母、符号相间的口令;口令不随便书写在易见的媒体上;适时更新口令;及时删除已撤销的账号和口令;远程登录时使用加密口令;在更严格的情况下可采用口令鉴别和 PKI 验证过程。

2. 病毒防护

建议为网络系统中的所有计算机都安装统一的网络防病毒软件,这样容易解决病毒库的及时升级问题。通过对防病毒服务器进行及时升级,可以做到对众多的客户端病毒库及时升级,这样可对最新的病毒进行及时防杀,减少病毒危害。

对于作为服务器的主机,无论是使用 Windows 操作系统还是非 Windows 操作系统,防病毒软件对于主机系统的性能都会有不同程度的影响。但是,网络防病毒软件还是要尽可能地覆盖所有的主机,并及时进行病毒库升级。在日常维护中,最好是每隔两三天就检查一次是否需要升级病毒库,在必要时及时进行升级。

关于病毒防护,防病毒软件并不能防杀掉所有类型的病毒,例如蠕虫病毒。造成这种情况的原因有很多,如用户没有及时升级病毒库,或者该病毒的特征定义不准确等。蠕虫病毒带有黑客攻击性质,对于黑客攻击特征的研究,可以借助于入侵检测系统等监控设备对计算机进行及时监控,找到有问题的机器,及时修补漏洞。

3. 漏洞扫描

网络管理员应密切跟踪最新的漏洞和攻击技术,及时对网络设备进行加固。如果及时对 IIS 打补丁,就不会发生红色代码蠕虫问题;如果及时对 SQL Server 打补丁,就不会发生 SQL 蠕虫问题;如果及时加强对口令的控制,关闭不必要的服务,就不会发生被他人远程控制的问题;如果在出口进行源路由控制,就不会有 DDoS(分布式拒绝服务)攻击从本网发动,等等。

通过漏洞扫描系统对网络设备进行扫描,可以从设备之外的网络角度来审查网络上还有哪些漏洞没有修补以及正在提供什么样的服务,以此找到需要关闭的服务,甚至还可以发现部分密码设置过于简单的账号。

建立一个列表,列出网络中所有主机应该提供的服务和端口,使用扫描系统检查每台主机,查看是否有不必要的服务没有关闭,以及是否有漏洞的地方存在,并及时做出调整及修补。如果有机器被人利用,应启动应急响应流程,分析原因,找到攻击者使用的方法。必要时,需要对全网安全策略进行调整。在日常维护中,每十天左右可对重要的主机进行一次扫描。由于扫描要占用带宽,可根据带宽情况和设备数量,合理调整扫描周期和时间。

4. 边界控制

边界可理解为所管辖的内部网与外部网的连接,如连接 Internet 的边界、连接第三方网络的边界;也可以理解为在一个广域网中,各局域网之间的连接边界。

网络之间的连接设备一般都是路由器，为了加强安全控制，通常在路由器上配备防火墙软件，使之构成网络层防火墙。当然，网络之间可能还有其他类型的隔离设备，如网闸等。在加强对路由器、防火墙本身的安全控制之外，也要利用这些设备对边界访问进行控制，特别是连接 Internet 的边界。事实上，网络管理员没有足够的能力去管理 Internet 上的行为，但有足够的权限控制所辖的内部网络。边界访问控制得比较好，就能有效地减少来自 Internet 的攻击风险。例如，在路由器上可以采用访问列表来控制内外的访问；采用源路由器控制方法，过滤非本地的 IP 报文发送到 Internet 上，可避免黑客的 IP 欺骗，也可控制发自本网络内部的伪造源地址的蠕虫病毒和 DDoS 攻击。

加强局域网之间的边界控制，可以减少攻击威胁的范围。例如，SQL 蠕虫病毒在某局域网内爆发，由于边界控制设备关闭了 SQL Server 连接的端口，因此，至少可以避免该病毒从本局域网传染到其他局域网。

5. 实时监控

以上措施都能提高网络的组成元素的安全强度，但这还不够。因为网络访问是动态的，网络管理员要时刻监视网络的访问情况，特别要密切注意潜在的攻击行为，并采取必要手段进行及时控制。对已攻击成功的事件，应启动应急响应流程，分析黑客是利用了网络中的哪些薄弱环节、使用什么攻击方式进行的，考虑应如何调整和加强安全措施等。

利用入侵检测系统(IDS)建立全网的监控系统，既可以实施对网络的实时全面监控，又可以对某个或某些安全事件进行特别监控。管理员要充分利用事件的自定义功能，将自己认为有必要监控的网络访问进行自定义。在日常网络的安全维护中，应根据实际情况，实行每周 7 天的全天候(7 天×24 小时/天)监控或 5 天×8 小时/天监控。

6. 日志审核

这里所说的日志是指操作系统日志、应用程序日志和防火墙日志。如果网络范围比较大、设备比较多，那么日志量就会比较大。如果没有专门的日志分析工具，网络管理员应只对特别重要的服务器日志进行常规的日志分析。通过这些分析，可以发现服务器上是否有异常活动。日志分析审核是对网络安全监控系统的一个补充，在日常维护中，建议每月进行一次。

7. 应急响应

采取再多的安全措施，也不会造就绝对安全的网络系统。在网络安全方面，"攻"和"防"是一对既互相对立又互相促进的矛盾体，它们总是在不断的实践较量中相互制约和发展的，往往是先有新的"攻击"手段和方法出现，随后再有相应的"防御"措施出台。因此，在攻击者侵入网络后，需要有及时的应急响应措施，对安全事件进行分析、追踪，并实施修补。

希望每个较大的网络系统安全管理员都建立自己的紧急响应流程，使其在出现紧急安全事件时知道应如何处理。如果暂不具备对安全事件分析的实力，可由有能力提供紧急响应安全服务的服务提供商进行支持。此外，应及时对每次应急响应进行总结，并适时修正应急响应流程。

8. 软件和数据文件的保护

软件和数据文件包括系统软件、应用软件及应用系统的数据库文件等。操作系统软件的安全性体现在对程序保护的支持和对内存保护的支持上。在现代信息系统中，硬件对操作系统的支持比较完善，如使用硬件技术中的特权指令、重定位和界限寄存器、分页、分段等功能实现对资源的合理分配,将用户的程序和数据管理起来,避免相互间的干扰和分时冲突。

在虚拟存储技术中采用段页表进行地址映射,在这些表中规定了对内存信息的访问权限。操作系统正是由内存管理程序对内存资源进行控制和保护的。因为操作系统管理了系统的全部资源,因此它必须避免一般用户的进入。因该特定入口是由管理程序控制的,所以当一般用户试图通过特定入口(陷阱)向操作系统请求服务时,就无法进入该管理程序。对于多进程的系统,可以采取优先级控制的方法防止进程之间的干扰和对系统区的非法访问。

目前,各种应用软件、软件工具和数据文件的数量正以惊人的速度增长,以满足日益增长的计算机应用的需求。但非法复制、非授权侵入和修改是对软件(数据文件)的主要危害。从销售商的角度看,需要一些保护措施防止销售的软件被非法复制。非法复制除给软件销售商带来经济损失外,更重要的是,一旦对国家或地区的经济、工商、金融、外贸以及军政部门的机密软件和系统软件(文件)进行非法复制,将造成不可估量的损失,甚至严重威胁到国家或地区安全。

通常采用市场策略、技术策略和法律策略三种保护策略应对软件的非法复制。

1) 市场策略

比较典型的市场策略是对软件商品标以低廉的价格,使每个潜在用户都愿意购买它,因为购买后还可以得到其他所需的文件和后续的技术支持。

2) 技术策略

技术策略涉及较多具体的软件保护技术,如抗软件分析法、唯一签名法、软件加密法和数据加密法等。抗软件分析法可使攻击者不能动态跟踪与分析软件程序。唯一签名法可保证软件不被非法复制。但随着科学技术的不断发展,各种各样的复制软件工具不断出现,攻击者可以通过复制软件的源代码进行静态分析。为防止这种静态分析,可对整个程序或程序的关键部分进行加密。软件加密是将在介质上存储的程序代码变换成一种密文形式,使得攻击者即使是复制了该软件也无法读懂它,因而也就无法分析和使用它。

3) 法律策略

利用软件保护法等相应的法律法规的约束力和威慑力使人们对侵权行为有所顾忌,引导人们去购买正版软件。虽然法律本身的作用是有限的,但把几种策略结合起来使用还是有效的。

1.6.2　网络日志管理

网络日志不仅能用来进行安全检查,而且还能够帮助用户更好地从事网络管理工作。网络管理员的一个十分重要的工作就是做好网络日志。有效地利用网络日志进行网络安全管理是一项十分重要的工作。

下面就如何利用网络日志进行网络管理工作做一些简要介绍,并通过一些日常的范例来进行说明。最后介绍一种网络日志的分析工具及其应用。

1. 网络日志是日常管理的 FAQ

在日常的网络管理工作中,要形成一种习惯,即将当天遇到的问题与解决方法填写在网络日志中,然后定期对这些内容进行整理并归类到一个名为网络管理的 FAQ(日常问答)中。FAQ 以一问一答的方式收集内容,以 Web 形式共享。这样,当网络管理员此后再遇到问题时，可以先在这里寻找答案，这样可大大提高解决问题、排除故障的效率。

2. 网络日志是排除故障的黑匣子

网络日志对于故障排除也能起到飞机黑匣子的功能。下面通过几个案例来说明网络日志对排除网络故障的帮助。

例1：某企业内部有一台应用服务器，操作系统是 Windows NT 4.0，在上面运行着一个通信网关程序。某天网络管理人员一上班就发现这个通信网关程序罢工了。经过检查发现该程序已异常退出，而且再也无法启动了。

这时，网络管理人员迅速查找网络日志，发现在前一天下班时，另一名网络管理人员为了提高安全性，在该服务器上打了 SP6 补丁，然后关机下班。网络管理人员马上与该程序的开发商取得联系，确认了该程序与 SP6 不兼容，并得到了修改该故障的新版程序，顺利地解决了问题。在本例中，通过查看网络日志，寻找到了变动因素，从而找到引起该故障的原因。

例2：有一段时间，某企业内部网络出现了一个奇怪的现象，每天中午大家都无法正常收发邮件，接收邮件经常超时，数据传输很慢。开始大家认为这可能是由于中午上网人数过多而引起的。

为了能够找出原因，网络管理员连续几个中午进行网络流量监测，并将结果记录下来。然后翻开网络日志，查看在发生该情况之前的网络流量数据，结果发现这几天中午的网络流量居然是平时最大值的十多倍。他们觉得这样的情况肯定不是简单的由上网人数增加引起的。他们继续进行网络监控，试图寻找出原因。结果用 Sniffer 工具监测到了一台个人计算机在源源不断地向外广播大量的数据包。找到这台个人计算机的用户后才知道，该用户是在用"超级解霸"看 VCD，当打开他的"超级解霸"时发现他误设置了打开 DVB 数字视频广播，因此在他看 VCD 的同时也向整个局域网用户进行视频广播，从而导致了网络阻塞。试想如果没有网络日志数据，网络管理员可能会无法得知网络数据的增长到底有多大，以及是否与上网人数的增加有关系，因此就有可能会盲目地采用增加带宽的方式来解决该问题了。

3. 网络日志是网络升级的指示仪

网络日志记录了网络日常运行的状态信息，这些信息显示了网络的动态情况，有了这些情况，就可以正确地做出网络升级的决策，使得网络升级能够落到实处。同时，网络日志还为网络升级提供了详细的数据依据。

例如，每年年底企业领导都会要求网络管理部门提交一份关于新一年中网络升级的需求报告，这时网络管理员就可打开网络日志，对网络日志中的网络流量数据进行分类统计，获取网络流量的增长率、网络流量的高峰时期等信息；可以对网络中的病毒记录进行统计，得知现行的病毒防治策略是否有效；还可以从网络日志中发现每一个网络服务器的负载变化情况，再根据这一情况制定网络服务器软硬件的更新计划。基于网络日志提供的上述各种数据信息，网络管理部门即可制订出一个较完美的网络升级计划并向领导汇报了。

总之，如果行之有效地利用网络日志中的数据记录，将能够帮助网络管理员更好地完成网络管理工作。

4. 网络设备的日志管理

在一个完整的信息系统里，日志系统是一个非常重要的组成部分。查看交换机、路由器和其他网络设备的日志，可以帮助网络管理员迅速了解和诊断问题。一些网络管理员认为日志管理是信息安全管理的内容，与系统管理关系不大，这绝对是错误的。很多硬件设备的操作系统也具有独立的日志功能。下面以常见的 Cisco 设备为例介绍在网络设备日志管理中最基本的日志记录方法与功能。

在 Cisco 设备管理中,日志消息通常是指 Cisco IOS 中的系统错误消息。其中每条错误信息都被定为一个级别,并伴随一些指示性问题或事件的描述信息。Cisco IOS 发送日志消息(包括 debug 命令的输出)到日志记录。默认情况下,只发送到控制台接口,但也可以将日志记录到路由器内部缓存。在实际管理工作中,一般将日志发送到终端线路,如辅助和 VTY 线路、系统日志服务器和 SNMP 管理数据库等。

例如,一个消息经常出现在 Catalyst 4000 交换机上,假设日志消息已经启用了时间戳和序列号。对于日志消息,首先看到的是序列号,紧接着是时间戳,然后才是真正的消息,如%SYS-4-P2_WARN:1/Invalid traffic from multicast source address 81:00:01:00:00:00 on port 2/1。

通过查阅 Cisco 在线文档,或者利用"错误信息解码器工具"分析就可判断出,当交换机收到信息包带有组播 MAC 地址作为源 MAC 时,会生成"无效的数据流从组播源地址"系统日志消息。在 MAC 地址作为源 MAC 地址时,帧不符合标准情况,但交换机仍然转发从组播 MAC 地址发出的数据流。解决该问题的方法是设法识别产生帧带有组播源 MAC 地址的终端站。一般来说,共享组播 MAC 地址的这个帧由数据流生成器或第三方设备传输。

5. 网络日志便于系统运行维护管理

以保障系统稳定运行为目的,通过采集各种网络设备、操作系统及系统软件平台的运行日志及各种消息、主动探测运行状态等手段,全面地监测、记录各种平台的动态信息及配置变更,实时地提供报警信息并输出各种综合日志分析报告,为系统管理人员提供了一个监测面广、响应及时、具有强大分析能力的信息系统基础设施——日志监测管理平台。这样可大大降低系统运行维护人员的工作量和定位故障的时间,快速完成系统运行维护任务。

习题和思考题

一、简答题

1. 何为计算机网络安全?网络安全有哪两方面的含义?

2. 网络安全的目标有哪几个?网络安全策略有哪些?

3. 何为风险评估?网络风险评估的项目和可解决的问题有哪些?

4. 什么是网络安全漏洞?网络漏洞有哪些类型?

5. 网络安全的威胁主要有哪几种?

6. 常用的网络安全使用技术有哪几个?

7. OSI 网络安全体系涉及哪几个方面?网络安全服务和安全机制各有哪几项?

8. P2DR 模型中的 P、P、D、R 的含义是什么?

9. 简述网络系统的日常管理和安全维护措施。

10. 请列出你熟悉的几种常用的网络安全防护措施。

二、填空题

1. 网络系统的( )性是指保证网络系统不因各种因素的影响而中断正常工作。

2. ( )是网络信息未经授权不能进行改变的特性。

3. 网络系统漏洞主要有（　　）、网络协议漏洞、（　　）和（　　）等。

4. 网络的安全威胁主要来自（　　）的不安全因素,这些不安全因素包括（　　）和（　　）两方面。

5. 网络安全的主要威胁有（　　）、（　　）、（　　）和计算机病毒等。

6. 网络风险评估包括对来自（　　）的网络风险和（　　）网络的风险进行评估。

7. 网络安全机制包括（　　）、（　　）、访问控制机制、（　　）、交换鉴别机制、（　　）、信息量填充机制和（　　）。

8. 网络安全策略有（　　）、（　　）、（　　）和安全管理策略等。

9. 网络常用的安全技术有（　　）、（　　）、（　　）、（　　）、入侵检测技术和（　　）等。

10. TCSEC将计算机系统的安全分为（　　）个级别,（　　）是最低级别,（　　）是最高级别,（　　）级是保护秘密信息的最低级别。

三、单项选择题

1. 入侵者通过观察网络线路上的信息,而不干扰信息的正常流动,如搭线窃听或非授权地阅读信息。这样做不会影响信息的（　　）。

 A. 完整性　　　　　B. 可靠性　　　　　C. 可控性　　　　　D. 保密性

2. 入侵者对传输中的信息或存储的信息进行各种非法处理,如有选择地更改、插入、延迟、删除或复制这些信息。这会破坏网络信息的（　　）。

 A. 可用性　　　　　B. 可靠性　　　　　C. 完整性　　　　　D. 保密性

3. 入侵者利用操作系统存在的后门进入网络系统进行非法操作,这样可能会影响系统信息的（　　）。

 A. 可用性　　　　　B. 保密性　　　　　C. 完整性　　　　　D. A、B、C都对

4. 网络安全包括(1)安全运行和(2)安全保护两方面的内容。这就是通常所说的可靠性、保密性、完整性和可用性。(3)是指保护网络系统中存储和传输的数据不被非法操作;(4)是指在保证数据完整性的同时,还要能使其被正常利用和操作;(5)主要是利用密码技术对数据进行加密处理,保证在系统中传输的数据不被无关人员识别。

 (1) A. 系统　　　　B. 通信　　　　C. 信息　　　　D. 传输

 (2) A. 系统　　　　B. 通信　　　　C. 信息　　　　D. 传输

 (3) A. 保密性　　　B. 完整性　　　C. 可靠性　　　D. 可用性

 (4) A. 保密性　　　B. 完整性　　　C. 可靠性　　　D. 可用性

 (5) A. 保密性　　　B. 完整性　　　C. 可靠性　　　D. 可用性

5. ISO的网络安全体系结构中的安全服务不包括（　　）服务。

 A. 非否认　　　　　B. 匿名访问　　　　C. 数据保密性　　　D. 数据完整性

6. 设置用户名和口令、设置用户权限、采取用户身份认证等手段属于（　　）技术。

 A. 防火墙　　　　　B. 防病毒　　　　　C. 数据加密　　　　D. 访问控制

7. 制定（　　）策略的目的之一是保护网络系统中的交换机、路由器、服务器等硬件实体和通信链路免受攻击。

 A. 物理安全　　　　B. 访问控制　　　　C. 安全审计　　　　D. 信息加密

第 2 章 网络操作系统安全

本章要点
- 网络操作系统简介；
- 网络操作系统的安全与管理。

研究计算机网络安全，首先要考虑的是操作系统的安全。任何系统的运行都是建立在操作系统的基础上的，就像一栋大楼的安全必须建立在地基安全的基础上一样，网络安全也必须建立在操作系统的安全之上。没有操作系统的安全，其他的安全措施是得不到保证的。

网络操作系统（Network Operating System，NOS）是网络的核心，与单机操作系统相比，它不仅仅具有操作系统的存储管理、文件管理等功能，还提供高效而可靠的网络通信环境和多种网络服务功能，如文件服务、打印服务、记账服务、数据库服务以及支持 Internet 和 Intranet 服务，为用户方便而有效地使用和管理网络资源提供网络接口和网络服务。本章主要介绍网络操作系统的安全及一些安全设置。

2.1　网络操作系统简介

网络操作系统是为使网络用户能方便而有效地共享网络资源而提供各种服务的软件及相关规程的集合，是网络软件系统的基础。它是整个网络的核心，通过对网络资源的管理，为用户方便而有效地使用网络资源提供网络接口和网络服务。网络操作系统运行在被称为服务器的计算机上，并由联网的计算机用户共享，这类用户称为客户。

目前，人们常用的网络操作系统有 Windows Server NT、Windows Server 2000、Windows Server 2003、Windows Server 2008、UNIX、Linux、iPhone 和 Android 等。

2.1.1　Windows Server 2008 系统

1. Windows Server 2008 系统简介

Windows Server 2008 是微软于 2008 年 3 月发布的基于 Windows NT 技术开发的新一代网络操作系统。对于企业应用，服务器操作系统的选择对构建网络是非常重要的。Windows Server 2008，继承了 Windows Server 2003 的稳定性和 Windows XP 的易用性，并且提供了更好的硬件支持和更强大的功能。

Windows Server 2008 R2 是一款服务器操作系统。这是微软第一个支持 64 位的操作系统，它增强了 Active Directory 功能，增强了硬件支持和虚拟化管理功能。基于 64 位架构的 Windows Server 2008 R2 负载能力大大增强，无论从性能和稳定性上都得到了提升。

Windows Server 2008 R2 家族有七个版本,每个版本都提供了重要功能,用于支撑各种规模的业务和 IT 需求。Windows Server 2008 R2 家族的主要版本及简单应用介绍如下。

1) Windows Server 2008 R2 Foundation(基础版)

此版本是一种成本低廉的项目级技术基础,面向的是小型企业和 IT 多面手,用于支撑小型的业务。该版本是一种成本低廉、容易部署、经过实践证实的可靠技术,为机构提供了一个基础平台,可以运行最常见的业务应用,共享信息和资源。

2) Windows Server 2008 R2 Standard(标准版)

此版本是目前最健壮的 Windows Server 操作系统。它自带了改进的 Web 和虚拟化功能,利用其中强大的工具,可以更好地控制服务器,提高配置和管理任务的效率。而且,其改进的安全特性可以强化操作系统,提高服务器架构的可靠性和灵活性,同时还能节省时间和成本。

3) Windows Server 2008 R2 Enterprise(企业版)

此版本是一个高级企业级服务器平台,为重要应用提供一种成本较低的高可靠性支持。它还在虚拟化、节能以及管理方面增加了新功能,使得流动办公的员工可以更方便地访问公司的资源。

4) Windows Server 2008 R2 Datacenter(数据中心版)

此版本提供了一个基础平台,在此基础上可以构建企业级虚拟化和按比例增加的解决方案。可以用于部署关键业务应用程序,以及在各种服务器上部署大规模的虚拟化方案。它改进了可用性、电源管理,并集成了移动和分支位置解决方案。

2. Windows Server 2008 系统新功能

与以前各版本相比,Windows Server 2008 在架构和功能上都有着飞跃式的进步,因此它吸引了广大的 Windows 2000 和 Windows Server 2003 用户。概括起来说,Windows Server 2008 具有如下新特性。

1) Server Core

Server Core 是一个运行在 Windows Server 2008 操作系统上的一个非常简单的服务器安装选项,其作用就是为服务器提供了一个功能有限但维护操作简单的环境,从而为管理 DHCP、DNS、文件服务器或域控制器提供所需要的功能,可极大地增强服务器的稳定性和系统服务的可管理性,减少其他服务和管理工具可能造成的攻击和风险,降低软件维护量和硬件空间的占有率。Server Core 是为网络和文件服务基础设施开发人员、服务器管理工具和实用程序开发人员以及 IT 规划师的使用而设计的。

2) 硬件支持和虚拟化管理

在对 CPU 和内存的支持方面,Windows Server 2008 可以支持多达 256 个逻辑处理器核心和 2TB 的内存。Windows Server 2008 R2 中的服务器虚拟化软件 Hyper-VR2 具有处理器兼容功能。处理器兼容功能允许用户在同一处理器供应商的前后多代处理器间移动。该项功能使得虚拟机可以在同一处理器架构下的任意硬件平台上进行迁移,这为实际应用提供了极大的便利。

3) 硬件容错机制

Windows Server 2008 提供了增强的硬件容错机制(WHEA),极大地提高了操作系统和硬件的可靠性。该机制能帮助系统与众多的硬件进行兼容和匹配,内置的内存容错同步机制在不中断操作系统和应用程序正常运行的状态下可从内存和页面文件上还原和恢复。该机制也包含了对硬件冗余的支持。在不关闭系统的情况下,系统管理员依然可以对 Windows Server 2008 R2 企业版、数据中心版等系统运行的硬件设备进行维护(如热添加或替换内存、CPU 和磁盘)操作,系统会自动识别这些更改。

4) 随机分布地址空间

Windows Server 2008 提供了随机分配地址空间(ASLR)功能。ASLR 可以确保操作系统的任何两个并发实例每次都会载入到不同的内存地址上。有了 ASLR,每一个系统服务的地址空间都是随机的,恶意软件很难轻易地找到它们。

5) SMB2 网络文件系统

Windows Server 2008 采用了 SMB2 网络文件系统,比原来的网络文件系统 SMB 能更好地管理体积越来越大的媒体文件。在微软的内部测试中,SMB2 媒体服务器的速度可达到 Windows Server 2003 的 4~5 倍。

6) 核心事务管理器

Windows Server 2008 提供了核心事务管理器(KTM)功能。该项功能对开发人员来说尤其重要,它可以大大减少甚至消除经常导致系统注册表或文件系统崩溃的多线程试图访问同一资源的问题,其原因就是 KTM 可作为事务客户端接入的一个事务管理器进行工作。

7) 自修复 NTFS

Windows Server 2008 提供了自修复 NTFS 文件系统服务,该服务会在后台默默工作,检测文件系统错误,并且可以在无须关闭服务器的状态下自动对其修复。这样就使得在文件系统发生错误时,服务器将只会暂时无法访问部分数据,整体运行基本不受影响。

此外,Windows Server 2008 还提供了 PowerShell 命令行、并行 Session 创建和快速关机服务等功能。

2.1.2 UNIX 系统

1. UNIX 简介

1970 年美国电报电话公司(AT&T)的贝尔实验室(Bell Labs)研制出了一种新的计算机操作系统,这就是 UNIX。UNIX 是一种分时操作系统,主要用在大型机、超级小型机、RISC 计算机和高档微机上。在 20 世纪 70 年代它得到了广泛的普及和发展。许多工作站生产厂家使用 UNIX 作为其工作站的操作系统。在 20 世纪 80 年代,由于世界上各大公司纷纷开发并形成自己的 UNIX 版本,出现了分裂局面,加之受到了 NetWare 的极大冲击,UNIX 曾一度衰败。20 世纪 90 年代,开发和使用 UNIX 的各大公司再次加强了合作和对 UNIX 的统一进程,并加强了对 UNIX 系统网络功能的深入研究,不断推出了功能更强大的新版本,并以此拓展全球网络市场。20 世纪 90 年代中期,UNIX 作为一种成熟、可靠、功能强大的操作系统平台,特别是对 TCP/IP 的支持以及大量的应用系统,使得它继续拥有相当规模的市场,并保持了连续数年的两位数字的增长。

UNIX 系统的再次成功取决于它将 TCP/IP 运行于 UNIX 操作系统上,使之成为 UNIX 操作系统的核心,从而构成了 UNIX 网络操作系统。UNIX 操作系统在各种机器上都得到了广泛的应用,它已成为最流行的网络操作系统之一和事实上标准的网络操作系统。UNIX 系统服务器可以与 Windows 及 DOS 工作站通过 TCP/IP 连接成网络。UNIX 服务器具有支持网络文件系统服务、提供数据库应用等优点。

2. UNIX 系统的特点

(1) UNIX 系统是一个可供多用户同时操作的会话式分时操作系统。不同的用户可以在不同的终端上通过会话方式控制系统操作。

(2) UNIX 系统继承了以往操作系统的先进技术,又在总体设计思想上有所创新。在操作系统功能设计上力求简捷、高效。

(3) UNIX 系统在结构上分为内核和核外程序两部分。内核部分就是一般所说的UNIX 操作系统。能够从内核中分离出来的部分,则以核外程序的形式存在并在用户环境下运行。内核向核外程序提供了充分而强大的支持,而核外程序则灵活地运用了内核的支持。

(4) UNIX 系统向用户提供了两种界面:一种是用户使用命令,通过终端与系统进行交互的界面,即用户界面;另一种是用于用户程序与系统的接口,即系统调用。

(5) UNIX 系统采用树形结构的文件系统。它由基本文件系统和可装卸的若干个子文件系统组成。它既能扩大文件存储空间,又具有良好的安全性、保密性和可维护性。

(6) UNIX 系统提供了丰富的核外系统程序,其中包含有丰富的语言处理程序、系统实用程序和开发软件的工具。这些程序为用户提供了相当完备的程序设计环境。

(7) UNIX 系统基本上是用 C 语言编写的,这使系统易于理解、修改和扩充,且使系统具有良好的可移植性。

(8) UNIX 系统是能在笔记本电脑、个人计算机、工作站、中小型机乃至巨型机上运行的操作系统。因此,UNIX 系统具有极强的可伸缩性。

2.1.3 Linux 系统

1. Linux 简介

Linux 是一种类似 UNIX 操作系统的自由软件,它是由芬兰赫尔辛基大学一位名叫Linus 的大学生发明的。1991 年 8 月,Linus 在 Internet 上公布了他开发的 Linux 的源代码。由于 Linux 具有结构清晰、功能简捷和完全开放等特点,许多大学生和科研机构的研究人员纷纷将其作为学习和研究对象。他们在修改原 Linux 版本中错误的同时,也不断为Linux 增加新的功能。在全世界众多热心者的努力下,Linux 操作系统得以迅速发展,成为一个稳定可靠、功能完善的操作系统,并赢得了许多公司的支持,包括提供技术支持,开发Linux 应用软件,并将其应用推而广之,这也大大加快了 Linux 系统商业化的进程。国际上许多著名的 IT 厂商和软件商纷纷宣布支持 Linux 系统。Linux 系统很快被移植到 Alpha、PowerPC、Mips 和 Sparc 等平台上,从 Netscape、IBM、Oracle、Informix 到 Sybase 均已推出Linux 产品。Netscape 对 Linux 的支持,大大加强了 Linux 在 Internet 应用领域中的竞争地位。大型数据库软件公司对 Linux 的支持,则为其进入大中型企业的信息系统建设和应用领域奠定了基础。

由于 Linux 系统具有 UNIX 系统的全部功能,而且是属于全免费的自由软件,用户不需要支付任何费用就可以得到它的源代码,且可以自由地进行修改和补充,因此得到了广大计算机爱好者的支持。经过广大计算机爱好者的不断修改和补充,Linux 系统逐渐成为功能强大、稳定可靠的操作系统。Linux 的发行版本趋于多样化,目前市场上已经有 370 多种

网络操作系统安全

发行版本,其中如 Red Hat Linux、Ubuntu、CentOS、SuSE Linux、Debian、Fedora 等版本使用较普遍。

2. Linux 的特点

Linux 继承了 UNIX 的很多优点(如多任务、多用户),但也具有其自身独特的优点。

(1) 共享内存页面。在 Linux 下,多个进程可以使用同一个内存页面,只有在某一个进程试图对这个页面进行写操作时,Linux 才将这个页面复制到内存的另一块区域。因此该特点不仅加快了程序运行的速度,还节约了物理内存。

(2) 使用分页技术的虚拟内存。在 Linux 下,系统核心并不把整个进程交换到硬盘上,而是按照内存页面来交换。虚拟内存的载体,不仅可以是一个单独的分区,也可以是一个文件。Linux 还可以在系统运行时临时增加交换内存,而不是像某些 UNIX 系统那样要重新启动才能使用新的交换空间。

(3) 动态链接共享库。Linux 既可使用静态链接共享库,也可提供动态链接共享库功能。因此可大大减少 Linux 应用程序所占用的空间。如一个普通的应用程序使用静态链接编译时占用空间 2MB,而在使用动态链接编译时占用的空间可能仅为 50KB 左右。

(4) 支持多个虚拟控制台。用户可以在一个真实的控制台前登录多个虚拟控制台,可以使用快捷键在这些虚拟控制台之间进行切换。

(5) 调度磁盘缓冲功能。Linux 最突出的一个优点就是它的磁盘 I/O 速度快,因为它将系统没用到的剩余物理内存全部用来做硬盘的高速缓冲,当对内存要求比较大的应用程序运行时,它会自动将这部分内存释放出给应用程序使用。

(6) 支持多平台。虽然 Linux 系统主要在 x86 平台上运行,但它也可在 Alpha 和 Sparc 平台上运行。Red Hat 公司已推出了适合后两种平台的开发套件,对其他硬件平台的移植工作也在进行中。

(7) 与其他 UNIX 系统兼容。Linux 与大多数 POSIX、SYSTEMV 等 UNIX 系统在源代码级兼容,通过 iBCS2 兼容的模拟模块,Linux 可直接运行 SCO、SVR3、SVR4 的可执行程序。

(8) 提供全部源代码。Linux 最重要的特性就是它的源代码是免费公开的,这包括整个系统核心、所有的驱动程序、开发工具包以及所有的应用程序。

此外,Linux 还具有支持多种 CPU、多种硬件、软件移植性好等特点。Linux 之所以发展得如此之快,不能不说是 Internet 的功劳,因为对 Linux 的讨论和研究都是通过 Internet 进行的。Linux 和 Internet 的发展相辅相成,没有 Internet,就没有 Linux 的诞生和发展。反过来,Linux 的发展也大大促进了 Internet 的发展,因为 Linux 是完全开源的,每个人都可以得到它的源代码,这使得许多人的才能有了用武之地。在 Internet 上,自学成为 Linux 专家已成为许多年轻人的最大梦想之一。

2.1.4 Android 系统

Android 系统是 Google 于 2007 年 11 月公布的基于 Linux 平台的开源手机操作系统(俗称 Android)。Android 系统是一种基于 Linux 的自由及开放源代码的操作系统,主要应用于移动设备,如智能手机和平板电脑。

Android 系统基于 Linux 内核设计,该平台由操作系统、中间件、用户界面和应用软件组成。它采用软件堆层(Software Stack)的架构,主要分为三部分:底层以 Linux 内核工作为基础,由 C 语言开发,只提供基本功能;中间层包括函数库 Library 和虚拟机 Virtual Machine,由 C++开发。最上层是各种应用软件,包括通话程序、短信程序等,应用软件则由各公司自行开发,以 Java 作为编写程序的一部分。Android 系统不存在任何以往阻碍移动产业创新的专有权障碍,号称是首个为移动终端打造的真正开放和完整的移动软件。目前,Android 系统已经成为全球最大的智能手机操作系统。目前较新的版本是 Android7.0 系列,官方代号定名为 Nougat(牛轧糖),简称 Android N(2017 年 4 月 Google 推出 Android 7.1.2 版)。Android7.0 比以前版本新增了如下新特性。

(1) 分屏多任务。进入后台多任务管理页面,按住其中一个卡片,向上拖动至顶部即可开启分屏多任务,支持上下分栏和左右分栏,允许拖动中间的分割线调整两个 APP 所占的比例。

(2) 全新下拉快捷开关页。在 Android7.0 中,下拉打开通知栏顶部即可显示五个用户常用的快捷开关,支持单击开关以及长按进入对应设置。如果继续下拉通知栏即可显示全部快捷开关,此外在快捷开关页右下角也会显示一个"编辑"按钮,单击该按钮即可自定义添加或删除快捷开关,或拖动进行排序。

(3) 通知消息快捷回复。Android7.0 加入了全新的 API,支持第三方应用通知的快捷操作和回复,例如来电会以横幅方式在屏幕顶部出现,提供接听/挂断两个按钮;信息/社交类应用通知,还可以直接打开键盘,在输入栏里进行快捷回复。

(4) 通知消息归拢。Android7.0 会将同一应用的多条通知提示消息归拢为一项,单击该项即可展开此前的全部通知,允许用户对每个通知执行单独操作。

(5) 夜间模式。Android7.0 中重新加入了夜间深色主题模式,该功能依然需要在系统调谐器中开启,从顶部下滑打开快捷设置页,然后长按其中的设置图标,齿轮旋转 10s 左右即可提示已开启系统调谐器,之后用户在设置中就可以找到"系统调谐器"设置项。点开其中的"色彩和外观",找到夜间模式,开启后即可使用全局的深色主题模式,同时亮度和色彩也会进行一定的调整,该功能可以基于时间或地理位置自动开启。

(6) 流量保护模式。Android7.0 新增的流量保护模式不仅可以禁止应用在后台使用流量,还会进一步减少该应用在前台时的流量使用。其具体实现原理目前尚不清楚,推测其有可能使用了类似 Chrome 浏览器的数据压缩技术。此外,谷歌还扩展了 ConnectivityManagerAPI 的能力,使得应用可以检测系统是否开启了流量保护模式,或检测自己是否在白名单中。

(7) 全新设置样式。Android7.0 启用了全新的设置样式,首先每个分类下各个子项之间的分割线消失了,只保留分类之间的分割线。全新的设置菜单还提供了一个绿色的顶栏,允许用户通过后方的下拉箭头,快速设定勿扰模式等。除了勿扰模式外,顶栏菜单还可以显示诸多其他的设置状态,例如数据流量的使用情况、自动亮度是否开启等。

(8) 改进的 Doze 休眠机制。Android7.0 中对 Doze 休眠机制做了进一步的优化,休眠机制的使用规则和场景有所扩展,例如只要手动在后台删掉应用卡片,关屏后该应用就会很快地进入深度休眠。

(9) 系统级电话黑名单功能。Android7.0 将电话拦截功能变成了一个系统级功能。其他应用可以调用这个拦截名单,但只有个别应用可以写入,包括拨号应用、默认的短信应用等。被拦截号码将不会出现在来电记录中,也不会出现通知。另外用户也可以通过账户体系备份和恢复这个拦截名单,以便快速导入其他设备或账号。

2.1.5 iPhone 操作系统

iPhone 操作系统(iPhone OS,简称 iOS)是由 Apple(苹果)公司为移动设备开发的操作系统。Apple 公司最早于 2007 年 1 月公布了 iOS,到 2016 年 6 月 Apple 公司公布了 iOS 10 系统。最初 iOS 是设计给 iPhone 使用的,后来该系统支持的设备陆续扩展至 iPhone、iPod Touch、iPad、Apple TV 等产品。iOS 与 Apple 公司的 Mac OSX 操作系统一样,属于类 UNIX 的商业操作系统。

iOS 的系统架构分为四个层次:核心操作系统层(the Core OS Layer),核心服务层(the Core Services Layer),媒体层(the Media Layer)和可轻触层(the Cocoa Touch Layer)。

iOS 用户界面的概念基础是能够使用多点触控直接操作。控制方法包括滑动、轻触开关或按键。与系统互动包括滑动(swiping)、轻按(tapping)、挤压(pinching)及旋转(reverse pinching)。此外,通过其内置的加速器,可以令其旋转装置改变其 y 轴使屏幕改变方向。

目前市面上使用的较新的系统版本是 iOS 10.3.2。iOS 10.3 是 iOS 10 系统的第三次重大版本更新。iOS 10.3 提供了很多重要的新功能,例如查找 AirPods、全新的动画设计等,同时 Apple 公司还启用了全新的 AFPS 文件系统,除了更流畅外,还能节约至少 2GB 的存储空间。iOS 10.3 还对系统底层进行了优化,当用户完成升级后,iOS 设备的文件系统会更新至全新的 Apple 公司文件系统 APFS。

在 iOS 10.3.2 正式版发布之前 Apple 公司发布了五个 iOS 10.3.2 测试版 beta1~beta5。10.3.2 正式版更新主要是修复 Bug(例如修复了 SiriKit 的回车命令)和对 iPhone 或 iPad 安全性的改进。用户可以通过 OTA 的方式免费升级至最新的 10.3.2(约 177.4MB),也可以通过下载后通过 Mac 或 PC 上的 iTunes 安装。

iOS 10.3 具有如下应用功能。

(1) 多语言功能。iOS 设备可在世界各地通用。有 30 多种语言供选择,用户还可以在各种语言之间轻松切换。由于 iOS 键盘是基于软件设计的,因而有 50 多种支持特定语言功能的不同版式供用户选择,其中包括字符的变音符和日文关联字符选项。此外,内置词典支持 50 多种语言,VoiceOver 可阅读超过 35 种语言的屏幕内容,语音控制功能可读懂 20 多种语言。

(2) 学习功能。有了 iOS,iPhone、iPad 和 iPod Touch 等设备即可变为出色的学习工具。用户可使用日历来追踪所有的课程和活动,提醒事项的发生,帮助用户准时赴约并参加小组学习,还可利用备忘录 APP 随手记下清单内容,或将好想法记录下来。借助内置的 WLAN 功能在网上进行研究或撰写电子邮件,甚至还可以添加照片或文件附件;使用语音备忘录可以录制采访、朗读示例、学习指南或课堂讲座。

(3) 全新的通知查看功能。在 iPhone 屏幕上用户就能看到目前的通知和更新情况。

(4) 智能语音控制功能。用户可让 Siri(Apple 公司智能语音助手)实现更多的功能,且 Siri 将会更加智能。例如 Siri 可以直接支持的应用有微信、WhatsApp、Uber、滴滴、Skype 等;基于用户的地点、日历、联系人、联系地址等,Siri 会做出智能建议。Siri 将会成为一个人工智能机器人,具备深度学习功能。

(5) 地图功能。类似 Siri 的更新,Apple 公司地图也增加了很多预测功能,如能够提供附近的餐厅建议。其界面也得到了重新设计，变得更加简洁，并增加了交通实时信息。新的 Apple 公司地图还将整合在 Apple 公司 CarPlay 中，为用户提供 turn-by-turn 导航功能。

（6）音乐功能。Apple 公司音乐的界面得到了更新，界面更加简洁、支持多任务，增加了最近播放列表。

（7）新闻功能。Apple 公司新闻得到了较大的更新，应用界面被重新设计，增加了订阅功能，更新了通知功能。

（8）智能家庭应用功能。该功能支持使用带开关和按钮的配件来触发场景，支持检查配件电池电量状态，等等。

（9）即时通信功能。利用 iMessage（即时通信软件），用户可以直接在文本框内发送视频、链接，分享实时照片，还具有表情预测功能，输入的文字若与表情相符，将会直接推荐相关表情。

2.2 网络操作系统的安全与管理

网络操作系统在网络应用中发挥着十分重要的作用。因此，网络操作系统本身的安全，就成为网络安全保护中的重要内容。

操作系统主要的安全功能包括：存储器保护（限定存储区和地址重定位，保护存储信息）、文件保护（保护用户和系统文件，防止非授权用户访问）、访问控制、身份认证（识别请求访问的用户权限和身份）等。

2.2.1 网络操作系统的安全与访问控制

1. 网络操作系统安全

网络操作系统安全保护的研究，通常包括如下内容：第一，操作系统本身提供的安全功能和安全服务。现代操作系统本身往往要提供一定的访问控制、认证和授权等方面的安全服务。如何对操作系统本身的安全性能进行研究和开发，使之符合特定的环境和需求，是操作系统安全保护的一个方面；第二，针对各种常用的操作系统，进行相关配置，使之能正确对付和防御各种入侵；第三，保证网络操作系统本身所提供的网络服务能得到安全配置。

网络操作系统安全是整个网络系统安全的基础。操作系统安全机制主要包括访问控制和隔离控制。隔离控制主要有物理（设备或部件）隔离、时间隔离、逻辑隔离和加密隔离等实现方法；而访问控制是安全机制的关键，也是操作系统安全中最有效、最直接的安全措施。

访问控制系统一般包括主体、客体和安全访问政策。

主体（Subject）是指发出访问操作、存取请求的主动方，它包括用户、用户组、主机、终端或应用进程等。

客体（Object）是指被调用的程序或要存取的数据访问，它包括文件、程序、内存、目录、队列、进程间报文、I/O 设备和物理介质等。主体可以访问客体。

安全访问政策是一套规则，可用于确定一个主体是否对客体拥有访问能力。

操作系统内的活动都可以看作是主体对计算机系统内部所有客体的一系列操作。操作系统中任何含有数据的东西都是客体，可能是一个字节、字段或记录程序等。能访问或使用客体活动的实体是主体，主体一般是用户或者代表用户进行操作的进程。

在计算机系统中，对于给定的主体和客体，必须有一套严格的规则来确定一个主体是否被授权获得对客体的访问。

一般来说，如果一个计算机系统是安全的，即指该系统能通过特定的安全功能控制主体对客体信息的访问，也就是说只有经过授权的主体才能读、写、创建或删除客体信息。

2. 网络访问控制

1) 访问控制的类型

为了系统信息的保密性和完整性，对网络系统需要实施访问控制。访问控制是对用户访问网络系统资源进行的控制过程。只有被授予一定权限的用户，才有资格去访问有关的资源。访问控制具体包括两方面含义，一是指对用户进入系统的控制，最简单最常用的方法是用户账户和口令限制，其次还有一些身份验证措施；二是用户进入系统后对其所能访问的资源进行的限制，最常用的方法是访问权限和资源属性限制。

访问控制所考虑的是对主体访问客体的控制。主体一般是以用户为单位实施访问控制（划分用户组只是对具有相同访问权限的用户的一种管理方法），此外，网络用户也有以 IP 地址为单位实施访问控制的。客体的访问控制范围可以是整个应用系统，包括网络系统、服务器系统、操作系统、数据库管理系统以及文件、数据库、数据库中的某个表甚至是某个记录或字段等。一般来说，对整个应用系统的访问，宏观上通常是采用身份鉴别的方法进行控制，而微观控制通常是指在操作系统、数据库管理系统中所提供的用户对文件或数据库表、记录/字段的访问所进行的控制。

访问控制可分为自主访问控制和强制访问控制两大类。

(1) 自主访问控制。所谓自主访问控制，是指由系统提供用户有权对自身所创建的访问对象（文件、数据表等）进行访问，并可将这些对象的访问权授予其他用户或从被授予权限的用户处收回其访问权限。访问对象的创建者还有权进行"权限转让"，即将"授予其他用户访问权限"的权限转让给别的用户。需要指出的是，在一些系统中，往往是由系统管理员充当访问对象的创建者，并进行访问授权，而在其后通过"授权转让"将权限转让给指定用户。自主访问控制允许用户自行定义其所创建的数据，它以一个访问矩阵来表示包括读、写、执行、附加以及控制等访问模式。

(2) 强制访问控制。所谓强制访问控制，是指由系统（通过专门设置的系统安全员）对用户所创建的对象进行统一的强制性控制，按照规定的规则决定哪些用户可以对哪些对象进行何种操作系统类型的访问，即使是创建者用户，在创建一个对象后，也可能无权访问该对象。

强制访问控制策略以等级和范畴作为其主、客体的敏感标记。这样的等级和范畴，必须由专门设置的系统安全员，通过由系统提供的专门界面来进行设置和维护，敏感标记的改变意味着访问权限的改变。因此可以说，所有用户的访问权限完全是由安全员根据需要确定的。

2) 访问控制措施

访问控制是保证网络系统安全的主要措施，也是维护网络系统安全、保护网络资源的重要手段。通常具体的访问控制措施有以下几种。

(1) 入网访问控制。入网访问控制是为用户安全访问网络设置的第一道关口。它是通过对某些条件的设置来控制用户是否能进入网络的一种安全控制方法。它能控制哪些用户可以登录网络,在什么时间、什么地点(站点)登录网络等。

入网访问控制主要是对要进入系统的用户进行识别,并验证其合法身份。系统可以采用用户账户和口令、账户锁定、安全标识符及其他一些身份验证等方法实现。

每个用户在进行网络注册时,都要由系统指定或由用户自己选择一个用户账户(用户名)和用户口令。这些用户账户及口令信息都被存储于系统的用户信息数据库中。也就是说,每个要入网的合法用户都有一个系统认可的用户名和用户口令。当用户要登录网络时,首先要输入自己的用户名和用户口令,然后服务器将验证用户输入的用户名和用户口令信息是否合法有效。如果验证通过,用户即可进入网络,去访问其所需要且有权访问的资源,否则用户将被拒于网络之外。

为了防止非法用户冒充合法用户尝试用穷举法猜测口令而登录系统,系统应为用户设定尝试登录的最大次数。在达到该次数数值后,系统将自动锁定该用户,不允许其再尝试登录。

必要时,系统为用户建立的账户中还可包含对用户的入网时间、入网站点、入网次数和用户访问的资源容量等限制。

(2) 权限访问控制。一个用户入网登录成功后,并不意味着他能够访问网络中的所有资源。用户访问网络资源的能力将受到访问权限的限制。访问权限控制一个用户能访问哪些资源(目录和文件),以及对这些资源能进行哪些操作。

在系统为用户指定用户账户后,系统根据该用户在网络系统中要做的工作及相关要求,可为用户访问系统资源设定访问权限。用户要访问的系统资源包括目录、子目录、文件和设备等。用户对这些资源的访问操作有读、写、建立、删除、更改等。

(3) 属性访问控制。属性是文件、目录等资源的访问特性。系统可直接对目录、文件等资源设定其访问属性。通过设置资源属性可以控制用户对资源的访问。属性是在权限安全性的基础上提供的进一步的安全性。

属性是系统直接设置给资源的,它对所有用户都具有约束性,一旦目录、文件等资源具有了某些属性,用户(包括超级用户)都不能进行超出这些属性规定的访问,即不论用户的访问权限如何,只能按照资源自身的属性实施访问控制。例如某文件具有只读属性,对其有读写权限的用户也不能对该文件进行写操作。要修改目录或文件的属性,必须有对该目录或文件的修改权;要改变用户对目录或文件的权限,用户必须具有对该目录或文件的访问控制权。属性可以控制访问权限不能控制的权限,如可以控制一个文件是否可以同时被多个用户使用等。

(4) 身份验证。身份验证是证明某人是否为合法用户的过程,它是信息安全体系中的重要组成部分。

身份验证的方法有很多种,不同方法适合于不同的环境,网络组织可以根据自己的情况加以选择。以下是几种常用的身份验证方法。

- 用户名和口令验证。这是一种最简单的身份验证方法,也是大家用得最多最熟悉的方法,前面已经有所介绍。
- 数字证书验证。数字证书是 CA 认证中心签发的用于对用户进行身份验证的一种"执照"。数字证书的内容将在本书 5.3.3 节中介绍。

- SecurityID 验证。SecurityID 已成为令牌身份验证事实上的标准,许多应用软件都能配置成支持 SecurityID 作为身份验证手段的模式。SecurityID 需要有一个能够验证用户身份的硬件装置(安全卡),该卡上有一个显示一串数字的液晶屏幕,其数字每分钟变化一次。用户在登录时先输入自己的用户名,然后输入卡上显示的数字。系统通过对用户输入的数字进行验证,如果数字正确,用户则通过了身份验证,即可进入系统了。

- 用户的生理特征验证。该验证是通过对用户人体的一处或多处生理特征检测而进行的验证。众所周知,每个人的指纹是不一样的,因此指纹是最常见的人体特征,可用来进行身份验证。此外,人们的视网膜、面部轮廓、笔迹、声音等都可作为人体特征用来进行身份验证。

- 智能卡验证。智能卡的外观和手感就像一张信用卡,但其原理就像一台小型计算机。智能卡是可编程的,卡里有一个处理器,具有存储和处理能力,可用来对数值进行运算,可无数次地接收写入信息,可下载应用软件和数据,然后可多次反复地被使用。用户在登录计算机网络时,可用它来证明自己的身份。不仅如此,它还可以代替身份证、旅行证件、信用卡、出入证等多种现代生活中离不开的证件。

(5) 网络端口和结点的安全控制。网络中服务器的端口往往使用自动回呼设备、静默调制解调器加以保护,并以加密的形式来识别结点的身份。自动回呼设备用于防止假冒合法用户,静默调制解调器用以防范黑客的自动拨号程序对计算机进行的攻击。网络还常对服务器端和用户端采取控制,用户必须携带用以证实身份的验证器(如智能卡、磁卡、安全密码发生器等),在用户的身份验证合法之后,才允许用户进入用户端。然后,用户端和服务器端再进行相互验证。

2.2.2　Windows Server 2008 系统安全

Windows Server 2008 定位的高远使它成为目前最安全和最可靠的操作系统之一。Windows Server 2008 的安全改进是全方位的,主要包括以下内容。

1. 自带防火墙的高级安全配置

在此前的 Windows 版本中实施服务器或域隔离时,有时必须建立大量 IPSec 规则来保护必要的网络流量。Windows Server 2008 系统利用自带防火墙新的预设行为法则,可降低上述复杂性,进而带来更安全且更易于执行疑难排解的便利。

2. BitLocker

BitLocker(加密)组件主要是在本地用软硬结合的方式来保护磁盘数据的,该技术可以对磁盘内容进行加密,即使服务器出现问题送去修理,也不会有数据泄露的危险。BitLocker 是 Windows Server 2008 中的一种新的安全特性,主要用于解决由计算机设备的物理丢失导致的数据失窃或恶意泄露的问题。BitLocker 通过加密 Windows 系统卷上存储的所有数据可以更好地保护计算机中的数据。

3. NAP

为了避免不安全的计算机访问企业网络并造成损害,企业用户可以利用 NAP(网络访问保护)自行配置客户端的安全要求,并经过账户合法性验证后允许其连接到企业网络上。其实 NAP 就相当于一个可以评估客户端是否安全的软件,只要网管配置好安全策略,在发现不符合相关标准的计算机后,NAP 就会限制这些计算机访问网络,从而保护局域网中的其他计算机的安全。

4. RODC

RODC(只读域控制器)是 Windows Server 2008 系统中一种新类型的域控制器。RODC 可使活动目录数据库处于只读状态,这样在提高可靠性和安全性的同时,还可减少流量消耗。RODC 提供了一种在要求快速、可靠的身份验证服务、但不能确保可写域控制器的物理安全性的位置中更安全地部署域控制器的方法。

5. Server Core

Server Core(服务器核组件)是一个运行在 Windows Server 2008 或者之后版本的操作系统上的极小的服务器安装选项,其作用就是为特定的服务提供一个可执行的功能有限的低维护服务器环境。Server Core 是为网络和文件服务基础设施开发人员、服务器管理工具和实用程序开发人员设计使用的。Server Core 能够帮助用户快速实现四种服务器角色(文件服务器、DHCP 服务器、DNS 服务器和域控制器)的部署。它能够有效地提高安全性和降低管理复杂度,并可以实现最大程度的稳定性。

6. IIS 的改进

Internet 信息服务(IIS)7.0 在 Windows Server 2008 系统中是 Web 服务器的角色。在 IIS6.0 中,所有功能都是内置默认的,很难扩展或替代其中任何部分。Web 服务器在 IIS7.0 中经过重新设计,用户可通过添加或删除模块来自定义服务器,以满足特定需求。IIS7.0 由 40 多个不同的特性模块组成,默认时仅安装一半的模块,管理员可有选择地增减相关特性模块。这种方式比较灵活,不仅可大大节约安装时间,还可减少其他服务程序的运行数量,从而减小被攻击面,提高服务器的安全性。

7. 群集改进

为了简化群集管理,系统管理界面已经过改进,可使管理员将精力集中在对应用程序和数据(而不是群集)的管理上。Windows Server 2008 故障转移群集的改进包括:动态添加磁盘资源、增强对存储的支持和轻松的磁盘维护。

2.2.3 UNIX 系统安全

UNIX 系统经历了几次更新换代,其功能和安全性都日臻完善,尽管如此,攻击者还是可以利用系统的一些漏洞进入系统。

1. UNIX 系统的安全基础

文件系统安全是 UNIX 系统的重要部分。在 UNIX 中,所有的对象都是文件。UNIX 中的基本文件类型有正规文件、特殊文件、目录、链接、套接字、字符设备等,这些文件以一个分层的树型结构进行组织,以一个称为 root 的目录为起点,整个就是一个文件系统。UNIX 中的每个用户都有一个唯一的用户名和 UID(用户 ID 号),每个用户属于一个或多个组。基本分组成员在/etc/passwd 中定义,附加的分组成员在/etc/group 中定义。每个文件和目录有三组权限:一组是文件的拥有者,一组是文件所属组的成员,一组是其他所有用户。在所有文件中,需要注意文件的 SUID(设置文件所有者 ID 号)位和 SGID(设置文件所在组 ID 号)位,因为一些攻击者常利用这些文件留下后门。当用户执行一个 SUID 文件时,用户 ID 在程序运行的过程中被置为文件拥有者的用户 ID,如果文件属于 root,则用户就成为超级用户。同样,当一个用户执行 SGID 文件时,用户的组被置为文件的组。UNIX 系统实际上有两种类型的用户 ID:实际 ID 和有效 ID。实际 ID 是在登录过程中建立的用户 ID,有效 ID 是用户运行进程时的有效权限。一般情况下,当一个用户执行一条命令时,进程继承了用户登录 Shell 的权限,这时,实际 ID 和有效 ID 是相同的。当 SUID 位被设置时,进程则继承了命令所有者的权限,通过创建一个 SUID 是 root 的 Shell 副本,攻击者可以借此建立后门。因此,系统管理员应定期查看系统中有哪些 SUID 和 SGID 文件。

UNIX 早期版本的安全性能很差,仅达到 TCSEC 的 C1 安全级。但后来的新版本引进了受控访问环境的增强特性,增加了审计特性,进一步限制用户执行某些系统指令,其中审计特性可跟踪所有的"安全事件"和系统管理员的工作,从而使 UNIX 系统达到了 C2 安全级。

2. UNIX 系统漏洞与防范

1) RPC 服务缓冲区溢出

远程过程调用(RPC)是 SUN 公司开发的用于在远程主机上执行特定任务的一种协议。RPC 允许一台计算机上的程序远程执行另一台计算机上的程序。它被广泛用来提供网络远程服务,如 NFS 文件共享等。但由于代码实现的问题,RPC 的几个服务进程很容易遭到远程缓冲区溢出的攻击。因为 RPC 不能进行必要的错误检查,所以缓冲区溢出允许攻击者发送程序不支持的数据,使这些数据被继续传送和处理。

采取安装补丁程序、从 Internet 直接访问的计算机上关闭或删除 RPC 服务、关闭 RPC 的 oopback 端口、关闭路由器或防火墙中的 RPC 端口等措施可避免该漏洞被攻击。

2) Sendmail 漏洞

Sendmail 是 UNIX 上用得最多的用于发送、接收和转发电子邮件的程序。Sendmail 在 Internet 上的广泛应用使其成为攻击者的主要目标,攻击者可利用 Sendmail 存在的缺陷进行攻击。最常见的攻击是攻击者发送一封特别的邮件消息给运行 Sendmail 的计算机,Sendmail 会根据该消息要求被攻击的计算机将其口令文件发送给攻击者,这样,口令就会被暴露。

可通过采取更新 Sendmail 为最新版本、及时下载或更新补丁程序、非邮件服务器或代理服务器不要在 daemon 模式下运行 Sendmail 等措施防范 Sendmail 攻击。

3) BIND 的脆弱性

BIND 是域名服务 DNS 中用得最多的软件包。它存在一定的缺陷,攻击者可利用 BIND 缺陷攻击 DNS 服务器,如删除系统日志、安装软件工具以获得管理员权限、编辑安装 IRC 工具和网络扫描工具、扫描网络以寻找更多的易受攻击的 BIND 等。可采取以下措施防范 BIND 攻击。

(1) 在所有非 DNS 服务器的计算机上,取消 BIND 的 named;

(2) 在 DNS 服务器的计算机上将 DNS 软件升级到最新版本或补丁版本;

(3) 选择部分补丁程序,以非特权用户的身份运行 BIND,以防止远程控制攻击。

4) R 命令缺陷

UNIX 系统提供了 R 系列命令(rsh、rcp、rlogin 和 rcmd)和相应的 R 服务功能。UNIX 管理员经常使用信任关系和 R 命令,从一个系统方便地切换到另一个系统。R 命令允许一个人登录远程计算机而不必提供口令,远程计算机不用询问用户名和口令,而认可来自可信赖 IP 地址的任何人。如果攻击者获得了可信赖网络中的任何一台计算机,就能登录到任何信任该 IP 的计算机。

采取不允许以 IP 为基础的信任关系、不使用 R 命令和更安全的认证方式等措施可防范 R 命令的缺陷。

3. UNIX 的主机安全性

UNIX 系统主机的安全是网络安全的重要方面,攻击者往往通过控制网络中的系统主机来入侵信息系统和窃取数据信息,或通过已控制的系统主机来扩大已有的破坏行为。为 UNIX 操作系统安全制定较详细的安全性原则,可从技术层面指导用户对主机系统进行安全设置和管理,从而使信息系统的安全性达到一个更高的层次。

UNIX 系统安全性措施包括用户与口令安全、文件系统安全和系统配置安全等。

1) 用户与口令安全性

(1) 设置/etc/passwd 文件权限为 400,且所有者为 root。因为/etc/passwd 文件中存放着系统的账号信息,只有 root 可以写。如果其他用户可写,就有可能出现设置后门、提升权限、增删用户等问题。

(2) 设置用户密码。空密码用户的存在将增加服务器被入侵的可能性,因此要为每个用户设置密码。密码要有一定的长度,要大小写字母、数字和符号组合,增加密码的复杂性,减少密码被猜中的可能性。

(3) 设置账号锁定功能。攻击者可能会使用一些软件工具通过重复登录来穷举密码,锁定账号可以使这种穷举密码攻击失效。

(4) 封闭不常用的账号。bin、sys、daemon、adm、lp、tftp、nobody 等账号一般用不到,但有可能被攻击者利用,因此可将这些无用账号删除。

(5) 启用审计功能。审计功能可为管理员提供用户登录、用户操作及网络资源的使用等情况,因此可使管理员很清楚服务器的使用现状。

2) 文件系统安全性

(1) 设置内核文件的所有者为 root,且组和其他用户对内核文件不可写,防止其他用户修改内核文件。

(2) 禁止普通用户运行 crontab,并确保/usr/lib/crontab 和该表中列出的任何程序对任何人都不可写。明确 crontab 运行脚本中的路径和不安全的命令,因为 crontab 经常会被一些攻击者设置后门,所以要弄清楚 crontab 中的脚本用途。

(3).netrc 文件中不能包含密码信息。ftp 命令在执行时会去寻找一个文件名为.netrc 的文件,如果此文件存在且其中有 ftp 命令行中指定的主机名,则会执行.netrc 文件中的命令行。.netrc 文件中存放有远程主机名、注册用户名、用户密码和定义的宏,因此要将其权限设置为 0600,并注意不包含密码信息。

(4) 对一些开机启动的文件设置正确的权限,因为这些文件很容易被放置木马。

(5) 将文件/etc/inetd.conf 和/var/adm/inetd.sec 的访问权限设置为 0600,并且所有者为 root。这样可以使这些服务配置文件不能被 root 以外的用户读或修改。

(6) 将文件/etc/services 设置成组和其他用户不可读。

(7) 将所有人可以写和执行的文件重新设置权限,把无用户文件重新设置为用户权限。

3) 系统配置安全性

(1) 禁止 root 远程 Telnet 登录和 FTP。Telnet 和 FTP 使用明文方式传输用户名和密码,很容易被窃听。因此,禁止 root 远程 Telnet 登录和 FTP,可减少 root 密码被窃取的可能。

(2) 禁止匿名 FTP。匿名 FTP 不需要账号密码就可执行 FTP 操作。因此,匿名 FTP 中可能会被人放置一些攻击文件和木马,也可能窃取一些系统资料。

(3) 在非邮件服务器上禁止运行 Sendmail。Sendmail 存在较多的安全漏洞,且它是以 root 用户权限运行的,如果发生缓冲区溢出,就会被攻击者获得 root 权限。

(4) snmp 密码不要设置为默认的 public 和 private。因为使用默认密码可使攻击者得到很多系统的信息,甚至可以控制系统,所以尽量将 snmp 的密码重新设置。

(5) 尽量不运行 NFS server。NFS 提供不同机器间文件的共享,大部分系统的 NFS 服务默认情况下设定文件共享是可读写的,而且对访问的机器没有限制,所以很容易泄露和被删改。

(6) 关闭潜在的危险服务。Echo、chargen、rpc、finger 等服务并不是很重要的,但对于攻击者,它们可以提供系统信息,或可对它们进行各种溢出攻击,有的可能直接获取 root 权限。因此在不必要时要尽量关闭这些服务。

(7) 禁止非路由器设备转发数据包。可以防止黑客使用 DoS(拒绝服务)攻击,也可避免黑客利用该设备去 DoS 攻击其他服务器。

(8) 为系统打最新补丁。系统管理员要随时浏览安全网站信息,下载最新补丁程序来弥补各种系统漏洞。

2.2.4 Linux 系统安全

Linux 是一种类似于 UNIX 操作系统的自由软件,是一种与 UNIX 系统兼容的新型网络操作系统。Linux 的安全级已达到 TCSEC 的 C2 级,一些版本达到了更高级别。Linux 的一些安全机制已被标准所接纳。Linux 系统具有如下安全措施。

1. 身份验证机制

在 Linux 系统中,用户的身份验证和用户权限是分开设计的,因此用户的身份验证就比较简单。Linux 身份验证系统最基本的实现方式是 Linux login 程序,不过其他各应用程序也一样要通过身份验证来确定用户身份。

Linux 系统采用的最基本的验证体系有/password/shadow 体系和 PAM 体系。

(1) /password/shadow 身份验证体系是最简单也是最基本的,即利用口令进行身份验证。系统将用户输入的口令与系统预设的口令相比较,若一致,用户即可进入系统。

(2) PAM 是安全验证模块体系,只有在编程时选择了 PAM 库支持,才能使用 PAM 验证。在这种情况下,程序调用 PAM 运行库,运行库则根据当前的 PAM 系统管理进行具体的验证过程,使得整个验证过程可以添加或删除特定的功能,从系统核心中分离出来。PAM 验证体系是由一组模块组成的,可以在一个 PAM 验证过程中使用多种验证模块,后面的验证过程的执行依赖于前面的验证结果。PAM 验证体系的功能有加密口令、用户使用资源控制、限制用户入网的时间和地点、支持 C/S 中的机器认证等。

2. 用户权限体系

Linux 系统的用户权限体系包括用户权限、超级用户权限和 SUID 机制。

（1）用户权限。Linux 使用标准的 UNIX 文件权限体系来实现 Linux 的基本用户隔离和存取授权功能。Linux 系统中的每个文件都有一个属主用户 user 和一个属主程序组 group，除此之外的用户都作为其他用户 other。因此，每个文件都存在三种存取权限，即用户访问权限、组访问权限和其他用户访问权限。

（2）超级用户权限。超级用户 root 作为系统管理者，其权限很大，可以访问任何文件并对其进行读写操作。通常说的入侵 Linux 系统，主要就是指获得 root 权限，例如知道 root 密码或获取一个具有 root 权限的 shell。

（3）SUID 机制。SUID 机制就是在权限组中增加 SUID 和 SGID 位。凡是 SUID 位被置"1"的文件，当它被执行时会自动获得文件属主的 UID；同样，当 SGID 位被置位时，也能自动获得文件属组的 GID。

3. 文件加密机制

加密技术在现代计算机系统中扮演着越来越重要的角色。文件加密机制就是将加密服务引入文件系统，从而提高计算机系统的安全性。文件加密机制可防止磁盘信息被盗窃、未授权的访问和信息的不完整等。

Linux 已有多种加密文件系统，如 CFS、TCFS、CRYPTFS，较有代表性的是 TCFS（Transparent Cryptographic File System）。TCFS 通过将加密服务和文件系统紧密结合，使用户感觉不到文件的加密过程。TCFS 不修改文件系统的数据结构，备份、修复以及用户访问保密文件的语义也不变。TCFS 可使保密文件对合法拥有者以外的用户、对用户与远程文件系统通信线路上的偷听者，以及对文件系统服务器的超级用户都不可读。而对于合法用户，访问保密文件与访问普通文件没有区别。

4. 安全系统日志和审计机制

即使网络采取了多种安全措施，还是会存在一些漏洞。攻击者在漏洞修补之前会抓住机会攻击更多的机器。Linux 系统具有安全审计功能，它可对网络安全进行检测，利用系统日志记录攻击者的行踪。

日志就是对系统行为的记录，它可记录用户的登录/退出时间、用户执行的命令，以及系统发生的错误等。日志是 Linux 安全结构中的重要内容，它能提供攻击发生的唯一真实证据。在检查网络入侵者时，日志信息是不可缺少的。在标准的 Linux 系统中，操作系统维护三种基本日志，即连接时间日志、进程记账日志和 Syslog 日志。

连接时间日志用来记录用户的登录信息。这是最基本的日志系统，管理员可以利用它来记录哪些用户在什么时间进入系统。

进程记账日志用来记录系统执行的进程信息，如某进程消耗了多少 CPU 时间等。

Syslog 日志不由系统内核维护，而是由 syslogd 或其他一些相关程序完成。它是各种程序对运行中发生的事件的处理代码。

除以上安全机制外，Linux 系统还采取了很多具体安全措施，如提升系统的安全级别（将系统的安全级别从 C2 级提升到 B1 级或 B2 级）、SSH 安全工具、虚拟专用网（VPN）等。

5. 强制访问控制

强制访问控制（MAC）是一种由管理员从全系统角度定义和实施的访问控制。它通过标记系统中的主客体,强制性地限制信息的共享和流动,使不同的用户只能访问与其有关的、指定范围的信息,从根本上防止信息泄露和访问混乱的现象。

由于 Linux 是一种自由式操作系统,因此在其系统上实现的强制访问也有多种形式,比较典型的有 SELinux 和 RSBAC,采用的策略也各不相同。

SELinux 是一种安全体系结构,在该结构中,安全性策略的逻辑和通用接口一起封装在与操作系统独立的被称为安全服务器的组件中。SELinux 安全服务器定义了一种由类型实施(TE)、基于角色的访问控制(RBAC)和多级安全(MLS)组成的混合安全策略。通过替换安全服务器,可以支持不同的安全策略。

RSBAC(基于规则集的访问控制)是根据一种访问控制通用架构(GFAC)模型开发的,它可以基于多个模块提供灵活的访问控制。所有与安全相关的系统调用都扩展了安全实施代码。这些代码调用中央决策部件,该部件随后调用所有被激活的决策模块,形成一个综合决定,然后由系统调用扩展来实施该决定。

6. Linux 安全工具

网络上有各种各样的攻击工具,也有各种各样的安全工具。以下介绍的是 Linux 系统中的安全工具。与 Linux 本身类似,这些安全工具大多也是开放源代码的自由软件,恰当地使用它们,可提高系统的安全性。

1) tcpserver

tcpserver 是一个 inetd 类型的服务程序,可监听进入连接的请求,为要启动的服务设置各种环境变量,然后启动指定的服务。tcpserver 可限制同时连接一个服务的数量。

2) xinetd

xinetd 具有可支持 TCP、UDP、RPC 服务,基于时间段的访问控制,具有完备的 log 功能,可有效地防止 DoS 攻击,可限制同时运行的同类服务器的数目,可限制启动的服务数目,可作为其他系统的代理,可在特定端口绑定某项服务而实现只允许私有网络访问该服务等特点。

3) sudo

sudo 是一个允许系统管理员给予特定的普通用户(或用户组)有限的超级用户特权,使其能够以超级用户或其他用户的身份运行命令并记录其所有命令和参数的程序。最基本的原则是在普通用户可以完成工作的范围内,给予尽可能少的特权。sudo 具有的特性有:可以限制用户在每个主机上运行的命令;可对每个命令都进行记录,以便清楚地审核每个用户做了什么;可为"通行证系统"提供标记日期的文件。

4) 安全检查工具 nessus

nessus 是一个远程安全扫描器。它是自由软件,具有功能强大、更新快、易于使用等特点。安全扫描器的功能有:对指定的网络进行安全检查和弱点分析,确定是否有攻击者入侵或是否存在某种方式的误用,寻找导致对手攻击的安全漏洞等。

5) 监听工具 sniffit

sniffit 是可在 Linux 平台上运行的网络监听软件,它主要用来监听运行 TCP/IP 协议的计算机,以发现其不安全性。因为数据包必须经过运行 sniffit 的计算机才能进行监听,所以它只能监听同一个网段上的计算机。可以为其增加某些插件以实现额外功能。还可以配置 sniffit 在后台运行,以检测 TCP/IP 端口上用户的输入/输出信息。

6) 扫描工具 nmap

nmap(Network Mapper)是开放源码的网络探测和安全扫描工具。它主要用来快速扫描大型网络,但在单机上也能很好地工作。nmap 可以查找到网络上有哪些主机,它们提供什么服务(端口),运行什么操作系统,过滤防火墙使用哪些类型的数据包等。

2.2.5 Android 系统安全

Android 是一个开源的移动平台操作系统,主要用于移动设备。作为一个运行于实际应用环境中的终端操作系统,Android 操作系统在其体系结构设计和功能模块设计上就将系统的安全性考虑其中。Android 是一个支持多任务的系统,其安全机制依托于数字签名和权限,系统中的应用程序之间一般是不可以互相访问的,每一个应用程序都有独立的进程空间。

Android 系统本身具有一套比较完善的安全机制,正常情况下可以有效地保护系统的安全使其不受侵害。Android 的安全机制是在 Linux 安全机制的基础上发展和创新的,是传统的 Linux 安全机制和 Android 特有的安全机制的共同发展。

1. 用户 ID

Android 系统是基于 Linux 内核的,对应用程序文件和系统文件的访问都遵循 Linux 的许可机制,并将这种机制用于管理应用程序。在 Android 应用程序安装成功后,系统就为其指定了一个唯一的用户名,对应着系统中唯一的用户标识(UID),每个用户可以属于一个或者多个组。如果在应用程序执行期间有越轨或超越权限的操作行为发生,那么用户将会收到 Android 的警告信息。

通常,只有 UID 是 system 或 root 的用户才拥有 Android 系统文件的访问权限,而任何一个应用程序在使用 Android 受限资源之前都必须向 Android 系统提出申请,等待 Android 系统批准后方可使用相应的资源。

2. 应用程序数字签名

数字签名是通过某种密码运算生成一系列符号及代码组成电子密码进行签名,以代替书写签名或印章。签名的主要作用是身份认证、完整性验证和建立信任关系。Android 系统安装的应用程序都进行了签名,即所有安装到 Android 系统中的应用程序都必须拥有一个数字证书,此数字证书用于标识应用程序的作者和应用程序之间的信任关系。如果一个权限的保护级别为 signature 或 system,Android 系统会将该权限授予具有相同数字签名的应用程序或 Android 包类。

3. Permission 机制

Android 是一个权限分离系统,它利用 Linux 已有的权限管理机制,为每一个应用程序分配不同的 UID 和 GID,使不同的应用程序之间的私有数据和访问达到隔离的目的。如果使不同的应用程序之间的私有数据和访问达到共享,就需要声明对应的权限。为此,Android 在原有的基础上进行了扩展,提供了 permission 机制,它主要是用来对应用程序可执行的某些具体操作进行权限细分和访问控制。在 manifest 文件中添加一个 permission 标签,就定义了一个 permission。另外,Android 为了对某些特定的数据块进行 ad-hoc 方式的访问,还提供了 per-URI permission 机制。

4. 沙箱隔离

Android 引入沙箱的概念来实现应用程序之间的分离，具有允许或拒绝一个应用程序访问另一个应用程序资源的权限。其本质是为了实现不同应用程序和进程之间的互相隔离，即在默认情况下，应用程序没有权限访问系统资源或其他应用程序的资源。Android 使用内核层 Linux 的自主访问控制机制和运行时的 Dalvik 虚拟机来实现 Android 的"沙箱"机制。

2.2.6 iPhone 操作系统安全

由于 Apple 公司对 iPhone 操作系统(iOS)采取闭源策略，使得研究人员对其安全机制的深入了解变得十分困难。经过多年研究，一些安全研究人员给出了 iOS 的安全机制、安全模型和一些数据保护机制的细节。但这些研究一方面只能通过逆向分析等方法，难以获取 iOS 内部的所有细节。另一方面，随着 iOS 的不断升级和更新，研究者难以在短时间内掌握其改进和新机制的细节。同时，iOS 安全研究的另一大特点就是黑客社区所做的研究和贡献更为突出。每次 iOS 的升级以及硬件设备的更新都伴随着一场对 iOS 越狱的研究高潮。iOS 越狱技术的研究者对 iOS 安全机制有着更为深入的了解和实践。这些研究者以开放的精神和坚持不懈的努力突破 Apple 公司为 iOS 设置的重重栅锁，不仅为其他研究者提供了大量的技术资料和源码，也使得 iOS 的安全性在攻防双方的较量中不断提升。

iOS 是一个封闭的系统，在 iOS 应用的开发中，开发者需要遵循 Apple 公司为其设定的开发者协议，没有遵循规定协议而开发的应用不会通过 App Store 审核，这样就使得开发者在开发应用时必须遵守一定的协议，没有权限操作任何非本程序目录下的内容。

归纳起来，iOS 有如下安全机制。

1. 可信引导

打开 iOS 设备后，其应用程序处理器会立即执行只读内存(Boot ROM)中的代码。这些不可更改的代码(称为硬件的信任根)是在制造芯片时设置好的，为隐式受信任代码。Boot ROM 代码包含 Apple 根 CA 公钥，该公钥用于验证底层引导加载程序(LLB)是否经过 Apple 签名，以决定是否允许其加载。这是信任链中的第一步，信任链中的每个步骤都确保下一步骤可以获得 Apple 的签名。当 LLB 完成其任务后，它会验证并运行下一阶段的引导加载程序 iBoot，后者又会验证并运行 iOS 内核。此安全启动链有助于确保底层的软件未被篡改，并只允许 iOS 运行在经过验证的 Apple 设备上。对于可接入蜂窝移动网络的设备，基带子系统也使用类似的安全启动过程，包括已签名的软件以及由基带处理器验证的密钥。如果该启动过程中某个步骤无法加载或验证下一过程，启动过程会停止，设备屏幕会显示"连接到 iTunes"，这就是所谓的恢复模式。如果 Boot ROM 无法加载或验证 LLB，它会进入 DFU(设备固件升级)模式。

2. 代码签名

可信引导机制保证了系统加载过程中各个阶段数据的完整性，而代码签名机制则保证了所有在 iOS 中运行程序的数据完整性。Apple 公司不希望用户安装未被其审核的第三方应用程序。一般开发者开发的程序在使用 Apple 公司颁发的证书进行签名以后，提交到 App Store，再由 Apple 公司进行审核。审核成功后，Apple 公司使用其私钥对程序进行签名。用户从 App Store 上下载安装程序时，iOS 调用系统进程对应用程序进行证书校验。

代码签名机制使得在 iOS 设备上运行的代码是可控的,并且 Apple 公司严格的审核机制也使得 iOS 系统上的恶意软件数量远远小于开放的 Android 系统。

3. 沙盒机制

iOS 中的沙盒机制(SandBox)是一种安全体系,它规定了应用程序只能在为其创建的文件夹内读取文件,而不可以访问其他地方的内容。所有的非代码文件(如图片、声音、属性列表和文本文件等)都保存在这个地方。iOS 沙盒的实质是一个基于 TrustBSD 策略框架的内核扩展模块访问控制体系,其应用程序的所有操作都要通过这个体系来执行,其中核心内容是 SandBox 对应用程序执行各种操作的权限限制。每个应用程序都在自己的沙盒内,不能随意跨越自己的沙盒去访问别的应用程序沙盒的内容,应用程序向外请求或接收数据都需要经过权限认证。

沙盒机制的使用使得程序的行为得到了控制,强制隔离了应用程序,并保护了应用程序数据和底层操作系统数据不被恶意修改。

4. 数据加密

iOS 4 及以后的系统使用数据加密机制来保护文件系统中的系统和数据分区。系统和数据分区中的数据将由一个基于硬件设备的密钥进行加密。在 iPhone 3GS 以后的设备上,该密钥存储于一个 AES(高级加密标准)加密加速硬件上。这个基于硬件的密钥不能被 CPU 所访问,只有在加解密时才能由该加速器获取。通过这种机制,直接从硬盘上被取走的原始数据就无法被正确解密。同时,数据加密机制还提供了多种加密策略供应用程序选择。应用程序可以选择对一些敏感文件使用 NSFileProtectionComplete(NS 文件完整保护)策略而不是默认的 NSFileProtectionNone(NS 文件无保护)策略加密数据。iOS 开发中应用最广泛的数据加密方式就是 MD5 加密,由于其加密的不可逆性,经常用于用户数据的加密。MD5 的典型应用是对一段信息(Message)产生信息摘要(MD),以防止该信息被篡改。

5. 内置安全性

iOS 可为用户提供内置的安全性。iOS 专门设计了低层级的硬件和固件功能,用以防止恶意软件和病毒;同时还设计有高层级的操作系统功能,有助于在访问个人信息和企业数据时确保安全性。用户可以设置密码锁,以防止有人未经授权访问其设备,并进行相关配置,允许设备在多次尝试输入密码失败后删除所有数据。该密码还会为存储的邮件自动加密和提供保护,并能允许第三方 APP 为其存储的数据加密。iOS 支持加密网络通信,它可供 APP 用于保护传输过程中的敏感信息。如果 iPhone 设备丢失或失窃,可以利用"查找我的 iPhone"功能在地图上定位设备,并远程擦除所有数据。一旦 iPhone 设备失而复得,还能恢复上一次备份过的全部数据。

习题和思考题

一、简答题

1. 常用的网络操作系统有哪些?
2. 何为系统漏洞补丁?其作用是什么?
3. 如何设置用户的账户策略?

4．网络操作系统有哪些安全机制？

5．如何设置用户的密码策略？

6．Windows Server 2008 系统有哪些新功能？

7．Android 系统有哪些特点？

8．iPhone 操作系统 iOS 的应用功能有哪些？

二、填空题

1．Windows Server 2008 R2 家族的主要版本有（   ）、（   ）、（   ）和 Windows Server 2008 R2 Datacenter(数据中心)。

2．网络访问控制可分为（   ）和（   ）两大类。

3．（   ）指由系统提供用户有权对自身所创建的访问对象进行访问，并可将对这些对象的访问权授予其他用户或从被授予权限的用户处收回其访问权限。

4．常用的身份验证方法有用户名和口令验证、（   ）、（   ）、用户的生理特征验证和（   ）。

5．硬件安全是网络操作系统安全的（   ）。

6．安全审计可以检查系统的（   ），并对事故进行记录。

7．补丁程序是（   ）小程序。

8．安装补丁程序的方法通常有（   ）和手工操作。

三、单项选择题

1．网络访问控制可分为自主访问控制和强制访问控制两大类。(1)是指由系统对用户所创建的对象进行统一的限制性规定。(2)是指由系统提供用户有权对自身所创建的访问对象进行访问，并可将对这些对象的访问权授予其他用户和从授予权限的用户处收回其访问权限。用户名/口令、权限安全、属性安全等都属于(3)。

(1) A. 服务器安全控制　　B. 检测和锁定控制　　C. 自主访问控制　　D. 强制访问控制

(2) A. 服务器安全控制　　B. 检测和锁定控制　　C. 自主访问控制　　D. 强制访问控制

(3) A. 服务器安全控制　　B. 检测和锁定控制　　C. 自主访问控制　　D. 强制访问控制

2．运行（   ）程序可进入组策略编辑器进行系统安全设置。

A. gpedit. msc　　　　B. regedit　　　　C. mmc　　　　D. config

3．进入（   ）后可修改系统默认的 TTL 值。

A. 组策略编辑器　　B. 注册表编辑器　　C. 计算机管理　　D. 控制台

第3章 网络实体安全

本章要点

- 网络硬件系统的冗余；
- 网络机房设施与环境安全；
- 路由器安全；
- 交换机安全；
- 网络服务器和客户机安全。

计算机网络实体是网络系统的核心，它既是对数据进行加工处理的中心，也是信息传输控制的中心。计算机网络实体包括网络系统的硬件实体、软件实体和数据资源。因此，保证计算机网络实体安全，就是保证网络的硬件和环境、存储介质、软件和数据的安全。

很多行业和企业用户对网络系统的实时性要求都很高，他们的网络系统是不允许出现故障的，一旦出现故障，将带来非常巨大的经济损失和社会影响。但网络系统涉及的环节非常多，任何一个环节都有可能出现问题，一旦某个环节出现问题，可能会导致整个网络系统停止工作。因此，必须加强对网络系统硬件设备和软件设备的使用管理，坚持做好网络系统的日常维护和保养工作。

本章介绍网络硬件系统的冗余、网络机房设施与环境安全、路由器安全、交换机安全、服务器和客户机安全等内容。

3.1 网络硬件系统的冗余

如果在网络系统中有一些后援设备或后备技术等措施，在系统中某个环节出现故障时，这些后援设备或后备技术能够"站出来"承担任务，使系统能够正常运行下去。这些能提高系统可靠性、确保系统正常工作的后援设备或后备技术就是冗余设施。

3.1.1 网络系统的冗余

系统冗余就是重复配置系统的一些部件。当系统某些部件发生故障时，冗余配置的其他部件介入并承担故障部件的工作，由此提高系统的可靠性。也就是说，冗余是将相同的功能设计在两个或两个以上设备中，如果一个设备有问题，另外一个设备就会自动承担起正常工作。

冗余就是利用系统的并联模型来提高系统可靠性的一种手段。采用"冗余技术"是实现网络系统容错的主要手段。

冗余主要有工作冗余和后备冗余两大类。工作冗余是一种两个或两个以上的单元并行工作的并联模型,平时由各处单元平均负担工作,因此工作能力有冗余;后备冗余是平时只需一个单元工作,另一个单元是储备的,用于待机备用。

从设备冗余角度看,按照冗余设备在系统中所处的位置,冗余又可分为元件级、部件级和系统级;按照冗余设备的配备程度又可分为 1∶1 冗余、1∶2 冗余、1∶n 冗余等。在当前元器件可靠性不断提高的情况下,与其他形式的冗余方式相比,1∶1 的部件级冗余是一种有效而又相对简单、配置灵活的冗余技术实现方式,如 I/O 卡件冗余、电源冗余、主控制器冗余等。

网络系统大多拥有"容错"能力,容错即允许存在某些错误,尽管系统硬件有故障或程序有错误,仍能正确执行特定算法和提供系统服务。系统的"容错"能力主要是基于冗余技术的。

系统容错可使网络系统在发生故障时,保证系统仍能正常运行,继续完成预定的工作。如在 20 世纪 80~90 年代风靡全球的 NetWare 操作系统,就提供了三级系统容错技术(System Fault Tolerant,SFT)。其第二级 SFT 采用了磁盘镜像(两套磁盘)措施,第三级 SFT 采取服务器镜像(配置两套服务器)措施实行"双机热备份"。

3.1.2 网络设备的冗余

网络系统的主要设备有网络服务器、核心交换机、供电系统、链接以及网络边界设备(如路由器、防火墙)等。为保证网络系统能正常运行和提供正常的服务,在进行网络设计时要充分考虑主要设备的冗余或部件的冗余。

1. 网络服务器系统冗余

由于服务器是网络系统的核心,因此为了保证系统能够安全、可靠地运行,应采用一些冗余措施,如双机热备份、存储设备冗余、电源冗余和网卡冗余等。

1) 双机热备份

对数据可靠性要求高的服务(如电子商务、数据库),其服务器应采用双机热备份措施。服务器双机热备份就是设置两台服务器(一个为主服务器,另一个为备份服务器),装有相同的网络操作系统和重要软件,通过网卡连接。当主服务器发生故障时,备份服务器接替主服务器工作,实现主、备服务器之间容错切换。在备份服务器工作期间,用户可对主服务器故障进行修复,并重新恢复系统。

2) 存储设备冗余

存储设备是数据存储的载体。为了保证存储设备的可靠性和有效性,可在本地或异地设计存储设备冗余。目前数据的存储设备多种多样,根据需要可选择刻录光驱、磁带机、磁盘镜像和独立冗余磁盘阵列(RAID)等。下面主要介绍磁盘镜像和 RAID。

(1) 磁盘镜像。每台服务器都可实现磁盘镜像(配备两块硬盘),这样可保证当其中一块硬盘损坏时另一块硬盘可继续工作,不会影响系统的正常运行。

(2) RAID。RAID 可采用硬件或软件的方法实现。磁盘阵列由磁盘控制器和多个磁盘驱动器组成,由磁盘控制器控制和协调多个磁盘驱动器的读写操作。可以这样来理解,RAID 是一种把多块独立的硬盘(物理硬盘)按不同方式组合起来形成一个硬盘组(逻辑硬盘),从而提供比单个硬盘更高的存储性能和提供数据冗余的技术。组成磁盘阵列的不同方式称为 RAID 级别。在用户看起来,组成的磁盘组就像是一个硬盘,用户可以对它进行分区、格式化等。总之,对磁盘阵列的操作与单个硬盘一样。不同的是,磁盘阵列的存储性能要比单个硬盘高很多,而且在很多 RAID 模式中都有较为完备的相互校检/恢复措施,甚至是直接相互的镜像备份,从而大大提高了 RAID 系统的容错度和系统的稳定冗余性。RAID 技术经过不断的发展,现在已拥有了六种级别。不同的 RAID 级别代表着不同的存储性能、数据安全性和存储成本。常用的 RAID 级别有 RAID0、RAID1、RAID5 等。

3) 电源冗余

高端服务器普遍采用双电源系统(即服务器电源冗余)。这两个电源是负载均衡的,在系统工作时它们都为系统供电。当其中一个电源出现故障时,另一个电源就会满负荷地承担向服务器供电的工作。此时,系统管理员可以在不关闭系统的前提下更换损坏的电源。有些服务器系统可实现 DC(直流)冗余,有些服务器产品可实现 AC(交流)和 DC 全冗余。

4) 网卡冗余

网卡冗余技术原为大、中型计算机上使用的技术,现在也逐渐被一般服务器所采用。网卡冗余是指在服务器上插两块采用自动控制技术控制的网卡。在系统正常工作时,双网卡将自动分摊网络流量,提高系统通信带宽;当某块网卡或网卡通道出现故障时,服务器的全部通信工作将会自动切换到无故障的网卡或通道上。因此,网卡冗余技术可保证在网络通道或网卡故障时不影响系统的正常运行。

2. 核心交换机冗余

核心交换机在网络运行和服务中占有非常重要的地位,在冗余设计时要充分考虑该设备及其部件的冗余,以保证网络的可靠性。

核心交换机中电源模块的故障率相对较高,为了保证核心交换机的正常运行,一般考虑在核心交换机上增配一块电源模块,实现该部件的冗余。为了保证核心交换机的可靠运行,可在本地机房配备双核心交换机或在异地配备双核心交换机,通过链路的冗余实行核心交换设备的冗余。同时针对网络的应用和扩展需要,还需在网络的各类光电接口以及插槽数上考虑有充分的冗余。

3. 供电系统冗余

电源是整个网络系统得以正常工作的动力源,一旦电源发生故障,往往会使整个系统的工作中断,从而造成严重后果。因此,采用冗余的供电系统备份方案,保持稳定的电力供应是必要的,因为供电系统的安全可靠是保证网络系统可靠运行的关键。

通常城市供电相对比较稳定,如果停电也是区域性停电,且停电时间不会很长,因此可考虑使用 UPS 作为备份电源,即采用市电＋UPS 后备电池相结合的冗余供电方式。正常情况下,市电通过 UPS 稳频稳压后,给网络设备供电,保证设备的电能质量。当市电停电时,网络操作系统提供的 UPS 监控功能,在线监控电源的变化,当监测到电源故障或电压不稳时,系统会自动切换到 UPS 给网络系统供电,使网络正常运行,从而保证系统工作的可靠性和网络数据的完整性。

4. 链接冗余

为避免由于某个端口、某台交换机或某块网卡的损坏导致网络链路中断,可采用网络链路冗余措施,每台服务器同时连接到两台网络设备,每条骨干链路都应有备份线路(冗余链路)。

5. 网络边界设备冗余

对于比较重要的网络系统或重要的服务系统,对路由器和防火墙等网络边界设备的可靠性要求也非常高,一旦该类设备出现故障则影响内部网和外部网的互联。因此,在必要时可对部分网络边界设备进行冗余设计。

3.2　网络机房设施与环境安全

保证网络机房的实体环境(即硬件和软件环境)安全是网络系统正常运行的重要保证。因此,网络管理部门必须加强对机房环境的保护和管理,以确保网络系统的安全。只有保障机房的安全可靠,才能保证网络系统的日常业务工作正常进行。

网络机房的设施与环境安全包括机房场地的安全,机房的温度、湿度和清洁度控制,机房内部的管理与维护,机房的电源保护,机房的防火、防水、防电磁干扰、防静电、防电磁辐射等。

3.2.1　机房的安全保护

1. 机房场地的安全与内部管理

通常,在选择网络机房环境及场地时,应采用以下安全措施。

(1) 为提高计算机网络机房的安全可靠性,机房应有一个良好的环境。因此,机房的场地选择应考虑避开有害气体来源以及存放腐蚀、易燃、易爆物品的地方,避开低洼、潮湿的地方,避开强振动源和强噪音源,避开电磁干扰源。

(2) 机房内应安装监视和报警装置。在机房的隐蔽地方安装监视器和报警器,用来监视和检测入侵者,预报意外灾害等。

同时,可采取以下机房及内部管理措施。

(1) 制定完善的机房出入管理制度,通过特殊标志、口令、指纹、通行证等标识对进入机房的人员进行识别和验证,对机房的关键通道应加锁或设置警卫等,防止非法人员进入机房。

(2) 外来人员(如参观者)要进入机房,应先登记申请进入机房的时间和目的,经有关部门批准后由警卫领入或由相关人员陪同。进入机房时应佩戴临时标志,且要限制一次性进入机房的人员数量。

(3) 机房的空气要经过净化处理,要经常排除废气,换入新风。

(4) 工作人员进入机房要穿着工作服,佩戴标志或标识牌,并要经常保持机房的清洁卫生。

(5) 要制定一整套可行的管理制度和操作人员守则,并严格监督执行。

2. 机房的环境设备监控

随着社会信息化程度的不断提高,机房计算机系统的数量与日俱增,其环境设备也日益增多,机房环境设备必须时时刻刻为网络系统提供正常的运行环境。因此,对机房设备及环境实施监控就显得尤为重要。

机房的环境设备监控系统主要是对机房设备(如供配电系统、UPS电源、防雷器、空调系统、消防系统、安保系统等)的运行状态、温度、湿度、洁净度,供电的电压、电流、频率,配电系统的开关状态等进行实时监控并记录历史数据,为机房高效的管理和安全运行提供有力的保证。

3. 机房的温度、湿度和洁净度

为保证计算机网络系统的正常运行,对机房工作环境中的温度、湿度和洁净度都要有明确要求。为了使机房的这"三度"达到要求,机房应配备空调系统、去/加湿机、除尘器等设备。特殊场合甚至要配备比公用空调系统在加湿、除尘等方面有更高要求的专用空调系统。

机房的温度和湿度过高、过低或变化过快,都将对设备的元器件、绝缘件、金属构件以及信息存储介质产生不良影响,其结果不仅影响系统工作的可靠性,还会影响工作人员的身心健康。一般情况下,机房的温度应控制在18~25℃,更严格的要求为20℃±2℃,变化率为2℃/h。机房的相对湿度应为30%~80%,更严格的要求为40%~65%,变化率为25%/h。温度控制和湿度控制最好都与空调联系在一起,由空调集中控制。机房内应安装温度、湿度显示仪,随时观察和监测温度、湿度。

此外,机房灰尘会造成设备接插件的接触不良、发热元器件的散热效率降低、电子元件的绝缘性能下降、机械磨损增加、磁盘数据的读写出错且可能划伤盘片等危害。因此,机房必须有防尘和除尘设备及措施,保持机房内的清洁卫生,以保证设备的正常工作。通常,机房的洁净度要求灰尘颗粒直径小于 $0.5\mu m$,平均每升空气含尘量少于 18 000 粒。

4. 机房的电源保护

电源是计算机网络系统的命脉,电源系统的稳定可靠是网络系统正常运行的先决条件。电源系统电压的波动、电流浪涌或突然断电等意外事件的发生不仅可能使系统不能正常工作,还可能造成系统存储信息的丢失、存储设备损坏等。因此,电源系统的安全是网络系统安全的重要组成部分。电源系统安全包括外部供电线路的安全和电源设备的安全。

网络机房负载分为主设备负载和辅助设备负载。主设备负载指计算机及网络系统、计算机外部设备及机房监控系统,主设备的配电系统称为"设备供配电系统",其供电质量要求高,应采用不间断电源(UPS)供电来保证主设备负载供电的稳定性和可靠性。

UPS 主要由 UPS 主机和 UPS 电池构成。它能够提供持续、稳定、不间断的电源供应。当系统交流电网(市电)一旦停止供电时,UPS 就会立即启动,为系统继续供电,并保持一段时间的供电,使用户有充分的时间保存信息并正常关机。在 UPS 供电期间,还可启动备用发电机,以保证更长时间的不间断供电。此外,UPS 还有滤除电压的瞬变和稳压作用。按工作原理的不同可分为后备式、在线式和在线互动式 UPS。普通计算机可选用后备式UPS,可靠性要求高或高端设备可选用在线式 UPS。一般情况下,UPS 的功率大小应为负载功率的 1.2~1.8 倍,其值越高可靠性越好。

5. 机房的防火和防水

机房发生火灾将会使网络机房建筑、计算机设备、通信设备及软件和数据备份等毁于一旦,造成巨大的财产损失。通常,在人们视觉不及的顶棚之上、地板之下及电源开关、插线板、插座等处往往是火灾的发源地。引起火灾的原因主要有:电器设备或电线起火、空调电加热器起火、人为事故起火或其他建筑物起火殃及机房等。机房火灾的防范要以预防为主、防消结合。平时加强防范,消除一切火灾隐患;一旦失火,要积极扑救;灾后做好弥补、恢复工作,减少损失。机房防火的主要措施有建筑物防火、设置报警系统及灭火装置和加强防火安全管理等。

机房一旦受到水浸,将使网络电缆和电气设备的绝缘性能大大降低,甚至不能工作。因此,机房应有相应的预防、隔离和排水措施。一般可采取的防水措施有:在机房地面和墙壁使用防渗水和防潮材料、在机房四周筑有水泥墙脚(防水围墙)、对机房屋顶进行防水处理、在地板下区域设置合适的排水设施、机房内或附近及楼上房间不应有用水设备、机房必须设置水淹报警装置等。

3.2.2 机房的静电和电磁防护

1. 机房的静电防护

静电是物体表面存在过剩或不足的静止电荷(留存在物体表面的电能),它是正、负电荷在局部范围内失去平衡的结果。静电具有高电位、低电量、小电流和作用时间短等特点。

静电是一种客观的自然现象,产生的方式有很多(如接触、摩擦等)。机房内的静电主要是两种不同起电序列的物体通过摩擦、碰撞、剥离等方式,在接触又分离后在一种物体上积聚正电荷,在另一种物体上积聚等量的负电荷而形成的。

静电是机房发生最频繁、最难消除的危害之一。静电对网络设备的影响主要表现为两点,一是可能造成元器件(中大规模集成电路、双极性电路)损坏,二是可能引起计算机误操作或运算错误。静电放电会造成电路的潜在损伤使其参数变化、品质劣化、寿命降低。静电可使设备在运行一段时间后,随温度、时间、电压的变化出现各种故障,影响系统的正常运行(如误码率增大、设备误动作等)。静电对计算机的外部设备也有明显的影响,如带阴极射线管的显示设备受到静电干扰时,会引起图像紊乱、模糊不清。静电还会造成 Modem、网卡、Fax 等工作失常,打印机的打印不正常等故障。此外,静电还会影响机房工作人员的工作和身心健康。

静电问题很难查找,有时会被认为是软件故障。对静电问题的防护,不仅涉及网络的系统设计,还与网络机房的结构和环境条件有很大关系。

通常,机房采取的防静电措施有:

- 机房建设时,在机房地面铺设防静电地板。
- 工作人员在工作时穿戴防静电衣服和鞋帽。
- 工作人员在拆装和检修机器时应在手腕上佩戴防静电手环(该手环可通过柔软的接地导线放电)。
- 保持机房内相应的温度和湿度。

2. 机房的电磁干扰防护

电磁干扰和电磁辐射不是一回事。电磁干扰是系统外部电磁场(波)对系统内部设备及信息的干扰;而电磁辐射是电的基本特性,是系统内部的电磁波向外部的发射。电磁辐射出的信息不仅容易被截收并破译,而且当发射频率高到一定程度时还会对人体有害。

网络机房周围电磁场的干扰会影响系统设备的正常工作,而计算机和其他电气设备的组成元器件容易受电磁干扰的影响。电磁干扰会增加电路的噪声,使机器产生误动作,严重时将导致系统不能正常工作。

电磁干扰主要来自计算机系统外部。系统外部的电磁干扰主要来自无线电广播天线、雷达天线、工业电气设备、高压电力线和变电设备,以及大自然中的雷击和闪电等。另外,系统本身的各种电子组件和导线通过电流时,也会产生不同程度的电磁干扰,这种影响可在机器制作时采用相应的工艺来降低和解决。

通常可采取将机房选择在远离电磁干扰源的地方、建造机房时采用接地和屏蔽等措施防止和减少电磁干扰的影响。

3. 机房的电磁辐射防护

电磁辐射是网络设备在工作时通过地线、电源线、信号线等将所处理的信息以电磁波或谐波形式放射出去而形成的。

电磁辐射会产生两种不利因素：一是由电子设备辐射出的电磁波通过电路耦合到其他电子设备中形成电磁波干扰，或通过连接的导线、电源线、信号线等耦合而引起相互间的干扰，当这些电磁干扰达到一定程度时，就会影响设备的正常工作；二是这些辐射出的电磁波本身携带有用信号，如这些辐射信号被截收，再经过提取、处理等过程即可恢复出原信息，造成信息泄露。

利用网络设备的电磁辐射窃取机密信息是国内外情报机关截获信息的重要途径，因为用高灵敏度的仪器截获计算机及外部设备中辐射的信息，比用其他方法获得的情报更准确、可靠和及时，而且隐蔽性好，不易被对方察觉。

为了防止电磁辐射引起有用信息的扩散，通常是在物理上采取一定的防护措施以减少或干扰辐射到空间中的电磁信号。

对电磁辐射的保护可按设备防护、建筑物防护、区域防护、通信线路防护和 TEMPEST（电磁辐射防护和抑制技术）防护几个层次进行。

通常，可采取抑源法、屏蔽法和噪声干扰法等措施防止电磁辐射。抑源法是从降低电磁辐射源的发射强度出发，对计算机设备内部产生和运行串行数据信息的部件、线路和区域采取电磁辐射抑制措施和传导发射滤波措施，并视需要在此基础上对整机采取整体电磁屏蔽措施，以减小全部或部分频段信号的传导和辐射。电磁屏蔽技术包括设备屏蔽和环境屏蔽，它是从阻断电磁辐射源辐射的角度采取措施，将涉密设备或系统放置在全封闭的电磁屏蔽室内，采用的屏蔽材料为金属板和金属网，目前已有满足不同防护需求的屏蔽机柜、屏蔽舱和屏蔽包等产品。噪声干扰法是在信道上增加噪声，降低接收信号的信噪比，使其难以将辐射信息还原。可见，抑源法通过降低或消除计算机电磁辐射源的辐射从根本上解决问题，屏蔽法通过阻断发射和传导途径来达到电磁辐射防护的目的，而噪声法则是通过添加与信息相关的噪声，增大接收辐射信息还原的难度。

3.3 路由器安全

路由器是网络的神经中枢，是众多网络设备的重要一员，它担负着网间互联、路由走向、协议配置和网络安全等重任，是信息出入网络的必经之路。广域网就是靠一个个路由器连接起来组成的，局域网中也已经普遍应用到了路由器，在很多企事业单位，已经用路由器来接入网络进行数据通信，可以说，路由器现在已经成为大众化的网络设备了。

路由器在网络的应用和安全方面具有极重要的地位。随着路由器应用的广泛普及，它的安全性也成为一个热门话题。路由器的安全与否，直接关系到网络是否安全。

3.3.1 路由协议与访问控制

路由器是网络互连的关键设备,其主要工作是为经过路由器的多个分组寻找一个最佳的传输路径,并将分组有效地传输到目的地。路由选择是根据一定的原则和算法在多结点的通信子网中选择一条从源结点到目的结点的最佳路径。当然,最佳路径是相对于几条路径中较好的路径而言的,一般是选择时延小、路径短、中间结点少的路径作为最佳路径。通过路由选择,可使网络中的信息流量得到合理的分配,从而减轻拥挤,提高传输效率。

1. 路由选择及协议

路由算法包括静态路由算法和动态路由算法。静态路由算法很难算得上是算法,只不过是开始路由前由网管建立的映射表。这些映射关系是固定不变的。使用静态路由的算法较容易设计,在简单的网络中使用比较方便。由于静态路由算法不能对网络改变做出反应,因此其不适用于现在的大型、易变的网络。动态路由算法根据分析收到的路由更新信息来适应网络环境的改变。如果分析到网络发生了变化,路由算法软件就重新计算路由并发出新的路由更新信息,这样就会促使路由器重新计算并对路由表做相应的改变。

在路由器上利用路由选择协议主动交换路由信息,建立路由表并根据路由表转发分组。通过路由选择协议,路由器可动态适应网络结构的变化,并找到到达目的网络的最佳路径。静态路由算法在网络业务量或拓扑结构变化不大的情况下,才能获得较好的网络性能。在现代网络中,广泛采用的是动态路由算法。在动态路由选择算法中,分布式路由选择算法是很优秀的,并且得到了广泛的应用。在该类算法中,最常用的是距离向量路由选择(DVR)算法和链路状态路由选择(LSR)算法。前者经过改进,成为目前应用广泛的路由信息协议(RIP),后者则发展成为开放式最短路径优先(OSPF)协议。

2. ACL

ACL(路由器访问控制列表)是 Cisco IOS 所提供的一种访问控制技术,初期仅在路由器上应用,近些年来已经扩展到三层交换机,部分最新的二层交换机也开始提供 ACL 支持。在其他厂商的路由器或多层交换机上也提供类似技术,但名称和配置方式可能会有细微的差别。

ACL 技术在路由器中被广泛采用,它是一种基于包过滤的流控制技术。ACL 在路由器上读取第三层及第四层包头中的信息(如源地址、目的地址、源端口、目的端口等),根据预先定义好的规则对包进行过滤,从而达到访问控制的目的。ACL 增加了在路由器接口上过滤数据包出入的灵活性,可以帮助管理员限制网络流量,也可以控制用户和设备对网络的使用。它根据网络中每个数据包所包含的信息内容决定是否允许该信息包通过接口。

ACL 有标准 ACL 和扩展 ACL 两种。标准 ACL 把源地址、目的地址及端口号作为数据包检查的基本元素,并规定符合条件的数据包是否允许通过,其使用的局限性大,其序列号是 1~99。扩展 ACL 能够检查可被路由的数据包的源地址和目的地址,同时还可以检查指定的协议、端口号和其他参数,具有配置灵活、控制精确的特点,其序列号是 100~199。

这两种类型的 ACL 都可以基于序列号和命名进行配置。最好使用命名方法配置 ACL,这样对以后的修改是很方便的。配置 ACL 要注意两点:一是 ACL 只能过滤流经路由器的流量,对路由器自身发出的数据包不起作用;二是一个 ACL 中至少有一条允许语句。

ACL 的主要作用就是一方面保护网络资源,阻止非法用户对资源的访问,另一方面限制特定用户所能具备的访问权限。它通常应用在企业内部网的出口控制上,通过实施 ACL,可以有效地部署企业内部网的出口策略。随着企业内部网资源的增加,一些企业已开始使用 ACL 来控制对企业内部网资源的访问,进而保障这些资源的安全性。

3. 路由器安全

1)用户口令安全

路由器有普通用户和特权用户之分,口令级别有十多种。如果使用明码在浏览或修改配置时容易被其他无关人员窥视到。可在全局配置模式下使用 service password-encryption 命令进行配置,该命令可将明文密码变为密文密码,从而保证用户口令的安全。该命令具有不可逆性,即它可将明文密码变为密文密码,但不能将密文密码变为明文密码。

2)配置登录安全

路由器的配置一般有控制口(Console)配置、Telnet 配置和 SNMP 配置三种方法。控制口配置主要用于初始配置,使用中英文终端或 Windows 的超级终端;Telnet 配置方法一般用于远程配置,但由于 Telnet 是明文传输的,很可能被非法窃取而泄露路由器的特权密码,从而会影响安全;SNMP 的配置则比较麻烦,故使用较少。

为了保证使用 Telnet 配置路由器的安全,网络管理员可以采用相应的技术措施,仅让路由器管理员的工作站登录而不让其他机器登录到路由器,可以保证路由器配置的安全。

使用 IP 标准访问列表控制语句,在路由器的全局配置模式下,输入:

```
#access - list 20 permit host 192.120.12.20
```

该命令表示只允许 IP 为 192.120.12.20 的主机登录到路由器。为了保证 192.120.12.20 这一 IP 地址不被其他机器假冒,可以在全局配置模式下输入:

```
#arp 192.120.12.20 xxxx.xxxx.xxxx arpa
```

此命令可将该 IP 地址与其网卡物理地址绑定,xxxx.xxxx.xxxx 为机器的网卡物理地址。这样就可以保证在用 Telnet 配置路由器时不会泄露路由器的口令。

3)路由器访问控制安全策略

在利用路由器进行访问控制时可考虑如下安全策略。

(1)严格控制可以访问路由器的管理员;对路由器的任何一次维护都需要记录备案,要有完备的路由器的安全访问和维护记录日志。

(2)建议不要远程访问路由器。若需要远程访问路由器,则应使用访问控制列表和高强度的密码控制。

(3)要严格地为 IOS 做安全备份,及时升级和修补 IOS 软件,并迅速为 IOS 安装补丁。

(4)要为路由器的配置文件做安全备份。

(5)为路由器配备 UPS 设备,或者至少要有冗余电源。

(6)为进入特权模式设置强壮的密码,可采用 enable secret(不要采用 enable password)命令进行设置,并且启用 Service password-encryption,操作如下。

```
Router(config) #service password - encryption
```

```
Router(config)♯enable secret
```

（7）如果不使用 AUX 端口，则应禁止该端口，使用如下命令即可（默认时未被启用）。

```
Router(config)♯line aux 0
Router(config-line)♯transport input none
Router(config-line)♯no exec
```

（8）若要对权限进行分级，采用权限分级策略，可进行如下操作。

```
Router(Config)♯username test privilege 10 xxxx
Router(Config)♯privilege EXEC level 10 telnet
Router(Config)♯privilege EXEC level 10 show ip access-list
```

3.3.2　VRRP

1. VRRP 协议概述

VRRP（Virtual Router Redundancy Protocol，虚拟路由器冗余协议）是一种选择性协议，它可以把一个虚拟路由器的责任动态分配到局域网上 VRRP 路由器。控制虚拟路由器 IP 地址的 VRRP 路由器称为主路由器，它负责转发数据包到虚拟 IP 地址上。一旦主路由器不可用，这种选择过程就会提供动态的故障转移机制，这就允许虚拟路由器的 IP 地址可以作为终端主机的默认第一跳路由器。使用 VRRP 的优点是有更高默认路径的可用性而无须在每个终端主机上配置动态路由或路由发现协议。

使用 VRRP 可以通过手动或 DHCP 设定一个虚拟 IP 地址作为默认路由器。虚拟 IP 地址在路由器间共享，其中一个指定为主路由器而其他的则为备份路由器。如果主路由器不可用，这个虚拟 IP 地址就会映射到一个备份路由器的 IP 地址（该备份路由器就成为了主路由器）。

2. VRRP 协议原理

通常，一个网络内的所有主机都设置一条默认路由（如图 3.3.1 所示，10.100.10.1），这样主机发出的目的地址不在本网段的报文将被通过默认路由发往路由器 RouterA，从而实现主机与外部网络的通信。当路由器 RouterA 故障时，本网段内所有以 RouterA 为默认路由下一跳的主机将断掉与外部的通信。

VRRP 是一种容错协议，它是为解决上述问题而提出的，如图 3.3.2 所示。VRRP 将局域网的一组路由器（包括一个 Master 路由器和若干个 Backup 路由器）组织成一个虚拟路由器，称为一个备份组。该虚拟路由器拥有自己的 IP 地址 10.100.10.1（该 IP 地址可以和备份组内的某路由器接口地址相同），备份组内的路由器也有自己的 IP 地址（如 Master 路由器的 IP 地址为 10.100.10.2，Backup 路由器的 IP 地址为 10.100.10.3）。局域网内的主机仅仅知道这个虚拟路由器的 IP 地址 10.100.10.1，而不知道 Master 路由器的 IP 地址和 Backup 路由器的 IP 地址，它们将自己的默认路由下一跳地址设置为该虚拟路由器的 IP 地址 10.100.10.1。于是，网络内的主机就通过该虚拟路由器与其他网络进行通信。如果备份组内的 Master 路由器出现故障，Backup 路由器将会通过选举策略选出一个新的 Master 路由器，继续向网络内的主机提供路由服务，从而实现网络内的主机不间断地与外部网络进行通信。

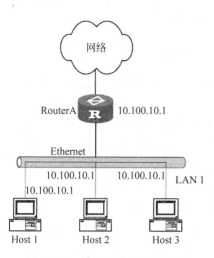

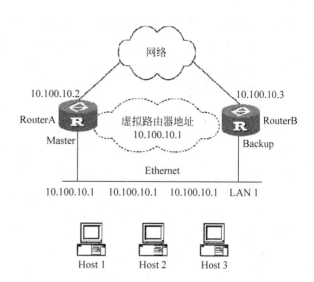

图 3.3.1　单出口路由网络结构　　　　　图 3.3.2　应用 VRRP 协议路由网络结构

在 VRRP 路由器组中,按优先级选举主控路由器,VRRP 协议中的优先级范围是 0～255。若 VRRP 路由器的 IP 地址和虚拟路由器的接口 IP 地址相同,则称该虚拟路由器为 VRRP 组中的 IP 地址所有者,IP 地址所有者自动具有最高优先级(255)。优先级的配置原则可以依据链路速度和成本、路由器性能和可靠性以及其他管理策略设定。在主控路由器选举中,高优先级的虚拟路由器将获胜,因此,如果在 VRRP 组中有 IP 地址所有者,则它总是作为主控路由的角色出现。对于相同优先级的候选路由器,则按照 IP 地址的大小顺序选举。为了保证 VRRP 协议的安全性,提供了明文认证和 IP 头认证两种安全认证措施。明文认证要求在加入一个 VRRP 路由器组时,必须同时提供相同的 VRID 和明文密码。IP 头认证提供了更高的安全性,能够防止报文重放和修改等攻击。

VRRP 协议的工作机理与 Cisco 公司的 HSRP(Hot Standby Routing Protocol)协议有许多相似之处。但二者之间的主要区别是在 Cisco 的 HSRP 中,需要单独配置一个 IP 地址作为虚拟路由器对外体现的地址,这个地址不能是组中任何一个成员的接口地址。

使用 VRRP 协议,不用改造目前的网络结构,从而最大限度地保护了当前投资,只需最少的管理费用,却大大提升了网络性能,具有重大的应用价值。

3.4　交换机安全

交换机是一种基于 MAC(网卡的硬件地址)识别,能完成封装转发数据包功能的网络设备。交换机可以"学习"MAC 地址,并把其存放在内部地址表中,通过在数据帧的源发送者和目标接收者之间建立临时的交换路径,使数据帧由源地址到达目的地址。

3.4.1　交换机功能与安全

交换机在内部网中占有重要的地位,通常是整个网络的核心所在。在这个黑客入侵成风、病毒肆虐的网络时代,作为网络核心的交换机也理所当然地要承担起网络安全的一部分责任。传统交换机主要用于数据包的快速转发,强调转发性能。交换机作为网络环境中重

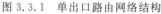

要的转发设备,其原来的安全特性已经无法满足现在的安全需求,所以要求交换机应有专业安全产品的性能,因此安全交换机便应运而生。在安全交换机中集成了安全认证、ACL、防火墙、入侵检测、防攻击、防病毒等功能。

1. 交换机功能

传统以太网交换机是第二层交换机,第二层交换机是一个可以将发送端地址与接收端地址连接起来的网络设备。该设备根据数据帧中的头信息,将来自一个或多个输入端口的帧发送到一个或多个端口,完成数据交换。交换技术是为向共享式局域网提供有效的网段划分解决方案而出现的,它可以使每个用户都尽可能地分享到最大带宽。交换机工作在 OSI 模型中的数据链路层,因此交换机对数据包的转发是建立在 MAC 地址基础之上的,对于 IP 网络协议来说,它是透明的,即交换机在转发数据包时,不知道也无须知道信源机和信宿机的 IP 地址,只需知其物理地址(MAC 地址)即可。显然,这种交换机的最大优点是数据交换快。因为它仅需要识别数据帧中的 MAC 地址,而直接根据 MAC 地址产生选择转发端口,算法十分简单。第二层交换机虽然也支持子网的划分和广播限制等基本功能,但控制能力较小。

交换机在操作过程中会不断地收集信息去建立 MAC 地址表。MAC 地址表说明了某个 MAC 地址是在哪个端口上被发现的,所以当交换机收到一个 TCP/IP 数据包时,会查看该数据包的目的 MAC 地址,然后核对自己的 MAC 地址表以确认应该从哪个端口把数据包发出去。此功能由按特定用户要求和特定电子系统的需要而设计、制造的专用集成电路 ASIC 完成,因此速度相当快,一般只需要几十微秒,交换机便可决定一个 IP 数据包该往里送。

交换机可看作是一个具有流量控制的网桥,它是由背板、端口、缓冲区、逻辑控制单元和交叉矩阵等部件组成的。

2. 交换机安全

1) 安全交换机的三层含义

交换机最重要的作用就是转发数据,在黑客攻击和病毒侵扰下,交换机要能够继续保持其高效的数据转发速率,不受到攻击的干扰,这就是交换机所需的最基本的安全功能。同时,交换机作为整个网络的核心,应该能对访问和存取网络信息的用户进行区分和权限控制。更重要的是,交换机还应该配合其他网络安全设备,对非授权访问和网络攻击进行监控和阻止。

2) 802.1x 安全认证

在传统的局域网环境中,只要有物理的连接端口,未经授权的网络设备就可以接入局域网,或者未经授权的用户就可以通过连接到局域网的设备进入网络,这样就造成了潜在的安全威胁。另外,在学校和智能小区的网络中,由于涉及网络的计费,所以验证用户接入的合法性也显得非常重要。IEEE 802.1x 正是解决这个问题的良方,目前已经被集成到二层智能交换机中,用以完成对用户的接入安全审核。

802.1x 协议是基于端口的访问控制协议。它能够在利用 IEEE 802 局域网优势的基础上提供一种对连接到局域网的用户进行认证和授权的手段,达到接受合法用户接入,保护网络安全的目的。802.1x 协议与 LAN 是无缝融合的。802.1x 利用了交换式 LAN 架构的物理特性,实现了 LAN 端口上的设备认证。在认证过程中,LAN 端口要么充当认证者,要么扮演请求者。在作为认证者时,LAN 端口在需要用户通过该端口接入相应的服务之前,首先进行认证,如若认证失败则不允许接入;在作为请求者时,LAN 端口则负责向认证服务器提交接入服务申请。基于端口的 MAC 锁定只允许信任的 MAC 地址向网络中发送数据。来自任何"不信任"的设备的数据流都会被自动丢弃,从而最大限度地确保安全性。

3) 流量控制

安全交换机的流量控制技术把流经端口的异常流量限制在一定的范围内,以避免交换机的带宽被无限制滥用。安全交换机的流量控制功能能够实现对异常流量的控制,以避免网络堵塞。

4) 防范 DDoS 攻击

企业网一旦遭到分布式拒绝服务(DDoS)攻击,就会影响大量用户的正常使用,严重时甚至造成网络瘫痪。安全交换机采用专门技术来防范 DDoS 攻击,它可以在不影响正常业务的情况下,智能地检测和阻止恶意流量,从而防止网络受到 DDoS 攻击的威胁。

5) 虚拟局域网 VLAN

虚拟局域网是安全交换机必不可少的功能。VLAN 可以在二层或三层交换机上实现有限的广播域。它可把网络分成一个个独立的区域,并控制这些区域是否可以通信。VLAN 可能会跨越一个或多个交换机,设备之间好像在同一个网络间通信一样,而与它们的物理位置无关。VLAN 可在各种形式上形成,如端口、MAC 地址、IP 地址等。VLAN 限制了各个不同 VLAN 之间的非授权访问,并且可以设置 IP/MAC 地址绑定功能限制用户的非授权访问网络。

6) 基于 ACL 的防火墙功能

安全交换机采用了访问控制列表(ACL)来实现包过滤防火墙的安全功能和增强安全防范能力。ACL 通过对网络资源的访问控制,确保网络设备不被非法访问或被用作攻击跳板。ACL 是一张规则表,交换机按照顺序执行这些规则,并且处理每一个进入端口的数据包。每条规则根据数据包的属性(如源地址、目的地址和协议)允许或拒绝数据包通过。由于规则是按照一定顺序处理的,因此每条规则的相对位置对于确定允许和不允许什么样的数据包通过网络是至关重要的。ACL 以前只在核心路由器中才有使用。在安全交换机中,访问控制过滤措施可以基于源/目标交换槽、端口、源/目标 VLAN、源/目标 IP、TCP/UDP 端口、ICMP 类型或 MAC 地址来实现。

7) IDS 功能

安全交换机的入侵检测系统(IDS)功能可以根据上报信息和数据流内容进行检测,在发现网络安全事件时,进行有针对性的操作,并将这些对安全事件反应的动作发送到交换机上,由交换机来实现精确的端口断开操作。实现这种联动,需要交换机支持认证、端口镜像、强制流分类、进程数控制、端口反向查询等功能。

3. 交换机的基本配置

配置交换机使网络对可访问站点进行控制,从而实现对自身的保护。如果用户的工作站是固定的,那么往往可以通过 MAC 地址与相同接入层的交换机端口连接。如果工作站是移动的站点,也可以动态地获得其 MAC 地址并将该地址加入到一个地址列表中,以实现与交换机端口的连接。

端口安全(port-secure)命令定义了一个最大值,即在 MAC 地址表中与交换机端口相联系的所允许的最多的 MAC 地址。最大计数值范围为 1~132,默认值为 132,即最多可有 132 个目的 MAC 地址。

用 port-secure 命令设置端口安全性后,该端口所对应的地址就会出现在 MAC 地址表中,而不会以动态类型出现。因为若该端口对应的静态 MAC 地址数未达到最大计数值,且交换机又从端口的帧流量源地址中学到了新的地址,则将该地址自动转变成永久 MAC 地址并存入 MAC 地址表中。一旦永久或静态 MAC 地址数达到 count 值,则不再接受新的地址,这种方式称为 Sticky-Learns(记忆性学习)。该方式解决了未经允许而多人共用一台集线器接入交换机的一个端口所造成的不安全因素。

1) MAC 地址表及相关信息

MAC 地址表对于交换机而言如同路由表对于路由器。因此,对 MAC 地址表的配置也尤为重要。

(1) 显示 MAC 地址表。

MAC 地址表中的地址由永久地址、限制性静态地址和动态地址三种地址组成。

在 Switch♯ show MAC-address-table 命令中即可看到 MAC 地址表。

MAC 地址表由地址、源端口表、目的端口和类型组成。地址是指目的 MAC 地址;源端口表是可以向目的端口转发帧的源端口集合;目的端口是转发数据帧的端口;类型是指动态地址,其意味着 MAC 地址表中的地址是通过学习流入该端口的数据帧的帧头中的源端 MAC 地址得来的。

(2) 设置永久地址。

若设置了永久地址的目的 MAC 地址及其转发端口,则该地址永久不会超时,所有的端口均可以转发帧给它。设置永久地址的命令如下。

```
Switch(config)♯MAC-address-table permanent[MAC Address][type slot/port]
```

(3) 设置限制性静态地址。

限制性静态地址不但继承了永久地址的所有特性,更进一步严格地限制了源端口,安全性得到进一步地增强。设置限制性静态地址的命令如下。

```
Switch(config)♯MAC-address-table restricted static[MAC address][type slot/port][source
interface list]
```

(4) 删除表项。

如果不需要某条 MAC 地址表项,则可将其删除,删除表项的命令如下。

```
Switch♯clear MAC-address-table[dynamic|permanent|restricted]
```

2) 交换机端口安全

(1) 认证端口。

可以给交换机端口配置增加一个文本描述来帮助认证配置,这个描述仅仅意味着一个注释域,作为端口使用的一条记录或者其他唯一的信息。为了给端口分配一个注释或描述,在接口配置模式下输入如下命令。

```
Switch(config-if)♯description description-string
```

执行接口配置命令 no description 时会删除一个注释或描述。

（2）端口速度。

可以通过交换机配置命令给交换机端口指定一个特殊的速度,快速以太网 10/100 端口可以为自协商模式设置速度为 10、100 或 Auto(默认)。使用如下命令可在一个特殊的以太网端口上指定端口速度。

```
Switch(config‐if)♯speed{10 | 100 | auto}
```

（3）端口模式。

可以为一个以太网交换机端口指定一个特殊的连接模式,使端口在半双工、全双工或自协商模式下操作。在接口配置模式下输入如下命令可在交换机端口上设置连接模式:

```
Switch(config‐if♯duplex{auto | full | half}
```

在接口配置模式下执行 description 命令,可配置描述信息。

3）交换机口令安全

通常,网络设备应该配置为对于未被授权的访问是安全的。Cisco 交换机通常提供一个简单安全的形式,通过设置密码来限制注册到用户接口的人。交换机有用户执行模式和特权模式两种可用的用户访问级别。用户执行模式是访问的第一级密码,它允许访问基本的端口。特权模式是第二级密码,它允许设置或改变交换机的操作参数和配置。

（1）密码设置。

为用户模式设置注册密码,需要在全局配置模式下输入下列命令。

```
Switch(config)♯line con 0
Switch(config‐line)♯password password
Switch(config‐line)♯login
Switch(config‐1)♯line vty 0 15
Switch(config‐line)♯password password
Switch(config‐line)♯login
```

登录密码可防止未授权用户登录。启用密码可防止未授权用户修改配置。

当进入全局配置模式后,可使用 enable password 命令配置登录密码和启用密码。

```
(config)♯enable password?
level Set exec level password
(config)♯enable password level
<1‐15>Level Number
```

Level l 为登录密码,Level 15 为启用密码,密码长度是 4～8 个字符,如果超过此范围,系统则提示密码长度无效,如:

```
(config)♯enable password level l nocoluvsnoko
Error: Invalid password length.
Password must be between 4 and 8 characters
```

（2）重配置并验证。

```
(config)♯enable password level 1 noco
(config)♯enable password level 15 noko
```

```
(config)♯exit
♯exit
```

3.4.2 交换机端口汇聚与镜像

1. 交换机端口汇聚

1) 端口汇聚的概念

端口聚合也称以太通道(ethernet channel),主要用于交换机之间的连接。简单来讲,端口聚合就是将多个物理端口合并成一个逻辑端口。利用端口汇聚技术,交换机会把一组物理端口联合起来,作为一个逻辑通道,也就是 channel-group。这时,交换机会认为这个逻辑通道为一个端口。

端口汇聚将多个端口聚合在一起形成一个汇聚组,以实现出负荷在各成员端口中的分担,同时也提供了更高的连接可靠性。端口汇聚可以分为手工汇聚、动态 lacp 汇聚和静态 lacp 汇聚。同一个汇聚组中端口的基本配置应该保持一致,即如果某端口为 trunk 端口,则其他端口也配置为 trunk 端口;如果该端口的链路类型改为 access 端口,则其他端口的链路类型也改为 access 端口。

2) 交换机端口汇聚技术的实现(以 H3C 交换机为例)

交换机端口汇聚结构如图 3.4.1 所示,这样可增加 SwitchA 的 SwitchB 的互联链路的带宽,实现链路备份。SwitchA 的端口 E0/1 和 E0/2 分别与 SwitchB 的端口 E0/1 和 E0/2 互连。当交换机之间互联时,配置端口汇聚会将流量在多个端口上进行分担,即采用端口汇聚可以完成增加带宽、负载分担和链路备份的效果。

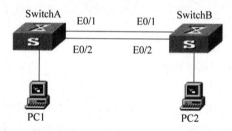

图 3.4.1 交换机端口汇聚结构

SwitchA 交换机的端口汇聚配置如下。

(1) 进入端口 E0/1。

```
[SwitchA]interface ethernet 0/1
```

(2) 汇聚端口必须工作在全双工模式。

```
[SwitchA - ethernet0/1]duplex full
```

(3) 汇聚的端口速率要求相同,但不能是自适应。

```
[SwitchA - ethernet0/1]speed 100
```

(4) 进入端口 E0/2,其他配置类同。

```
[SwitchA]interface ethernet 0/2
```

```
[SwitchA – ethernet0/2]duplex full
[SwitchA – ethernet0/2]speed 100
```

（5）根据源和目的 MAC 进行端口选择汇聚。

```
[SwitchA]link – aggregation ethernet 0/1 to ethernet 0/2 both
```

SwitchB 的相关配置与 SwitchA 的配置顺序及内容相似。

```
[SwitchB]interface ethernet 0/1
[SwitchB – ethernet0/1]duplex full
[SwitchB – ethernet0/1]speed 100
[SwitchB]interface ethernet 0/2
[SwitchB – ethernet0/2]duplex full
[SwitchB – ethernet0/2]speed 100
[SwitchB]link – aggregation ethernet 0/1 to ethernet 0/2 both
```

配置端口汇聚时可使用参数 ingress 或 both。两者的区别是：前者表示端口汇聚组中各成员端口仅根据源 MAC 地址对出端口的流量进行负荷分担；后者表示端口汇聚组中各成员端口根据源、目的 MAC 地址对出端口的流量进行负荷分担。只有数目较多的主机进行访问时，才能观测出负载的效果。

2. 交换机端口镜像

通过交换机端口的镜像功能，使用服务器对两台 PC 的业务报文进行监控。按照镜像的不同方式有基于端口的镜像配置和基于流的镜像配置。如图 3.4.2 所示，将 PC1 接在交换机 E0/1 端口，IP 地址为 1.1.1.1/24；PC2 接在交换机 E0/2 端口，IP 地址为 2.2.2.2/24；Server 接在交换机 E0/8 端口，该端口作为镜像端口；E0/24 为交换机上行端口。

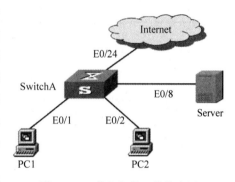

图 3.4.2　交换机端口镜像配置

基于端口的镜像是把被镜像端口的进出数据完全复制一份到镜像端口，这样可进行流量观测或故障定位。基于流镜像的交换机针对某些流进行镜像，每个连接都有两个方向的数据流，这两个数据流是分开镜像的。

下面以 S8016 交换机为例介绍基于端口的镜像配置，以 S3026 交换机为例介绍基于三层流的镜像和基于二层流的镜像。

1）基于交换机端口的镜像配置

（1）假设 S8016 交换机镜像端口为 E1/0/15，被镜像端口为 E1/0/0，设置端口 E1/0/15 为端口镜像的观测端口。

```
[SwitchA] port monitor ethernet 1/0/15
```

（2）设置端口 E1/0/0 为被镜像端口，对其输入输出数据都进行镜像。

```
[SwitchA] port mirroring ethernet 1/0/0 both ethernet 1/0/15
```

也可以通过两个不同的端口，对输入和输出的数据分别镜像。

（3）设置 E1/0/15 为镜像观测端口。

[SwitchA] port monitor ethernet 1/0/15

（4）设置端口 E1/0/0 为被镜像端口，分别使用 E1/0/15 和 E2/0/0 对输入和输出数据进行镜像。

```
[SwitchA] port mirroring gigabitethernet 1/0/0 ingress ethernet 1/0/15
[SwitchA] port mirroring gigabitethernet 1/0/0 egress ethernet 2/0/0
```

2）基于三层流的镜像配置

（1）定义一条扩展 ACL。

[SwitchA]acl num 100

（2）定义一条报文源地址为 1.1.1.1/24 去往所有目的地址的规则。

[SwitchA - acl - adv - 101]rule 0 permit ip source 1.1.1.1 0 destination any

（3）定义一条报文源地址为所有源地址、目的地址为 1.1.1.1/24 的规则。

[SwitchA - acl - adv - 101]rule 1 permit ip source any destination 1.1.1.1 0

（4）将符合上述 ACL 规则的报文镜像到 E0/8 端口。

[SwitchA]mirrored - to ip - group 100 interface ethernet 0/8

3）基于二层流的镜像配置

（1）定义一个 ACL。

[SwitchA]acl num 200

（2）定义一个从 E0/1 发送数据包至其他端口（如 E0/2）的规则。

[SwitchA]rule 0 permit ingress interface ethernet 0/1 egress interface ethernet 0/2

（3）定义一个从其他端口（如 E0/2）发送数据包到 E0/1 端口的规则。

[SwitchA]rule 1 permit ingress interface ethernet 0/2 egress interface ethernet 0/1

（4）将符合上述 ACL 的数据包镜像到 E0/8。

[SwitchA]mirrored - to link - group 200 interface ethernet 0/8

3.5 服务器与客户机安全

3.5.1 服务器安全

1. 网络服务器

网络服务器（硬件）是一种高性能计算机，再配以相应的服务器软件系统（如操作系统）就构成了网络服务器系统。网络服务器系统的数据存储和处理能力均很强，是网络系统的灵魂。在基于服务器的网络中，网络服务器担负着向客户机提供信息数据、网络存储、科学计算和打印等共享资源和服务,并负责协调管理这些资源。由于网络服务器要同时为网络上所有的用户服务,因此,要求网络服务器具有高可靠性、高吞吐能力、大内存容量和较快的处理速度等性能。

根据网络的应用和规模,网络服务器可选用高档微机、工作站、PC 服务器、小型机、中型机和大型机等担任。按照服务器用途,服务器可分为文件服务器、数据库服务器、Internet/Intranet 通用服务器、应用服务器等。

Internet 上的应用服务器又有 HDCP 服务器、Web 服务器、FTP 服务器、DNS 服务器和 STMP 服务器等。上述服务器主要用于完成一般网络和 Internet 上的不同功能。应用服务器用于在通用服务器平台上安装相应的应用服务软件并实现特定的功能,如数据中间件服务器、流式媒体点播服务器、电视会议服务器和打印服务器等。

2. 服务器的安全策略

(1) 对服务器进行安全设置(包括 IIS 的相关设置、Internet 各服务器的安全设置、MySQL 安全设置等),提高服务器应用的安全性。

(2) 进行日常的安全检测(包括查看服务器状态、检查当前进程情况、检查系统账号、查看当前端口开放情况、检查系统服务、查看相关日志、检查系统文件、检查安全策略是否更改、检查目录权限、检查启动项等),以保证服务器正常、可靠地工作。

(3) 加强服务器的日常管理(包括服务器的定时重启、安全和性能检查、数据备份、监控、相关日志操作、补丁修补和应用程序更新、隐患检查和定期的管理密码更改等)。

(4) 采取安全的访问控制措施,保证服务器访问的安全性。

(5) 禁用不必要的服务,提高安全性和系统效率。

(6) 修改注册表,使系统更强壮(包括隐藏重要文件/目录,修改注册表实现完全隐藏、启动系统自带的 Internet 连接防火墙、防止 SYN 洪水攻击、禁止响应 ICMP 路由通告报文、防止 ICMP 重定向报文攻击、修改终端服务端口、禁止 IPC 和建立空连接、更改 TTL 值、删除默认共享等)。

(7) 正确划分文件系统格式,选择稳定的操作系统安装盘。

(8) 正确设置磁盘的安全性(包括系统盘权限设置、网站及虚拟机权限设置、数据备份盘和其他方面的权限设置)。

3.5.2　客户机安全

在企业、单位的内部网络中,除了一些提供网络服务的服务器外,应用更多的是客户机。网络管理人员可以考虑制定标准的客户机安全政策,利用一些安全设定与保护机制来管理这些有潜在风险的客户机系统。

客户机是对企业网络进行内部攻击的最常见的攻击源头,其对系统安全管理员的工作构成了挑战:一是因为网络中客户机的数量很多;二是因为许多用户没有接受过网络安全教育,或不关心网络安全问题。虽然阻止外部对网络内部客户机的访问相对容易,但要防止内部的攻击却困难得多。

1. 客户机的安全策略

网络安全管理员为客户机制订合理的、切实可行的安全策略,利用相关的安全产品,提高客户机的安全性是非常必要的。

1）客户机系统安全

（1）下载安装软件开发厂商提供的补丁程序，并执行修补作业。

（2）安装防毒软件并定期更新病毒码。

（3）定期执行文件和数据的备份。

（4）关闭或移除不必要的应用程序。

（5）合理使用客户机管理程序。

（6）不随意下载或执行来源不明的文档或程序。

2）客户机安全设定

（1）设定使用者授权机制。在企业、单位内部网络环境里，可以明确唯有授权的使用者方可使用内部网的客户机。另外，使用者可以启动屏幕保护程序来限制非授权人的使用，以保护客户机中所存放的数据。

（2）设定访问控制权限。对于客户机中机密或重要的文档/目录进行权限控制，非授权人无法读取重要的文件或利用密码保护功能进行控制。

（3）设定安全的远程管理。

Windows Server 2003 及以上版本都支持远程桌面控制功能，都提供远程对服务器和客户机的安全管理工具，用户只需简单设定一下即可。

2．客户机的风险防护

1）对身份认证风险的防护

从操作系统安全方面来看，身份认证是最先考虑的环节，获得一个用户的身份就掌握了所登录计算机的所有资源，同时也很容易获得各应用系统的使用权限，因此身份认证方式的安全有效是非常重要的。目前，从技术上看身份认证主要有用户名＋复杂口令、电子密钥＋PIN 码和人体生理特征识别三种方式。

通常情况下，主机采用用户名和设置复杂口令的身份认证方式。该方式一般要求的口令位数为 12 位或更多，由字母、数字、特殊符号混合组成，并定期更换。但这种方式的缺点是系统的口令容易被破解，且终端用户在口令更换周期、口令复杂性等方面很难严格执行，日常管理难度较大。对于 Windows 7 客户机操作系统，可以使用组策略管理方法，由网络管理员直接配置系统密码策略和账户锁定策略，对密码长度、更换周期、锁定时长和无效登录阈值等进行具体限制。利用组策略管理器管理密码的方法参见 9.2.1 节介绍。

电子密钥和 PIN 码的身份认证方式是在电子密钥中存入数字证书等身份识别文件，定期更换 PIN 值（类似动态口令卡），PIN 值一般设为 6 位或更多，用户只有在同时拥有电子密钥和知道 PIN 值的情况下才能登录系统。数字证书是目前在网上银行、政府部门等应用比较广泛的技术手段，其安全性优于用户名＋复杂口令方式。数字证书身份认证方式需要购买相应的软硬件产品。

以个人生理特征进行验证时，可有多种技术为验证机制提供支持，如指纹识别、声音识别、血型识别、视网膜识别等。个人生理特征识别方法的安全性最好，但验证系统也最复杂。指纹识别是常用于客户机的生理特征识别方法。指纹识别技术基于人体生理特征，安全性相对较高，但缺点是成本高，每台客户机均要安装指纹传感器及相应软件。对于非常重要的客户机可以采取生理特征识别＋复杂口令的技术措施来保证安全。

2）对信息泄露风险的防护

根据网络模式、安全保密需求等具体情况的不同，用户权限的管理在各应用场合的要求也不同。在安全保密要求较高的部门，客户机的I/O端口应该是受到控制的。通常可利用相关安全产品对客户机的光驱、USB口、COM口、LPT口以及打印机（本地打印机和网络打印机）等I/O端口进行使用权限控制。同时出于安全性和保护内部机密的需要，要求相关安全产品提供审计功能以加强对内部网络中客户机的监控和管理。就审计功能而言，可以有如下审计内容。

- 审计客户机的身份认证内容，如每天用户登录尝试次数、登录时间等信息。
- 审计客户机与移动存储设备间的文件操作，包括复制、删除、剪切、粘贴、文件另存为等。
- 审计客户机的打印机使用情况，记录打印文件名称、打印时间、打印页数等信息。
- 禁止客户机以无线方式接入互联网，并部署审计策略记录客户机未成功的联网行为。

3）对内部攻击风险的防护

对于来自内部网络的攻击，除了加强口令强度预防外，还应采取及时安装系统补丁、进行策略设置和安装病毒防护系统等安全措施。

4）对移动存储介质风险的防护

为了降低移动存储介质带来的安全风险，应在企业内部对所有移动存储介质进行统一管理。对不同的存储介质采取不同的技术和管理措施。通过技术手段使外来移动存储介质无法接入企业内部网，内部网中认证过的移动存储介质也仅能在授权的客户机上使用，对涉密的移动存储介质应采取加密等技术使其在授权之外的计算机上无法使用，以降低因介质丢失或管理不严带来的安全风险。

习题和思考题

一、简答题

1. 解释网络系统安全中冗余的含义及冗余的目的。
2. 什么是服务器镜像？什么是端口汇聚？
3. 网络设备冗余有哪些措施？
4. 简述路由器访问控制的安全策略。
5. 简述服务器的安全策略。
6. 简述客户机实体安全和系统安全策略。
7. 列举几种网络上常用的服务器。
8. 简述机房环境及场地的选择考虑。
9. 简述机房的防火和防水。
10. 简述机房的静电防护。
11. 简述机房的电磁干扰和电磁辐射的概念和二者之间的区别。
12. 什么是NAT？简述NAT的应用。
13. 什么是VRRP？它的作用是什么？

14. 客户机的安全策略有哪些?

二、填空题

1. 网络服务器冗余措施有(   )冗余、(   )冗余和(   )冗余等。

2. 网络设备的冗余措施有(   )冗余、(   )冗余、(   )冗余和(   )冗余等。

3. 网络机房的保护通常包括机房的(   )、(   )、防雷和接地、(   )、防盗、防震等措施。

4. 一般情况下,机房的温度应控制在(   )℃,机房相对湿度应为(   )%~(   )%。

5. 冗余就是(   ),以保证系统更加可靠、安全地工作。

6. 网络系统的主要设备有(   )、(   )、(   )和(   )等。

7. 路由选择算法可分为(   )路由选择算法和(   )路由选择算法两大类。

8. 网络服务器有(   )、(   )、(   )和(   )服务器等。

9. Interent 应用服务器有(   )、(   )、(   )和(   )等。

三、选择题

1. 双机热备份是采用了两个(   )。

    A. 服务器互为备份　　　　　　　　B. 硬盘互为镜像

    C. 磁盘互为镜像　　　　　　　　　D. 客户机互为备份

2. 以下(   )是网络供电系统的冗余措施。

    A. WPS　　　　　　B. PGP　　　　　　C. USB　　　　　　D. UPS

3. 触摸机器时人手会有一种麻酥酥的感觉,这是由(   )现象引起的。

    A. 电磁辐射　　　　B. 静电　　　　　　C. 电磁干扰　　　　D. 潮湿

4. (   )是网络系统的互联设备。

    A. 服务器　　　　　B. 交换机　　　　　C. 路由器　　　　　D. 客户机

第 4 章　网络数据库与数据安全

本章要点

- 网络数据库安全概述；
- 网络数据库的安全特性和策略；
- 网络数据库用户管理；
- 数据备份、恢复和容灾；
- 大数据及其安全。

在当今信息时代，几乎所有企事业单位的核心业务处理都依赖于计算机网络系统。在计算机网络系统中最为宝贵的就是数据。

数据在计算机网络中具有两种状态，即存储状态和传输状态。当数据在网络系统数据库中保存时，处于存储状态；而在与其他用户或系统交换时，数据处于传输状态。无论是数据处于存储状态还是传输状态，都可能会受到安全威胁。要保证企事业单位的业务能够持续成功地运作，就要保护数据库系统中的数据安全。

4.1　网络数据库安全概述

保证网络系统中数据安全的主要任务就是使数据免受各种因素的影响，保护数据的完整性、保密性和可用性。

人为的错误、硬盘的损毁、计算机病毒、自然灾难等都有可能造成数据库中数据的丢失，给企事业单位造成无可估量的损失。如果丢失了系统文件、客户资料、技术文档、人事档案、财务账目等文件，企事业单位的业务将难以正常进行。因此，企事业单位管理者应采取有效的数据库保护措施，使得灾难发生后，能够尽快地恢复系统中的数据，进而恢复系统的正常运行。

为了保护数据安全，可以采用很多安全技术和措施。这些技术和措施主要有数据完整性技术、数据备份和恢复技术、数据加密技术、访问控制技术、用户管理和身份验证技术等。

4.1.1　数据库安全的概念

数据库安全是指数据库的任何部分都不允许受到侵害，或未经授权的存取和修改。数据库安全性问题一直是数据库管理员所关心的问题。

1. 数据库安全

数据库就是一种结构化的数据仓库。人们时刻都在和数据打交道。对于少量、简单的数据,如果与其他数据之间的关联较少或没有关联,则可将它们简单地存放在文件中。普通记录文件没有系统结构来系统地反映数据间的复杂关系,它也不能强制定义个别数据对象。但是企事业单位的数据都是相关联的,不可能使用普通的记录文件来管理大量的、复杂的系列数据,例如银行的客户数据或生产厂商的生产控制数据等。

数据库安全主要包括数据库系统的安全和数据库数据的安全两层含义。

(1) 第一层含义是数据库系统的安全。数据库系统安全是指在系统级控制数据库的存取和使用的机制,应尽可能地堵住潜在的各种漏洞,防止非法用户利用这些漏洞侵入数据库系统;保证数据库系统不因软硬件故障及灾害的影响而使系统不能正常运行。数据库系统安全包括:

- 硬件运行安全。
- 物理控制安全。
- 操作系统安全。
- 用户有可连接数据库的授权。
- 灾害、故障恢复。

(2) 第二层含义是数据库数据的安全。数据库数据安全是指在对象级控制数据库的存取和使用的机制,规定哪些用户可存取指定的模式对象及在对象上允许有哪些操作。数据库数据安全包括:

- 有效的用户名/口令鉴别。
- 用户访问权限控制。
- 数据存取权限、方式控制。
- 审计跟踪。
- 数据加密。
- 防止电磁信息泄露。

数据库数据的安全措施应能确保在数据库系统关闭后,当数据库数据存储媒体被破坏或当数据库用户误操作时,数据库数据信息不会丢失。对于数据库数据的安全问题,数据库管理员可以采用系统双机热备份、数据库的备份和恢复、数据加密、访问控制等措施。

2. 数据库安全管理原则

一个强大的数据库安全系统应当确保其中信息的安全性,并对其进行有效的管理控制。下面几项数据库管理原则有助于企事业单位在安全规划中实现对数据库的安全保护。

1) 管理细分和委派原则

在数据库工作环境中,数据库管理员(DBA)一般都是独立执行数据库的管理和其他事务工作,一旦出现岗位变换,将带来一连串的问题。通过管理责任细分和任务委派,DBA可从常规事务中解脱出来,更多地关注于解决数据库的执行效率及管理方面的重要问题,从而保证任务的高效完成。企事业单位应设法通过功能和可信赖的用户群进一步细分数据库管理的责任和角色。

2) 最小权限原则

单位必须本着最小权限原则,从需求和工作职能两方面严格限制对数据库的访问。通过角色的合理运用,最小权限可确保数据库功能限制和特定数据的访问。

3）账号安全原则

对于每一个数据库连接来说,用户账号都是必须设立的。账号的设立应遵循传统的用户账号的管理方法来进行安全管理,这包括密码的设定和更改、账号锁定、对数据提供有限的访问权限、禁止休眠状态的账户、设定账户的生命周期等。

4）有效审计原则

数据库审计是数据库安全的基本要求,它可用来监视各用户对数据库实施的操作。单位应根据自己的应用和数据库活动定义审计策略。条件允许的地方可采取智能审计,这样不仅能节约时间,而且能减少执行审计的范围和对象。通过智能限制日志大小,还能突出更加关键的安全事件。

4.1.2 数据库安全面临的威胁

大多数企事业单位及政府部门的电子数据都保存在各种数据库中。他们用这些数据库保存一些敏感信息,例如员工工资、医疗记录、员工个人资料等。数据库服务器还掌握着敏感的金融数据,包括交易记录、商业事务和账号数据,以及战略上的或者专业的信息,如专利和工程数据,甚至市场计划等应该保护起来防止竞争者和其他非法者获取的资料。

1. 数据库的安全漏洞和缺陷

常见的数据库的安全漏洞和缺陷有以下几种。

（1）数据库应用程序通常都同操作系统的最高管理员密切相关。如 Oracle、Sybase 和 SQL Server 数据库系统都涉及用户账号和密码、认证系统、授权模块和数据对象的许可控制、内置命令（存储过程）、特定的脚本和程序语言、中间件、网络协议、补丁和服务包、数据库管理和开发工具等。许多 DBA 都把全部精力投入到管理这些复杂的系统中。安全漏洞和不当的配置通常会造成严重的后果,且都难以被发现。

（2）人们对数据库安全的忽视。人们认为只要把网络和操作系统的安全做好了,所有的应用程序也就安全了。但现在的数据库系统会有很多方面被误用或者存在漏洞影响到安全。而且常用的关系型数据库都是"端口"型的,这就表示任何人都有可能绕过操作系统的安全机制,利用分析工具连接到数据库上。

（3）部分数据库机制威胁网络低层安全。如某公司的数据库中保存着所有的技术文档、手册和白皮书,但却不重视数据库的安全性。这样,即使运行在一个非常安全的操作系统上,入侵者也很容易通过数据库获得操作系统权限。这些存储过程能提供一些执行操作系统命令的接口,而且能访问所有的系统资源,如果该数据库服务器还同其他服务器建立信任关系,那么,入侵者就能够对整个域产生严重的安全威胁。因此,少数数据库的安全漏洞不仅威胁数据库的安全,也威胁到操作系统和其他可信任系统的安全。

（4）安全特性缺陷。大多数关系型数据库已经存在很多年了,都是成熟的产品。但 IT 业界和安全专家对网络和操作系统要求的许多安全特性在多数关系数据库上还没有被使用。

（5）数据库密码容易泄露。多数数据库提供的基本安全特性,都没有相应的机制来限制用户必须选择健壮的密码。许多系统密码都能给入侵者完全访问数据库的机会,更有甚者,有些密码就储存在操作系统的普通文本文件中。

（6）操作系统后门。多数数据库系统都会有一些特性,来满足数据库管理员的需要,这些特性也成为数据库主机操作系统的后门。

(7) 木马的威胁。著名的木马病毒能够在密码改变存储过程时修改密码,并能告知入侵者。例如添加几行信息到 sp_password 中,记录新账号到库表中,通过 E-mail 发送这个密码,或者写到文件中以后使用等。

2. 对数据库的威胁形式

对数据库构成的威胁主要有篡改、损坏和窃取三种表现形式。

(1) 篡改。所谓篡改,是指对数据库中的数据未经授权进行的修改,使其失去原来的真实性。篡改的形式具有多样性,但有一点是明确的,就是在造成影响之前很难被发现。篡改是由于人为因素而产生的。一般来说,发生这种人为威胁的原因主要有个人利益驱动、隐藏证据、恶作剧和无知等。

(2) 损坏。网络系统中数据的损坏是数据库安全性所面临的威胁之一。其表现形式为:表和整个数据库部分或全部被删除、移走或破坏。产生这种威胁的原因主要有破坏、恶作剧和病毒。破坏往往都带有明确的作案动机,恶作剧者往往是出于兴趣或好奇而给数据造成损坏,计算机病毒不仅对系统文件进行破坏,也对数据文件进行破坏。

(3) 窃取。窃取一般是对敏感数据进行的。窃取的手法除了将数据复制到软盘之类的可移动介质上外,也可以把数据打印后取走。导致窃取威胁的因素有工商业间谍、不满和要离开的员工、被窃的数据可能比想象中的更有价值等。

3. 数据库安全的威胁来源

数据库安全的威胁主要来自以下几个方面。

(1) 物理和环境的因素。如物理设备的损坏,设备的机械和电气故障,火灾、水灾,以及丢失磁盘磁带等。

(2) 事务内部故障。数据库"事务"是数据操作的并发控制单位,是一个不可分割的操作序列。数据库事务内部的故障多发生于数据的不一致性,主要表现有丢失修改、不能重复读、无用数据的读出。

(3) 系统故障。系统故障又称软故障,是指系统突然停止运行时造成的数据库故障。这些故障不破坏数据库,但影响正在运行的所有事务,因为缓冲区中的内容会全部丢失,运行的事务非正常终止,从而造成数据库处于一种不正确的状态。

(4) 介质故障。介质故障又称硬故障,主要指外存储器故障。如磁盘磁头碰撞,瞬时的强磁场干扰等。这类故障会破坏数据库或部分数据库,并影响正在使用数据库的所有事务。

(5) 并发事件。在数据库实现多用户共享数据时,可能由于多个用户同时对一组数据的不同访问而使数据出现不一致的现象。

(6) 人为破坏。某些人为了某种目的故意破坏数据库。

(7) 病毒与黑客。病毒可破坏网络中的数据,使计算机处于不正确或瘫痪的状态;黑客是一些精通计算机网络和软、硬件的计算机操作者,他们往往利用非法手段取得相关授权,非法地读取甚至修改其他网络数据。黑客的攻击和系统病毒发作可造成对数据保密性和数据完整性的破坏。

此外,数据库系统威胁还有未经授权非法访问或非法修改数据库的信息,窃取数据库数据或使数据失去真实性;对数据不正确的访问,引起数据库中数据的错误;网络及数据库的安全级别不能满足应用的要求;网络和数据库的设置错误和管理混乱造成越权访问和越权使用数据。

4.2　网络数据库的安全特性和策略

为了保证数据库数据的安全可靠和正确有效,DBMS(数据库管理系统)必须提供统一的数据保护功能。数据保护也称为数据控制,主要包括数据库的安全性、完整性、并发控制和恢复。下面以多用户数据库系统 Oracle 为例,阐述数据库的安全特性。

4.2.1　数据库的安全特性

数据库安全是指保护数据库以防止不合法的使用所造成的数据泄露、更改或破坏。在数据库系统中有大量的网络系统数据集中存放,为许多用户所共享,这样就使安全问题更为突出。在一般的网络系统中,安全措施是逐级设置的。

1. 数据库的存取控制

数据库系统可提供数据存取控制来实施数据保护。

1) 数据库的安全机制

多用户数据库系统(如 Oracle)提供的安全机制可做到:

- 防止非授权的数据库存取。
- 防止非授权的对模式对象的存取。
- 控制磁盘使用。
- 控制系统资源使用。
- 审计用户动作。

在 Oracle 服务器上提供了一种任意存取控制,这是一种基于特权限制信息存取的方法。用户要存取某一对象必须有相应的特权授予该用户。已授权的用户可任意地将它授权给其他用户。

Oracle 保护信息的方法是采用任意存取控制来控制全部用户对命名对象的存取。用户对对象的存取受特权控制,一种特权是存取一个命名对象的许可,为一种规定格式。

2) 模式和用户机制

Oracle 使用多种不同的机制来管理数据库的安全性,其中有模式和用户两种机制。

- 模式机制:模式为模式对象的集合,模式对象如表、视图、过程和包等。
- 用户机制:每一个 Oracle 数据库都有一组合法的用户,可运行一个数据库应用和使用该用户连接到定义该用户的数据库。当建立一个数据库用户时,对该用户建立一个相应的模式,模式名与用户名相同。一旦用户连接一个数据库,该用户就可存取相应模式中的全部对象,一个用户仅与同名的模式相联系,所以用户和模式是类似的。

2. 特权和角色

1) 特权

特权是执行一种特殊类型的 SQL 语句或存取另一用户对象的权力,有系统特权和对象特权两类特权。

- 系统特权:系统特权是执行一种特殊动作或者在对象类型上执行一种特殊动作的

权力。系统特权可授权给用户或角色。系统可将授予用户的系统特权授给其他用户或角色。同样,系统也可从那些被授权的用户或角色处收回系统特权。

- 对象特权:对象特权是指在表、视图、序列、过程、函数或包上执行特殊动作的权力。对于不同类型的对象,有不同类型的对象特权。

2) 角色

角色是相关特权的命名组。数据库系统利用角色可以更容易地进行特权管理。建立角色通常有两个目的:一是为数据库应用管理特权;二是为用户组管理特权。

(1) 角色管理的优点

- 减少特权管理。
- 动态特权管理。
- 特权的选择可用性。
- 应用可知性。
- 专门的应用安全性。

(2) 数据库角色的功能

- 一个角色可被授予系统特权或对象特权。
- 一个角色可授权给其他角色,但不能循环授权。
- 任何角色可授权给任何数据库用户。
- 授权给一个用户的每一角色可以是可用的,也可是不可用的。
- 一个间接授权角色(授权给另一角色的角色)对一个用户可明确其可用或不可用。
- 在一个数据库中,每一个角色名都是唯一的。

4.2.2　网络数据库的安全策略

为保证网络数据库的安全,在保证网络操作系统和数据库服务器系统安全的基础上,还要采取如下安全策略。

1. 用户身份验证访问控制

用户身份验证是保护数据库安全的第一道安全保护闸门。授权用户进入数据库系统时需要进行身份验证,防止非授权用户进入数据库对数据信息进行破坏、盗取等。目前使用最多的身份验证方法是设置用户名和密码,随着各种新技术的出现,更高级别的验证方法也在逐步应用,如智能 IC 卡、指纹识别等。

访问控制是指对已经进入系统的用户进行访问权限的控制,可防止系统安全漏洞。访问控制限定数据库中的数据能被哪些用户访问,同一数据对象分配不同用户不同的访问方式,如查询和增、删、改等。

2. 数据库审计

对数据库系统的操作审计是记录、检查和回顾对数据库系统进行所有相关操作的行为,是保证数据库安全的补救措施。审计的主要任务是对用户及应用程序使用系统资源(包括软硬件或数据)的情况进行记录和审查,一旦出现问题,审计人员可以通过审计跟踪找出问题的所在,追查相关责任人,防止问题再度发生。审计过程不可省略,审计记录应该得到保护且不能轻易更改。

数据库系统的审计工作主要是审查系统资源的安全策略、安全保护措施和故障恢复计划等,对系统的各种操作如访问、查询和修改,尤其是对敏感操作进行记录、分析,对发生的攻击性操作和可能危害系统安全的事件进行检测和审计。审计主要有语句审计、特权审计、模式对象审计和资源审计等。

对于数据库系统,数据的使用、记录和审计是同时进行的。审计的主要任务是对应用程序或用户使用数据库资源的情况进行记录和审查,一旦出现问题,审计人员可以对审计事件记录进行分析,查出原因。

安全系统的审计过程是记录、检查和回顾系统安全相关行为的过程。通过对审计记录的分析,可以明确责任个体,追查违反安全策略的违规行为。审计过程不可省略,审计记录也不可更改或删除。

由于审计行为将影响 DBMS 的存取速度和反馈时间,因此,必须综合考虑安全性与系统性能,需要提供配置审计事件的机制,以允许 DBA 根据具体系统的安全性和性能需求做出选择。这些可由多种方法实现,如扩充、打开/关闭审计的 SQL 语句,或使用审计掩码等。

数据库审计有用户审计和系统审计两种方式。

(1) 用户审计。进行用户审计时,DBMS 的审计系统会记录下所有对表和视图进行访问的目的,以及每次操作的用户名、时间、操作代码等信息。这些信息一般都被记录在数据字典中,利用这些信息可进行审计分析。

(2) 系统审计。系统审计由系统管理员执行,其审计内容主要是系统一级命令及数据库客体的使用情况。

数据库系统的审计工作主要包括设备安全审计、操作审计、应用审计和攻击审计等方面。设备安全审计主要审查系统资源的安全策略、安全保护措施和故障恢复计划等;操作审计可对系统的各种操作进行记录和分析;应用审计可审计建立于数据库上整个应用系统的功能、控制逻辑和数据流是否正确;攻击审计可对已发生的攻击性操作和危害系统安全的事件进行检查和审计。

3. 数据库恢复

当人们使用数据库时,总希望数据库的内容是可靠的、正确的,但由于网络系统的故障(硬件故障、软件故障、网络故障、进程故障和系统故障等)会影响数据库系统的操作以及数据库中数据的正确性,甚至破坏数据库,使数据库中全部或部分数据丢失。因此当发生上述故障后,希望能尽快恢复到原数据库状态或重新建立一个完整的数据库,这就是数据库恢复。具体的恢复处理随所发生的故障类型及所影响的情况和结果而变化。

1) 操作系统备份

不管为 Oracle 数据库设计成什么样的恢复模式,数据库中的数据文件、日志文件和控制文件的操作系统备份都是绝对需要的,它是保护介质故障的策略。操作系统备份有完全备份和部分备份两种方式。

(1) 完全备份。一个完全备份将构成 Oracle 数据库的全部数据库文件、在线日志文件和控制文件的一个操作系统备份。完全备份要在数据库正常关闭之后进行,不能在发生故障后数据库打开的状态下进行。由完全备份得到的数据文件在任何类型的介质恢复模式中都是有用的。

(2) 部分备份。部分备份是除完全备份外的任何操作系统备份,可在数据库打开或关闭的状态下进行。如单个表空间中全部数据文件的备份、单个数据文件的备份和控制文件的备份。部分备份仅对在归档日志方式下运行的数据库有用,数据文件可由部分备份恢复,在恢复过程中与数据库中的其他部分一致。

通过正规备份,并且快速地将备份介质运送到安全的地方,数据库就能够在大多数的灾难中得到恢复。由于不可预知的物理灾难,一个完全的数据库恢复可以使数据库映像恢复到尽可能接近灾难发生时间点的状态。对于逻辑灾难,如人为破坏或应用故障,数据库映像应该恢复到错误发生前的那一点。

在一个数据库的完全恢复过程中,基点后所有日志中的事务被重新应用,所以结果就是一个数据库映像反映所有在灾难前已接受的事务,而没有被接受的事务则不被反映。数据库恢复可以恢复到错误发生前的最后一个时刻。

2) 介质故障的恢复

介质故障是当一个文件、文件的一部分或一块磁盘不能读时出现的故障。介质故障的恢复有以下两种形式,采取哪种方式,取决于数据库运行的归档方式。

(1) 如果数据库是可运行的,但其在线日志仅可重用而不能归档,此时介质恢复可使用完全备份的简单恢复。

(2) 如果数据库可运行且其在线日志是可归档的,则该介质故障的恢复是一个实际恢复过程,重构受损的数据库,恢复到介质故障前的一个指定事务状态。

不管哪种方式,介质故障的恢复总是将整个数据库恢复到故障前的一个事务状态。

4. 数据加密处理

数据加密是将数据库中的数据按特定的加密算法变换成密文数据,是防止数据泄露的有效手段。数据库中的数据加密不同于传统的加密技术,传统的加密是以报文为单位,加密解密都按顺序从头至尾进行。而如果数据库中的数据加密可以对数据库中的敏感、重要数据(如公司的财务数据、军事数据、国家机密以及个人隐私等)进行加密,网络数据库则一般采用公开密钥的加密算法,这样可以经受来自操作系统和 DBMS 的攻击。

4.3 网络数据库用户管理

用户管理是网络数据库管理的常用要求之一,连接到数据库的每一个用户都必须是系统的合法用户。用户要想使用网络数据库的管理系统,必须要拥有相应的权限,创建用户并授予权限是 DBA 的常用任务之一。下面以 Oracle 数据库系统为例,阐述网络数据库的用户管理。

4.3.1 配置身份验证

用户是数据库的使用者。Oracle 为用户提供了密码验证、外部验证、全局验证三种身份验证方法,其中密码验证是最常用的方法。

1. 密码验证

当一个使用密码验证机制的用户试图进入数据库时,数据库会核实用户名是否有效,并验证与该用户在数据库中存储的密码是否相匹配。

由于用户信息和密码都存储在数据库内部,所以密码验证用户也称为数据库验证用户。

2. 外部验证

当一个外部验证机制用户试图进入数据库时,数据库会核实用户名是否有效,并确信该用户已经完成了操作系统级别的身份验证。此时,外部验证用户并不在数据库中存储一个验证密码。

3. 全局验证

全局验证用户也不在数据库中存储验证密码,这种类型的验证是通过一个高级安全选项所提供的身份验证服务来进行的。

4.3.2 数据库用户管理

用户的相关信息包括用户名称和密码、用户的配置信息(包括用户的状态,用户的默认表空间等)、用户的权限、用户对应方案中的对象等。

用户一般是由 DBA 来创建和维护的。创建用户后,用户不可以执行任何 Oracle 操作,只有赋予用户相关的权限,用户才能执行相关权限允许范围内的相关操作。

1. 创建用户

用户访问数据库前必须要获得相应授权的账号,创建一个新的用户(密码验证用户),最基本的创建用户的语句为:

```
CREATE USER user
IDENTIFIED BY password;
```

CREATE USER,IDENTIFIED BY 为语法保留字。CREATE USER 后面是创建的用户名字,而 IDENTIFIED BY 后面则是用户的初始密码。

执行该语句的用户需要有创建用户的权限,一般为系统的 DBA 用户(如 SYS 和 SYSTEM 用户)。

2. 修改用户

用户创建完成后,管理员可以对用户进行修改,包括修改用户口令、改变用户默认表空间、临时表空间、磁盘配额及资源限制等。修改用户密码的语句为:

```
ALTER USER user IDENTIFIED BY 新密码;
```

此命令不需要输入旧密码,直接可把用户的密码修改为新密码,但前提是该用户已经登录了 Oracle 服务器。

3. 删除用户

删除用户后,Oracle 会从数据字典中删除用户、方案及其所有对象方案,其语句为:

```
DROP USER user [CASCADE]
```

当用户中已经创建了相关的存储对象时,默认是不能删除用户的,需要先删除该用户下的所有对象,然后才能删除该用户名。该操作也可以使用 CASCADE 选项来完成,CASCADE 表示系统先自动删除该用户下的所有对象,然后再删除该用户名。已经登录的用户是不允许被删除的。

4.3.3 数据库权限管理

在 Oracle 服务器中,用户只有获得了相关的权限,才能执行该权限允许的操作。在

Oracle 中存在以下两种用户权限。

(1) 系统权限。允许用户在数据库中执行指定的行为,一般可以理解成比较通用的一类权限。

(2) 对象权限。允许用户操作一个指定的对象,该对象是一个确切存储在数据库中的命名对象。

1. 系统权限

Oracle 系统中包含 100 多种系统权限,其主要作用如下。

(1) 执行系统端的操作,如 CREATE SESSION 是登录的权限,CREATE TABLESPACE 是创建表空间的权限。

(2) 管理某类对象,如 CREATE TABLE 是用户建表的权限。

(3) 管理任何对象,如 CREATE ANY TABLE,ANY 关键字表明该权限的"权力"比较大,可以管理任何用户下的表。一般只有 DBA 可以使用该权限,普通用户是不应该拥有该类权限的。

下面是部分系统权限的例子。

1) 表

(1) CREATE TABLE(创建表);

(2) CREATE ANY TABLE(在任何用户下创建表);

(3) ALTER ANY TABLE(修改任何用户的表的定义);

(4) DROP ANY TABLE(删除任何用户的表);

(5) SELECT ANY TABLE(从任何用户的表中查询数据);

(6) UPDATE ANY TABLE(更改任何用户表的数据);

(7) DELETE ANY TABLE(删除任何用户的表的记录)。

2) 索引

(1) CREATE ANY INDEX(在任何用户下创建索引);

(2) ALTER ANY INDEX(修改任何用户的索引定义);

(3) DROP ANY INDEX(删除任何用户的索引)。

3) 会话

(1) CREATE SESSION(创建会话,登录权限);

(2) ALTER SESSION(修改会话)。

4) 表空间

(1) CREATE TABLESPACE(创建表空间);

(2) ALTER TABLESPACE(修改表空间);

(3) DROP TABLESPACE(删除表空间);

(4) UNLIMITED TABLESPACE(不限制任何表空间的配额)。

2. 授予用户系统权限

授予用户系统权限的语句为:

GRANT 系统权限 TO user [WITH ADMIN OPTION];

WITH ADMIN OPTION 的含义是把该权限的管理权限也赋予用户。默认情况下,权限的赋予工作是由拥有管理权限的管理员来执行的。当权限被赋予其他用户后,其他用户就获得了该权限的使用权,可以使用在该权限允许范围内的相关 Oracle 操作,但用户并没有获得该权限的管理权,所以该用户没有权限把该权限再赋予其他用户。使用 WITH ADMIN OPTION 选项则可以获得授予普通用户管理权限的权限。

3. 回收系统权限

回收系统权限的语句为:

```
REVOKE 系统权限 FROM user;
```

它只能回收使用了 GRANT 授权过的权限,权限被回收后,用户就失去了原权限的使用权和管理权。

4. 对象权限

对象权限的种类不是很多,但数量相当大,因为具体对象的数量很多。对象权限的分类如表 4.3.1 所示。

表 4.3.1　对象权限的分类

权限分类\对象类型	表(Table)	视图(View)	序列	存储过程
SELECT(选择)	○	○	○	
INSERT(插入)	○	○		
UPDATE(更新)	○	○		
DELETE(删除)	○	○		
ALTER(修改)	○		○	
INDEX(索引)	○			
REFERENCE(引用)	○	○		
EXECUTE(执行)				○

对于对象权限来说,表除执行的权限外,其余的对象权限都有;视图没有修改的权限(含在创建视图权限中),也不能基于视图来创建索引;序列只有修改和查询的权限;而存储过程则只有执行的权限。

对象权限除了直接作用在某个对象外,还可以对表中的具体列设置对象权限。

授予对象权限的语句为:

```
GRANT 对象权限种类[(列名列表)] ON 对象名 TO user
[WITH GRANT OPTION];
```

授予对象权限的用户是对象的拥有者或其他有对象管理权限的用户(常为 DBA)。也可以把对象的管理权限赋予其他用户,其语句为 WITH GRANT OPTION。

回收对象权限的语句为:

```
REVOKE 对象权限种类[(列名列表)] ON 对象名 FROM user;
```

对象的权限会级联回收,这一点同系统权限的级联回收策略不同。

4.4 数据备份、恢复和容灾

在日常工作中,人为操作错误、系统软件或应用软件缺陷、硬件损毁、计算机病毒、黑客攻击、突然断电、意外宕机、自然灾害等诸多因素都有可能造成网络系统中数据的丢失,给用户造成无法估量的损失。因此,数据备份与恢复对用户来说格外重要。

4.4.1 数据备份

1. 数据备份的概念

数据备份是指为防止系统出现操作失误或系统故障导致数据丢失,而将全部或部分数据集合从应用主机的硬盘或阵列中复制到其他存储介质上的过程。网络系统中的数据备份,通常是指将存储在网络系统中的数据复制到磁带、磁盘、光盘等存储介质上,在该系统外的地方另行保管。这样,当网络系统设备发生故障或发生其他威胁数据安全的灾害时,能及时地从备份的介质上恢复正确的数据。

数据备份的目的就是为了在系统数据崩溃时能够快速地恢复数据,使系统迅速恢复运行。那么就必须保证备份数据和源数据的一致性和完整性,消除系统使用者的后顾之忧。其关键在于保障系统的高可用性,即操作失误或系统故障发生后,能够保障系统的正常运行。如果没有了数据,一切的恢复都是不可能实现的,因此备份是一切灾难恢复的基石。从这个意义上讲,任何灾难恢复系统实际上都是建立在备份基础上的。数据备份与恢复系统是数据保护措施中最直接、最有效、最经济的方案,也是任何网络信息系统不可缺少的一部分。

现在不少用户也意识到了这一点,采取了系统定期检测与维护、双机热备份、磁盘镜像或容错、备份磁带异地存放、关键部件冗余等多种预防措施。这些措施一般能够进行数据备份,并且在系统发生故障后能够快速地进行系统恢复。

数据备份能够用一种增加数据存储代价的方法保护数据安全,它对于拥有重要数据的大中型企事业单位是非常重要的,因此数据备份和恢复通常是大中型企事业网络系统管理员每天必做的工作之一。对于个人网络用户,数据备份也是非常必要的。

传统的数据备份主要是采用数据内置或外置的磁带机进行冷备份。一般来说,各种操作系统都附带了备份程序。但随着数据的不断增加和系统要求的不断提高,附带的备份程序已无法满足需求。要想对数据进行可靠的备份,必须选择专门的备份软、硬件,并制定相应的备份及恢复方案。

目前比较常用的数据备份措施有:本地磁带备份、本地可移动存储器备份、本地可移动硬盘备份、本机多硬盘备份、远程磁带库、光盘库备份、远程数据库备份、网络数据镜像和远程镜像磁盘等。

2. 数据备份的类型

按数据备份时的数据库状态的不同,数据备份可分为冷备份、热备份和逻辑备份等类型。

1) 冷备份

冷备份(Cold Backup)是指在关闭数据库的状态下进行的数据库完全备份。备份内容包括所有的数据文件、控制文件、联机日志文件等。因此,在进行冷备份时数据库将不能被访问。冷备份通常只采用完全备份。

2) 热备份

热备份(Hot Backup)是指在数据库运行的状态下,对数据文件和控制文件进行的备份。使用热备份必须将数据库运行在归档方式下。在进行热备份的同时可以进行数据库的各种操作。

3) 逻辑备份

逻辑备份(Logical Backup)是最简单的备份方法,可按数据库中某个表、某个用户或整个数据库进行导出。使用这种方法,数据库必须处于打开状态,且如果数据库不是在 restrict 状态则将不能保证导出数据的一致性。

3. 数据备份策略

需要进行数据备份的部门都要先制定数据备份策略。数据备份策略包括确定需要备份的数据内容(如进行完全备份、增量备份、差别备份还是按需备份)、备份类型(如采用冷备份还是热备份)、备份周期(如以月、周、日还是小时为备份周期)、备份方式(如采用手工备份还是自动备份)、备份介质(如以光盘、硬盘、磁带、优盘还是网盘为备份介质)和备份介质的存放等。下面介绍几种不同数据内容的备份方式。

1) 完全备份

完全备份(Full Backup)是指按备份周期对整个系统的所有文件(数据)进行备份。这种备份方式比较流行,也是解决系统数据不安全的最简单的方法,操作起来也很方便。有了完全备份,网络管理员可清楚地知道从备份之日起便可恢复网络系统中的所有信息,恢复操作也可一次性完成。如当发现数据丢失时,只要用一盘故障发生前一天备份的磁带,即可恢复丢失的数据。但这种方式的不足之处是由于每天都对系统进行完全备份,在备份数据中必定有大量的内容是重复的,这些重复的数据占用了大量的存储空间,这对用户而言就意味着成本的增加。另外,由于进行完全备份时需要备份的数据量相当大,因此备份所需的时间较长。对于那些业务繁忙、备份窗口时间有限的单位,选择这种备份策略是不合适的。

2) 增量备份

增量备份(Incremental Backup)是指每次备份的数据只是相当于上一次备份后增加和修改过的内容,即备份的都是已更新过的数据。例如,系统在星期日做了一次完全备份,然后在以后的六天里每天只对当天新的或被修改过的数据进行备份。这种备份的优点是没有或减少了重复的备份数据,既节省了存储介质的空间,又缩短了备份时间。但其缺点是恢复数据的过程比较麻烦,不可能一次性完成整体的恢复。

3) 差别备份

差别备份(Differential Backup)也是在完全备份后将新增加或修改过的数据进行备份,但它与增量备份的区别是每次备份都把上次完全备份后更新过的数据进行备份。例如,星期日进行完全备份后,其余六天中的每一天都将当天所有与星期日完全备份时不同的数据进行备份。差别备份可节省备份时间和存储介质空间,只需两盘磁带(星期日备份磁带和故障发生前一天的备份磁带)即可恢复数据。差别备份兼具了完全备份的恢复数据较方便和增量备份的节省存储空间及备份时间的优点。

完全备份所需的时间最长,占用存储介质容量最大,但数据恢复时间最短,操作最方便,当系统数据量不大时该备份方式最可靠;但当数据量增大时,很难每天都做完全备份,可选择周末做完全备份,在其他时间采用所用时间最少的增量备份或时间介于两者之间的差别备份。在实际备份中,通常也是根据具体情况,采用这几种备份方式的组合,如年底做完全备份,月底做完全备份,周末做完全备份,而每天做增量备份或差别备份。

4) 按需备份

除以上备份方式外,还可采用随时对所需数据进行备份的方式进行数据备份。按需备份就是指除正常备份外,额外进行的备份操作。额外备份可以有许多理由,例如,只想备份很少几个文件或目录,备份服务器上所有的必需信息以便进行更安全的升级等。这样的备份在实际应用中经常遇到。

4.4.2　数据恢复

数据恢复是指将备份到存储介质上的数据再恢复到网络系统中,它与数据备份是一个相反的过程。

数据恢复措施在整个数据安全保护中占有相当重要的地位,因为它关系到系统在经历灾难后能否迅速恢复运行。

1. 恢复数据时的注意事项

(1) 由于恢复数据是覆盖性的,不正确的恢复可能会破坏硬盘中的最新数据,因此在进行数据恢复时,应先将硬盘数据备份。

(2) 进行恢复操作时,用户应指明恢复何时的数据。当开始恢复数据时,系统首先识别备份介质上标识的备份日期是否与用户选择的日期相同,如果不同将提醒用户更换备份介质。

(3) 由于数据恢复工作比较重要,容易错把系统上的最新数据变成备份盘上的旧数据,因此应指定少数人进行此项操作。

(4) 不要在恢复过程中关机、关电源或重新启动机器。

(5) 不要在恢复过程中打开驱动器开关或抽出软盘、光盘(除非系统提示换盘)等。

2. 数据恢复的类型

一般来说,数据恢复操作比数据备份操作更容易出问题。数据备份只是将信息从磁盘复制出来,而数据恢复则要在目标系统上创建文件。在创建文件时会出现许多差错,如超过容量限制、权限问题和文件覆盖错误等。数据备份操作不需知道太多的系统信息,只需复制指定信息就可以了;而数据恢复操作则需要知道哪些文件需要恢复,哪些文件不需要恢复等。

数据恢复操作通常有全盘恢复、个别文件恢复和重定向恢复三种类型。

1) 全盘恢复

全盘恢复就是将备份到介质上的指定系统信息全部转储到它们原来的地方。全盘恢复一般应用在服务器发生意外灾难时导致数据全部丢失、系统崩溃或是有计划的系统升级、系统重组等,也称为系统恢复。

2) 个别文件恢复

个别文件恢复就是将个别已备份的最新版文件恢复到原来的地方。对大多数备份而言,这是一种相对简单的操作。个别文件恢复要比全盘恢复用得更普遍。利用网络备份系统的恢复功能,很容易恢复受损的个别文件。需要时只要浏览备份数据库或目录,找到该文件,启动恢复功能,系统将自动驱动存储设备,加载相应的存储媒体,恢复指定文件。

3) 重定向恢复

重定向恢复是将备份的文件(数据)恢复到另一个不同的位置或系统上去,而不是做备份操作时它们所在的位置。重定向恢复可以是整个系统恢复,也可以是个别文件恢复。重定向恢复时需要慎重考虑,要确保系统或文件恢复后的可用性。

4.4.3 数据容灾

对于信息技术而言,容灾系统就是为网络信息系统提供的一个能应付各种灾难的环境。当网络系统在遭受如火灾、水灾、地震、战争等不可抗拒的灾难和意外时,容灾系统将保证用户数据的安全性,甚至提供不间断的应用服务。

1. 容灾系统和容灾备份

这里所说的"灾"具体是指网络系统遇到的自然灾难(洪水、飓风、地震)、外在事件(电力或通信中断)、技术失效及设备受损(火灾)等。容灾就是指网络系统在遇到这些灾难时仍能保证系统数据的完整、可用和系统正常运行。

对于那些业务不能中断的用户和行业,如银行、证券、电信等,因其关键业务的特殊性,必须有相应的容灾系统进行防护。保持业务的连续性是当今企事业用户需要考虑的一个极为重要的问题,而容灾的目的就是保证关键业务的可靠运行。利用容灾系统,用户把关键数据存放在异地,当生产(工作)中心发生灾难时,备份中心可以很快地将系统接管并运行起来。

从概念上讲,容灾备份是指通过技术和管理的途径,确保在灾难发生后,企事业单位的关键数据、数据处理系统和业务在短时间内能够恢复。因此,在实施容灾备份之前,企事业单位首先要分析哪些数据最重要、哪些数据要做备份、这些数据价值多少,然后再决定采用何种形式的容灾备份。

现在,容灾备份的技术和市场正处于一个快速发展的阶段。在此契机下,国家已将容灾备份作为今后信息发展规划中的一个重点,各地方和行业准备或已建立起一些容灾备份中心。这不仅可以为大型企业和部门提供容灾服务,也可以为大量的中小企业提供不同需求的容灾服务。

2. 数据容灾与数据备份的关系

许多用户对数据容灾这个概念不理解,易把数据容灾与数据备份等同起来,其实这是不对的,至少是不全面的。

备份与容灾不是等同的关系,而是两个"交集",中间有大部分的重合关系。多数容灾工作可由备份来完成,但容灾还包括网络等其他部分,而且,只有容灾才能保证业务的连续性。

数据容灾与数据备份的关系主要体现在以下几个方面。

1) 数据备份是数据容灾的基础

数据备份是数据高可用性的一道安全防线,其目的是为了在系统数据崩溃时能够快速地恢复数据。虽然它也是一种容灾方案,但这样的容灾能力非常有限,因为传统的备份主要是采用磁带机进行冷备份,备份磁带的同时也在机房中统一管理,一旦整个机房出现了灾难,这些备份磁带也将随之销毁,所存储的磁带备份将起不到任何容灾作用。

2) 容灾不是简单备份

显然,容灾备份不等同于一般意义上的业务数据的备份与恢复,数据备份与恢复只是容灾备份中的一个方面。容灾备份系统还包括最大范围地容灾、最大限度地减少数据丢失、实时切换、短时间恢复等多项内容。可以说,容灾备份正在成为保护企事业单位关键数据的一种有效手段。

真正的数据容灾就是要避免传统冷备份所具有的不足之处,要能在灾难发生时,全面、及时地恢复整个系统。容灾按其容灾能力的高低可分为多个层次,如国际标准 SHARE 78 定义的容灾系统有七个层次:从最简单的仅在本地进行磁带备份,到将备份的磁带存储在异地,再到建立应用系统实时切换的异地备份系统,恢复时间也可以从几天到几小时,甚至到分钟级、秒级或 0 数据丢失等。

无论采用哪种容灾方案,数据备份都是最基础的,没有备份的数据,任何容灾方案都没有现实意义。但仅有备份是不够的,容灾也必不可少。

3) 容灾不仅仅是技术

容灾不仅仅是一项技术,更是一项工程。目前很多客户还停留在对容灾技术的关注上,而对容灾的流程、规范及具体措施还不太清楚,也从不对容灾方案的可行性进行评估,认为只要建立了容灾方案即可放心了,其实这是具有很大风险的。特别是一些中小企事业单位,认为自己的企事业单位为了数据备份和容灾,年年花费了大量的人力和财力,但几年下来根本没有发生任何大的灾难,于是就放松了警惕。可一旦发生了灾难,将损失巨大。这一点国外的公司就做得非常好,尽管几年下来的确未出现大的灾难,备份了那么多磁带,几乎没有派上任何用场,但仍一如既往、非常认真地做好每一步,并且基本上每个月都会对现行容灾方案的可行性进行评估,进行实地演练。

3. 容灾系统

容灾系统包括数据容灾和应用容灾两部分。数据容灾可保证用户数据的完整性、可靠性和一致性,但不能保证服务不中断。应用容灾是在数据容灾的基础上,在异地建立一套完整的与本地生产系统相当的备份应用系统,在灾难发生的情况下,远程系统会迅速接管业务运行,提供不间断的应用服务,让客户的服务请求能够继续。可以说,数据容灾是系统能够正常工作的保障。而应用容灾则是容灾系统建设的目标,它是建立在可靠的数据容灾基础上,通过应用系统、网络系统等各种资源之间的良好协调来实现的。

1) 本地容灾

本地容灾的主要手段是容错。容错的基本思想就是利用外加资源的冗余技术来达到屏蔽故障、自动恢复系统或安全停机的目的。容错是以牺牲外加资源为代价来提高系统可靠性的。外加资源的形式很多,主要有硬件冗余、时间冗余、信息冗余和软件冗余。容错技术的使用使得容灾系统能恢复大多数的故障,然而当遇到自然灾害及战争等意外时,仅采用本地容灾技术并不能满足要求,这时应考虑采用异地容灾保护措施。

在系统设计中,企业一般考虑做数据备份和采用主机集群的结构,因为它们能解决本地数据的安全性和可用性。目前人们所关注的容灾,大部分也都只是停留在本地容灾的层面上。

2) 异地容灾

异地容灾是指在相隔较远的异地,建立两套或多套功能相同的系统。当主系统因意外停止工作时,备用系统可以接替工作,保证系统的不间断运行。异地容灾系统采用的主要方法是数据复制,目的是在本地与异地之间确保各系统关键数据和状态参数的一致。

异地容灾系统具备应付各种灾难特别是区域性与毁灭性灾难的能力,具备较为完善的数据保护与灾难恢复功能,保证灾难降临时数据的完整性及业务的连续性,并在最短时间内恢复业务系统的正常运行,将损失降到最小。其系统一般由生产系统、可接替运行的后备系统、数据备份系统、备用通信线路等部分组成。在正常生产和数据备份的状态下,生产系统向备份系统传送需备份的数据。灾难发生后,当系统处于灾难恢复状态时,备份系统将接替生产系统继续运行。此时重要的营业终端用户将从生产主机切换到备份中心主机,继续对外营业。

4. 数据容灾技术

容灾系统的核心技术是数据复制,目前主要有同步数据复制和异步数据复制两种。同步数据复制是指通过将本地数据以完全同步的方式复制到异地,每一个本地 I/O 交易均需等待远程复制的完成方予以释放。异步数据复制是指将本地数据以后台方式复制到异地,每一个本地 I/O 交易均正常释放,无须等待远程复制的完成。数据复制对数据系统的一致性和可靠性以及系统的应变能力具有举足轻重的作用,它决定着容灾系统的可靠性和可用性。

对数据库系统可采用远程数据库复制技术来实现容灾。这种技术是由数据库系统软件实现数据库的远程复制和同步的。基于数据库的复制方式可分为实时复制、定时复制和存储转发复制,并且在复制过程中,还有自动冲突检测和解决的手段,以保证数据的一致性不受破坏。远程数据库复制技术对主机的性能有一定要求,可能增加对磁盘存储容量的需求,但系统运行恢复较简单,在实时复制方式时数据一致性较好,所以对于一些数据一致性要求较高、数据修改更新较频繁的应用,可采用基于数据库的容灾备份方案。

目前,业内实施比较多的容灾技术是基于智能存储系统的远程数据复制技术。它是由智能存储系统自身来实现数据的远程复制和同步,即智能存储系统将对本系统中的存储器 I/O 操作请求复制到远端的存储系统中并执行,保证数据的一致性。

还可以采用基于逻辑磁盘卷的远程数据复制技术进行容灾。这种技术就是将物理存储设备划分为一个或多个逻辑磁盘卷(volume),便于数据的存储规划和管理。逻辑磁盘卷可理解为在物理存储设备和操作系统之间增加一个逻辑存储管理层。基于逻辑磁盘卷的远程数据复制就是根据需要将一个或多个卷进行远程同步或异步复制。该方案通常通过软件来实现,基本配置包括卷管理软件和远程复制控制管理软件。基于逻辑磁盘卷的远程数据复制因为是基于逻辑存储管理技术的,一般与主机系统、物理存储系统设备无关,所以对物理存储系统自身的管理功能要求不高,有较好的可管理性。

在建立容灾备份系统时会涉及多种技术,具体有 SAN 和 NAS 技术、远程镜像技术、虚拟存储技术、基于 IP 的 SAN 的互联技术、快照技术等。

1) SAN 和 NAS 技术

SAN(Storage Area Network,存储区域网)提供一个存储系统、备份设备和服务器相互连接的架构。它们之间的数据不在以太网络上流通,从而大大提高了以太网络的性能。正由于存储设备与服务器完全分离,用户获得一个与服务器分开的存储管理理念。复制、备份、恢复数据和安全的管理可以以中央的控制和管理手段进行,加上把不同的存储池以网络方式连接,用户可以以任何需要的方式访问数据,并获得更高的数据完整性。

NAS(Network Attached Storage,网络附加存储)使用了传统以太网和 IP 协议,当进行文件共享时,则利用了 NFS 和 CIFS(Common Internet File System)以沟通 NT 和 UNIX 系统。由于 NFS 和 CIFS 都是基于操作系统的文件共享协议,所以 NAS 的性能特点是进行小文件级的共享存取。

SAN 以光纤通道交换机和光纤通道协议为主要特征的本质决定了它在性能、距离、管理等方面的诸多优点。而 NAS 的部署非常简单,只需与传统交换机连接即可。概括来说,SAN 对于高容量块状级数据传输具有明显的优势,而 NAS 则更加适合文件级别上的数据处理。SAN 和 NAS 实际上也是能够相互补充的存储技术。

2) 远程镜像技术

远程镜像技术用于主数据中心和备援数据中心之间进行数据备份。两个镜像系统一个称为主镜像系统,一个称从镜像系统。按主、从镜像存储系统所处的位置可分为本地镜像和远程镜像。

远程镜像又称远程复制,是容灾备份的核心技术,同时也是保持远程数据同步和实现灾难恢复的基础。远程镜像按请求镜像的主机是否需要远程镜像站点的确认信息,又可分为同步远程镜像和异步远程镜像。

同步远程镜像是指通过远程镜像软件,将本地数据以完全同步的方式复制到异地,每一个本地的 I/O 事务均需等待远程复制的完成确认信息,方可予以释放。同步镜像使远程备份总能与本地机要求复制的内容相匹配。当主站点出现故障时,用户的应用程序会切换到备份的替代站点,被镜像的远程副本可以保证业务继续执行而没有数据丢失。但同步远程镜像系统存在往返传输造成延时较长的缺点,因此它只限于在相对较近的距离上应用。

异步远程镜像保证在更新远程存储视图前完成向本地存储系统的基本 I/O 操作,而由本地存储系统提供给请求镜像主机的 I/O 操作完成确认信息。远程数据复制是以后台同步的方式进行的,这使本地系统性能受到的影响很小,传输距离远,对网络带宽要求小。但是,许多远程的从属存储子系统的写操作没有得到确认,当某种因素造成数据传输失败时,可能会出现数据不一致的问题。为了解决这个问题,目前大多采用延迟复制的技术,即在确保本地数据完好无损后再进行远程数据更新。

3) 快照技术

远程镜像技术往往同快照技术结合起来实现远程备份,即通过镜像把数据备份到远程存储系统中,再用快照技术把远程存储系统中的信息备份到远程的磁带库、光盘库中。

快照是通过软件对要备份的磁盘子系统的数据快速扫描,建立一个要备份数据的快照逻辑单元号 LUN 和快照 cache。在快速扫描时,把备份过程中即将要修改的数据块同时快速复制到快照 cache 中。快照 LUN 是一组指针,它指向快照 cache 和磁盘子系统中不变的数据块。在正常业务进行的同时,利用快照 LUN 实现对原数据的一个完全备份。它可使用户在正常业务不受影响的情况下,实时提取当前在线业务数据。其"备份窗口"接近于零,可大大增加系统业务的连续性,为实现系统真正的全天候运转提供了保证。

4) 虚拟存储技术

在有些容灾方案中,还采取了虚拟存储技术,如西瑞异地容灾方案。虚拟化存储技术在系统弹性和可扩展性上开创了新的局面。它将几个 IDE 或 SCSI 驱动器等不同的存储设备串联成一个存储器池。存储器池的整个存储容量可以分为多个逻辑卷,并作为虚拟分区进行管理。存储由此成为一种功能而非物理属性,而这正是基于服务器的存储结构存在的主要限制。

虚拟存储系统还提供动态改变逻辑卷大小的功能。事实上,存储卷的容量可以在线随意增加或减少。可以通过在系统中增加或减少物理磁盘的数量来改变集群中逻辑卷的大小。这一功能允许卷的容量随用户的即时要求而动态改变。随着业务的发展,可利用剩余空间根据需要扩展逻辑卷,也可以在线将数据从旧驱动器转移到新的驱动器上,而不中断正常服务的运行。

存储虚拟化的一个关键优势是它允许异构系统和应用程序共享存储设备,而不管它们位于何处。系统将不再需要在每个分部的服务器上都连接一台磁带设备。

4.5　大数据及其安全

4.5.1　大数据及其安全威胁

1. 大数据的概念

大数据(Big Data)是由数量规模巨大、结构非常复杂、类型众多的数据构成的数据集合,大数据是无法在一定时间内用常规软件工具进行采集、管理和处理,并整理成为企业和机构经营决策提供帮助的信息资源。

大数据具有海量的数据规模、快速的数据流转、多样的数据类型和低价值密度四大主要特征,大数据是需要新处理模式才能具有更强的决策力、洞察力和流程优化能力的海量、高增长率和多样化的信息资产。

物联网、云计算、移动互联网、车联网、手机、平板电脑、个人计算机以及遍布地球各个角落的各种各样的传感器,都是数据来源或承载的方式。大数据来源于诸如社会网络、互联网文本和文件、互联网搜索索引、传感器网络等网络,天文学、大气科学、基因组学、生物地球化学、生物学等科学,以及其他复杂或跨学科的科研、军事侦察、医疗记录、摄影档案馆、视频档案和大规模的电子商务。随着云时代的来临,大数据也吸引了越来越多的关注。

2. 大数据的不安全因素

由于大数据是由数量巨大、结构复杂、类型众多的数据构成的,因此具有多样化、高效率、可变性和复杂性等特点,目前已经渗透到各个行业和业务职能领域,逐渐成为重要的生产因素。大数据作为社会的又一个基础性资源,将给社会进步和经济发展带来强大的驱动力,对国家的治理模式,对企业的决策、组织和业务流程,对个人的工作、生活方式都将产生巨大的影响,越来越受到社会各界的关注。与此同时,大数据在应用中的安全问题也越来越突出。大数据存在数据被窃取、个人数据隐私权受到冲击(例如亚马逊和淘宝记录着众多个人注册信息与购物习惯,谷歌和百度记录着人们的网页浏览习惯,QQ和微信记录着人们的言论和社交关系网等)和容易成为网络攻击的目标等安全隐忧。例如,大数据在企业应用中存在如下不安全因素。

(1)业务复杂化,安全风险难以识别。其表现为新业务快速上线,管理员未及时得知并纳入安全管理;虚拟化环境的网络流量无法可视、可控;加密流量越来越多,非法行为隐蔽性强,以及合法的用户身份被轻易冒用难以被发现。

(2) 恶意人员已经入侵到内部而用户毫不知情。表现为云计算、移动互联网等新业务兴起,网络边界模糊,基于边界的防御日益不足,新型攻击不断,传统的防御系统容易被突破。

(3) 安全运维更加复杂,工作繁重低效。表现为现在的安全攻防技术日新月异,使得系统运维人员学习和接受难度大;安全设备专业化程度高,错配漏配率高;安全问题需要分析各类安全设备上的大量日志才能发现,以及繁重的安全运维工作,工作价值及成果展示困难。

4.5.2 大数据的安全策略

大数据时代要求人们从安全技术应用、安全管理、法律体系、产业方向等多个层面构建协同联动的信息安全保障体系,以减少大数据时代信息安全的系统威胁和风险,为信息安全保驾护航。

1. 大数据安全技术

大数据代表了先进的生产力方向,已经成为不可阻挡的趋势。大数据时代一旦发生网络攻击或泄密事件,产生的后果将更为严重,因此,大数据的安全问题至关重要。解决大数据安全问题,需要利用大数据的安全技术。

常规的数据处理技术是不能满足大数据的需要的,而大数据的分析和处理常常与云计算联系在一起,即大数据与云计算的关系是密不可分的。由于大数据无法用单台计算机进行处理,而实时的大型数据分析需要像 MapReduce(大规模数据集并行运算技术)一样的框架来向数十、数百甚至数千台的计算机分配工作,因此必须采用分布式架构。

大数据技术在于对海量数据进行分布式数据挖掘,必须依托云计算的分布式处理、分布式数据库和云存储、虚拟化技术。适用于大数据的技术包括大规模并行处理数据库、数据挖掘技术、分布式文件系统、分布式数据库、云计算平台、互联网和可扩展存储系统等。

大数据的安全保护可采取密码技术把威胁和风险控制在允许范围内,例如通过数据加密、密码认证、密码协议等方式,形成互联网的加密通道,在现有的互联网系统外围形成一层防护"围栏",将各类威胁大数据安全的攻击屏蔽在"围栏"之外。

2. 大数据安全重点要解决的问题

大数据作为社会的又一个基础性资源,将给社会进步、经济发展带来强大的驱动力,解决大数据的安全问题,已经成为全社会最关注的问题之一,大数据安全要重点解决如下三个问题。

1) 用大数据安全技术解决系统问题

大数据的发展趋势是数据的资源化、与云计算的深度结合、科学理论的突破、数据科学和数据联盟的成立、数据泄露泛滥、数据管理成为核心竞争力、数据质量是 BI(商业智能)成功的关键和数据生态系统复合化程度加强等。

目前我国在大数据发展和应用方面已具备一定的基础,拥有市场优势和发展潜力。坚持创新驱动发展,加快大数据部署,深化大数据应用,使其成为稳增长、促改革、调结构、惠民生和推动政府治理能力现代化的内在需要和必然选择。

传统解决网络安全的基本思路是划分边界,在每个边界设立网关设备和网络流量设备,用守住边界的办法来解决安全问题。但随着移动互联网、云服务的应用，网络边界实际上已经消亡。基于边界防护的网络安全思想或传统网络安全思想已不可行。网络攻击一定会时有发生，让网络攻击能够被发现并有针对性地对其进行防护，也就是运用大数据的安全技术解决大数据的安全问题。

2）收集内部数据全面消除安全死角

要使大数据系统安全，一定要全面消除大数据安全的死角。就像全面安防系统一样，如果安防摄像头布防得有空档，就很难保证任何一个安全事件的发生都能被发现。在以往的网络安全解决方案里，对服务器和边界数据的收集重视程度很高，但对于终端的安全防护和数据收集却非常薄弱。

在大数据的网络安全系统中，必须消除内部的数据死角，网络收集技术一定要全面。任何一个在内部发生的网络访问、网络下载，都是要把数据收集起来，如果从终端服务器到各种各样的网络数据收集不全，就没办法形成安全的大数据。

3）利用专业的威胁情报和漏洞服务

当前网络安全形势日益严峻，网络攻击已经屡见不鲜，在发达国家或地区，网络威胁情报服务和漏洞服务已经非常发达。购买威胁情报服务和安全服务的做法非常流行，几乎没有一家企业不购买漏洞服务。因为发生在一个企业的网络攻击事件，很可能有同样的网络攻击样本或方法在另外一个地方已经发生过，如果通过网络安全公司及时获取相关的威胁警报，就可以及时防范同样的网络攻击发生在自己的网络中。

3. 大数据的安全管理

数据作为一种资源，它的普遍性、共享性、增值性、可处理性和多效用性，使其具有特别重要的意义。信息安全是任何国家和地区、政府、部门、行业都必须十分重视的问题，是一个不容忽视的国家和地区安全战略。但是，对于不同的部门和行业来说，其对信息安全的要求和重点却是有不同的。信息安全的实质就是要保护信息系统或信息网络中的信息资源免受各种类型的威胁、干扰和破坏，即保证信息的安全性。

从信息安全的角度来看，围绕大数据的问题应做到以下方面。

（1）提高安全意识，及时出台相关法律和规章制度。

（2）提高网络管理员和个人用户接受和应用新型网络安全的技术。

（3）加强制度建设，规范互联网行为。

（4）保障网络安全。

（5）保障云安全。

（6）保障移动互联网、物联网安全。

（7）保护个人隐私。

习题和思考题

一、简答题

1. 简述数据库安全管理原则。

2. 简述数据库系统的缺陷和威胁。

3. 简述数据库的安全性策略。

4. 何为数据的完整性? 影响数据完整性的因素有哪些?

5. 何为数据备份? 数据备份有哪些类型?

6. 何为数据恢复? 数据恢复措施有哪些?

7. 大数据有哪些安全策略?

二、填空题

1. 按数据备份时备份的数据不同,可有( )、( )、( )和按需备份等备份方式。

2. 数据恢复操作的种类有( )、( )和重定向恢复。

3. 数据库安全包括数据库( )安全和数据库( )安全两层含义。

4. ( )是指在多用户环境下,对数据库的并行操作进行规范的机制,从而保证数据的正确性与一致性。

5. 当故障影响数据库系统操作,甚至使数据库中全部或部分数据丢失时,希望能尽快恢复到原数据库状态或重建一个完整的数据库,该处理称为( )。

6. ( )是指为防止系统出现操作失误或系统故障导致数据丢失,而将全系统或部分数据从主机的硬盘或阵列中复制到其他存储介质上的过程。

7. 影响数据完整性的主要因素有( )、软件故障、( )、人为威胁和意外灾难等。

三、单项选择题

1. 按数据备份时数据库状态的不同有( )。

   A. 热备份　　　　B. 冷备份　　　　C. 逻辑备份　　　　D. A、B、C 都对

2. 数据库系统的安全框架可以划分为网络系统、( )和 DBMS 三个层次。

   A. 操作系统　　　B. 数据库系统　　C. 软件系统　　　　D. 容错系统

3. 按备份周期对整个系统所有的文件进行备份的方式是( )备份。

   A. 完全　　　　　B. 增量　　　　　C. 差别　　　　　　D. 按需

4. 数据的( )是指保护网络中存储和传输数据不被非法改变。

   A. 一致性　　　　B. 独立性　　　　C. 保密性　　　　　D. 完整性

5. 软件错误、文件损坏、数据交换错误、操作系统错误是影响数据完整性的( )。

   A. 人为因素　　　　　　　　　　　B. 软件和数据文件故障

   C. 硬件故障　　　　　　　　　　　D. 网络故障

第5章 | 数据加密技术与应用

本章要点

- 密码学基础；
- 数据加密体制；
- 数字签名与认证；
- 网络保密通信。

安全立法措施对保护网络系统安全有不可替代的作用，但依靠法律阻止不了攻击者对网络数据的各种威胁；加强行政、人事管理，采取物理保护措施等都是保护系统安全不可缺少的有效措施，但有时这些措施也会受到各种环境、费用、技术以及系统工作人员素质等条件的限制；采用访问控制、系统软硬件保护的方法保护网络系统资源，简单易行，但也存在一些不易解决的问题；采用加密技术保护网络中存储和传输中的数据，是一种非常实用、经济、有效的方法。对信息进行加密保护可以防止攻击者窃取网络中的机密信息，从而使系统信息不被无关者识别。本章主要介绍数据加密技术及其应用。

5.1 密码学基础

简而言之，密码学(Cryptography)就是研究密码的科学，具体包括加密和解密变换。虽然密码学作为科学只是到了现代才得到了快速发展，但密码的应用却有着久远的历史，只是由于密码技术的使用仅限于较小的领域，如军事、外交、情报工作等，所以给人们一种神秘感。

5.1.1 密码学的基本概念

1. 密码学的发展

密码学的发展历史悠久，早在四千多年前的古埃及时期，密码就得到了应用，他们使用的是一种被称为"棋盘密码"的加密方法。在两千多年前，罗马帝国使用一种被称为"恺撒密码"的密码体系。但密码技术直到现代计算机技术被广泛使用后才得到了快速发展和应用。

密码学的发展大致经历了以下几个阶段。

1) 传统密码学阶段

传统密码学阶段，也称为古代密码学阶段，一般是指 1949 年以前的密码学。在这个阶段，密码学还不是一门科学，仅出现了针对字符的一些基本密码算法，而对信息的加密、解密则主要依靠手工和机械完成。

2) 计算机密码学阶段

这个阶段一般是指 1949 年—1975 年之间。在这个阶段,由于计算机的出现及应用,使得密码学真正成为一门独立的学科,密码工作者可以利用计算机进行复杂的运算。但是,密码工作者使用的理论仍然是传统的密码学理论。这时,密码学研究的重点不是算法的保密而是密钥的保密。

3) 现代密码学阶段

现代密码学阶段是指用现代密码学思想研究如何对信息进行保密的阶段,其中公钥密码学成为主要的研究方向。具有代表性的事件列举如下。

- 1976 年,由 Diffie 和 Hellman 提出了公开密钥密码的概念。
- 1977 年,由 Rivest、Shamir 和 Adleman 提出了 RSA 公钥算法。
- 1977 年,由美国国家标准局提出了数据加密标准(DES)。
- 20 世纪 90 年代逐步出现椭圆曲线等其他公钥密码算法,对称密钥密码算法进一步成熟,Rijndael、RC6、MARS、Serpent 等出现。
- 2001 年,由美国国家标准与技术研究院(NIST)公布了高级加密标准(AES),其加密算法 Rijndael 取代 DES 算法。2006 年,AES 已成为对称密钥加密中最流行的标准之一。

随着计算机网络不断渗透到国民经济各个领域,密码学的应用也随之扩大。数字签名、身份验证等都是由密码学派生出来的新技术和应用。

2. 密码学的相关概念

密码学包括密码编码学和密码分析学两部分。前者是研究密码变化的规律并用于编制密码以保护秘密信息的科学,即研究如何通过编码技术来改变被保护信息的形式,使得编码后的信息除指定接收者之外的其他人都不能理解;后者是研究密码变化的规律并用于分析(解释)密码以获取信息情报的科学,即研究如何攻破一个密码系统,恢复被隐藏起来的信息。密码编码学实现对信息进行保密,而密码分析学则实现对信息进行解密,两者相辅相成、互相促进,同时也是矛盾的两个方面。

在网络系统中,采用密码技术将信息隐蔽起来,再将隐蔽后的信息进行存储和传输。这样,即使信息在存储或传输过程中被窃取或截获,那些非法获得信息者因不了解这些信息的隐蔽规律,也就无法识别信息的内容,从而保证了网络系统中的信息安全。

明文(PlainText)也称明码,是信息的原文,在网络中也称报文(Message),通常指待发的电文、编写的专用软件、源程序等,可用 P 或 M 表示。密文(CipherText)又称密码,是明文经过变换后的信息,一般是难以识别的,可用 C 表示。

把明文变换成密文的过程就是加密(Encryption),其反过程(把密文还原为明文)就是解密(Decryption)。

密码算法(Algorithm)是加密和解密变换的一些公式、法则或程序,多数情况下是一些数学函数。密码算法规定了明文和密文之间的变换规则。加密时使用的算法称为加密算法,解密时使用的算法称为解密算法。

密钥(Key)是进行数据加密或解密时所使用的一种专门信息(工具),可看成是密码中的参数,用 K 表示。加密时使用的密钥称为加密密钥,解密时使用的密钥称为解密密钥。数据加密过程就是利用加密密钥,对明文按照加密算法的规则进行变换,得到密文的过程。

解密过程就是利用解密密钥,对密文按照解密算法的规则进行变换,得到明文的过程。

使用密码算法和密钥的加密和解密过程如图 5.1.1 所示。其中 P 为明文,C 为密文,E 为加密操作,D 为解密操作,K_e 为加密密钥,K_d 为解密密钥。

图 5.1.1　一般的密码系统示意图

密码系统是由算法、明文、密文和密钥组成的可进行加密和解密信息的系统。

根据被破译密码的难易程度,不同的密码算法可有不同的安全等级。如果破译密码算法的代价大于加密数据的价值,如果破译算法所需的时间比加密数据保密的时间更长,如果使用密钥加密的数据量比破译算法需要的数据量少得多,无论是上述哪种情况都可以认为密码算法是安全的。

密码算法可以公开也可以被分析,所有加密系统的安全性一般都是基于密钥的安全性,而不是基于算法细节的安全性。只要破译者不知道用户使用的密钥,他就对用户的密码系统无能为力,就不能破译其密文。

如图 5.1.1 所示,加密算法实际上是要完成其函数 $C=f(P,K_e)$ 的运算。对于一个确定的加密密钥 K_e,加密过程可看作是只有一个自变量的函数,记作 E_k,称为加密变换。因此加密过程也可记为

$$C = E_k(P)$$

即加密变换作用到明文 P 后得到密文 C。同样,解密算法也完成某种函数 $P=g(K_d,C)$ 的运算,对于一个确定的解密密钥 K_d 来说,解密过程可记为

$$P = D_k(C)$$

D_k 称为解密变换,D_k 作用于密文 C 后得到明文 P。

由此可见,密文 C 经解密后还原成原来的明文,必须有

$$P = D_k(E_k(P)) = D_k \cdot E_k(P)$$

此处"·"是复合运算,因此要求

$$D_k \cdot E_k = I$$

I 为恒等变换,表明 D_k 与 E_k 是互逆变换。

3. 密码的分类

1) 按密码的历史发展阶段和应用技术分类

按密码的历史发展阶段和应用技术分类,可分为手工密码、机械密码、电子机内乱密码和计算机密码。

手工密码是以手工完成,或以简单器具辅助完成加密和解密过程的密码。

机械密码是以机械密码机或电动密码机来实现加密和解密过程的密码。

电子机内乱密码是通过电子电路,以严格的程序进行逻辑加密或解密运算的密码。

计算机密码是指以计算机程序完成加密或解密过程的密码。

2) 按密码转换的操作类型分类

按密码转换的操作类型分类,可分为替代密码和移位密码。

替代密码是指将明文中的某些字符用其他的字符替换,从而将明文转换成密文的加密方式。

移位密码是指将明文中的字符进行移位处理,从而将明文转换成密文的加密方式。

加密算法中可以重复地使用替代和移位两种基本的加密变换。

3) 按明文加密时的处理方法分类

按明文加密时的处理方法分类,可分为分组密码和序列密码。

分组密码的加密过程是:首先将明文序列以固定的长度为单位进行分组,每组明文用相同的密钥和算法进行变换,得到一组密文。分组密码的加密和解密运算过程中的每一位是由输入的每一位和密钥的每一位共同决定的。分组密码具有良好的扩散性、对插入信息的敏感性、较强的适应性、加解密速度慢等特点。

序列密码的加密过程是:先把报文、语音和图像等原始信息转换为明文数据序列,再将其与密钥序列进行"异或"运算,生成密文序列发送给接收者。接收者用相同的密钥序列与密文序列再进行逐位解密(异或),恢复明文序列。序列密码加密和解密密钥可通过采用一个比特流发生器随机产生二进制比特流而得到。该密钥与明文结合产生密文,与密文结合产生明文。序列密码的安全性主要依赖于随机密钥序列。序列密码具有错误扩展小、速度快、便于同步和安全程度高等优点。

4) 按密钥的类型分类

按密钥的类型分类,可分为对称密钥密码和非对称密钥密码。

对称密钥密码也称为传统密钥密码,其加密密钥和解密密钥相同或相近,由其中一个可以很容易地得出另一个,因此,加密密钥和解密密钥都是保密的。

非对称密钥密码也称为公开密钥密码,其加密密钥与解密密钥不同,由其中一个很难得到另一个。在这种密码系统中通常其中一个密钥是公开的,而另一个是保密的。

4. 典型密码介绍

1) 莫尔斯电码

莫尔斯电码是一种时通时断的信号代码,这种信号代码通过不同的排列顺序来表达不同的英文字母、数字和标点符号等。最早的莫尔斯电码是一些表示数字的点和划(用一个电键敲击出的点、划以及中间的停顿),数字对应单词,需要查找一本代码表才能知道每个词对应的数。

2) 四方密码

四方密码是一种对称式密码,由法国人 Felix Delastelle 发明。这是一种将字母两两分为一组,然后采用多字母替换而得到的密码。

3) 希尔密码

希尔密码是由 Lester S. Hill 于 1929 年发明的运用基本矩阵原理产生的替换密码。这是一种较为常用的古典密码,具有相同明文加密成不同密文的特点,因此较移位密码、仿射密码等更为安全实用。该算法可简便高效地实现所有 ASCII 字符的希尔加密和解密,其中求逆矩阵的算法较为简捷实用。

4) 波雷费密码

波雷费密码是一种对称式密码,是最先进行双字母替代的加密法。

5）仿射密码

仿射密码也是一种替换密码，它是一个字母对应一个字母的。仿射密码的安全性很差，主要是因为其原理简单，没有隐藏明文的字频信息，因此很容易被破译。

5.1.2　传统密码技术

传统密码技术一般是指在计算机出现之前所采用的密码技术，主要由文字信息构成。在计算机出现前，密码学是由基于字符的密码算法所构成的。不同的密码算法主要是由字符之间互相代换或互相换位所形成的算法。

现代密码学技术由于有计算机参与运算所以变得复杂了许多，但原理没变。主要变化是算法对比特而不是对字母进行变换，实际上这只是字母表长度上的改变，从 26 个元素变为 2 个元素（二进制）。大多数好的密码算法仍然是替代和换位的元素组合。

传统加密方法加密的对象是文字信息。文字由字母表中的字母组成，在表中字母是按顺序排列的，可赋予它们相应的数字标号，可用数学方法进行变换。将字母表中的字母看作是循环的，则由字母加减形成的代码就可用求模运算来表示（在标准的英文字母表中，其模数为 26），如 $A+4=E, X+6=D \pmod{26}$ 等。

1. 替代密码

替代是古典密码中最基本的变换技巧之一。替代变换要先建立一个替换表，加密时将需要加密的明文依次通过查表替换为相应的字符，明文字符被逐个替换后，生成无任何意义的字符串（密文），替代密码的密钥就是替换表。

根据密码算法加密时使用替换表多少的不同，替代密码又可分为单表替代密码和多表替代密码。单表替代密码的密码算法加密时使用一个固定的替换表，多表替代密码的密码算法加密时使用多个替换表。

1）单表替代密码

单表替代密码对明文中的所有字母都使用一个固定的映射（明文字母表到密文字母表），加密的变换过程就是将明文中的每一个字母替换为密文字母表的一个字母，而解密过程与之相反。单表替代密码又可分为一般单表替代密码、移位密码、仿射密码和密钥短语密码。

2）多表替代密码

多表替代密码的特点是使用了两个或两个以上的替代表。著名的弗吉尼亚密码和希尔密码均是多表替代密码。弗吉尼亚密码是最古老且最著名的多表替代密码体制之一，与移位密码体制相似，但其密码的密钥是动态周期变化的。希尔密码算法的基本思想是加密时将 n 个明文字母通过线性变换，转换为 n 个密文字母，解密时只需做一次逆变换即可。

2. 移位密码

移位密码是指将明文的字母保持不变，但字母顺序被打乱后形成的密码。移位密码的特点是只对明文字母重新排序，改变字母的位置，而不隐藏它们，是一种打乱原文顺序的替代法。在简单的移位密码中，明文以固定的宽度水平地写在一张图表纸上，密文按垂直方向读出。解密就是将密文按相同的宽度垂直地写在图表纸上，然后水平地读出，即可得到明文。

3. 一次一密钥密码

一次一密钥密码就是指每次都使用一个新的密钥进行加密,然后该密钥就被丢弃,再要加密时需选择一个新密钥进行。一次一密钥密码是一种理想的加密方案。

一次一密钥密码的密钥就像每页都印有密钥的本子一样,称为一次一密密钥本,该密钥本就是一个包括多个随机密钥的密钥字母集,其中每一页记录一条密钥。加密时使用一次一密密钥本的过程类似于日历的使用过程,每使用一个密钥加密一条信息后,就将该页撕掉作废,下次加密时再使用下一页的密钥。

发送者使用密钥本中每个密钥字母串去加密一条明文字母串,加密过程就是将明文字母串和密钥本中的密钥字母串进行模加法运算。接收者有一个同样的密钥本,并依次使用密钥本上的每个密钥去解密文的每个字母串。接收者在解密信息后也要销毁密钥本中用过的一页密钥。

如果破译者不能得到加密信息的密钥本,那么该方案就是安全的。由于每个密钥序列都是等概率的(因为密钥是以随机方式产生的),因此破译者没有任何信息用来对密文进行密码分析。

一次一密钥的密钥字母必须是随机产生的。对这种方案的攻击实际上是依赖于产生密钥序列的方法。不要使用伪随机序列发生器产生密钥,因为它们通常具有非随机性。如果采用真随机序列发生器产生密钥,这种方案就是安全的。

5.2 数据加密体制

数据加密体制也称密码体制,按照使用的密钥类型的不同,可分为对称密钥密码体制和公开密钥密码体制。

5.2.1 对称密钥密码体制

1. 对称密钥密码算法

对称密钥密码算法也称传统密钥密码算法。在该算法中,加密密钥和解密密钥相同或相近,由其中一个很容易得出另一个,加密密钥和解密密钥都是保密的。在大多数对称密钥密码算法中,加密密钥和解密密钥是相同的,即 $K_e = K_d = K$(见图 5.1.1),对称密钥密码的算法是公开的,其安全性完全依赖于密钥的安全。

对称密钥密码体制是加密和解密使用同样的密钥,这些密钥由发送者和接收者分别保存,在加密和解密时使用。该体制具有算法简单、加密/解密速度快、便于用硬件实现等优点。但它也存在密钥位数少、保密强度不够以及密钥管理(密钥的生成、保存和分发等)复杂等不足之处。特别是在网络中随着用户的增加,密钥的需求量也成倍增加。在网络通信中,大量密钥的分配和保管是一个很复杂的问题。

在计算机网络中广泛使用的对称加密算法有 DES、TDEA、AES、IDEA 等。

2. DES 算法

DES(Data Encryption Standard,数据加密标准)算法是具有代表性的一种密码算法。DES 算法最初是由 IBM 公司所研制的,于 1977 年由美国国家标准局颁布作为非机密数据的数据加密标准,并在 1981 年由国际标准化组织将其作为国际标准颁布。

DES算法采用的是以 56 位密钥对 64 位数据进行加密的算法,主要适用于对民用信息的加密,广泛应用于自动取款机(ATM)、IC 卡、加油站、收费站等商业贸易领域。

1) DES算法原理

在 DES 算法中有 Data、Key、Mode 三个参数。其中,Data 代表需要加密或解密的数据,由 8 字节 64 位组成;Key 代表加密或解密密钥,也由 8 字节 64 位组成;Mode 代表加密或解密的状态。

在 DES 算法中加密和解密的原理是一样的,只是因为 Mode 的状态不同,适用密钥的顺序不同而已。下面以数据加密过程为例予以说明。

2) DES算法的加密过程

DES 算法的加密过程如图 5.2.1 所示。DES 加密有初始置换、子密钥生成、乘积变换和逆初始置换四个主要过程,图左侧的三个过程是明文的处理过程,右侧是子密钥的生成过程。

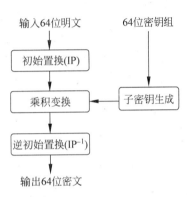

图 5.2.1　DES算法加密流

(1) 初始置换(Initial Permutation,IP)是对输入的 64 位数据按照规定的矩阵改变数据位的排列顺序的换位变换,此过程与密钥无关。

(2) 子密钥生成是由 64 位外部输入密钥通过置换和移位操作生成加密和解密所需的 16 组(K_i,i=1~16)每组 48 位子密钥的过程。

(3) 乘积变换过程非常复杂,是加密过程的关键。该过程通过 16 轮重复的扩展变换、压缩变换、替代、移位和异或操作打乱原输入数据。

(4) 逆初始置换(IP^{-1})与初始置换过程相同,只是置换矩阵是初始置换的逆矩阵。

3) DES算法的解密过程

DES 算法的解密算法与加密算法相同,解密密钥也与加密密钥相同,区别仅在于进行 16 轮迭代运算时使用的子密钥顺序与加密时是相反的,即第 1 轮用子密钥 K_{16},第 2 轮用 K_{15},…,最后一轮用子密钥 K_1。

4) DES算法的特点及应用

DES 算法是世界上使用最为广泛和流行的一种分组密码算法,被公认为世界上第一个实用的密码算法标准。它的出现适应了电子化和信息化的要求,也适用于硬件实现,因此该算法被制成专门的芯片,应用于加密机中。

DES 算法具有算法容易实现、速度快、通用性强等优点,但也存在密钥位数少,保密强度较差和密钥管理复杂的缺点。

DES 算法具体在 POS(销售终端)、ATM(自动取款机)、磁卡及智能卡(IC 卡)、加油站、高速公路收费站等领域被广泛应用,以此来实现关键数据的保密。如信用卡持卡人的 PIN 的加密传输,IC 卡与 POS 间的双向认证、金融交易数据包的 MAC 校验等均可使用 DES 算法。

DES 算法在问世后的 30 多年里,已成为密码界研究的重点,经受住了许多科学家的研究和破译,在民用密码领域得到了广泛的应用。它曾为全球贸易、金融等非官方部门提供了可靠的通信安全保障。DES 标准生效后,规定每隔 5 年由美国国家安全局 NSA(National

Security Agency)进行一次评估,并确定它是否可以继续作为联邦加密标准使用。DES 的缺点是密钥位数太短(56 位),而且算法是对称的,使得这些密钥中还存在一些弱密钥和半弱密钥,因此容易被破译者采用穷尽密钥的方法解密。此外,由于 DES 算法完全公开,其安全性完全依赖于对密钥的保护,必须有可靠的信道来分发密钥,如采用信使递送密钥等。因此,其密钥管理过程非常复杂,不适合在网络环境下单独使用,可以与非对称密钥算法混合使用。1998 年 5 月,美国 EFF(Electronic Frontier Foundation)宣布,他们以一台价值 20 万美元的计算机改装成的专用解密机,用 56 小时破译了 56 位密钥的 DES。美国国家标准和技术协会在征集并进行了几轮评估、筛选后,产生了称为 AES(Advanced Encryption Standard)的新加密标准。尽管如此,DES 对推动密码理论的发展和应用仍起了重大作用,同时 DES 中的基本运算思路在 IDEA、TDEA 等对称密钥密码算法中也得到了广泛应用,因此其对于掌握分组密码的基本理论、设计思想和实际应用仍然具有重要的参考价值。

3. 其他对称加密算法简介

1) TDEA 算法

TDEA(Triple Data Encryption Algorithm,三重 DES)算法,其本质和 DES 算法是一致的。它是为了解决 DES 算法密钥过短的问题而出现的。在 TDEA 算法中,使用三个密钥,执行三次 DES 算法,该算法的总密钥长度为 168 位(56 位的三倍)。

如果将 TDEA 算法中的密钥表示为 K_1、K_2 和 K_3,则它的加密过程为

$$C = E_{K3}(D_{K2}(E_{K1}(M)))$$

即使用密钥 K_1 进行第一次加密,然后用密钥 K_2 对上一结果进行解密,再用密钥 K_3 对上一结果进行第二次 DES 加密。

TDEA 的解密的过程为

$$M = D_{K1}(E_{K2}(D_{K3}(C)))$$

即与加密操作相反,先用 K_3 解密,然后用 K_2 加密,最后用 K_1 解密。

当 $K_1 = K_2 = K_3$ 时,则 TDEA 算法就是 DES 算法;当 $K_1 = K_3$ 时,TDEA 算法相当于两重 DES,其密钥长度为 112 位。

2) AES 算法

AES(Advanced Encryption Standard,高级加密标准)是由美国国家标准与技术研究所(NIST)于 1997 年发起征集的数据加密标准,旨在得到一个非保密的、全球免费使用的分组加密算法,并能成为替代 DES 的数据加密标准。NIST 于 2000 年选择了比利时两位科学家提出的 Rijndael 作为 AES 的算法。

Rijndael 是一种分组长度和密钥长度都可变的分组密码算法,其分组长度和密钥长度都分别可为 128b、192b 和 256b。Rijndael 算法具有安全、高效和灵活等优点,使它成为 AES 最合适的选择。

- 安全性。Rijndael 算法的频数具有良好的随机特性,其密文比特服从 0.5 的二项式分布,因此其安全性大大增强。它对抗线性攻击和差分攻击的能力也很强。

- 高效性。由于 Rijndael 算法的线性和非线性混合层都采用矩阵运算,并且其变化的轮数(8~12 轮)较少,使得它具有很高的速度。

- 灵活性。Rijndael 满足 AES 的要求,密钥长度可为 128b、192b 和 256b,所以可根据不同的加密级别选择不同的密钥长度;其分组长度也是可变的,这恰好弥补了 DES

的不足；其循环次数允许在一定范围内根据安全要求进行选取。这些都体现了该算法的灵活性。

3）IDEA 算法

IDEA（International Data Encryption Algorithm，国际数据加密算法）是由瑞士的著名学者提出的。IDEA 在 1990 年被正式公布并在以后得到增强。这种算法是在 DES 算法的基础上发展起来的，类似于三重 DES。

类似于 DES，IDEA 也是一种分组密码算法，分组长度为 64 位，但密钥长度为 128 位。该算法是用 128 位密钥对 64 位二进制码组成的数据组进行加密的，也可用同样的密钥对 64 位密文进行解密变换。

IDEA 与 DES 的明显区别在于循环函数和子密钥的生成不同。对循环函数来说，IDEA 不使用 S 盒变换，而是依赖于三种不同的数学运算：XOR、16 位整数的二进制加法、16 位整数的二进制乘法。这些函数结合起来可以产生复杂的转换，但这些转换很难进行密码分析。子密钥生成算法完全依赖于循环移位的应用，但使用方式复杂。

IDEA 算法设计了一系列加密轮次，每轮加密都使用从完整的加密密钥中生成的一个子密钥。每轮次中也使用压缩函数进行变换，只是不使用移位置换。IDEA 中使用异或、模 2^{16} 加法和模 $2^{16}+1$ 乘法运算，这三种运算彼此混合可产生很好的效果。运算时 IDEA 把数据分为 4 个子分组，每个分组 16 位。

与 DES 的不同处还在于，IDEA 采用软件实现和采用硬件实现同样快速。IDEA 的密钥比 DES 的多一倍，增加了破译难度，被认为是长期有效的算法。

由于 IDEA 是在美国之外提出并发展起来的，避开了美国法律上对加密技术的诸多限制，因此，有关 IDEA 算法和实现技术的书籍都可以自由出版和交流，从而极大地促进了 IDEA 的发展和完善。

5.2.2　公开密钥密码体制

对称密钥加密方法是加密、解密使用同样的密钥，这些密钥由发送者和接收者分别保存，在加密和解密时使用。对称密钥方法的主要问题是密钥的生成、管理、分发等都很复杂，特别是随着用户的增加，密钥的需求量也成倍增加。例如，网络中有 n 个用户，当其中每两个用户之间都需要建立保密通信时，系统中所需的密钥总数将达 n(n−1)/2 个，如果两个用户之间可能有多次通信，而每次通信的密钥又不能一样，这样网络中需要的密钥数又将大量增加。在网络通信中，大量密钥的分配和保管是一个很复杂的问题。而公开密钥密码算法中密钥的使用量却很少，因此其在密钥管理上要方便得多。

1. 公开密钥密码体制简介

美国科学家 Diffie 和 Hellman 于 1976 年提出了“公开密钥密码体制”的概念，开创了密码学研究的新方向。公开密钥密码体制的产生主要有两个方面的原因：一是由于对称密钥密码体制的密钥分配问题，另一个是由于对数字签名的需求。

与对称密钥加密方法不同，公开密钥密码系统采用两个不同的密钥来对信息进行加密和解密。加密密钥与解密密钥不同，由其中一个不容易得到另一个。通常，在这种密码系统中，加密密钥是公开的，解密密钥是保密的，加密和解密算法都是公开的。每个用户都有一个对外公开的加密密钥 K_e（称为公钥）和对外保密的解密密钥 K_d（称为私钥），因此这种密码体制又称非对称密码体制。

在公开密钥密码算法中,可用私钥 K_d 解密由公钥 K_e 加密后的密文,即 $M = D_{kd}(E_{ke}(M))$,但却不能用加密密钥去解密密文,即 $M \neq D_{ke}(E_{kd}(M))$。

使用公开密钥对文件进行加密传输的实际过程包括如下四个步骤。

(1) 发送方生成一个加密数据的会话密钥,并用接收方的公开密钥对会话密钥进行加密,然后通过网络传输到接收方;

(2) 接收方用自己的私钥进行解密后得到加密文件的会话密钥;

(3) 发送方对需要传输的文件用自己的私钥进行加密,然后通过网络把加密后的文件传输到接收方;

(4) 接收方用会话密钥对文件进行解密得到文件的明文形式。

因为只有接收方才拥有自己的私钥,所以即使其他人得到了经过加密的会话密钥,也因为他没有接收方的私钥而无法进行解密,就得不到会话密钥,从而也保证了传输文件的安全性。实际上,在上述文件传输的过程中实现了两个加密解密过程:会话密钥的加密和解密与文件本身的加密和解密,这分别通过对称密码体制的会话密钥与公开密钥密码体制的私钥和公钥来实现。

自公开密钥密码体制问世以来,学者们提出了许多种公钥加密方法,如 RSA、ECC、背包、ElGamal、Rabin、DSA 和散列函数算法(MD4、MD5)等,它们的安全性都是基于复杂的数学难题。根据所基于的数学难题来区分,有以下三类系统算法被认为是安全和有效的:大整数因子分解系统(代表性算法是 RSA)、椭圆曲线离散对数系统(代表性算法是 ECC)和离散对数系统(代表性算法是 DSA)。

最著名、应用最广泛的公钥系统的密码算法是 RSA 算法,它的安全性是基于大整数素因子分解的困难性,而大整数因子分解问题是数学上的著名难题,至今没有有效的方法予以解决,因此可以确保 RSA 算法的安全性。

ECC(Elliptic Curve Cryptography,椭圆曲线加密算法)是基于离散对数计算的困难性。ECC 算法与 RSA 算法相比,具有安全性能更高、运算量小、处理速度快、占用存储空间小、带宽要求低等优点。因此,ECC 系统是一种安全性更高、算法实现性能更好的公钥系统。

DSA(Data Signature Algorithm,数字签名算法)是基于离散对数问题的数字签名标准,它仅提供数字签名功能,不提供数据加密功能。

2. RSA 算法

1977 年,Rivest、Shamir 和 Adleman 三位科学家共同提出了公开密钥密码体制,其实现算法称为 RSA(以三位科学家名字的首字母组合命名)算法。RSA 算法不仅解决了对称密钥密码算法中密钥管理的复杂性问题,而且也便于进行数字签名。

RSA 算法是典型的公开密钥密码算法,利用公开密钥密码算法进行加密和数字签名的大多数场合都使用 RSA 算法。

1) RSA 算法的原理

RSA 算法是建立在素数理论(欧拉函数和欧几里得定理)基础上的算法。在此不介绍 RSA 的理论基础(复杂的数学分析和理论推导),只简单介绍其密钥的选取和加、解密的实现过程。

(1) 随机选取大素数 p 和 q(一般为大于 100 位的十进制数),予以保密;

（2）计算 n＝p×q，作为公开模数；

（3）计算欧拉函数，$\phi(n)=(p-1)(q-1)(mod\ n)$；

（4）选择一个随机数 e，满足 $1<e<\phi(n)$，且 e 和 $\phi(n)$ 互质，将 e 作为公钥；

（5）利用 $e×d\equiv 1(mod\ \phi(n))$ 式计算出 d 值，并将其作为私钥；

（6）发送方用自己的公钥 e 和公开数 n，按 $C=M^e(mod\ n)$ 式计算得到密文 C，再将 C 发给接收方；

（7）接收方收到 C 后，再利用自己的私钥 d 按 $M=C^d(mod\ n)$ 式进行解密运算，得到明文 M。

2）RSA 算法的安全性

RSA 算法具有密钥管理简单（每个用户仅保密一个密钥，且不需密钥配送）、便于数字签名、可靠性较高（取决于分解大素数的难易程度）等优点，但也具有算法复杂、加密/解密速度慢、难于用硬件实现等缺点。因此，公钥密码体制通常被用来加密关键性的、核心的、少量的机密信息，而对于大量要加密的数据通常采用对称密码体制。

RSA 算法的安全性建立在难于对大数进行质因数分解的基础上，因此大数 n 是否能够被分解是 RSA 算法安全的关键。随着计算机计算速度的提高，对于大数 n 的位数要求越来越大。RSA 实验室认为，512 位的 n 已不够安全，应停止使用，现在的个人需要用 668 位的 n，公司要用 1024 位的 n，极其重要的场合应该用 2048 位的 n。另一方面，由于用 RSA 算法进行的都是大数运算，使得 RSA 算法无论是用软件实现还是硬件实现，其速度都要比 DES 算法慢得多。因此，RSA 算法一般只用于加密少量数据。

5.3 数字签名与认证

数字签名（Digital Signature）是一种类似写在纸上的普通物理签名，但它是利用密码技术实现的一种电子签名。认证是指由认证机构（权威的第三方）证明产品、服务、管理体系符合相关技术规范的要求或标准的合格评定活动。

5.3.1 数字签名概述

1. 数字签名

数字签名是附加在数据单元上的一些特殊数据，或是对数据单元所进行的密码变换。这种数据或变换允许数据单元的接收者用以确认数据单元的来源和数据单元的完整性，防止被人伪造。数字签名是使用密码技术实现的。数字签名能保证信息传输的完整性和发送者身份的真实性，防止交易中的抵赖行为。

数字签名可解决手写签名中签字人否认签字或其他人伪造签字等问题，因此被广泛用于银行的信用卡系统、电子商务系统、电子邮件以及其他需要验证、核对信息真伪的系统中。利用数字签名信息可辨别数据签名人的身份，并表明签名人对数据信息中包含信息的认可。

手工签名是模拟的，因人而异；而数字签名是数字式的（0、1 数字串），因信息而异。

数字签名具有以下功能。

- 收方能够确认发方的签名，但不能伪造。

- 发方发出签过名的信息后，不能再否认。

- 收方对收到的签名信息也不能否认。
- 一旦收发双方出现争执,仲裁者可有充足的证据进行裁决。

2. 公钥密码技术用于数字签名

密码技术除了提供加密/解密功能外,还提供对信息来源的鉴别、信息的完整性和不可否认性的保证功能,而这三种功能都可通过数字签名实现。在电子商务系统中,其安全服务都要用到数字签名技术。在电子商务中,完善的数字签名应具备签字方不能抵赖、他人不能伪造、在公证人面前能够验证真伪的能力。

目前数字签名主要是采用基于公钥密码体制的算法,这是公开密钥密码技术的另一种重要应用。普通数字签名算法有 RSA、ElGamal、DSA、ECC 和有限自动机数字签名算法等,特殊数字签名有盲签名、代理签名、不可否认签名、门限签名和具有消息恢复功能的签名等,它们与具体应用环境密切相关。

一个由公钥体制实现的数字签名示意图如图 5.3.1 所示。但该结构只能实现签名和验证,而没有加密和解密功能。一个典型的由公钥密码体制实现的、带有加/解密功能的数字签名和验证示意图如图 5.3.2 所示。

图 5.3.1 公钥体制实现的数字签名示意图

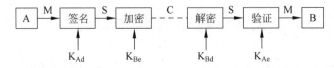

图 5.3.2 带有加/解密功能的数字签名和验证示意图

数字签名保证信息完整性的原理是:将要传送的明文通过一种单向散列函数运算转换成信息摘要(不同的明文对应不同的摘要),信息摘要加密后与明文一起传送给接收方,接收方对接收的明文进行计算产生新的信息摘要,再将其与发送方发来的信息摘要相比较。若比较结果一致,则表示明文未被改动,信息是完整的;否则,表示明文被篡改,信息的完整性受到破坏。

概括起来,数字签名的主要过程如下。

- 发送方利用单向散列函数从报文文本中生成一个 128 位的散列值(信息摘要);
- 发送方用自己的私钥对这个散列值进行加密来形成发送方的数字签名;
- 该数字签名将作为报文的附件和报文一起被发送给接收方;
- 接收方从收到的原始报文中计算出 128 位的散列值(信息摘要);
- 接收方用发送方的公开密钥对报文附加的数字签名进行解密得到原散列值。如果这两个散列值相同,则接收方就能确认该数字签名是发送方的。

3. 数字签名算法

目前,广泛应用的数字签名算法主要有 RSA 签名、DSS(数字签名系统)签名和 Hash 签名。这三种算法可单独使用,也可混合在一起使用。数字签名是通过密码算法对数据进行加、解密变换来实现的。用对称密钥密码算法也可实现数字签名。

用 RSA 或其他公钥密码算法的最大好处是没有密钥分配问题(网络越复杂、网络用户越多,其优点越明显)。因为公钥加密使用两个不同的密钥,其中一个是公开的(公钥),另一个是保密的(私钥)。公钥可以保存在系统目录内、未加密的电子邮件中、电话号码簿或公告牌中,网上的任何用户都可获得该公钥。而私钥是用户专用的,由用户本身持有,它可以对由公钥加密的信息进行解密。实际上 RSA 算法中数字签名是通过一个 Hash 函数实现的。

DSS 是由美国国家标准化研究院和国家安全局共同开发的。由于它是由美国政府颁布实施的,美国政府出于保护国家利益的目的不提倡使用任何削弱政府窃听能力的加密软件,因此,DSS 主要用于与美国政府做生意的公司,其他公司则较少使用。

Hash 签名是最主要的数字签名方法,也称之为数字摘要法。著名的数字摘要加密方法 MD5 由 Ron Rivest 设计,该编码算法采用单向 Hash 函数将需加密的明文"摘要"成一串 128 位的密文。这样,该"摘要"就可成为验证明文是否真实的依据。

4. PKI

PKI(Public Key Infrastructure,公钥基础设施)是一个用公开密钥密码的概念与技术来实施和提供安全服务的普遍适用的安全基础设施。它遵循标准的公钥加密技术,为电子商务、电子政务、网上银行和网上证券等行业,提供一整套安全保证的基础平台。用户利用 PKI 基础平台所提供的安全服务,可在网上实现安全通信。PKI 这种遵循标准的密钥管理平台,能够为所有的网上应用提供加密和数字签名等安全服务所需要的密钥和证书管理。PKI 技术是信息安全技术的核心,也是电子商务的关键和基础技术。PKI 的基础技术包括加密、数字签名、数据完整性机制、数字信封、双重数字签名等。

完整的 PKI 系统必须具有权威认证机构、数字证书库、密钥备份及恢复系统、证书作废系统、应用接口(API)等基本构成部分,构建 PKI 也将围绕着这五大系统来着手构建。

5.3.2 CA 认证与数字证书

1. CA 认证

CA(Certificate Authority,认证机构)是 PKI 的主要组成部分和核心执行机构,一般简称为 CA,业界通常称为认证中心。CA 是一种具有权威性、可信任性和公正性的第三方机构。在网上的电子交易中,商户需要确认持卡人是否是信用卡或借记卡的合法持有者,同时持卡人也要能够鉴别商户是否为合法商户,是否被授权接受某种品牌的信用卡或借记卡支付。为处理这些问题,必须有一个大家都信赖的机构来发放一种数字证书。数字证书就是参与网上交易(交换)活动的各方(如持卡人、商家、支付网关)身份的证明。每次交易时,都要通过数字证书对各方的身份进行验证。CA 认证是一种安全控制技术,它可以提供网上交易所需的信任。CA 认证的出现和数字证书的使用,使得开放的网络更加安全。CA 认证中心作为权威的、可信赖的、公正的第三方,是发放、管理、废除数字证书的机构。其作用是检查证书持有者身份的合法性,并签发证书,以防证书被伪造或篡改,以及对证书和密钥进行管理,承担公钥体系中公钥合法性检验的责任。

CA 的组成主要有证书签发服务器、密钥管理中心和目录服务器。证书签发服务器负责证书的签发和管理,包括证书归档、撤销与更新等;密钥管理中心用硬件加密机产生公/私密钥对,CA 私钥提供 CA 证书的签发;目录服务器负责证书和证书撤销列表的发布和查询。

2. 数字证书

CA 认证中心所发放的数字证书就是网络中标志通信各方身份信息的电子文件,它提供了一种在网络上验证用户身份的方式。人们可以在交往(交易)中使用数字证书来识别对方的身份。因此,数字证书相当于日常生活中司机的驾驶执照或居民的个人身份证,而 CA 相当于网上公安局,专门发放、管理和验证这些执照或身份证。

数字证书简称证书,是 PKI 的核心元素,是数字签名的技术基础。数字证书可证明某一实体的身份及其公钥的合法性,以及该实体与公钥二者之间的匹配关系。证书是公钥的载体,证书上的公钥唯一与实体身份相匹配。现行的 PKI 机制一般为双证书机制,即一个实体应具有两个证书,一个是加密证书,一个是签名证书。加密证书原则上不能用于签名。

证书在公钥体制中是密钥管理的媒介,不同的实体可通过证书来互相传递公钥。CA 颁发的证书与对应的私钥存放在一个保密文件里,最好的办法是存放在 IC 卡或 USBKey 中,可以保证私钥不出卡、证书不被复制,安全性高、携带方便、便于管理。

数字证书主要用于身份认证、签名验证和有效期的检查。CA 签发证书时,要对证书的格式版本、序列号、有效期、持有者名称、公钥和 CA 签名算法标识等进行签名,以示对所签发证书内容的完整性、准确性负责,并证明该证书的合法性和有效性。

数字证书通常有个人证书、企业证书和服务器证书等类型。个人证书有个人安全电子邮件证书和个人身份证书,前者用于安全电子邮件或向需要客户验证的 Web 服务器表明身份;后者包含个人身份信息和个人公钥,用于网上银行、网上证券交易等各类网上作业。企业证书中包含企业信息和企业公钥,可标识证书持有企业的身份,证书和对应的私钥存储于磁盘或 IC 卡中,可用于网上证券交易等各类网上作业。服务器证书有 Web 服务器证书和服务器身份证书,前者用于 IIS 等多种 Web 服务器;后者包含服务器信息和公钥,可标识证书持有服务器的身份,证书和对应的私钥存储于磁盘或 IC 卡中,用于表征该服务器身份。

以数字证书为核心的加密技术可以对网络上传输的信息进行加密解密、数字签名和验证,确保网上传递信息的保密性、完整性,以及交易实体身份的真实性,签名信息的不可否认性,从而保障网络应用的安全性。

5.3.3 数字证书的应用

数字证书可应用于网上的各种电子事务处理和电子商务活动,如用于发送安全电子邮件、访问安全站点、网上证券、网上银行、网上招投标、网上签约、网上办公、网上缴费、网上纳税等网上应用。其应用范围涉及需要身份认证及数据安全的各个行业,包括传统的商业、制造业、流通业的网上交易,以及公共事业、金融服务业、工商、税务、海关、教育科研、保险、医疗等网上作业系统。

1. 网上银行

银行数字证书主要用于网上交易及网上银行结算,其主要功能是鉴别交易方身份、保证信息的完整性和信息内容的保密性。交易方身份验证就是要能准确鉴别信息的来源,鉴别彼此通信的对等实体的身份,即银行网站验证证书持有者的身份,而客户也可以通过网站证书验证网站的合法性。只要用户申请并使用了银行提供的数字证书,即可保证网上银行业务的安全。这样,即使黑客窃取了用户的账户密码,因为他没有用户的数字证书,也无法进入用户的网上银行账户。经过数字签名的网银交易数据是不可修改的,且具有唯一性和不可否认性,从而可以防止他人冒用证书持有者的名义进行网上交易,维护用户及银行的合法权益,减少和避免经济及法律纠纷。

银行数字证书的申请流程通常是:用户持本人有效身份证件及账户到银行营业网点办理证书申请手续,办理手续时填写有关电子银行业务个人客户注册申请表,选择开通网上银行服务,并签署相关的电子银行服务协议;银行营业网点将当场录入客户信息,用户自行设定注册密码,选择使用动态口令卡或支付宝,完成注册;用户在有效期内登录到银行网站,安装根证书和申请用户数字证书(下载证书),下载数字证书时提示设置私钥密码,要记住该密码,因为证书导出、导入时要用到它;下载完毕后要马上导出证书把它保存好,以便在别的机器上使用。数字证书下载完成后,就可通过银行网站登录网上银行,并在网上办理银行的存贷款管理、转账汇款、电子支付、民生缴费、理财等各种业务。各银行网站均有数字证书的申请过程和使用说明,读者可自行参考。

2. 网上办公

网上办公系统综合国内政府、企事业单位的办公特点,提供一个虚拟的办公环境,并在该系统中嵌入数字认证技术,开展网上政文的上传下达。通过网络联通各个岗位的工作人员,通过数字证书进行数字加密和数字签名,实行跨部门运作,实现安全便捷的网上办公。

3. 网上报税

为了配合税务机关和企业信息化工作,加强网上报税系统的安全性,CA 中心可向税务机关和纳税人提供权威的数字认证服务。利用基于数字证书的用户身份认证技术对网上报税系统中的申报数据进行数字签名,确保申报数据的完整性,确认系统用户的真实身份和申报数据的真实来源,防止出现抵赖行为和他人伪造篡改数据;利用基于数字证书的安全通信技术,对网络上传输的机密信息进行加密,防止纳税人商业机密或其他敏感信息的泄露。

4. 网上交易

利用数字证书的认证技术,在网上对交易双方进行身份确认以及资质的审核,确保交易者信息的唯一性和不可抵赖性,保护交易各方的利益,实现安全交易。

5. 网上招投标

以往的招投标受时间、地域、人文等影响,存在着许多弊病,例如外地投标者参投不便、招投标各方的资质信息不明,以及招标单位和投标单位之间存在秘密关系等。利用数字证书技术可实行网上的公开招投标,招投标企业只有在通过身份和资质认证后,才可在网上展开招投标活动,从而确保了招投标企业的安全性和合法性。双方企业通过安全网络通道了解和确认对方的信息,选择符合自己条件的合作伙伴,确保网上的招投标在一种安全、透明、信任、合法、高效的环境下进行。

5.4　网络保密通信

网络保密通信就是在计算机网络中保证信息存储和传输过程安全的通信。为使网络系统资源被充分利用,就要保证网络系统的通信安全。要保证网络系统通信安全,就要充分认识到网络通信系统和通信协议的弱点,采取相应的安全策略,尽可能地减少系统面临的各种风险,保证网络系统具有高度的可靠性、信息的完整性和保密性。

5.4.1 保密通信

网络通信系统可能会面临各种各样的威胁,如自然灾害、恶劣的系统环境、人为破坏和误操作等。所以,要保护网络通信安全,不仅要克服各种自然和环境的影响,更重要的是要防止人为因素造成的威胁。

1. TCP/IP 协议的脆弱性

基于 TCP/IP 协议的服务有很多,如 Web 服务、SMTP 服务、TFTP 服务、FTP 服务、Finger 服务等,这些服务都在不同程度上存在安全缺陷,主要缺陷如下。

(1) Web 服务漏洞。Web 服务器没有对用户提交的超长请求进行适当的处理,就会导致缓冲区溢出。这种漏洞可能导致执行任意命令或者拒绝服务,一般取决于构造的数据。

(2) SMTP 服务漏洞。电子邮件附着的文件中可能带有病毒,邮箱经常被塞满,电子邮件炸弹令人烦恼,还有邮件溢出等。

(3) TFTP 服务漏洞。TFTP 用于 LAN,它没有任何安全认证,且安全性极差,常被人用来窃取密码文件。

(4) FTP 服务漏洞。有些匿名 FTP 站点为用户提供一些可写的区域,用户可上传一些信息到站点上,这就会浪费用户的磁盘空间、网络带宽等资源,还可能造成"拒绝服务"攻击。

(5) Finger 服务漏洞。Finger 服务可查询用户信息,包括网上成员的姓名、用户名,以及最近的登录时间、登录地点和当前登录的所有用户名等,这也为入侵者提供了必要的信息和便利。

2. 线路安全

通过在通信线路上搭线可以截获(窃听)传输信息,还可以使用相应设施接收线路上辐射的信息,这些就是通信中的线路安全问题。可以采取相应的措施来保护通信线路的安全。一种简单但很昂贵的电缆加压技术可保护通信电缆的安全,该技术是将通信电缆密封在塑料套中深埋于地下,并在线路的两端加压。线路上连接了带有报警器的显示器用来测量压力。如果压力下降,则意味着电缆被破坏,维修人员将去维修出现问题的电缆;另一种电缆加压技术不是将电缆埋于地下,而是架空,每寸电缆都暴露在外。如果有人要割电缆,监视器就会启动报警器,通知安全保卫人员。如果有人在电缆上接了自己的通信设备,安全人员在检查电缆时,就会发现电缆的拼接处。加压电缆是屏蔽在波纹铝钢包皮中的,因此几乎没有电磁辐射,如果用电磁感应窃密,就会很容易被发现。

3. 通信加密

网络中的数据加密可分为两个途径,一种是通过硬件实现数据加密,一种是通过软件实现数据加密。硬件数据加密有链路加密和端到端加密方式;软件数据加密就是指使用前述的加密算法进行的加密。

计算机网络中的加密可以在不同层次上进行,最常用的是在应用层、链路层和网络层。应用层加密需要所使用的应用程序支持,包括客户机和服务器的支持。这是一种高级的加密,在某些具体应用中非常有效,但它不能保护网络链路。链路层加密使用于单一网络链路,仅仅在某条链路上保护数据,而当数据通过其他未被保护的链路时则不被保护。这是一种低级的保护,不能被广泛应用。网络层加密介于应用层加密和链路层加密之间,加密在发送端进行,通过不可信的中间网络,到接收端进行解密。

1) 硬件加密

所有加密产品都有特定的硬件形式。这些加密硬件被嵌入到通信线路中,然后对所有通过的数据进行加密。虽然软件加密正变得很流行,但硬件加密仍是商业和军事等领域应用的主要选择。选用硬件加密的原因有以下几点。

(1) 快速。加密算法中含有许多的复杂运算,如果用软件实现这些复杂运算,则运算速度将会受到很大影响,而特殊的硬件却具有速度优势。另外,加密常常是高强度的计算任务,加密硬件芯片将能较好地完成这些任务并具有较快的速度。

(2) 安全。非法用户可使用各种跟踪工具对运行在未加保护的计算机上的加密算法进行跟踪或修改而不被发现。使用硬件加密设备可将加密算法封装保护,以防被修改。特殊目的的 VLSI 芯片可以覆盖一层化学物质,使得任何企图对其内部进行的访问都将导致芯片逻辑的破坏。

(3) 易于安装。大多数加密功能与计算机无关,将专用加密硬件放在电话、传真机或MODEM 中比设置在微处理器中更方便。安装一个加密设备比修改配置计算机系统软件更容易。而软件要做到这些,唯一的办法就是将加密程序写在操作系统中。

2) 软件加密

任何加密算法都可用软件实现。软件实现的优点是具有灵活性和可移植性,易使用,易升级;而缺点是速度慢、开销大和易于被改动。

软件加密程序很大众化,并可用于大多数操作系统中。这些加密程序可用于保护个人文件,用户通常用手工方式加密文件。软件加密的密钥管理很重要,密钥不应该存储在磁盘中,密钥和未加密的文件在加密后应立即删除。

5.4.2 网络加密方式

通过硬件实现网络数据加密主要有链路加密和端到端加密两种方式。

1. 链路加密

链路加密(Link Encryption)是为保护两相邻结点之间链路上传输的数据而设立的,传输数据仅在数据链路层上进行加密。只要把两个密码设备安装在两个结点间的线路上,并装有同样的密钥即可实现链路加密。被加密的链路可以是微波、卫星和有线介质。

链路加密使在链路上传输的信息(包括信息正文、路由及检验码等控制信息)都是密文。而链路间结点上必须是明文,因为在各结点上都要进行路径选择,路由信息必须是明文,否则就无法进行路径选择了。这样,密文信息在中间结点上要先被解密,以获得路由信息和检验码,进行路由选择和差错检测,然后再被加密,送至下一链路。如图 5.4.1 所示,E、D 分别表示加密和解密操作,C 为密文,P 为明文,L 为链路。

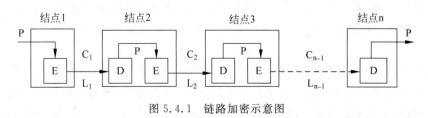

图 5.4.1 链路加密示意图

106

使用链路加密装置能为某数据链路上的所有报文提供保密传输服务。数据在到达目的地之前,可能要经过许多通信链路的传输。因此,在链路加密中信息在每台结点机内都要被解密和再加密,依次进行,直至到达目的地。同一结点上的解密和加密密钥可以是不同的,而同一条链路两端的加密和解密是相关的。网络中每一个信息经过的结点都必须有密码装置,以便进行解密和加密。如果信息仅在一部分链路上加密而在另一部分链路上不加密,仍然是不安全的,也就相当于都未加密。

链路加密时由于报头和正文在链路上均被加密,可掩盖被传输信息的源点与终点,这使得信息的频率和长度特性得以掩盖,从而可屏蔽掉报文的频率、长度等特征,这样使攻击者得不到这些特征值。因此,链路加密可防止报文流量分析的攻击。

2. 端到端加密

端到端加密(End-to-End Encryption)是传输数据在应用层上完成的加密方式。端到端加密可为两个用户之间传输的数据提供连续的安全保护。数据在初始结点上被加密,直到目的结点时才被解密,在中间结点和链路上数据均以密文形式传输,如图 5.4.2 所示。这样,信息在整个传输过程中均受到保护,所以即使有结点被损坏也不会使信息泄露。

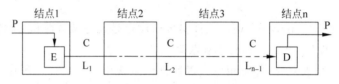

图 5.4.2 端到端加密示意图

端到端加密时,只有在发送端和接收端才有加密和解密设备,中间各结点不需要有密码设备。因此,与链路加密相比,可减少很多密码设备的数量。另一方面,由于信息是由报头和报文组成的,报文为传输的信息,报头为路由等控制信息,因此网络中数据传输时会涉及路由选择。在链路加密时,报文和报头两者都被加密,而在端到端加密时,各中间结点虽不进行解密,但必须检查报头信息,所以路由等控制信息不能被加密,必须是明文,即端到端加密只能对信息的正文(报文)进行加密,而不能对报头加密。

3. 通信加密方式的比较

链路加密是对一条链路的通信采取保护措施,而端到端加密则是对整个网络的通信系统采取保护措施。

端到端加密系统的价格便宜,且与链路加密相比更可靠,也更容易设计、实现和维护。端到端加密还避免了其他加密系统所固有的同步问题,因为每个报文包均是独立被加密的,所以一个报文包所发生的传输错误不会影响其他报文包。端到端加密系统通常不对信息的目的地址进行加密,这是因为每一个信息所经过的结点都要用此地址来确定如何传输信息。由于这种方法不能掩盖被传输信息的源点与终点,因此它无法有效地防止信息流量分析攻击。

采用链路加密方式,从起点到终点要经过许多中间结点,在每个结点上信息均以明文形式出现。如果链路上的某一结点安全防护比较薄弱,那么按照木桶原理,虽然采取了加密措施,但整个链路的安全状况也是薄弱的。因此链路加密具有加密方式比较简单、容易实现,可防止报文流量分析的攻击,一条链路被攻破而不影响其他链路上的信息,一个中间结点被攻破时通过该结点的所有信息将被泄露,加密和维护费用大,用户费用很难合理分配等特点。

采用端到端加密方式,只是发送方加密报文,接收方解密报文,中间结点不必进行加密和解密,因此端到端加密具有可提供灵活的保密手段(如主机到主机、主机到终端、主机到进程的保护),加密费用低且能准确分摊,可提高网络加密功能的灵活性(加密在应用层实现),可采用软件实现且方便易行,不能防止对信息流量分析的攻击,对用户是透明的(加密结果对用户是可见的,起点、终点很明确,可进行用户认证)等特点。

从以上分析可知,链路加密对用户来说比较容易,但所用设备较多,而端到端加密比较灵活。因此,用户在确定选择通信加密方式时可做如下考虑。

(1) 在需要保护的链路数少,且要求实时通信、不支持端到端加密远程调用等场合,可选用链路加密方式。

(2) 在需要保护的链路数较多,或在文件保护、邮件保护、支持端到端加密的远程调用等通信场合,宜采用端到端加密方式;在多个网络互联的环境中,也宜采用端到端加密方式。

(3) 在需要抵御信息流量分析的场合,可考虑采用链路加密和端到端加密相结合的方式,即用链路加密方式加密路由信息,用端到端加密方式加密端到端传输的报文。

总体来说,端到端加密具有成本低、保密性强、灵活性好等优点,应用更为广泛。

5.4.3　网络保密通信协议

本节将介绍几种在网络中保证数据安全传输的保密通信协议及应用。

1. SSL 协议及应用

1) SSL 协议

SSL(Secure Sockets Layer,安全套接层)协议是一种在客户端和服务器端之间建立安全通道的协议,它已被广泛应用于 Web 浏览器与服务器之间的身份认证和加密数据传输。SSL 是基于 Web 应用的安全协议,主要提供用户和服务器的合法性认证、数据加密解密和数据的完整性功能。现行的 Web 浏览器普遍将 HTTP 和 SSL 相结合,从而实现 Web 服务器和客户端浏览器之间的安全通信。SSL 协议采用公开密钥技术,其目的是保证发收两端通信的保密性和可靠性。SSL 协议所采用的加密算法和认证算法使它具有较高的安全性,因此其很快成为事实上的工业标准。SSL 协议的后续协议 TLS(Transport Layer Security,传输层安全)协议用于在两个应用程序之间提供信息的机密性和数据完整性。SSL 当前版本为 3.0,最新版本的 TLS 1.0 是 IETF(工程任务组)制定的一种新协议,它建立在 SSL 3.0 协议之上,是 SSL 3.0 的后续版本,可将其理解为 SSL 3.1。

SSL 采用 TCP 作为传输协议提供数据的可靠性传输。SSL 工作在传输层之上,独立于更高层应用,可为更高层协议(如 HTTP、FTP 等)提供安全服务。SSL 协议在应用层协议通信之前就已完成了加密算法、通信密钥的协商和服务器认证工作。在此之后应用层协议所传送的数据都会被加密,从而保证通信的保密性。

SSL 不是一个单独的协议,而是由多个协议构成的,主要部分是记录协议和握手协议。SSL 记录协议建立在可靠的传输协议(如 TCP)之上,利用 IDEA、DES、3DES 或其他加密算法进行数据加密和解密,为高层协议提供数据封装、压缩、加密等基本功能的支持;SSL 握手协议建立在 SSL 记录协议之上,允许通信实体在交换应用数据之前协商密钥的算法、交换加密密钥和对客户端进行认证。

2）SSL 协议的功能

SSL 安全协议主要提供以下三方面的服务功能。

（1）用户和服务器的合法性认证。认证用户和服务器的合法性，能够确保数据将被发送到正确的客户机和服务器上。客户机和服务器都具有各自的识别号，这些识别号由公开密钥进行编号。为了验证用户是否合法，SSL 协议要求在握手交换数据时进行数字认证，以此来确保用户的合法性。

（2）数据加密。SSL 协议所采用的加密技术既有对称密钥技术，也有公开密钥技术。在客户机与服务器进行数据交换之前交换 SSL 初始握手信息，在 SSL 握手信息中采用各种加密技术对其加密，以保证其保密性和数据的完整性，并且用数字证书进行鉴别，这样就可以防止非法用户进行破译。

（3）数据的完整性。SSL 协议采用 Hash 函数和机密共享的方法提供信息的完整性服务，建立客户机与服务器之间的安全通道，使所有经过 SSL 协议处理的业务在传输过程中能全部准确地到达目的地。

3）SSL 协议的实现过程

SSL 协议对通信对话过程进行安全保护。其实现过程主要有如下几个阶段。

（1）接通阶段。客户机通过网络向服务器打招呼，服务器回应。

（2）密码交换阶段。客户机与服务器之间交换双方认可的密码，一般选用 RSA 密码算法，也可选用 Diffie-Hellman 密码算法。

（3）会话密码阶段。客户机与服务器间产生彼此交流的会话密码。

（4）检验阶段。客户机检验服务器取得的密码。

（5）客户认证阶段。服务器验证客户机的可信度。

（6）结束阶段。客户机与服务器之间相互交换结束信息。

当上述过程完成后，两者间的资料传送就是保密的。当另一方收到资料后，再将加密资料还原。即使盗窃者在网络上取得加密后的资料，也不能获得可读的有用信息。

4）SSL 协议的应用

SSL 协议主要使用公开密钥体制和 X.509 数字证书技术保护信息传输的保密性和完整性，但不能保证信息的不可否认性。它主要适用于点对点之间的信息传输，常用 Web 服务器方式。

使用 SSL 安全机制时，客户端与服务器端要先建立连接，服务器把它的数字证书与公钥一起发送给客户端。然后客户端随机生成会话密钥，用从服务器得到的公钥对会话密钥进行加密，并把会话密钥在网络上传递给服务器。会话密钥只有在服务器端用私钥才能解密。这样，客户端和服务器端就建立了一条安全通道。

SSL 协议是一个保证网络通信安全的协议，对通信对话过程进行安全保护。例如，一台客户机与一台主机连接，首先要初始化握手协议，然后就建立一个 SSL，对话开始。直到对话结束，SSL 协议都会对整个通信过程进行加密，并且检查其完整性。建立 SSL 安全机制后，只有 SSL 允许的客户才能与 SSL 允许的 Web 站点进行通信，并且在使用 URL 资源定位器时，输入"https://"而不是"http://"。

2. SSH 协议及应用

SSH(Secure Shell,安全外壳)协议是由 IETF 网络工作组制定、建立在应用层和传输层基础上的安全协议,目前已经得到广泛应用。它具有易于使用、安全性和灵活性好等优点,是一种在不安全网络上提供安全远程登录及其他安全网络服务的协议。

1) SSH 协议

TCP/IP 协议本质上是不安全的,因为它们允许在网络上以明文传送数据、用户账号和用户口令,攻击者可以通过窃听等手段轻易地截获这些信息。而且 TCP/IP 应用层服务(如 FTP、Telnet 和 PoP 等)的简单安全验证方式也有其弱点,很容易受到"中间人"方式的攻击。所谓"中间人"攻击,就是"中间人"冒充真正的服务器接收用户传送给服务器的数据,然后再冒充用户把数据传送给真正的服务器。服务器和用户之间传送的数据会被"中间人"做手脚,这就会出现严重的安全问题。

通过使用 SSH 协议,用户可以对所有传输的数据进行加密,这样可防止"中间人"方式的攻击,同时也能防止 DNS 欺骗和 IP 欺骗。SSH 有很多功能,既可以代替 Telnet,又可以为 FTP、PoP、PPP 等提供安全"通道"。

SSH 协议分为客户端和服务器端两部分。服务器端是一个守护进程(daemon),在后台运行并响应来自客户端的连接请求。服务器端一般是 sshd 进程,提供对远程连接的处理,一般包括公钥认证、密钥交换、对称密钥加密和非安全连接。客户端包含 ssh 程序和 scp(远程复制)、slogin(远程登录)、sftp(安全文件传输)等应用程序。

从客户端来看,SSH 提供基于口令和基于密钥的两种级别的安全验证。

基于口令的安全验证:只要用户知道自己的账号和口令,就可以登录到远程主机,并且所有传输的数据都会被加密。但这种验证方式不能保证用户正在连接的服务器就是自己希望连接的服务器,可能会有其他服务器在冒充真正的服务器,即受到"中间人"方式的攻击。

基于密钥的安全验证:用户必须为自己创建一对密钥,并把公开密钥放在需要访问的服务器上。如果用户要连接到 SSH 服务器上,客户端软件就会向服务器发出请求,请求以用户密钥进行安全验证;服务器收到请求后,先在该服务器的用户根目录下寻找用户的公钥,然后将其与用户发送过来的公钥进行比较。如果两个密钥一致,服务器就会用公钥加密"质询"并将其发送给客户端软件。客户端收到"质询"后就可以使用用户私钥解密,然后将其发送给服务器。

SSH 协议是建立在应用层和传输层基础上的安全认证协议,主要由 SSH 传输层协议、SSH 用户认证协议和 SSH 连接协议三部分组成,共同实现 SSH 的安全保密机制。

(1) SSH 传输层协议。

SSH 传输层协议是 SSH 协议提供安全功能的主要部分,它提供加密技术、密码主机认证及数据保密性和完整性保护等安全措施,此外它还提供数据压缩功能,以提高信息传送的速度。通常这些传输层协议主要建立在面向连接的 TCP 数据流之上,也可能建立在其他可靠的数据流上。SSH 协议中的认证是基于主机的,且不执行用户认证。当 SSH 协议建立用户和远程主机之间的 TCP/IP 协议连接时,双方首先要交换标识串(包含 SSH 协议和软件的版本号),然后进行密钥交换。

(2) SSH 用户认证协议。

SSH 用户认证协议用于实现服务器和客户端用户之间的身份认证,它运行在传输层协议之上。SSH 认证包括主机认证和用户认证两部分,可以使用口令认证、用户公钥认证和基于主机名字的认证方式。

主机认证可以基于预共享密钥和公钥算法,采用"质询/应答"的方式实现。最简单的方法是:用对方的公钥加密一个随机数据串,然后传送给对方。如果对方能正确解密,返回正确的随机数据串,则可以证明对方的身份。主机认证可采用基于预共享密钥的方式和基于证书的方式来实现。

用户认证是在主机认证的基础上实现的,如果没有主机认证,可能会发生以下情况:用户连接到虚假服务器,导致口令以及私有信息的泄露;用户的口令被窃取后,攻击者可以随便连接到 SSH 服务器上。用户认证可以是基于主机的,也可以是基于用户名的。基于主机的用户认证可以通过公钥算法来实现,基于用户名的用户认证可以采用系统口令的方式或利用用户的公钥来实现。

(3) SSH 连接协议。

SSH 连接协议运行在用户认证协议之上,可将多个加密隧道分成逻辑通道,并提供交互式登录、远程命令执行、转发 TCP/IP 连接和 X.11 连接。

当安全的传输层连接建立之后,客户端将发送一个服务请求;当用户认证层连接建立之后将发送第二个服务请求。这就允许新定义的协议可以与上述协议共存。SSH 连接协议提供用途广泛的各种通道,为设置安全的交互式 Shell 会话、传输任意的 TCP/IP 端口和建立 X.11 连接提供标准方法。

2) 使用 SSH 建立安全通信

SSH 最常见的应用就是取代传统的 Telnet、FTP 等网络应用程序,通过 SSH 登录到远程机器上执行用户希望执行的命令,主要用于解决口令在网上明文传输的问题。在不安全的网络通信环境中,它可提供很强的验证机制和安全的通信环境。为了系统安全和用户自身的权益,推广 SSH 是必要的。通过使用 SSH,用户可以把所有传输的数据进行加密,这样"中间人"这种攻击方式就不可能实现了,而且也能够防止 DNS 欺骗和 IP 欺骗。

WinSSHD(适用于 Windows 系统平台的 SSH 服务器)软件支持 SSH2、SFTP、SCP 和端口转发。用户可在 Windows 系统中安装 WinSSHD,实现安全通信。WinSCP 是在 Windows 环境下使用 SSH 的图形化 SFTP 客户端软件,其主要功能是在本地与远程计算机间安全地复制文件。

3. SET 协议及应用

电子商务在为人们提供机遇和便利的同时,也面临着一个大的挑战,即交易的安全问题。在开放的网络中处理电子商务,保证买卖双方传输数据的安全已成为电子商务的重要任务。在网上购物的环境下,持卡人希望在交易中保密自己的账户信息,使之不被人盗用。商家则希望客户的订单不可抵赖,且在交易过程中,交易各方都希望验明其他方的身份,以防止被欺骗。为了满足电子交易不断增加的安全要求,由美国 Visa 和 MasterCard 两大信用卡组织联合国际上多家科技机构,共同制定了应用于 Internet 上以银行卡为基础进行在线交易的安全标准,这就是安全电子交易(Secure Electronic Transaction,SET)协议。

SET 协议为电子交易提供了许多保证安全的措施。它能保证电子交易的保密性(采用公钥加密和私钥加密相结合的办法保证数据的保密性)、数据完整性(采用 RSA 加密、数字签名和信息摘要技术保证信息的完整性)、交易各方身份的合法性和交易行为的不可否认性

（采用 X.509 电子证书标准、数字签名、报文摘要和双重签名等技术确保商家和客户的身份认证和交易行为的不可否认性）。SET 协议设计的证书包括银行证书及发卡机构证书、支付网关证书和商家证书。

SET 协议主要使用电子认证技术，其认证过程使用 RSA 和 DES 算法，因此可以为电子商务提供很好的安全保护。SET 协议使用以对称和非对称加密技术为基础的数字信封技术、数字签名技术、信息摘要技术等保证数据传输和处理的安全性。

SET 在保留对客户信用卡认证的前提下，又增加了对商家身份的认证，这对于需要支付货币的交易来讲是至关重要的。由于设计合理，SET 协议得到了许多大公司和消费者的支持，已成为全球网络的工业标准，其交易形态将成为未来电子商务的规范。

由于 SET 规范是由信用卡发卡公司参与制定的，一般认为，SET 的认证系统是有效的。当一位供货商在计算机上收到一张有 SET 签证的订单时，供货商就可以确认该订单有一张合法的信用卡支持，这时他就能放心地接下这笔生意。同样，由于有 SET 作保障，发出订单的客户也会确认自己是在与一个诚实的供货商做买卖，因为该供货商受到 Visa 或 MasterCard 发卡组织的信赖。

SET 协议保证了在开放的网络中使用信用卡进行在线购物的安全，它具有保证交易数据的完整性、交易信息的机密性、交易的不可抵赖性和交易各方身份的合法性等优点，已成为公认的网上交易的国际标准。

4. Kerberos 协议及应用

Kerberos 是一种提供网络认证服务的系统，其设计目的是通过密钥系统为 Client/Server 应用程序提供强大的认证服务。该认证过程的实现不依赖于主机操作系统的认证，无须基于主机地址的信任，不要求网络上所有主机的物理安全，并假定网络上传送的数据包可以被任意地读取、修改和插入数据。

1）Kerberos 协议

Kerberos 协议是为 TCP/IP 网络系统设计的一种基于对称密钥密码体制的第三方认证协议。Kerberos 协议在许多系统中都得到广泛的应用，如 Kerberos 协议是 Windows 2000/2003/2008 等操作系统的基础认证协议。Kerberos 协议得到了广泛的支持，这意味着 Windows Server 2008 域发出的票证可以在其他领域中使用，如运行 MacOS、NetWare、UNIX、AIX、IRIX 等系统的网络。

Kerberos 协议定义了客户端和密钥分配中心（Key Distribution Center，KDC）的认证服务之间的安全交互过程。KDC 由认证服务器 AS 和票证授权服务器 TGS 两部分组成。Kerberos 协议根据 KDC 的第三方服务中心来验证网络中计算机的身份，并建立密钥以保证计算机间安全连接。Kerberos 协议允许一台计算机通过交换加密消息在整个非安全网络上与另一台计算机互相证明身份。一旦身份得到验证，Kerberos 协议将会给这两台计算机提供密钥，以进行安全通信对话。Kerberos 协议可以认证试图登录上网的用户的身份，并通过使用密钥密码为用户间的通信进行加密。

Kerberos 协议以票证（ticket）系统为基础，票证是 KDC 发出的一些加密数据包，它可标识用户的身份及其网络访问权限。每个 KDC 负责一个领域（realm）的票证发放。KDC 类似于发卡机构，"票证"类似通行"护照"，它带有安全信息。在 Windows 系统中，每个域也是一个 Kerberos 领域，每个 Active Directory 域控制器（DC）就是一个 KDC。执行基于

Kerberos 的事务时,用户将透明地向 KDC 发送票证请求。KDC 将访问数据库以验证用户的身份,然后返回授予用户访问其他计算机的权限的票证。

Windows 系统中采用多种措施提供对 Kerberos 协议的支持,在系统的每个域控制器中都应用了 KDC 认证服务。Windows 系统中应用了 Kerberos 协议的扩展,除共享密钥外,还支持基于公开密钥密码的身份认证机制。Kerberos 公钥认证的扩展允许客户端在请求一个初始 TGT(TGT 称为票据授权票证,是一个 KDC 发给验证用户的资格证)时使用私钥,而 KDC 则使用公钥来验证请求,该公钥是从存储在活动目录中用户对象的 X.509 证书中获取的。用户的证书可以由权威的第三方发放,也可以由 Windows 系统中的微软证书服务器产生。初始认证以后,就可以使用标准的 Kerberos 来获取会话票证,并连接到相应的网络服务。

2) Kerberos 协议应用

Kerberos 协议允许网络上的通信实体互相证明彼此的身份,并且能够阻止窃听和重放等攻击。此外,它还能够提供对通信数据保密性和完整性的保护。

当用户首次登录 Windows 时,Kerberos 安全服务提供者(Security Support Provider,SSP)利用基于用户口令的加密散列获取一个初始 Kerberos 票证 TGT。Windows 系统把 TGT 存储在与用户登录上下文相关的工作站的票证缓存中。当客户端想要使用网络服务时,Kerberos 首先检查票证缓存中是否有该服务器的有效会话票证。如果没有,则向 KDC 发送 TGT 请求一个会话票证,以便服务器提供服务。请求的会话票证也存储在票证缓存中,以用于后续对同一个服务器的连接,直到票证超期为止。如果在会话过程中票证超期,Kerberos SSP 将返回一个响应的错误值,允许客户端和服务器刷新票证,产生一个新的会话密钥,并恢复连接。在初始连接消息中,Kerberos 把会话票证提交给远程服务,会话票证中的一部分使用了服务和 KDC 共享的密钥进行加密。因为服务器端的 Kerberos 有服务器密钥的缓存备份,所以服务器不需要到 KDC 进行认证,而直接可以通过验证会话票证来认证客户端。在服务器端,采用 Kerberos 认证系统的会话建立速度要比 NTLM 认证快得多。因为使用 NTLM 在服务器获取用户的信任书后,还要与域控制器建立连接,对用户进行重新认证。

在 Windows 系统中,KDC 通常安装在 Active Directory 服务器上。它们不会按照应用程序进程进行连接,而是作为单独的服务进程运行。但由于 KDC 总是安装在 DC 上,所以可通过查找 DC 的主机地址来解析 KDC 域名。

Kerberos 验证分为初始验证和后续验证两个阶段。

(1) 初始验证。

客户机(用户或 NFS 服务)通过从 KDC 请求 TGT 开始 Kerberos 会话。此请求通常在登录时自动完成。TGT 可标识用户的身份并允许用户获取多个"签证",此处的"签证"(票证)用于远程计算机或网络服务。TGT 与其他各种票证一样也具有有限的生命周期,区别在于基于 Kerberos 的命令会通知用户拥有护照并为用户取得签证,而用户不必亲自执行该事务。

KDC 可创建 TGT,并采用加密形式将其发送回客户机,客户机使用其口令来解密 TGT。客户机在拥有有效的 TGT 后,只要该 TGT 未到期,便可以请求所有类型网络操作(如 rlogin 或 telnet)的票证。每次客户机执行唯一的网络操作时,都将从 KDC 请求该操作的票证。

（2）后续验证。

客户机先通过向 KDC 发送其 TGT 作为其身份证明，从 KDC 请求特定服务（如远程登录到另一台计算机）的票证；KDC 再将该特定服务的票证发送到客户机；最后客户机将票证发送到服务器。使用 NFS 服务时，NFS 客户机会自动透明地将 NFS 服务的票证发送到 NFS 服务器。Kerberos 的认证过程如下。

- 客户机向认证服务器（AS）发送请求，要求得到某服务器的证书；
- AS 的响应包含这些用客户端密钥加密的证书（证书主要由服务器 ticket 和一个临时加密密钥——会话密钥构成）；
- 客户机将 ticket（包括由服务器密钥加密的客户机身份和一份会话密钥的备份）传送到服务器上。

会话密钥可用来认证客户机或认证服务器，也可用来为通信双方以后的通信提供加密服务，或通过交换独立的子会话密钥为通信双方提供进一步的通信加密服务。

3）Kerberos 的安装设置

Kerberos 可用来为网络上的各种 server 提供认证服务，使得口令不再以明文方式在网络上传输。这里介绍在 LinuxRedhat8.0 环境下使用 Kerberos 提供的 Ktelnetd、Krlogind 和 Krshd 替代传统的 telnetd、rlogind 和 rshd 服务。

安装 Kerberos 的硬件环境为一台 i386 机器，安装软件包为 krb5-server-1.2.5-6、krb5-workstation-1.2.5-6 和 krb5-libs-1.2.5-6。

```
rpm - ivhkrb5 - libs - 1.2.5 - 6.i386.rpm
rpm - ivhkrb5 - server - 1.2.5 - 6.i386.rpm
rpm - ivhkrb5 - workstation - 1.2.5 - 6.i386.rpm
```

上述要求满足后，就可以先配置 KDC 服务器，然后再配置 Ktelnetd、Krlogind 和 Krsh 服务器，最后可以使用 krb5-workstation 提供的 telnet、rlogin 和 rsh 来登录这些服务。安装步骤如下。

（1）生成 Kerberos 的本地数据库。

```
kdb5_utilcreate - rEXAMPLE.COM - s
```

该命令用来生成 Kerberos 的本地数据库，包括 principal、principal.OK 和 principal.kadm5 文件；principal.kadm5.lock.-r 指定 realm，例如 EXAMPLE.COM。

（2）生成账号。

Kerberos 用 principal 来表示 realm 下的一个账户，表示为 primary/instance@realm。例如，username/80.191.89.92@EXAMPLE.COM，这里假设 80.191.89.92 是客户机的 IP 地址。

在数据库中加入管理员账户。

```
/usr/Kerberos/sbin/kadmin.local
kadmin.local:addprincadmin/admin@EXAMPLE.COM
```

在数据库中加入用户的账号。

```
kadmin.local:addprincusername/80.191.89.92@EXAMPLE.COM
```

在数据库中加入 Ktelnetd、Krlogind 和 Krshd 公用的账号。

```
kadmin.local:addprinc－randkeyhost/80.191.89.92@EXAMPLE.COM
```

(3) 检查语句。

检查/var/Kerberos/krb5kdc/kadm5.keytab 是否有如下语句:

```
*/admin@EXAMPLE.COM*
```

如果没有,添加上即可。

(4) 修改/etc/krb5.conf 文件。

修改所有的 realm 为 EXAMPLE.COM,并且加入如下语句:

```
kdc = 80.191.89.92:88
admin_server = 80.191.89.92:749
```

(5) 在/etc/krb.conf 中加入语句。

```
EXAMPLE.COM
EXAMPLE.COM80.191.89.92:88
EXAMPLE.COM80.191.89.92:749adminserver
```

(6) 启动 KDC 服务器和 Ktelnetd,Krlogind,Krshd。

```
/etc/init.d/krb5kdcrestart
Chkconfigkloginon
Chkconfigkshellon
Chkconfigekloginon
chkconfigkrb5－telneton
/etc/init.d/xinetdrestart
```

(7) 制作本地缓存。

将 username/80.191.89.92@EXAMPLE.COM 的 credentials 取到本地作为 cache,这样以后就可以不用重复输入 password 了。

```
kinitusername/80.191.89.92
```

如果顺利,在/tmp 下会生成文件 krb5*。这一步如果不通,那么就必须检查以上步骤是否有错。可以用 klist 命令查看 credential。

(8) 导出用户密钥。

eXPorthost/80.191.89.92@EXAMPLE.COM 的 key 到/etc/krb5.keytab,Ktelnetd、Krlogind 和 Krshd 需要/etc/krb5.keytab 来验证 username/80.191.89.92 的身份。

```
kadmin.local:ktadd－k/etc/krb5.keytabhost/80.191.89.92
```

(9) 修改～/.k5login 文件。

在其中加入 username/80.191.89.92@EXAMPLE.COM,表示允许 username/80.191.89.92@EXAMPLE.COM 登录该账户。

```
catusername/80.191.89.92@EXAMPLE.COM >>~/.k5login
```

（10）测试 Kerberos 客户端。

```
krsh80.191.89.92 - kEXAMPLE.COM
krlogin80.191.89.92 - kEXAMPLE.COM
rlogin80.191.89.92 - kEXAMPLE.COM
rsh80.191.89.92 - kEXAMPLE.COM
telnet - x80.191.89.92 - kEXAMPLE.COM
```

5. IPSec 协议及应用

1）IPSec 协议

IP 安全(IP Security, IPSec)协议是网络安全协议的一个工业标准, 也是目前 TCP/IP 网络的安全化协议标准。IPSec 最主要的功能是为 IP 通信提供加密和认证, 为 IP 网络通信提供透明的安全服务, 保护 TCP/IP 通信免遭窃听和篡改, 有效抵御网络攻击, 同时保持其易用性。

IPSec 的目标是为 IP 提供可互操作的、高质量的、基于密码学的一整套安全服务, 其中包括访问控制、无连接完整性、数据源验证、抗重放攻击、机密性和有限的流量保密。这些服务都在 IP 层提供, 可以为 IP 和其上层协议提供保护。

IPSec 协议不是一个单独的协议, 它由一系列协议组成, 包括网络认证协议 AH(也称认证报头)、封装安全载荷协议 ESP、密钥管理协议 IKE 和用于网络认证及加密的一些算法等。其中 AH 协议定义了认证的应用方法, 提供数据源认证和完整性保证; ESP 协议定义了加密和可选认证的应用方法, 提供可靠性保证。在实际进行 IP 通信时, 可以根据实际的安全需求同时使用这两种协议或选择使用其中的一种。AH 和 ESP 都可以提供认证服务, 但是 AH 提供的认证服务要强于 ESP。IPSec 规定了如何在对等层之间选择安全协议、确定安全算法和密钥交换, 向上层提供访问控制、数据源认证、数据加密等网络安全服务。IPSec 可应用于虚拟专用网络(VPN)、应用级安全以及路由安全三个不同的领域, 但目前主要用于 VPN。

IPSec 既可以作为一个完整的 VPN 方案, 也可以与其他协议配合使用, 如 PPTP 和 L2TP。它工作在 IP 层(网络层), 为 IP 层提供安全性, 并可为上一层应用提供一个安全的网络连接, 以及基于一种端到端的安全模式。由于所有支持 TCP/IP 协议的主机在进行通信时, 都要经过 IP 层的处理, 所以提供了 IP 层的安全性就相当于为整个网络提供了安全通信的基础。鉴于 IPv4 的应用仍然很广泛, 所以后来在 IPSec 的制定中也增加了对 IPv4 的支持。

IPSec 可用于 IPv4 和 IPv6 环境。它有两种工作模式: 一种是隧道模式; 另一种是传输模式。在隧道模式中, 整个 IP 数据包被加密或认证, 成为一个新的更大的 IP 包的数据部分, 该 IP 包有新的 IP 报头, 还增加了 IPSec 报头。在传输模式中, 只对 IP 数据包的有效负载进行加密或认证, 此时继续使用原始 IP 头部。隧道模式主要用在网关和代理上, IPSec 服务由中间系统实现, 端结点并不知道使用了 IPSec。在传输模式中, 两个端结点必须都实现 IPSec, 而中间系统不对数据包进行任何 IPSec 处理。

通信双方如果要用 IPSec 建立一条安全的传输通道, 需要事先协商好将要采用的安全策略, 包括加密机制和完整性验证机制及其使用的算法、密钥、生成期限等。一旦发收双方

数据加密技术与应用

协商好使用的安全策略,即可认为双方(两台计算机)之间建立了一个安全关联(Security Association,SA)。

IETF 已经建立了一个安全关联和密钥交换方案的标准方法,它将 Internet 安全关联和密钥管理协议(ISAKMP)以及 Oakley 密钥生成协议进行了合并。ISAKMP 集中了安全关联管理,减少了连接时间。Oakley 生成并管理用来保护信息的身份验证密钥。为保证通信的成功和安全,ISAKMP/Oakley 执行密钥交换和数据保护两个阶段的操作。通过使用在两台计算机上协商并达成一致的加密和身份验证算法来保证机密性和身份验证。

2) IPSec 中加密与完整性验证

IPSec 可对数据进行加密和完整性验证。其中,AH 协议只能用于对数据包的包头进行完整性验证,而 ESP 协议可用于对数据的加密和完整性进行验证。

IPSec 的认证机制使 IP 通信的数据接收方能够确认数据发送方的真实身份以及数据在传输的过程中是否遭到篡改。IPSec 的加密机制通过对数据进行编码来保证数据的机密性,以防数据在传输过程中被窃听。为了进行加密和认证,IPSec 还需要有密钥的管理和交换功能,以便为加密和认证提供所需要的密钥并对密钥的使用进行管理。以上三方面的工作分别由 AH、ESP 和 IKE 三个协议规定。

(1) 安全关联 SA。

IPSec 中一个重要的概念就是安全关联 SA,所谓安全关联是指安全服务与它服务的载体之间的一个"连接",即是能为双方之间的数据传输提供某种 IPSec 安全保障的一个简单连接。SA 可以看成是两个 IPSec 对等端之间的一条安全隧道。SA 是策略和密钥的结合,它定义用来保护端到端通信的常规安全服务、机制和密钥。SA 可由 AH 或 ESP 提供,当给定了一个 SA 时,就确定了 IPSec 要执行的处理。

在 SA 中,两台计算机在如何交换和保护信息方面达成一致。可为不同类型的流量创建独立的 SA,而一台计算机与多台计算机同时进行安全通信时可能存在多种关联,这种情况经常发生在当计算机用作文件服务器或向多个客户提供服务的远程访问服务器的时候。一台计算机也可以与另一台计算机有多个 SA,例如在两台主机之间为 TCP 建立独立的 SA,并在同样的两台主机之间建立另一条支持 UDP 的 SA,甚至可以为每个 TCP 或 UDP 端口建立分离的 SA。

(2) 认证协议 AH。

IPSec 认证协议(AH)为整个数据包提供身份认证、数据完整性验证和抗重放服务。AH 通过一个只有密钥持有人才知道的"数字签名"来对用户进行认证。这个签名是数据包通过特别的算法得出的独特结果。AH 还能维持数据的完整性,因为在传输过程中无论多小的变化被加载,数据包头的数字签名都能把它检测出来。两个最常用的 AH 标准是 MD5 和 SHA-1,MD5 使用最多达 128 位的密钥,而 SHA-1 通过最多达 160 位的密钥提供更强的保护。重放攻击是通过采用单调递增序列号来预防的。

AH 协议为 IP 通信提供数据源认证和数据完整性验证,它能保护通信免受篡改,但并不加密传输内容,不能防止窃听。AH 联合数据完整性保护并在发送接收端使用共享密钥来保证身份的真实性。使用 Hash 算法在每一个数据包上添加一个身份验证报头来实现数据完整性验证。验证过程中需要预约好收发两端的 Hash 算法和共享密钥。

为了建立 IPSec 通信,两台主机在 SA 协定之前必须互相认证。有 Kerberos、PKI 和预共享密钥三种认证方法。Kerberos 能在域内进行安全协议认证,使用时,它既对用户的身份也对网络服务进行验证。公钥证书(PKI)用来对非受信域的成员、非 Windows 客户或没有运行 Kerberos V5 认证协议的计算机进行认证,认证证书由一个证书机关系统签署。在预先共享密钥认证中,网络系统必须认同在 IPSec 策略中使用的一个共享密钥,使用预先共享密钥仅在证书和 Kerberos 无法配置的场合。

(3) 封装安全载荷协议 ESP。

封装安全载荷协议(ESP)通过对数据包的全部数据和加载内容进行加密来保证传输信息的机密性,这样可以避免其他用户通过监听打开信息交换的内容,因为只有受信任的用户才拥有密钥可以打开内容。此外,ESP 也能提供身份认证、数据完整性验证和防止重发。在隧道模式中,整个 IP 数据报都在 ESP 负载中进行封装和加密。当该过程完成以后,真正的 IP 源地址和目的地址都可以被隐藏为 Internet 发送的普通数据。这种模式的一种典型用法就是在防火墙与防火墙之间通过 VPN 的连接进行主机或拓扑隐藏。在传输模式中,只有更高层协议帧(TCP、UDP、ICMP 等)被放到加密后的 IP 数据报的 ESP 负载部分。在这种模式中,IP 源地址和目的地址以及所有的 IP 包头域都是不加密发送的。

ESP 主要使用 DES 或 3DES 加密算法为数据包提供机密性。ESP 报头提供集成功能和 IP 数据的可靠性。集成功能保证了数据没有被黑客恶意破坏,可靠性保证使用密码技术的安全。对 IPv4 和 IPv6,ESP 报头都列在其他 IP 报头的后面。ESP 编码只有在不被任何 IP 报头扰乱的情况下才能正确地发送包。

习题和思考题

一、简答题

1. 简述密码学的两方面的含义。
2. 什么是加密、解密、密钥和密码算法?
3. 何为移位密码和替代密码? 举例说明。
4. 简述对称密钥密码和非对称密钥密码体制。
5. 简述 DES 算法。
6. 什么是端到端加密?
7. 简述数字签名的概念及其功能。
8. 简述数字证书的功能和应用。
9. IPSec 的主要作用是什么?
10. SSL 和 SSH 协议各提供哪些主要服务?

二、填空题

1. 密码学包括( )和( )两部分。其中,( )研究的是通过( )来改变被保护信息的形式,使得编码后的信息除合法用户之外的其他人都不可理解;( )研究的是如何( )密码,恢复被隐藏起来的信息。( )是实现对信息加密的,( )是实现对信息解密的。

2. 20 世纪 70 年代,密码学的两大著名算法分别是( )和( )。

3. 把明文变换成密文的过程称为( );解密过程是利用解密密钥,对( )按照解密算法规则变换,得到( )的过程。

4. 典型的对称密钥密码算法有( )、( )和( )等。

5. 典型的非对称密钥密码算法有( )、( )和( )等。

6. 在密码算法公开的情况下,密码系统的保密强度基本上取决于( )。

7. IDEA 是( )密码体制的算法。它使用( )位密钥可对( )位的分组进行加密和解密。

8. DES 的加密和解密时使用的密钥顺序是( )。

9. 对称加密体制比非对称加密体制具有( )的优点。

10. 广泛应用的数字签名的主要算法有( )、( )和( )。

11. 通过数字签名和数字证书技术可实现交易的( )性。

12. IP 安全协议(IPSec)是一个网络安全协议标准,其主要功能是为 IP 通信提供( ),保护 TCP/IP 通信免遭( ),有效抵御( ),同时保持其易用性。

13. IPSec 是由( )、( )、( )和用于网络认证及加密的一些算法组成的系列协议。

14. IPSec 可用于 IPv4 和( )环境,它有( )和( )两种工作模式。

15. IPSec 可对数据进行( )。AH 协议用于( ),ESP 协议用于( )。

16. SSL 协议是一种在客户端和服务器端之间建立( )的协议,已被广泛用于 Web 浏览器与服务器之间的( )和( )。

17. SSH 协议是建立在应用层和传输层基础上的、具有易于使用、( )和( )好等优点,是一种在不安全网络上提供( )及其他安全网络服务的协议。

18. SSH 协议主要由( )协议、( )协议和( )协议三部分组成,共同实现 SSH 的保密功能。

19. SSH 协议分为( )和( )两部分。服务器端提供对远程连接的处理,一般包括( )、( )、( )和非安全连接。在客户端,SSH 提供基于( )和基于( )的两种级别的安全验证。

三、单项选择题

1. 最著名、应用最广泛的非对称密码算法是( ),它的安全性是基于大整数因子分解的困难性。

    A. DES   B. RSA   C. 3DES   D. DSA

2. 最典型的对称密钥密码算法是( ),它是用 56 位密钥对 64 位明文进行加密的。

    A. DES   B. RSA   C. 3DES   D. DSA

3. 在加密时将明文中的每个或每组字符由另一个或另一组字符所替换,原字符被隐藏起来,这种密码称为( )。

    A. 移位密码   B. 分组密码   C. 替代密码   D. 序列密码

4. 加密密钥和解密密钥相同或相近,这样的密码系统称为( )系统。

    A. 公钥密码   B. 分组密码   C. 对称密钥   D. 非对称密钥

5. DES 算法一次可用 56 位密钥组对( )位明文组数据进行加密。

    A. 32   B. 48   C. 64   D. 128

6. 以下（　　）项不是数字证书技术实现的目标。

    A. 数据保密性　　　　B. 信息完整性　　　　C. 身份验证　　　　D. 系统可靠性

7. 以下（　　）项要求不是数字签名技术可完成的目标。

    A. 数据保密性　　　　B. 信息完整性　　　　C. 身份验证　　　　D. 防止交易抵赖

8. 使用数字证书可实现（　　）。

    A. 数据加密　　　　B. 保护信息完整　　　C. 防止交易抵赖　　D. A、B、C 都对

9. IPSec 服务可提供（　　）。

    A. 非否认服务功能　　　　　　　　　B. 证书服务功能

    C. 数据完整性服务功能　　　　　　　D. 加密和认证服务功能

10. IPSec 是由 AH、ESP、IKE 和用于网络认证及加密的一些算法组成的系列协议。密钥的管理和交换功能是由（　　）提供的。

    A. AH　　　　　　　B. ESP　　　　　　C. IKE　　　　　　D. PKI

11. SSL 协议提供在客户端和服务器之间的（　　）。

    A. 远程登录　　　　　B. 安全通信　　　　C. 密钥安全认证　　D. 非安全连接

数据加密技术与应用

第6章 网络攻防技术

本章要点

- 防火墙安全；
- 网络病毒与防范；
- 木马攻击与防范；
- 网络攻击与防范；
- 网络扫描、监听和检测；
- 虚拟专用网。

在当今这个信息时代,几乎每个人所使用的系统都面临着安全威胁,都有必要对网络安全有所了解,并能够处理一些安全方面的问题。那些平时不注意网络系统安全的人,往往在受到安全方面的攻击并付出惨重的代价后才会后悔不已。

前述各章介绍的网络操作系统安全、网络实体安全、网络数据库安全、数据备份和加密、数字签名和身份认证等大部分都是安全防护方面的内容。安全防护可以预防和避免大多数的不安全事件,但不能阻止所有的不安全事件,特别是像病毒和黑客等利用系统缺陷入侵网络系统的事件。一旦病毒或黑客侵入网络系统,网络管理员就要根据入侵事件的特征对系统进行入侵检测,或使用相关的软件工具对系统进行安全扫描和监听,一旦发现入侵者的行为,就及时采取措施清除入侵的危害和进行恢复处理。

本章将介绍防火墙安全技术、网络病毒与防范、黑客及网络攻击、网络入侵检测系统等网络攻击与防范方面的内容。

6.1 防火墙安全

随着网络技术的发展,特别是 Internet 的迅猛发展,越来越多的局域网(企业网络)接入 Internet。人们在享受 Internet 所带来的便利的同时,也越来越多地感受到网络信息安全所受到的威胁。信息泄密事件、主页被篡改事件、拒绝服务事件等层出不穷,为了解决这些问题,最大程度上保护网络的安全,人们研究了很多技术和方法,其中防火墙(Firewall)技术就是其中一种典型的技术。

6.1.1 防火墙概述

为了保护网络(特别是企业内部网 Intranet)资源的安全,人们创建了防火墙。就像建筑物防护墙能够保护建筑物及其内部资源的安全或护城河能够保护城市免受侵害一样,防火墙能够防止外部网上的各种危害侵入到内部网络。目前,防火墙已在 Internet 上得到了广泛的应用,并逐步在 Internet 之外得到应用。

1. 防火墙的概念及作用

防火墙是隔离在本地网络与外界网络之间的执行访问控制策略的一道防御系统,是一组由软、硬件设备构成的安全设施,其功能示意如图 6.1.1 所示。防火墙可防止发生不可预测的、外界对内部网资源的非法访问或潜在的破坏性侵入。在 Internet 上防火墙是一种非常有效的网络安全措施,通过它可以隔离风险区域(Internet 或有一定风险的网络)与安全区域(企业内部网,也可称为可信任网络)的连接,是不同网络或网络安全区域之间信息的唯一出入口,能根据企业的安全政策控制出入网络的信息流,从而有效地控制内部网和外部网之间的信息传输。

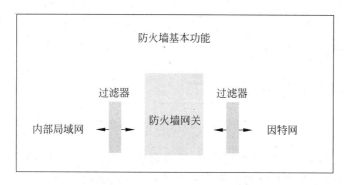

图 6.1.1　防火墙功能示意图

防火墙可由计算机硬件和软件系统组成。通常情况下,内部网和外部网进行互联时,必须使用一个中间设备,这个设备既可以是专门的互联设备(如路由器或网关),也可以是网络中的某个结点(如一台主机)。这个设备至少具有两条物理链路,一条通往外部网络,一条通往内部网络。企业用户希望与其他用户通信时,信息必须经过该设备,同样,其他用户希望访问企业网时,也必须经过该设备。显然,该设备是阻挡攻击者入侵的关口,也是防火墙实施的理想位置,如图 6.1.2 所示。在逻辑上,防火墙就是一个分离器、限制器,可有效地监控内部网和外部网之间的任何活动,保证内部网的安全。

防火墙的作用是防止不希望的、未经授权的通信进出被保护的网络。它可使企业强化自己的网络安全策略,是网络安全的屏障。从图 6.1.2 可知防火墙不仅能对外部网进入内部网的信息进行过滤,对于从内部网出去的信息也是有过滤的功能。

2. 防火墙的不足

防火墙虽然是用于保护网络安全的设施,但它本身也存在一些功能上的不足。

(1)网络瓶颈。由于防火墙是配置在两个网络之间的,如果两网之间没有其他的信息通路,则所有信息都必须经过防火墙的过滤。这样,当信息到达防火墙时必须过"过滤关",因此可能会造成网络信息的延迟,形成网络瓶颈。

(2)不能防范绕过防火墙的信息攻击。防火墙之所以能够过滤攻击信息,就是因为其能够检查和过滤信息的源。如果有能够绕过防火墙的信息,防火墙就不能防范。

(3)不能防范病毒的传播。防火墙虽然能扫描所有通过的信息,以决定是否允许它们进入内部网络,但扫描是针对源、目标地址和端口号的,其并不扫描数据的确切内容。因为

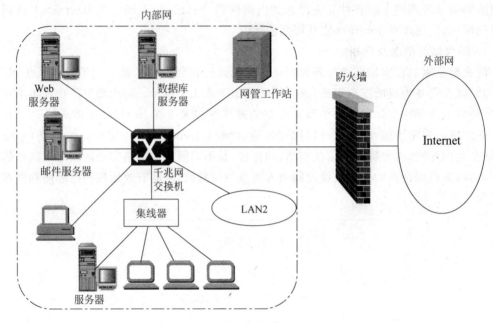

图 6.1.2 防火墙的位置示意图

在网络上传输二进制文件的编码方式很多,并且有太多的不同结构的病毒,因此防火墙不可能查找所有的病毒,也不能有效地防范像病毒这类程序的入侵。

(4) 不能防范内部人员的攻击。对于一个企业内部局域网而言,内部人员如果要攻击其某台主机,防火墙是无能为力的,因为在这种情形下,攻击信息并没有流经防火墙。

3. 防火墙的特征

(1) 内部网和外部网之间的所有网络数据流都必须经过防火墙。这是防火墙所处网络位置的特性,同时也是一个前提。因为只有当防火墙是内、外部网络之间通信的唯一通道时,才可以有效地保护企业内部网络不受侵害。

(2) 只有符合安全策略的数据才能通过防火墙。防火墙就是要确保网络流量的合法性,只有在符合策略的前提下才能将网络的流量快速地从一条链路转发到另外的链路上。

(3) 自身具有非常强的抗攻击力。由于防火墙处于网络边缘,时刻要面对黑客的攻击和入侵,这就要求防火墙自身要具有非常强的抗攻击能力。只有自身具有较高的安全性才能保证内部网络的安全。

6.1.2 防火墙技术

防火墙技术是建立在现代通信网络技术和信息安全技术基础上的应用性安全技术,越来越多地被应用于专用网络与公用网络的互联环境中。防火墙可通过监测、控制跨越防火墙的数据流,尽可能地对外界屏蔽内部网络的信息、结构和运行状况,以此来实现对内部网络的安全保护。

常用的防火墙技术有包过滤技术、代理服务技术、状态检测技术和自适应代理技术。通常也可将其中几种防火墙技术组合在一起使用以弥补各自的缺陷,增加系统的安全性能。

1. 包过滤技术

包过滤（Packet Filtering）技术应用于 OSI 参考模型的网络层。该技术根据网络层和传输层的原则对传输的信息进行过滤。因此，利用包过滤技术在网络层实现的防火墙也叫包过滤防火墙。

包过滤技术在网络的出入口（如路由器）对通过的数据包进行检查和选择。选择的依据是系统内设置的过滤逻辑（包过滤规则）。通过检查数据流中每个数据包的源地址、目的地址、所用的端口号、协议状态或它们的组合，来确定是否允许该数据包通过。通过检查，只有满足条件的数据包才允许通过，否则被抛弃（过滤掉）。如果防火墙中设定某一 IP 地址的站点为不适宜访问的站点，则从该站点地址来的所有信息都会被防火墙过滤掉。这样可以有效地防止恶意用户利用不安全的服务对内部网进行攻击。包过滤防火墙遵循的一条基本原则就是"最小特权原则"，即明确允许管理员希望通过的那些数据包，禁止其他的数据包。

在网络上传输的每个数据包都可分为数据和包头两部分。包过滤器就是根据包头信息来判断该包是否符合网络管理员设定的规则表中的规则，以确定是否允许数据包通过。包过滤规则一般是基于部分或全部报头信息的，如 IP 协议类型、IP 源地址、IP 选择域的内容、TCP 源端口号、TCP 目标端口号等。例如，包过滤防火墙可以对来自特定的 Internet 地址信息进行过滤，或者只允许来自特定地址的信息通过。如果将过滤器设置成只允许数据包通过 TCP 端口 80（标准的 HTTP 端口），那么在其他端口，如端口 25（标准的 SMTP 端口）上的服务程序的数据包就不能通过。

包过滤防火墙既可以允许授权的服务程序和主机直接访问内部网络，也可以过滤指定的端口和内部用户的 Internet 地址信息。大多数包过滤防火墙的功能可以设置在内部网络与外部网络之间的路由器上，作为第一道安全防线。路由器是内部网络与 Internet 连接必不可少的设备，在原有网络上增加这样的防火墙软件几乎不需要花费任何额外的费用。

2. 代理服务技术

代理服务器防火墙工作在 OSI 模型的应用层，它掌握着应用系统中可用作安全决策的全部信息，因此，代理服务器防火墙又称应用层网关。这种防火墙通过一种代理（Proxy）技术参与到一个 TCP 连接的全过程。

代理服务器是指代表客户处理在服务器连接请求的程序。当代理服务器得到一个客户的连接请求时，对客户的请求进行核实，并经过特定的安全化 Proxy 应用程序处理连接请求，将处理后的请求传递到真正的 Internet 服务器上，然后接收服务器应答。代理服务器对真正服务器的应答做进一步处理后，将答复交给发出请求的终端客户。代理服务器通常运行在两个网络之间，它对于客户来说像是一台真的服务器，而对于外部网的服务器来说，它又似一台客户机。代理服务器并非将用户的全部网络请求都提交给 Internet 上的真正服务器，而是先依据安全规则和用户的请求做出判断，是否代理执行该请求，有的请求可能会被否决。当用户提供了正确的身份及认证信息后，代理服务器建立与外部 Internet 服务器的连接，为两个通信点充当中继。内部网络只接收代理服务器提出的要求，拒绝外部网络的直接请求。代理服务器的工作示意图如图 6.1.3 所示。

一个代理服务器本质上就是一个应用层网关，即一个为特定网络应用而连接两个网络的网关。代理服务器像一堵墙一样挡在内部用户和外部系统之间，分别与内部和外部系统连接，是内部网与外部网的隔离点，起着监视和隔绝应用层通信流的作用。从外部只能看到

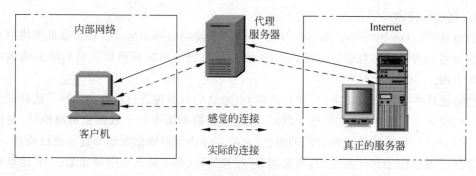

图 6.1.3 代理服务器的工作示意图

该代理服务器而无法获知任何的内部资源(如用户的 IP 地址)。

代理服务可以实现用户认证、详细日志、审计跟踪和数据加密等功能,并实现对具体协议及应用的过滤,如阻塞 Java 或 JavaScript。代理服务技术能完全控制网络信息的交换,控制会话过程,具有灵活性和安全性。但可能会影响网络的性能,对用户不透明,且对每一种服务器都要设计一个代理模块,建立对应的网关层,实现起来比较复杂。

3. 状态检测技术

状态检测(Stateful Inspection)技术由 Check Point 率先提出,又称动态包过滤技术。状态检测技术是新一代的防火墙技术。这种技术具有非常好的安全特性,它使用了一个在网关上执行网络安全策略的软件模块,称之为检测引擎。检测引擎支持多种协议和应用程序,并可以很容易地实现应用和服务的扩充。

与前文介绍的两种防火墙不同,当用户的访问请求到达网关的操作系统前,状态监视器要收集有关数据进行分析,结合网络配置和安全规定做出接纳或拒绝、身份认证、报警处理等动作。一旦某个访问违反了安全规定,该访问就会被拒绝,并报告有关状态,作日志记录。

状态检测技术监视和跟踪每一个有效连接的状态,并根据这些信息决定网络数据包是否能通过防火墙。它在协议栈底层截取数据包,然后分析这些数据包,并且将当前数据包和状态信息与前一时刻的数据包和状态信息进行比较,从而得到该数据包的控制信息,来达到保护网络安全的目的。

状态检测技术试图跟踪通过防火墙的网络连接和包,这样它就可以使用一组附加的标准,以确定是否允许和拒绝通信。状态检测防火墙是在使用了基本包过滤防火墙的通信上应用一些技术来做到这一点的。为了跟踪包的状态,状态检测防火墙不仅跟踪包中包含的信息,还记录有用的信息以帮助识别包。

状态检测技术结合了包过滤技术和代理服务技术的特点。与包过滤技术相同的是它也对用户透明,能够在网络层上通过 IP 地址和端口号,过滤进出的数据包;与代理服务技术相同的是可以在应用层上检查数据包内容,查看这些内容是否能符合安全规则。

4. 自适应代理技术

自适应代理(Adaptive Proxy)技术本质上也属于代理服务技术,但它也结合了状态检测技术。自适应代理技术是在商业应用防火墙中实现的一种新型技术。它结合了代理服务防火墙的安全性和包过滤防火墙的高速度等优点,在保证安全性的基础上将代理服务器防火墙的性能提高十倍以上。

在对防火墙进行配置时,用户仅仅将所需要的服务类型、安全级别等信息通过相应代理的管理界面进行设置即可。然后,自适应代理就可以根据用户的配置信息,决定是使用代理服务器从应用层代理请求,还是使用动态包过滤器从网络层转发包。如果是后者,它将动态地通知包过滤器增减过滤规则,以满足用户对速度和安全性的双重要求。

6.2　网络病毒与防范

几乎所有人都听说过计算机病毒这个名词,使用过计算机的人大多也都领教过计算机病毒的厉害。特别是随着 Internet 应用的普及和各种计算机网络及相关技术的发展,计算机病毒越来越高级,种类也越来越多。以前很长时间才出现一次病毒入侵事件,而现在几乎每天都有计算机病毒进行大破坏的消息,计算机病毒不时地对网络系统的安全构成严重的威胁。对网络管理员来说,防御计算机病毒有时是比其他管理工作更困难的任务。对人们来说,了解和预防计算机病毒的威胁显得格外重要,任何网络系统安全的讨论都要考虑到计算机病毒的因素。

6.2.1　计算机病毒基本知识

计算机病毒(Computer Virus)是编制者在计算机程序中插入的破坏计算机功能或者数据的代码,能影响计算机使用,能自我复制的一组计算机指令或者程序代码。计算机病毒是一个程序,一段可执行代码。就像生物病毒一样,具有自我繁殖、互相传染以及激活再生等生物病毒特征。计算机病毒有独特的复制能力,它们能够快速蔓延,又常常难以根除。它们能把自身附着在各种类型的文件上,当文件被复制或从一个用户传送到另一个用户时,它们就随同文件一起蔓延开来。

最早攻击计算机的病毒是 Brain,诞生于 1986 年。在此后的三十多年时间里,病毒的制作技术也从逐步发展转变成飞速发展,特别是进入 21 世纪后,计算机病毒的发展非常迅速,病毒数量猛增,破坏性也越来越大。随着计算机应用和计算机病毒的发展,计算机病毒的破坏程度日益增加,危害性也越来越严重。根据 IDC 的统计,全世界每年因为计算机病毒造成的直接损失可以达到数千亿美元。因此认识和了解计算机病毒的基本知识对预防计算机病毒是十分必要的。

1. 计算机病毒的特征

计算机病毒是人为制造的、具有一定破坏性的程序。它们与生物病毒有不同点,也有相似之处。概括起来,计算机病毒具有繁殖性、传染性、破坏性、隐蔽性和潜伏性、可触发性、衍生性、不可预见性等特征。

(1) 繁殖性。计算机病毒可以像生物病毒一样进行繁殖,当正常程序运行时,它也进行运行并自身复制。是否具有繁殖的特征是判断某段程序是否为计算机病毒的首要条件。

(2) 传染性。计算机病毒的传染性是病毒的本质特征。计算机病毒通过修改别的程序将自身的复制品或其变体传染到其他无毒的对象上,这些对象可以是一个程序也可以是系统中的某一个部件。在一定条件下,病毒可以通过某种渠道从一个文件或一台计算机上传染到其他没被感染的文件或计算机上。当在一台计算机上发现病毒时,那么曾在这台计算机上用过的各种可移动的外部存储设备可能均已传染上了病毒,而与这台计算机相联网的其他计算机也许被该病毒传染了。传染的病毒轻则使被感染的文件或计算机数据破坏或工作失常,重则使系统瘫痪。是否具有传染性是判别一个程序是否为计算机病毒的重要依据。

(3) 破坏性。任何病毒只要侵入到计算机系统中,都会对系统及应用程序产生不同程度的影响。可能会导致正常的程序无法运行,删除或不同程度地损坏计算机内的文件,破坏引导扇区及 BIOS,破坏硬件环境等。良性病毒可能只显示一些画面或播出音乐、无聊的语句,或者根本没有任何破坏动作,但会占用系统资源。恶性病毒则有明确的目的,或破坏数据、删除文件,或加密磁盘、格式化磁盘,有的对数据造成不可挽回的破坏。恶性病毒的危害性很大,严重时可导致系统死机,甚至网络瘫痪。

(4) 隐蔽性和潜伏性。计算机病毒一般是一些短小精悍的程序,通常附在正常程序中或数据代码中,病毒程序与正常程序是不容易区别开来的。一般在没有防护措施的情况下,计算机病毒程序取得系统控制权后,可以在很短的时间里传染大量程序。而且受到传染后,计算机系统通常仍能正常运行,使用户不会感到任何异常。正是由于这种隐蔽性,计算机病毒才得以在用户没有察觉的情况下扩散到众多的计算机中。大部分的病毒代码之所以设计得非常短小,也是为了便于隐藏。潜伏性是指计算机病毒在进入系统后一般会悄悄地潜伏下来而不会立即有所动作。因此,一般的用户就不会察觉,但是病毒会在这个潜伏期内进行传染。多数的病毒都有一个潜伏期的存在,潜伏期越长、潜伏得越好,在达到触发条件时就会有更多的计算机被感染、被破坏。

(5) 可触发性。编制计算机病毒的人,一般都为病毒程序设定了一些触发条件,大部分的病毒在感染系统后一般不会马上发作,可在几个小时、几天、几周甚至几个月内隐藏起来而不被发现,只有在满足其特定触发条件时才会发作。病毒的触发条件也是非常多样化的,如日期触发、时间触发、键盘触发、启动触发、访问磁盘次数触发、调用中断功能触发、打开邮件触发、随机触发等。在到达其触发条件要求时,病毒程序就会表现出它的破坏性,而在此之前它只是处于潜伏期。

(6) 衍生性。衍生性也称为变异性,是指计算机病毒在传播过程中,可能经过其他用户的修改,产生出新的病毒。但是这种新病毒是在原病毒代码的基础上修改而成的,因而也被叫作变异病毒。一般而言,变异后的病毒更具有隐藏性,其破坏威力也更大。

(7) 不可预见性。计算机病毒的制作技术不断提高,种类也不断增加,而相比之下,防病毒技术却落后于病毒制作技术。新型操作系统、新型软件工具的应用,也为病毒编制者提供了方便。因此,对未来病毒的类型、特点及破坏性等均很难预测。

2. 计算机病毒的类型

1) 按照寄生方式分类

按照计算机病毒的寄生方式分类,可将计算机病毒分为引导型病毒、文件型病毒和混合型病毒。

引导型病毒通过感染软盘的引导扇区,并进而感染硬盘和硬盘中的"主引导记录"。当硬盘被感染后,计算机就会感染每个插入计算机的软盘。引导型病毒在占据引导区后会将系统正常的引导程序放到其他位置,系统在启动时先调用引导区的病毒程序,再转向执行真正的引导程序,因而系统仍然能够正常使用,但是病毒程序实际已经启动。

文件型病毒是通过操作系统的文件进行传播和感染的病毒。文件型病毒通常隐藏在系统的存储器内,感染文件的扩展名为 EXE、COM、DLL、SYS、BIN、DOC 等。文件型病毒又可分为源码型病毒、嵌入型病毒和外壳型病毒。

混合型病毒就是同时拥有引导型病毒和文件型病毒特征的病毒。该类病毒既可感染引导区也感染可执行文件。因此,这类病毒的传染性更强,清除难度也更大。清除混合型病毒时需要同时清除引导区的病毒和被感染文件的病毒,因此常常会出现清除不干净的情况。

2)按照链接方式分类

计算机病毒要进行传播,就必须要进入系统中才能执行,进而要借助于系统内的文件建立链接。按照计算机病毒链接文件的方式不同,计算机病毒可分为源码型病毒、嵌入型病毒、外壳型病毒和操作系统型病。

源码型病毒是攻击高级语言的病毒,这类病毒需要在高级语言编译时插入到高级语言程序中成为程序的一部分。

嵌入型病毒是将病毒程序代码嵌入到现有程序中,将病毒的主体程序与攻击的对象以插入的方式进行链接。

外壳型病毒是将自身程序代码包围在攻击对象的四周,但不对攻击对象做修改,只是通过攻击对象在运行时先运行外壳文件而激活病毒。

操作系统型病毒是将病毒程序取代或加入到操作系统中,当操作系统运行时就运行了病毒程序。

3)按照破坏程度分类

按照计算机病毒的破坏程度区分,计算机病毒可分为良性病毒和恶性病毒。

良性病毒是指本身不会对系统造成直接破坏的病毒。这类病毒在发作时并不会直接破坏系统或文件,一般会显示一些信息、演奏一段音乐等。良性病毒虽然在表象上不会直接破坏系统或文件,但它会占用硬盘空间,在病毒发作时会占用内存和CPU,造成其他正常文件运行缓慢,影响用户的正常工作。

恶性病毒是指破坏系统或文件的病毒。恶性病毒在发作时会对系统或文件造成严重的后果,如删除文件、破坏分区表或格式化硬盘,使系统崩溃、重启甚至无法开机,给用户工作带来严重的影响。

3. 计算机病毒的传播

计算机病毒是通过某个入侵点进入系统进行传染的。在网络中可能的入侵点有服务器、电子邮件、BBS上下载的文件、WWW站点、FTP文件下载、网络共享文件及常规的网络通信、盗版软件、示范软件、计算机实验室和其他共享设备。

病毒传播进入系统的途径主要有网络、可移动存储设备和通信系统三种。

1)网络

计算机网络为现代信息的传输和共享提供了极大的方便,但它也成了计算机病毒迅速传播扩散的"高速公路"。在网络上,带有病毒的文件或邮件被下载或接收后被打开或运行,病毒就会扩散到系统中相关的计算机上。服务器是网络的整体或部分核心,一旦其关键文件被感染,再通过服务器的扩散,病毒就会对系统造成巨大的破坏。在信息国际化的同时,病毒也在国际化,计算机网络将是今后计算机病毒传播的主要途径。

2)可移动存储设备

计算机病毒可通过可移动存储设备(如磁带、光盘、U盘等)进行传播。在这些可移动的存储设备中,U盘是应用最广泛且移动性最频繁的存储介质,将带有病毒的U盘在网络中的计算机上使用,U 盘所带的病毒就会很容易被扩散到网络上。大量的计算机病毒都是从这类途径传播的。

3) 通信系统

通过点对点通信系统和无线通信信道也可传播计算机病毒。目前出现的手机病毒就是利用无线信道传播的。虽然目前这种传播途径还没有十分广泛,但以后很可能会成为仅次于计算机网络的第二大病毒扩散渠道。

4. 计算机病毒的危害

提到计算机病毒的危害,人们往往注重病毒对信息系统的直接破坏,如格式化硬盘、删除文件等,并以此来区分恶性病毒和良性病毒。计算机病毒的主要危害有攻击系统数据区、攻击文件、抢占系统资源、占用磁盘空间和破坏信息、干扰系统运行、使运行速度下降、攻击CMOS、攻击和破坏网络系统等。

5. 计算机病毒的发展趋势

现在的计算机病毒已经由从前的单一传播、单种行为变成依赖 Internet 传播,集电子邮件、文件传染等多种传播方式,融木马、黑客等多种攻击手段于一身,形成一种广义的“新病毒”。根据这些病毒的发展演变,计算机病毒技术可能具有如下发展趋势。

(1) 病毒的网络化。病毒与 Internet 和 Intranet 更紧密地结合,利用 Internet 上一切可以利用的方式进行传播,如邮件、局域网、远程管理、实时通信工具等。

(2) 病毒功能的综合化。新型病毒集传统病毒、蠕虫、木马、黑客程序的特点于一身,破坏性大大加强。

(3) 传播途径的多样化。病毒通过网络共享、网络漏洞、网络浏览、电子邮件、即时通信软件等途径传播。

(4) 病毒的多平台化。目前,各种常用的操作系统平台均已发现病毒,第一个跨Windows 和 Linux 平台的病毒 Winux 也于几年前出现,跨各种新型平台的病毒将会推出和普及。手机和 PDA 等移动设备上的病毒也已出现,还将会有更大的发展。

(5) 使用反跟踪技术。当用户和防病毒技术人员发现一种病毒时,通常都要先对其进行详细的分析和跟踪解剖。为了对抗动态跟踪,病毒程序中会嵌入一些破坏单步中断 INT1H 和中断点设置中断 INT 3H 的中断向量程序段,从而使动态跟踪难以完成。有的病毒则采用锁死鼠标和键盘操作等行为来禁止单步跟踪。

(6) 病毒的智能化。病毒不断繁衍、不同变种,在不同宿主程序中的病毒代码,不仅绝大部分不相同,且变化的代码段的相对空间排列位置也有变化。病毒能自动化整为零,分散潜伏到各种宿主中。对不同的感染目标,分散潜伏的宿主也不一定相同,在活动时又能自动组合成一个完整的病毒。

6.2.2 网络病毒

网络病毒一般是指利用网络线路在网络上进行传播的病毒或是与网络有关的病毒,如电子邮件病毒等。

在计算机病毒的发展初期,绝大多数计算机均处于单机工作状态,那个阶段的病毒传播媒介只是软盘、光盘等移动存储设备。随着 Internet 的发展和普及,现代计算机病毒充分利用了 Internet 信息传播的快捷性和 Internet 本身的安全漏洞,使得新型的计算机病毒层出不穷,并能在极短的时间内迅速传播到世界各地,这就是网络病毒。由于现代网络病毒传播的快速性,使得其危害性远远大于原来的单机病毒。

1. 网络病毒的传播

如今,网络病毒不再是通过单一的移动存储设备进行传播,而是通过网络传输媒介进行传播,其主要的传播媒介有电子邮件、IE漏洞、Web服务和网络共享服务等。

(1)电子邮件。将病毒附着在电子邮件的附件中,然后将附件命名为一个能够吸引用户的名字,当用户打开附件文件时,计算机就会被病毒所感染。

(2)IE漏洞。利用IE的安全漏洞,将病毒附加在邮件中。这种方法并不需要用户打开邮件附件,只要用户打开邮件,用户的计算机就会被病毒所感染。

(3)Web服务。有些网络病毒会存在于Web服务器中,当用户访问这些服务器时,计算机就会被病毒所感染。

(4)网络共享服务。某些网络病毒隐藏在Internet下载文件或工具软件这些看似正常的文件中。当用户下载文件到本地计算机时,本地计算机就会被病毒所感染。

2. 网络病毒的特点

在网络环境中,计算机病毒有以下特点。

(1)传播速度快。在计算机单机环境下,病毒的传播只能依靠软盘等介质进行,传播速度相应较慢。而在网络环境下,病毒的传播通过网络可以快速扩散,只要有一台计算机受到病毒的感染,就可以在短短几分钟内传遍整个网络。

(2)传播范围广。网络中一台计算机感染了病毒不仅可以感染本地局域网内的计算机,还可以通过Internet传播到其他网络,甚至全球各地的网络。

(3)清除难度大。网络病毒因为其传播迅速,当用户察觉到某台计算机感染病毒时,往往在本地网络中已经有其他计算机也感染了病毒。如果用户仅仅清除本地计算机的病毒,那么网络上其他计算机上的病毒仍然能够感染本地计算机,使病毒难以清除干净。

(4)破坏性大。网络病毒不仅对用户的计算机造成破坏,还会破坏网络服务器系统。甚至使用户的信息泄密,使网络系统被控制等,对用户的工作带来严重的影响。

(5)病毒变种多。现在,计算机高级编程语言种类繁多,网络环境的编程语言也十分丰富,利用这些编程语言编制的计算机病毒种类也很繁杂,如"爱虫"是脚本语言病毒。此外还有Java语言病毒、HTML病毒等。这些病毒容易编写,也容易修改、升级,从而生成许多新的变种,"爱虫"病毒在十几天之内就出现了三十多个变种。

3. 网络病毒的防范

在预防网络病毒时,一般应做到以下几点。

(1)安装防病毒软件并及时升级。在网络系统中,用户应至少安装一套先进的防病毒软件,并要及时地进行升级,以便查杀新型病毒。

(2)不要轻易运行不明程序。不要轻易运行下载程序或别人传给的程序,哪怕是好友发来的程序,除非对方有特别的说明。因为对方有可能不知道,而是病毒程序悄悄附着上来的,或者对方的计算机有可能已经被感染,只是其不知道而已。

(3)加载补丁程序。现在很多病毒的传播都是利用了系统的漏洞,管理员需要经常到系统厂商网站上下载并安装相应的系统漏洞补丁,减少系统被攻击的机会。

(4)不要随意接收和打开邮件。用户接收电子邮件时需要注意,对于陌生人的邮件,不要贸然接收,更不能随意打开。如果邮件中附件文件的扩展名是 EXE,那就更不能打开了。当用户收到邮件时也不要随意转发,在转发邮件前最好先确认邮件的安全性,以避免接收方接到邮件后直接打开邮件而被病毒感染。

用户应尽量不用聊天系统在线接收附件,特别是陌生人的附件。有些陌生人传送的附件中有可能隐含着病毒文件,需要用杀毒软件扫描后才能打开。

(5)从正规网站下载软件。用户可从正规网站上下载文件或工具软件,这样可减少对系统的威胁。

4. 感染病毒后的处理

当网络系统感染病毒后,可采取以下措施进行紧急处理,恢复系统或受损部分。

(1)隔离。当某计算机感染病毒后,可将其与其他计算机进行隔离,避免相互复制和通信。当网络中某结点感染病毒后,网络管理员必须立即切断该结点与网络的连接,以避免病毒扩散到整个网络。

(2)报警。病毒感染点被隔离后,要立即向网络系统安全管理人员报警。

(3)查毒源。接到报警后,系统安全管理人员可使用相应的防病毒系统鉴别受感染的机器和用户,检查那些经常引起病毒感染的结点和用户,并查找病毒的来源。

(4)采取应对方法和对策。网络系统安全管理人员要对病毒的破坏程度进行分析检查,并根据需要采取有效的病毒清除方法和对策。如果被感染的大部分是系统文件和应用程序文件,且感染程度较深,则可采取重装系统的方法来清除病毒;如果感染的是关键数据文件,或破坏较严重时,可请防病毒专家进行清除病毒和恢复数据的工作。

(5)在修复前备份数据。在对被感染的病毒进行清除前,应尽可能地将重要的数据文件备份,以防在使用防病毒软件或其他清除工具查杀病毒时,将重要的数据文件误杀。

(6)清除病毒。将重要的数据备份后,运行查杀病毒软件,并对相关系统进行扫描。一旦发现病毒,就立即清除。如果可执行文件中的病毒不能清除,应将其删除,然后再安装相应的程序。

(7)重启和恢复。病毒被清除后,应重新启动计算机,并再次使用防病毒软件检测系统是否还有病毒,并恢复被破坏的数据。

6.2.3 网络病毒防范

1. 蠕虫病毒及其防范

1)蠕虫病毒的类型

蠕虫(Worm)是一种可以自我复制的完全独立的程序,它的传播不需要借助被感染主机中的其他程序。蠕虫可以自动创建与它的功能完全相同的副本(自动复制),并在没人干涉的情况下自动运行。蠕虫是通过系统中存在的漏洞和设置的不安全性进行入侵的。从广义上看,蠕虫也是一种病毒,因为蠕虫具有病毒的一般性特征,如传染性、破坏性等,但蠕虫与普通病毒又有区别。

普通病毒具有寄生性,它主要是通过感染文件来控制系统的。而蠕虫一般不采取寄生的方式传播,它主要是通过复制自身在网络中传播。普通病毒主要是传染计算机中的文件,而蠕虫主要是传染网络中的计算机。

从用户的角度看,蠕虫病毒可分为企业类用户蠕虫病毒和个人类用户蠕虫病毒。企业类用户蠕虫病毒利用系统漏洞,主动进行攻击,可以对整个网络造成瘫痪性的后果,以"红色代码""尼姆达""SQL 蠕虫王"病毒为代表;个人类用户蠕虫病毒通过网络(主要是电子邮件、恶意网页等)迅速传播,以"爱虫""求职信"病毒为代表。在这两类蠕虫病毒中,第一类具有很强的主动攻击性,而且发作也有一定的突然性,但查杀这类蠕虫病毒相对容易些。第二类蠕虫病毒的传播方式比较复杂和多样,少部分利用微软的应用程序漏洞,大部分是利用社会工程学(Social Engineering)陷阱对用户进行欺骗和诱惑,这类蠕虫病毒造成的损失是非常大的,同时也是很难根除的。

按蠕虫病毒传播和攻击特征,可将蠕虫病毒分为漏洞蠕虫、邮件蠕虫和传统蠕虫。其中以利用系统漏洞进行破坏的蠕虫病毒最多,约占总体蠕虫病毒数量的七成,邮件蠕虫病毒居第二位,传统蠕虫病毒仅占 3%～4%。蠕虫病毒可以造成互联网大面积瘫痪,引起邮件服务器堵塞,最主要的症状体现在用户浏览不了互联网,或者企业用户接收不了邮件。

2) 蠕虫病毒的特点

通常,蠕虫病毒具有以下特点。

(1) 利用网络系统漏洞进行主动攻击。蠕虫病毒的传染不需要宿主,因此它可利用网络操作系统和应用程序漏洞进行主动攻击,"红色代码""尼姆达"和"震荡波"等就是漏洞蠕虫病毒。由于 IE 浏览器的漏洞,使得感染了"尼姆达"蠕虫病毒的邮件在不用手工打开附件的情况下就能激活病毒;"红色代码"是利用微软 IIS 服务器软件的漏洞(idq.dll 远程缓存区溢出)来传播;"震荡波"病毒是利用微软操作系统漏洞 LSASS 进行的攻击。

(2) 传播迅速,难以清除。与普通病毒相比,蠕虫病毒不仅感染本地计算机,而且还会以本地计算机为传播者感染网络上的其他计算机。一旦某台计算机感染了蠕虫病毒,在短时间内,几乎网络上所有的计算机都会被依次传染,导致网络出现各种状况甚至发生阻塞,严重影响网络的正常使用。而且这些病毒很难被清除。

(3) 传播方式多样。蠕虫病毒可利用文件、电子邮件、Web 服务器、网络共享等途径进行传播。

(4) 隐蔽性更强。蠕虫病毒可利用系统漏洞将其隐藏在邮件正文中,当用户打开邮件时就会将蠕虫病毒自动解码到用户硬盘并执行。另外,新病毒利用 JavaScript、ActiveX、VBScript 等技术,可以潜伏在 HTML 页面里,在用户上网浏览时被触发。

(5) 危害性和破坏性更大。蠕虫病毒不仅破坏网络性能,在感染系统后还会在系统内留下后门,方便黑客下次进入系统、控制系统。蠕虫病毒可破坏系统文件,影响整个网络的运行,使网络服务器资源遭到破坏,甚至使整个网络系统瘫痪。

(6) 与黑客技术相结合。蠕虫病毒和黑客技术的结合,使得对蠕虫病毒的分析、检测和防范具有一定的难度。以"红色代码"蠕虫病毒为例,被感染机器的 web 目录的\scripts 下将生成一个 root.exe,可以远程执行任何命令,从而使黑客能够再次进入,潜在的威胁和损失更大。

3) 蠕虫病毒的防范

与普通病毒不同的一个典型特征是蠕虫病毒能够利用系统漏洞。这些漏洞就是缺陷,缺陷可分为软件缺陷和人为缺陷两类。软件缺陷(如远程溢出、微软 IE 和 Outlook 的自动执行漏洞等)需要软件厂商和用户共同配合,不断地升级软件来解决。人为缺陷主要是指网络用户的疏忽,这就是所谓的社会工程学,当收到一封带着病毒的求职邮件时,大多数人都会去点击。对于企业用户来说,威胁主要集中在服务器和大型应用软件上;而对个人用户,主要是防范第二种缺陷。

(1) 企业类用户蠕虫病毒的防范。

当前,企业网络主要应用于文件和打印服务共享、办公自动化系统、企业管理信息系统(MIS)、Internet 应用等领域。蠕虫病毒可以充分利用网络快速传播达到阻塞网络的目的。企业在充分利用网络进行业务处理时,要考虑病毒防范的问题,以保证关系企业命运的业务数据的完整性和可用性。

企业防治蠕虫病毒需要考虑病毒的查杀能力、监控能力和新病毒的反应能力等问题。而企业防病毒的一个重要方面就是管理策略。因此企业可采取如下措施防范蠕虫病毒。

- 加强网络管理员的安全管理水平,提高安全意识。由于蠕虫病毒利用的是系统漏洞,所以需要在第一时间内保持系统和应用软件的安全性,保持各种操作系统和应用软件的更新。同时,企业用户的管理水平和安全意识也应越来越高。
- 建立病毒检测系统。能够在第一时间内检测到网络的异常和病毒攻击。
- 建立应急响应机制,将风险减少到最低。由于蠕虫病毒爆发的突然性,可能在病毒被发现时已经蔓延到了整个网络,所以建立一个紧急响应机制是很有必要的,在病毒爆发的第一时间即能提供解决方案。
- 建立备份和容灾系统。对于数据库和数据系统,必须采用定期备份、多机备份和容灾等措施,防止意外灾难下的数据丢失。

(2) 个人类用户蠕虫病毒的防范。

个人用户类蠕虫病毒一般通过电子邮件和恶意网页进行传播。这些蠕虫病毒对个人用户的威胁最大,同时也最难以根除,造成的损失也更大。对于通过电子邮件传播的蠕虫病毒,通常利用的是社会工程学欺骗,以各种各样的欺骗手段诱惑用户点击的方式进行传播。恶意网页是一段黑客代码程序,它内嵌在网页中,当用户在不知情的情况下将其打开时,病毒就会发作。很多黑客网站上还会出现关于使用网页进行破坏的技术论坛,并提供破坏程序代码下载,从而可造成恶意网页的大面积泛滥,也使越来越多的用户遭受损失。防范个人用户类蠕虫病毒可采取以下措施。

- 购买合适的杀毒软件。
- 经常升级病毒库。
- 提高防杀病毒的意识。
- 不随意查看陌生邮件,尤其是带有附件的邮件。

可以预见,蠕虫未来将会给网络带来重大灾难。对蠕虫病毒的网络传播性、网络流量特性建立相应的数学模型并进行分析,是网络安全专家今后研究的重要课题之一。

4) 典型蠕虫病毒的清除

"熊猫烧香"是一种经过多次变种的"蠕虫病毒",2007 年年初肆虐网络,它除通过网站带毒感染用户之外,还会在局域网中传播,在极短的时间内就可感染上千台计算机,严重时可以导致网络瘫痪。中毒的计算机上会出现"熊猫烧香"图案。

"熊猫烧香"病毒感染系统的 .exe.com.f.src.html.asp 文件,添加病毒网址,导致用户一旦打开这些网页文件,IE 就会自动连接到指定的病毒网址中下载病毒。在硬盘各个分区下生成 autorun.inf 和 setup.exe 文件,可以通过 U 盘和移动硬盘等方式进行传播,并且利用 Windows 系统的自动播放功能来运行,搜索硬盘中的. exe 可执行文件并感染。它还可以通过共享文件夹、用户简单密码等多种方式进行传播。

中毒的计算机通常会出现如下症状:计算机出现蓝屏、频繁重启以及系统硬盘中的数据文件被破坏;计算机中所有网页文件的尾部都被添加了病毒代码;删除常用杀毒软件在注册表中的启动项或服务,终止杀毒软件进程;终止部分安全辅助工具的进程,如 Windows 任务管理器、IceSword;破解计算机 Administrator 账号的弱口令,并用 GameSetup. exe 进行复制传播;修改注册表键值,导致不能查看系统文件和隐藏文件;删除扩展名为. gho 的系统备份文件。

根据熊猫烧香病毒的表现特征,可以用手工和使用专杀工具清除病毒。使用专杀工具清除病毒操作简单,只需下载专杀工具,执行杀毒操作即可。手工清除该病毒可采取如下操作。

(1) 断网打补丁。用户先到微软的官方网站下载相应的漏洞补丁程序,然后断开网络,运行补丁程序,当补丁安装完成后再连接上网。

(2) 结束病毒进程。由于中毒计算机上的 Windows 任务管理器、IceSword 都已经无法运行,因此建议下载一个 Process Explorer 备用。查找名为 FuckJacks. exe 进程、setup. exe 进程或者 spoolsv. exe 进程,找到后选择这些进程并结束这些进程。

(3) 删除病毒文件。病毒感染系统时会在根分区目录下产生名为 setup. exe、%System%FuckJacks. exe、%System%Driversspoclsv. exe、GameSetup. exe 的病毒文件,找到这些文件,然后将其删除。

(4) 删除注册表键值,恢复文件夹选项中的"显示所有隐藏文件"和"显示系统文件"。在"运行"窗口中输入 regedit 然后按 Enter 键调出注册表编辑器,找到 HKEY_LOCAL_MACHINE\SOFTWARE\Microsoft\Windows\CurrentVersion\Run 项中的病毒键值 %System% FuckJacks. exe,然后将其直接删除。找到 HKEY_LOCAL_MACHINE\SOFTWARE\Microsoft\ Windows\CurrentVersion\Explorer\Advanced\Folder\Hidden\SHOWALL 后,在其上右击,新建 Dword 值,将其值命名为 CheckValue,修改它的键值为 1 后退出注册表编辑器。

(5) 重新安装杀毒软件,恢复杀毒软件的功能。

(6) 运行杀毒软件并进行全盘扫描,修复感染的可执行程序及网页格式文件。

2. U 盘病毒的防范与清除

前已提及,病毒进入网络系统的主要传播途径之一就是如 U 盘、移动硬盘、存储卡等可移动存储设备。U 盘病毒顾名思义就是通过 U 盘传播的病毒。随着 U 盘、移动硬盘、存储卡等移动存储设备的普及,U 盘病毒已经成为比较流行的计算机病毒之一。U 盘病毒通过隐藏、复制、传播三个步骤来实现对计算机及其系统和网络的攻击。

1) U 盘病毒的主要特征

U 盘病毒的隐藏方式有很多种,如作为系统文件隐藏,或伪装成其他文件,或藏于系统文件夹中,或利用 Windows 的漏洞等。当 U 盘插入到计算机中使用时,U 盘病毒就会将已经复制的文件传送到指定的邮箱或者木马病毒控制端。当将中毒的 U 盘插入到一台没有任何病毒的计算机上后,使用者双击打开 U 盘文件进行浏览时,Windows 默认会以 autorun. inf 文件中的设置去运行 U 盘中的病毒程序,此时 Windows 操作系统就被感染了。

其主要特征表现如下。

(1) U盘速度变得极为缓慢,且双击U盘盘符时无法打开,右击U盘盘符在快捷菜单中选择"打开"命令也不能实现,但在资源管理器窗口中却可以打开其盘符,用WinRAR打开U盘,在其中会发现u.vbe文件和类似回收站图标的文件。

(2) 有些系统右键菜单中多了"自动播放"、Open、Browser等命令项目,U盘无法正常拔插。

(3) 所有EXE程序都被关联,且快捷方式图标全换成类似.com程序的默认图标。

(4) U盘中的所有文件夹都变成*.exe格式文件或快捷方式文件,且不能正常打开。

(5) 选择"开始"→"运行"命令,在"运行"对话框中输入cmd进入命令行模式,输入C:按Enter键,进入C盘根目录后,输入dir/a查看所有文件,会出现Autorun.inf和RavMon.exe两个文件。

2) U盘病毒的防范

采取如下措施可防范U盘病毒。

(1) 关闭自动化播放功能。在Windows下选择"开始"菜单→"运行"命令,输入"gpedit.msc"命令,进入"组策略"窗口,展开左窗格的"本地计算机策略\计算机配置\管理模板\系统"项,在右窗格的"设置"标题下,双击"关闭自动播放"进行设置。

(2) 修改注册表让U盘病毒禁止自动运行。虽然关闭了U盘的自动播放功能,但是U盘病毒依然会在盘符被双击时入侵系统,可以通过修改注册表来阻断U盘病毒。操作方法:打开注册表编辑器,找到下列注册项:HKEY_CURRENT_USER\Software\Microsoft\Windows\CurrentVersion\Explorer\MountPoints2,右击MountPoints2选项,选择"权限"命令,针对该键值的访问权限进行限制,从而隔断病毒的入侵。

(3) 打开U盘时请使用右键方式打开,不要直接双击U盘盘符。具体操作:右击U盘盘符选择"打开"命令或者通过"资源管理器"窗口进入。因为双击实际上会立刻激活病毒,这样做可以避免中毒。

(4) 创建Autorun.inf文件夹。可以在所有磁盘中创建名为Autorun.inf的文件夹,如果有病毒侵入时,病毒就无法自动创建同名的Autorun.inf文件了,即使双击盘符也不会运行病毒,从而控制U盘病毒的传播。同时再把自己创建的Autorun.inf文件设置为只读、隐藏、系统文件属性。

(5) 安装U盘杀毒监控软件和防火墙。通过下载安装USBCleaner、USBStarter、360安全卫士、金山U盘专杀等软件,实现对U盘的实时监控和查杀。

(6) 备份注册表。一般病毒都会通过注册表起作用,即使已杀毒,注册表还是会被篡改,如果有了备份重新导入即可恢复。

3) U盘病毒的清除

可以利用杀毒软件清除U盘病毒或手动清除U盘病毒。

(1) 杀毒软件清除病毒。利用杀毒软件和U盘病毒专杀工具可以查杀U盘病毒并永久免疫。

(2) 手动清除病毒。在记事本里打开Autorun.inf查看OPEN后面病毒的文件名,找到它从U盘根目录下直接删除,随后删除Autorun.inf文件。进入安全模式,在运行下输入regedit进入注册表,然后在ROOT根目录下进入DRIVE,把SHELL下的所有键值删除,最后在盘文件夹设置选项下打开隐藏，再删除 Autorun 产生的隐藏文件。

6.3　木马攻击与防范

特洛伊木马(Trojan horse)简称木马，是根据古希腊神话中的木马命名的。谈到木马，人们就会想到病毒，但它与传统病毒不同。木马通常并不像传统病毒那样感染文件，而是一种恶意代码，一般是以寻找后门、窃取密码和重要文件为主，还可以对计算机系统进行跟踪监视、控制、查看、修改资料等操作，具有很强的隐蔽性、突发性和攻击性。从表面上看木马程序没什么特别之处，但是实际上却隐含着恶意企图。在计算机应用中，木马一直是黑客研究的主要内容。使用木马是黑客进行网络攻击的最重要的手段之一，因此认识和了解木马的基本知识，采用正确的技术和方法防范木马攻击尤为重要。

6.3.1　木马基本知识

1. 木马的概念

木马是一种带有恶意性质的远程控制软件，通常悄悄地在寄宿主机上运行，在用户毫无察觉的情况下使攻击者获得远程访问和控制系统的权限。木马的安装和操作都是在隐蔽之中完成的。攻击者经常把木马隐藏在一些游戏或小软件之中，诱使粗心的用户在自己的机器上运行。最常见的情况是，用户从不正规的网站上下载和运行了带恶意代码的软件，或者不小心点击了带有恶意代码的邮件附件。

木马的传播方式主要有三种：一种是通过 E-mail，控制端将木马程序以附件形式附着在邮件中发送出去，收件人只要打开附件就会感染木马；第二种是软件下载，一些非正式的网站以提供软件下载的名义，将木马捆绑在软件安装程序上，程序下载后一旦被运行，木马就会自动安装；第三种是通过会话软件(如 QQ)的"传送文件"进行传播，不知情的网友一旦打开带有木马的文件就会感染木马。

2. 木马的原理

木马程序与其他病毒程序一样都需要在运行时隐藏自己的行踪。但与传统的文件型病毒寄生于正常可执行程序体内，通过寄主程序的执行而被执行的方式不同，大多数木马程序都有一个独立的可执行文件。木马通常不容易被发现，因为它一般是以一个正常应用的身份在系统中运行的。

木马程序一般包括客户端(Client)部分和服务器端(Server)部分，也采用 C/S 工作模式。客户端就是木马控制者在本地使用的各种命令的控制台，服务器端则在他人的计算机中运行，只有运行过服务器端的计算机才能够完全受控。客户端放置在木马控制者的计算机中，服务器端放置在被入侵的计算机中，木马控制者通过客户端与被入侵计算机的服务器端建立远程连接。一旦连接建立，木马控制者就可以通过对被入侵计算机发送指令来传输和修改文件。攻击者利用一种称为绑定程序的工具将服务器部分绑定到某个合法软件上，诱使用户运行该合法软件。只要用户运行该软件，木马的服务器部分就会在用户毫无知觉的情况下完成安装过程。通常，木马的服务器部分都是可以定制的，攻击者可以定制的项目一般包括服务器运行的 IP 端口号、程序启动时机、如何发出调用、如何隐身、是否加密等。另外，攻击者还可以设置登录服务器的密码，确定通信方式。服务器向攻击者通知的方式可能是发送一个 E-mail 宣告自己当前已成功接管的计算机,或者可能是联系某个隐藏的 Internet 交流通道,广播被侵占的计算机的 IP 地址。另外,当木马的服务器部分被启动之后,它还可以直接与攻击者计算机上运行的客户程序通过预先定义的端口进行通信。不管木马的服务器与客户程序如何建立联系,有一点是不变的,就是攻击者总是利用客户程序向服务器程序发送命令,达到操控用户计算机的目的。

3. 木马的危害

木马与一般网络病毒的不同之处是,黑客通过木马可从网络上实现对用户计算机的控制,如删除文件、获取用户信息、远程关机等。

木马是一种远程控制工具,以简便、易行、有效而深受黑客青睐。木马主要以网络为依托进行传播,偷取用户隐私资料是其主要目的。木马也是一种后门程序,它会在用户计算机系统里打开一个"后门",黑客就会从这个被打开的特定"后门"进入系统,然后就可以随心所欲操控用户的计算机了。可以说,黑客通过木马进入到用户计算机后,用户能够在自己的计算机上做什么,黑客同样也能做什么。黑客可以读、写、保存、删除文件,可以得到用户的隐私、密码,甚至用户鼠标在计算机上的每一下移动,他都了如指掌。黑客还能够控制鼠标和键盘去做他想做的任何事,例如打开用户珍藏的好友照片,然后将其永久删除。也就是说,用户计算机一旦感染上木马,它就变成了一台傀儡机,对方可以在用户计算机上上传下载文件,偷窥用户的私人文件,偷取用户的各种密码及口令信息等。感染了木马的系统用户的一切秘密都将暴露在木马控制者面前,隐私将不复存在。

木马控制者既可以随心所欲地查看已被入侵的计算机,也可以用广播方式发布命令,指示所有在他控制下的木马一起行动,或者向更广泛的范围传播,或者做其他危险的事情。攻击者经常会利用木马侵占大量的计算机,然后针对某一要害主机发起分布式拒绝服务(DDoS)攻击。

木马是一种恶意代码,除了具有与其他恶意代码一样的特征(如破坏性、隐藏性)外,还具有欺骗性、控制性、自启动、自动恢复、打开"后门"和功能特殊性等特征。近年来,随着网络游戏、网上银行、QQ 聊天工具等的应用,木马越来越猖獗。这些木马利用操作系统的接口,不断地在后台寻找软件的登录窗体。一些木马会找到窗体中的用户名和密码的输入框,窃取用户输入的用户名和密码。还有一些木马会监视键盘和鼠标的动作,根据这些动作判断当前正在输入的窗体是否是游戏的登录界面,如果是,就将键盘输入的数据进行复制并将信息通过网络发送到黑客的邮箱中。

6.3.2 木马预防和清除

1. 木马的预防措施

木马对计算机用户的信息安全构成了极大威胁,做好木马的防范工作已刻不容缓。用户必须提高对木马的警惕性,尤其是网络游戏玩家更应该提高对木马的关注。

尽管人们掌握了很多检测和清除木马的方法及软件工具,但这也只是在木马出现后采取的被动的应对措施。最好的情况是不出现木马,这就要求人们平时对木马要有预防意识,做到防患于未然。下面介绍几种简单适用的预防木马的方法和措施。

1) 不随意打开来历不明的邮件,阻塞可疑邮件

现在许多木马都是通过邮件来传播的。当用户收到来历不明的邮件时,请不要盲目打

开,应尽快将其删除,同时要强化邮件监控系统,拒收垃圾邮件。可通过设置邮件服务器和客户端来阻塞带有可疑附件的邮件。

2) 不随意下载来历不明的软件

用户应养成一种良好的习惯,就是不随便在网上下载软件,而是花钱购买正版软件,或在一些正规、有良好信誉的网站上下载软件。在安装下载的软件之前最好使用杀毒软件查看是否存在病毒,确认安全之后再进行安装。

3) 及时修补漏洞和关闭可疑的端口

一般木马都是通过漏洞在系统上打开端口留下后门的,在修补漏洞的同时要对端口进行检查,把可疑的端口关闭。

4) 尽量少用共享文件夹

尽量少地使用共享文件夹,如果必须使用,则应设置账号和密码保护。不要将系统目录设置成共享,最好将系统下默认的共享目录关闭。

5) 运行实时监控程序

用户上网时最好运行木马实时监控程序和个人防火墙,并定时对系统进行木马检测。

6) 经常升级系统和更新病毒库

经常关注厂商网站的安全公告,及时利用新发布的补丁程序对系统漏洞进行修补,及时更新病毒库等。

7) 限制使用不必要的具有传输能力的文件

限制使用诸如点对点传输文件、音乐共享文件、实时通信文件等,因为这些程序经常被用来传播恶意代码。

2. 木马的检测和清除

虽然木马程序千变万化,但其入侵手段却差不多,一般都是在文件中做文章,如在文件Win.ini、System.ini、Winstart.bat 中加载、利用 *.ini 文件、修改文件关联和捆绑文件等。

可以通过查看系统端口开放的情况、系统服务情况、系统任务运行情况、网卡的工作情况、系统日志及运行速度有无异常等对木马进行检测。在检测到计算机感染木马后,就要根据木马的特征对其进行清除。另外,还应查看是否有可疑的启动程序或可疑的进程存在,是否修改了 Win.ini、System.ini 系统配置文件和注册表。如果存在可疑的程序和进程,就可按照特定的方法进行清除。

1) 查看开放端口

当前最为常见的木马通常是基于 TCP/UDP 协议进行客户端与服务器端之间的通信的。因此,可以通过查看在本机上开放的端口,检查是否有可疑的程序打开了某个可疑的端口。例如,"冰河"木马使用的监听端口是 7626,Back Orifice2000 使用的监听端口是 54320等。如果查看到有可疑的程序在利用可疑的端口进行连接,则很有可能就是感染了木马。查看端口的方法通常有以下几种。

- 使用 Windows 本身自带的 netstat 命令。
- 使用 Windows 系统的命令行工具 fport。
- 使用图形化界面工具 Active Ports。

2) 查看和恢复 win.ini 和 system.ini 系统配置文件

查看 Win.ini 和 System.ini 文件是否有被修改的地方。例如有的木马通过修改 Win.ini

文件中 windows 节的"load = file. exe, run = file. exe"语句进行自动加载,还可能修改 System. ini 中的 boot 节,实现木马加载。例如"妖之吻"木马,将"Shell = Explorer. exe"(Windows 系统的图形界面命令解释器)修改成"Shell = yzw. exe",在计算机每次启动后都会自动运行 yzw. exe 程序。此时可以把 system. ini 恢复为原始配置,即将"Shell = yzw. exe"修改回"Shell = Explorer. exe",再删除木马文件即可。

3) 查看启动程序并删除可疑的启动程序

如果木马自动加载的文件是直接通过在 Windows 菜单上自定义添加的,可在"开始"→"程序"→"启动"菜单命令中查看到。通过这种方式使文件自动加载时,一般都会将其存放在注册表中以下四个位置上。

HKEY_ CURRENT _ USER \ Software \ Microsoft \ Windows \ CurrentVersion \ Explorer \ ShellFolders

HKEY_ CURRENT _ USER \ Software \ Microsoft \ Windows \ CurrentVersion \ Explorer \ UserShellFolders

HKEY_ LOCAL _ MACHINE \ Software \ Microsoft \ Windows \ CurrentVersion \ Explorer\UserShellFolders

HKEY_ LOCAL _ MACHINE \ Software \ Microsoft \ Windows \ CurrentVersion \ Explorer\ShellFolders

通过检查是否有可疑的启动程序,便可很容易地判断是否感染了木马。如果有木马存在,除了要查出木马文件并将其删除外,还要将木马的自动启动程序删除。

4) 查看系统进程并停止可疑的系统进程

木马即使再狡猾,也是一个应用程序,需要进程来执行。可以通过查看系统进程来推断木马是否存在。在 Windows 系统下进入任务管理器,可看到系统正在运行的全部进程。如果用户对系统非常熟悉,对系统运行的每个进程都知道它是什么,那么在木马运行时,就能很容易地判断出哪个是木马程序的活动进程。

在对木马进行清除时,首先要停止木马程序的系统进程。例如 Hack. Rbot 除了将自身复制到一些固定的 Windows 自启动项中外,还在进程中运行 wuamgrd. exe 程序,修改了注册表,以便其可随时自启动。在看到有木马程序运行时,需要马上停止系统进程,并进行下一步的操作,修改注册表和清除木马文件。

5) 查看和还原注册表

木马一旦被加载,一般都会对注册表进行修改。通常,木马在注册表中实现加载文件是在以下位置上。

HKEY_LOCAL_MACHINE\Software\Microsoft\Windows\CurrentVersion\Run
HKEY_LOCAL_MACHINE\Software\Microsoft\Windows\CurrentVersion\RunOnce
HKEY_LOCAL_MACHINE\Software\Microsoft\Windows\CurrentVersion\RunServices
HKEY_LOCAL_MACHINE\Software\Microsoft\Windows\CurrentVersion\RunServicesOnce
HKEY_CURRENT_USER\Software\Microsoft\Windows\CurrentVersion\Run\RunOnce
HKEY_CURRENT_USER\Software\Microsoft\Windows\CurrentVersion\RunServices

此外,在注册表中的 HKEY_ CLASSES _ ROOT \ exefile \ shell \ open \ command = ""%1"% * "处,如果其中的"%1"被修改为木马,那么每启动一次该可执行文件木马就会被启动一次。

查看注册表,还原注册表中木马修改的部分。例如,Hack.Rbot 病毒已向注册表的相关目录中添加键值"MicrosoftUpdate"="wuamgrd.exe",以便其可随机自启动。这就需要先进入注册表,将键值"MicrosoftUpdate"="wuamgrd.exe"删除掉。注意:有些木马可能会不允许执行.exe 文件,这样就要先将 regedit.exe 改成系统能够运行的文件,例如可以改成 regedit.com。

6) 使用杀毒软件和木马查杀工具检测和清除木马

最简单的检测和删除木马的方法是安装木马查杀软件。常用的木马查杀工具有 KV 3000、瑞星、TheCleaner、木马克星、木马终结者等,这些工具软件都可以进行木马的检测和查杀。此外,用户还可使用其他木马查杀工具对木马进行查杀。

多数情况下由于杀毒软件和查杀工具的升级慢于木马的出现,因此学会手工查杀木马非常有必要。手工查杀木马的方法如下。

(1) 检查注册表。查看 HKEY_LOCAL_MACHINE\Software\Microsoft\Windows\CurrentVersion 和 HKEY_CURRENT_USER\Software\Microsoft\Windows\CurrentVersion 下所有以 Run 开头的键值名下有没有可疑的文件名。如果有,就需要删除相应的键值,再删除相应的应用程序。

(2) 检查启动组。虽然启动组不会十分隐蔽,但却是自动加载运行的好场所,因此可能有木马在这里隐藏。启动组对应的文件夹为 C:\windows\startmenu\programs\startup,要注意经常对其进行检查,一旦发现木马,应及时清除。

(3) Win.ini 以及 System.ini 也是木马喜欢的隐蔽场所。正常情况下 Win.ini 的 Windows 小节下的 load 和 run 后面没有程序,如果在这里发现有程序就要小心了,它很有可能是木马服务端程序,应尽快对其进行检查并清除。

(4) 对于文件 C:\windows\winstart.bat 和 C:\windows\wininit.ini 也要多加检查,木马也很可能隐藏在这里。

(5) 如果是由.exe 文件启动,那么运行该程序,查看木马是否被装入内存,端口是否被打开。如果是,则说明要么是该文件启动了木马程序,要么是该文件捆绑了木马程序。只要将其删除,再重新安装一个相同的程序即可。

6.4 网络攻击与防范

6.4.1 网络攻击概述

任何以干扰、破坏网络系统为目的的非授权行为都可称为网络攻击。对网络攻击有两种定义:一种是指攻击仅仅发生在入侵行为完成,且入侵者已在目标网络中;另一种是指可能使网络系统受到破坏的所有行为。网络攻击可对网络系统的机密性、完整性、可用性、可控性、抗抵赖性等造成威胁和破坏。我们把进行网络攻击的人或事物称为攻击者。网络系统的攻击者有黑客、间谍、恐怖主义者、职业犯罪分子、网络系统内部员工等。黑客是最常见的网络攻击者。

提起黑客,总是给人一种神秘莫测的感觉。在人们眼中,黑客是一群精通计算机操作系统和编程语言方面的技术,具有硬件和软件的高级知识,能发现系统中存在安全漏洞的人,他们经常使用入侵计算机系统的基本技巧,如破解口令(password cracking)、开天窗(trapdoor)、走后门(backdoor)、安放木马(Trojan Horse)等,未经允许地侵入网络系统,窥视他人的隐私、窃取密码或故意破坏信息系统。黑客可强行闯入远程系统或恶意干扰远程系统的工作,通过非授权的访问权限,盗窃系统的重要数据,破坏系统的完整性和可用性,干扰系统的正常工作。

黑客常用的攻击手段有获取用户口令、放置木马程序、电子邮件攻击、网络监听、利用账号进行攻击、获取超级用户权限等。

1. 网络攻击的目的

黑客攻击网络系统的目的通常有以下几种。

(1) 获取超级用户权限,对系统进行非法访问。

(2) 获取所需信息,包括科技情报、个人资料、金融账户、信用卡密码及系统信息等。

(3) 篡改、删除或暴露数据资料,达到非法目的。

(4) 利用系统资源,对其他目标进行攻击、发布虚假信息、占用存储空间等。

(5) 拒绝网络服务。

2. 网络攻击的一般步骤

黑客攻击网络系统通常先锁定攻击目标,再利用一些公开协议或安全工具收集目标的相关信息,然后扫描分析系统的弱点和漏洞,进而发动对目标的网络攻击。

3. 网络攻击的手段

为了把损失降低到最低限度,我们一定要有安全观念,并掌握一定的安全防范措施,让黑客无任何机会可乘。我们先来了解和研究黑客攻击常见的技术手段,这样才能采取准确的策略应对网络攻击。黑客攻击常见的技术手段主要有以下几种。

(1) 端口扫描。端口扫描的目的是找出目标系统上提供的服务列表。端口扫描程序逐个尝试与 TCP/UDP 端口连接,然后根据熟知端口与服务的对应关系,结合服务器端的反应推断目标系统上是否运行了某项服务。通过这些服务,攻击者可能获得关于目标系统的进一步的信息或通往目标系统的途径。常见的端口扫描技术包括完全连接扫描、半连接扫描、SYN 扫描、ID 头信息扫描、隐蔽扫描、SYN/ACK 扫描、FIN 扫描、ACK 扫描、NULL 扫描、XMAS 扫描等。网络端口扫描是攻击者必备的技术,通过扫描可以掌握攻击目标的开放服务,根据扫描所获得的信息,为下一步攻击做准备。

(2) 口令破解。口令机制是资源访问控制的第一道屏障。网络攻击者常常以破解用户的弱口令为突破口,获取系统的访问权限。随着计算机软硬件技术的发展以及人们计算能力的提高,目前有许多专用的口令攻击软件流行,使口令破解变得更为有效。

(3) 拒绝服务。拒绝服务(DoS)攻击是攻击者通过各种手段来消耗网络带宽或服务器的系统资源,最终会导致被攻击服务器的资源耗尽或系统崩溃而无法提供正常的网络服务。这种攻击对服务器来说,可能并没有造成损害,但可以使人们对被攻击服务器所提供的服务的信任度下降,影响公司声誉以及用户对网络的使用。

具体的 DoS 攻击方式有 SYN Flood(SYN 洪泛)攻击、IP 碎片攻击、Smurf 攻击、死亡之 ping 攻击、泪滴(teardrop)攻击、UDP Flood(UDP 洪泛)攻击、Fraggle 攻击等。

(4) 缓冲区溢出。缓冲区溢出攻击是利用缓冲区溢出漏洞所进行的攻击行动。缓冲区溢出是指当计算机向缓冲区内填充数据位数时超过了缓冲区本身的容量,溢出的数据覆盖在合法数据上,这样就给予攻击者控制程序执行流程的机会。缓冲区溢出是一种非常普遍、非常危险的漏洞,在各种操作系统、应用软件中广泛存在。攻击者可将特殊设计的攻击代码植入到有缓冲区溢出漏洞的程序之中,改变漏洞程序的执行过程,就可以得到被攻击主机的控制权。缓冲区溢出攻击是最为常见的一种攻击形式,绝大多数的远程网络攻击事件都与缓冲区溢出漏洞有关。

(5) 网络嗅探。网络嗅探是攻击者必备的技术,通过窃听流经网络接口的信息,从而获取用户会话信息,如商业秘密和认证信息等。尽管在普通方式下,某台主机只能收到发给它的信息,然而只要将这台主机的网络接口设成"混杂"模式,其就可以接收来自整个网络上的信息包。这就使得网络嗅探变得十分容易。

(6) 漏洞扫描。网络系统漏洞是指网络系统硬件、软件(通信协议和应用软件)、数据库系统及网络服务上存在的缺陷或脆弱性。网络攻击者利用漏洞扫描来收集目标系统的漏洞信息,为下一步攻击做准备。常见的漏洞扫描技术有 CGI 漏洞扫描、弱口令扫描、操作系统漏洞扫描、数据库漏洞扫描、Web 脚本编程漏洞扫描等。非授权用户利用这些漏洞可对网络系统进行非法访问。这种非法访问可能使系统内数据的完整性受到威胁,也可能使信息遭到破坏而不能继续使用,更为严重的是有价值的信息被窃取而不留任何痕迹。

4. 网络攻击常用工具

攻击者(黑客)攻击系统通常使用的工具可以分为扫描类、密码破解类、监听类和远程监控类工具软件。

1) 扫描类工具软件

通过扫描程序,黑客可以找到攻击目标的 IP 地址、开放的端口号、服务器运行的版本、程序中可能存在的漏洞等。现在网络上的很多扫描器的功能都设计得非常强大,并且综合了各种扫描需要,将各种功能集成于一身。根据不同的扫描目的,扫描类工具软件又可分为地址扫描器、端口扫描器、漏洞扫描器三个类别。利用扫描器,黑客可以轻松地完成收集目标信息的工作。常见的网络扫描工具软件主要有以下几种。

(1) Nmap(Network map):该软件可为远程网络构建一张逻辑"地图",检测网络上有哪些主机,这些主机分别是哪种操作系统类型,分别提供哪些网络服务等。

(2) SuperScan:该软件是一款具有 TCP connect 端口扫描、Ping 和域名解析等功能的工具,能较容易地做到对指定范围内的 IP 地址进行 Ping 和端口扫描。

(3) Shadow Security Scanner:该软件运行于 Windows 操作系统环境,能够扫描出 NetBIOS、HTTP、CGI、WinCGI、FTP、DNS、POP3、SMTP、LDAP、TCP/IP、UDP、注册信息、服务、用户账号口令以及 MSSQL、IBM DB2、Oracle、MySQL、Interbase、MiniSQL 等数据库漏洞信息。

(4) Nessus:该软件是一款可以运行在 Linux、BSD、Solaris 以及其他一些系统上的远程安全扫描软件。它是多线程、基于插入式的软件,拥有很好的 GTK 界面,能够完成超过 1200 项的远程安全检查,并具有强大的报告输出能力。

2) 密码破解类工具软件

这类工具软件对黑客来说非常有利,他们通过对软件的简单设置就可以使软件自动完成重复的工作。常见的密码破解类软件有以下几种。

（1）乱刀：该软件可以破解 UNIX 系统中的密码，对于取得了 etc/passwd 文件的黑客来说这是必不可少的。

（2）溯雪：该软件采取多线程编写，除了支持字典和穷举以外，最大的特色是可以自己编写猜测规则，最大程度上保证了猜测的准确性。利用溯雪可以轻松地完成基于 Web 形式的各种密码猜测工作。

（3）John the Ripper：该软件是一个快速口令破解器，支持多种操作系统，如 UNIX、Windows、BeOS、OpenVMS 等。

3）监听类工具软件

通过监听，黑客可以截获网络的信息包，再对这些加密的信息包进行破解，进而分析包内的数据，获得有关系统的信息。监听类软件已经成为黑客获取秘密信息的重要手段。常见的监听类工具软件有以下几种。

（1）Ethereal：该软件是一款免费的、支持 UNIX 和 Windows 的网络协议分析软件。使用者借助该软件既可以直接从网络上抓取数据进行分析，也可以对其他嗅探器抓取后保存在硬盘上的数据进行分析。Ethereal 几乎支持所有的协议、具有丰富的过滤语言、易于查看 TCP 会话经重构后的数据流等功能。

（2）Tcpdump/Windump：该软件是一款基于命令行的网络数据包分析和嗅探工具。它能把匹配规则的数据包的包头显示出来。使用该软件能查找网络问题或者监视网络上的状况。Windump 是 Tcpdump 在 Windows 平台上的移植版。

（3）Kitmet：该软件是一款 IEEE 803.11b 网络嗅探和分析程序，支持大多数无线网卡，通过 UDP、ARP、DHCP 数据包可自动实现网络 IP 阻塞检测，能通过 Cisio Discovery 协议列出 Cisio 设备，能够加密数据包记录，能绘制探测到的网络图和估计网络范围。

4）远程监控类工具软件

黑客最常使用的远程监控软件就是木马程序。在服务器上运行一个客户端软件，在黑客的计算机上运行一个服务端软件。黑客即可利用木马程序在服务器上打开一个端口，对服务器进行监视和控制。常见的木马软件有"网银木马""网游木马""网络精灵"、Netcat、"FTP 木马""网络神偷"等。

6.4.2　网络攻击的实施过程

了解网络攻击过程的目的在于知己知彼，有利于我们更好地做好网络安全防范工作。通过分析可将网络攻击者的攻击过程分为如下步骤。

1. 确定攻击目的

攻击者在进行一次完整的攻击前，要先确定攻击要达到的目的。常见的攻击目的就是破坏和入侵。破坏性攻击就是破坏攻击目标，使其不能正常工作，但不会随意控制目标的系统运行。要达到破坏性攻击的目的，主要手段是拒绝服务(DoS)攻击。

2. 收集攻击目标信息

在确定攻击目的后，攻击者还需进一步获取有关信息，如攻击目标机的 IP 地址、所在网络的操作系统类型和版本、系统管理人员的邮件地址等。对于攻击者来说，各种攻击目标信息是最重要的，它们可能就是攻击者的最终目标(如绝密文件、经济情报等)。也可能是攻击者获得系统访问权的通行证，如用户口令、认证票据等。还可能是攻击者获取系统访问权的基础,如目标系统的软硬件平台类型、提供的服务应用及其安全性强弱等。通常,攻击者感兴趣的信息有以下几点。

（1）系统的一般信息,如系统的软硬件平台类型、系统的用户、系统的服务与应用等。

（2）系统级服务的管理、配置信息,如系统是否禁止 root 远程登录,SMTP 服务器是否支持 decode 别名等。

（3）系统口令的安全性信息,如系统是否存在弱口令、默认用户的口令是否没有被改动等。

（4）系统提供的服务的安全性和系统整体的安全性能信息,这一点可以从该系统是否提供安全性较差的服务、系统服务的版本是否是弱安全版本以及是否存在其他的一些不安全因素来做出判断。

3. 挖掘漏洞信息

在收集到攻击目标的一些信息后,攻击者就会探测目标网络上的每台主机,以寻求该系统的漏洞或安全弱点。根据这些信息进行分析,可查询到被攻击方系统中可能存在的漏洞。

系统中漏洞的存在是系统受到各种安全威胁的根源。外部攻击者可利用系统提供的网络服务漏洞进行攻击,网络系统内部人员也可利用系统内部服务及配置上的漏洞进行攻击。拒绝服务攻击主要利用资源的有限性及分配策略的漏洞,使服务资源枯竭、服务程序崩溃。攻击者就是尽量多地挖掘出系统漏洞,并针对具体的漏洞进行攻击。攻击者常用的系统漏洞有以下几种。

（1）系统或应用服务软件漏洞。

（2）主机信任关系漏洞。

（3）目标网络使用者漏洞。

（4）通信协议漏洞。

（5）网络业务系统漏洞。

4. 隐蔽攻击源和行踪

作为攻击者,他们总是会担心自己的行踪被发现,所以在进入系统后攻击者要做的第一件事就是隐藏自己的身份和行踪,包括自己的网络域及 IP 地址。这样就能使系统管理人员无法知道他们的踪迹,从而有效地保护自己。攻击者通常会采用如下方法隐藏自己的行踪。

（1）盗用他人账号,以他人的名义进行攻击。

（2）利用被入侵的主机作为跳板。

（3）使用电话转移技术隐藏自己。

（4）利用免费代理网关。

（5）伪造 IP 地址。

5. 实施网络攻击

攻击者在上述工作的基础上,结合自身的水平及经验总结出相应的攻击方法,实施真正的网络攻击。不同的攻击者有不同的攻击目的,可能是为了获得机密文件的访问权,可能是为了破坏系统数据的完整性,也可能是为了获得整个系统的控制权、管理权限以及其他目的等。通常,攻击者实施的网络攻击可能包括以下操作。

（1）通过猜测程序对截获的用户账号和口令进行破译。

（2）利用破译程序对截获的系统密码文件进行破译。

（3）通过得到的用户口令和系统密码远程登录网络,以获得用户的工作权限。

（4）利用本地漏洞获取管理员权限。

（5）利用网络系统本身的薄弱环节和安全漏洞实施电子引诱(如安放木马)。

（6）修改网页进行恶作剧,或破坏系统程序,或放置病毒使系统陷入瘫痪,或窃取政治、军事、商业秘密,或进行电子邮件骚扰,或转移资金账户、窃取金钱等。

6. 开辟后门

一次成功的攻击通常要耗费攻击者大量的资源,同时为了更方便、高效地进行再次攻击,攻击者在退出系统之前会在系统中设计并留下一些后门。攻击者设计后门时通常会采用以下方法。

（1）放宽文件许可权限。

（2）重新开放技术不安全的服务。

（3）修改系统配置,如系统启动文件、网络服务配置文件等。

（4）替换系统本身的共享库文件。

（5）修改系统源代码,安装各种木马。

（6）建立隐蔽通道。

7. 清除攻击痕迹

攻击者为了避免其被系统安全管理员追踪,退出系统前常会设法清除其攻击痕迹,避免被安全管理员或 IDS 发现。常用的清除痕迹的方法有以下几种。

（1）篡改日志文件中的审计信息。

（2）改变系统时间,造成日志文件数据紊乱。

（3）删除或停止审计服务进程。

（4）干扰 IDS 正常运行。

（5）修改完整性检测标签。

6.4.3 网络攻击的防范实例

对于网络协议、操作系统、数据库和应用程序等,无论是其本身的设计缺陷,还是由于人为因素造成的各种漏洞,都可能被黑客利用进行网络攻击。因此,要保证网络信息的安全,必须熟知黑客攻击网络的一般过程,在此基础上才能制定相应的防范策略,确保网络安全。下面介绍几种典型的网络攻击与防范实例。

1. 拒绝服务攻击与防范

拒绝服务(DoS)攻击主要是攻击者利用 TCP/IP 协议本身的漏洞或网络中操作系统的漏洞来实现的。攻击者通过发送大量无效的请求数据包造成服务器进程无法在短期内释放,大量的积累耗尽系统资源,使得服务器无法对正常的请求进行响应,从而造成服务器瘫痪。这种攻击主要用来攻击域名服务器、路由器以及其他网络操作服务,攻击之后造成被攻击者无法正常工作和提供服务。由于 DoS 攻击工具的技术要求不高,效果却比较明显,因此成为当今网络中被黑客广泛使用的一种十分流行的攻击手段。

众所周知,在 TCP/IP 传输层,TCP 连接要通过三次握手机制来完成。客户端首先发送 SYN 信息(第一次握手),服务器发回 SYN/ACK 信息(第二次握手),客户端连接后再发回 ACK 信息(第三次握手),此时连接建立完成。若客户端不发回 ACK 信息,则服务器在超时后处理其他连接。在连接建立后，TCP层实体即可在已建立的连接上开始传输 TCP 数据段。TCP 的三次握手过程常常被黑客利用进行 DoS 攻击。DoS 攻击的原理是：客户机先进行第一次握手，服务器收到信息后进行第二次握手；正常情况客户机应该进行第三次握手。但因为被黑客控制的客户端（攻击者）在进行第一次握手时修改了自己的地址，即将一个实际上不存在的 IP 地址填充在自己的 IP 数据包的发送者 IP 栏中。这样，由于服务器发送的第二次握手信息没人接收，所以服务器不会收到第三次握手的确认信号，这样服务器端会一直等待直至超时。当有大量的客户发出请求后，服务器就会有大量的信息在排队等待，直到所有的资源被用光而不能再接收客户机的请求。当正常的用户向服务器发出请求时，由于没有了资源就会被拒绝服务。

SYN Flood（洪泛）攻击是典型的 DoS 攻击。SYN Flood 常常是源 IP 地址欺骗攻击的前奏，又称"半连接"式攻击。SYN Flood 攻击处于 TCP/IP 协议的传输层。首先，攻击者向被攻击对象发送虚假源地址的 SYN 报文段，当被攻击对象收到该 SYN 报文段后把该源地址作为目的地址发送 SYN/ACK 报文段，同时被攻击对象建立起一个处于 SYN_RCVD 状态的等待连接。如果具有该虚假源地址的系统不可到达，被攻击对象将收不到响应的 RST 报文段或 ACK 报文段，从而一直等待，直到超时。由于攻击者不间歇地发送这样的 SYN 报文段，被攻击对象将不断建立这样的半连接（只有发送，收不到响应），最终被攻击对象所建立的连接数达到其所允许的最大值后，服务器不再响应合法用户的正常请求，引起了 DoS 攻击。

可采用防火墙系统、入侵检测系统（IDS）和入侵防护系统（IPS）等技术措施防范 DoS 攻击。此外，从网络的全局着眼，在网间基础设施的各个层面上采取应对措施，包括在局域网层面上采用特殊措施，在网络传输层面上进行必要的安全设置，并安装专门的 DoS 识别和预防工具（如 Extreme Ware 管理套件），只要提供了有效的识别机制和强硬的控制手段，就可能最大限度地减少 DoS 攻击所造成的损失。对于 DoS 攻击，可采取以下具体措施来应对。

（1）关掉可能产生无限序列的服务，防止洪泛攻击。

（2）对系统设定相应的内核参数，使系统强制对超时的 SYN 请求连接数据包复位，同时通过缩短超时常数和加长等候队列使系统能迅速处理无效的 SYN 请求数据包。

（3）在路由器上做些诸如限制 SYN 半开数据包流量和个数配置的调整。

（4）在路由器的前端做必要的 TCP 拦截，使得只有完成 TCP 三次握手过程的数据包才可进入该网段。

对于正在实施的 DoS 攻击，要追根溯源地去找到正在进行攻击的机器和攻击者。要追踪攻击者不是一件容易的事情，一旦其停止了攻击行为就很难被发现。唯一可行的方法就是在其进行攻击的时候，根据路由器的信息和攻击数据包的特征，采用逐级回溯的方法来查找其攻击源头。

2. 分布式拒绝服务攻击与防范

随着 Internet 的发展，对网络体系进行故意破坏的黑客团体也日益增多。他们研究出了各种攻击方法，其中最难防范的也是最具破坏性的就是分布式拒绝服务（DDoS）攻击。DDoS 是一种特殊形式的拒绝服务攻击，采用一种分布、协作的大规模攻击方式，主要瞄准如商业公司、搜索引擎和政府部门网站等比较大的站点。DDoS 攻击是目前黑客经常采用且难以防范的攻击手段。为了最大限度地阻止 DDoS 攻击,了解 DDoS 的攻击方式和防范方法是网络安全人员所必须具备的能力。

1) DDoS 攻击概述

DoS 的攻击方式有很多种,最基本的 DoS 攻击就是用超出被攻击目标处理能力的海量数据包消耗可用系统、带宽资源,致使网络服务瘫痪。在早期,DoS 攻击主要是针对处理能力较弱的单机,而对拥有高带宽连接、高性能设备的网站影响不大。单一的 DoS 攻击一般采用一对一方式,DoS 攻击的明显效果是使被攻击目标的 CPU 速度、内存和网络带宽等各项性能指标变低。随着计算机处理能力和内存容量的迅速增加,DoS 攻击的风险和危害逐渐降低,目标主机对恶意攻击包的"消化能力"也随之增强了。例如攻击者的攻击软件每秒钟可以发送 3000 个攻击包,但用户的主机与网络带宽每秒钟可以处理 10 000 个攻击包,这样的攻击就不会产生什么效果。因而就出现了 DDoS 攻击手段。

DDoS 攻击就是在传统的 DoS 攻击基础之上产生的一种攻击方式。试想如果计算机与网络的处理能力加大了 10 倍,那么用一台攻击机来攻击就不会起作用,但如果攻击者使用 10 台甚至 100 台攻击机同时攻击呢?这就是 DDoS 攻击的思路,它就是利用更多的被控制机发起进攻,以比从前更大的规模来进攻受害者。如图 6.4.1 所示,为完成 DDoS 攻击,黑客首先要拥有和控制三种类型的计算机:攻击控制台(黑客本人使用,黑客通过它发布实施 DDoS 的指令)、攻击服务器(一般不归黑客所有,黑客在这些计算机上安装特定的主控制软件)和攻击器。每个攻击器也是一台已被入侵并运行代理程序的系统主机,每个响应攻击命令的攻击器会向被攻击目标主机发送 DoS 数据包。

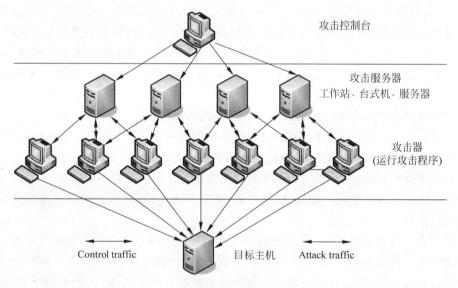

图 6.4.1 分布式拒绝服务攻击示意图

DDoS 攻击包是从攻击器上发出的,攻击服务器只发布命令而不参与实际的攻击。黑客对这两类计算机有控制权或部分的控制权,并把相应的 DDoS 程序上传到这些平台上,这些程序与正常的程序一样运行并等待来自黑客的指令。平时攻击器并没有什么异常,只是一旦被黑客控制并接收到指令,他们就会去发起攻击了。

一般来说,黑客的 DDoS 攻击分为以下几个阶段。

（1）准备阶段。在这个阶段,黑客搜集和了解目标的情况(主要是目标主机的数目、地址、配制、性能和带宽)。该阶段对于黑客来说非常重要,因为只有完全了解目标的情况,才能有效地进行进攻。对于 DDoS 攻击者而言,要攻击某个站点,首先要确定到底有多少台主机在支持这个站点,一个大的网站可能有很多台主机利用负载均衡技术提供同一个网站的WWW 服务。

（2）占领傀儡机。该阶段实际上是使用了利用型攻击手段。简单地说,就是占领和攻击服务器,取得最高的管理权限,或至少得到一个有权限完成 DDoS 攻击任务的账号。

（3）植入程序。占领傀儡机后,黑客在攻击服务器上安装主控制软件 master,在攻击器上安装守护程序 daemon。攻击器上的代理程序在指定端口上监听来自攻击服务器发送的攻击命令,而攻击服务器接收从攻击控制台发送的指令。

（4）实施攻击。经过前三个阶段的精心准备后,黑客就开始瞄准目标准备攻击了。黑客登录到攻击服务器,向所有的攻击机发出攻击命令。这时候潜伏在攻击机中的 DDoS 攻击程序就会响应控制台的命令,向受害主机高速发送大量的数据包,导致受害主机死机或是无法响应正常的请求。

2) DDoS 攻击的防范

目前,对 DDoS 攻击的防御还是比较困难的,但实际上防止 DDoS 攻击并不是绝对不可行的。一个企业内部网的管理者往往也是网络安全员,在其维护的网络中有一些服务器需要向外提供 WWW 服务,因而会不可避免地成为 DDoS 的攻击目标,他可以从主机与网络两个角度考虑进行安全设置。

（1）在主机上可以采取使用网络和主机扫描工具检测脆弱性、采用 NIDS 和嗅探器、及时更新系统补丁等措施防范 DDoS。

（2）在网络的防火墙上可以采取禁止对主机的非开放服务的访问、限制同时打开的SYN 最大连接数、限制特定 IP 地址的访问、严格限制开放的服务器的对外访问等措施;在网络的路由器上可采取检查每一个经过路由器的数据包、设置 SYN 数据包流量速率、在边界路由器上部署策略、使用 CAR 限制 ICMP 数据包流量速率等措施。

3. 缓冲区溢出攻击与防范

1) 缓冲区溢出攻击

缓冲区是用户为程序运行而在计算机中申请的一段连续的内存,它保存指定类型的数据。缓冲区溢出攻击是指通过向缓冲区写入超出其长度的内容,造成缓冲区的溢出,从而破坏程序的堆栈,使程序转而执行其他指令的攻击。缓冲区溢出攻击是一种常见的且危害很大的系统攻击方式,这种攻击可使一个匿名的 Internet 用户有机会获得一台主机的部分或全部控制权。

造成缓冲区溢出的原因是程序中没有仔细检查用户输入的参数。向一个有限空间的缓冲区置入过长的字符串可能会带来两种后果:一是过长的字符串覆盖了相邻的存储单元,引起程序运行失败,严重时可导致系统崩溃;二是利用这种漏洞可以执行任意指令,甚至可取得系统特权,引发多种攻击。"莫里斯"蠕虫就是利用 UNIX fingered 程序不限制输入长度的漏洞,输入 512 个字符后使缓冲区溢出的,该蠕虫程序以 root 身份运行,并感染到其他机器上。Slammer 蠕虫是利用未及时更新补丁的 SQL 数据库的漏洞,采用不正确的方式将数据发送到 SQL Server 的监听端口,引起缓冲区溢出,最终形成 UDP Flood,造成网络堵塞

网络攻防技术

甚至瘫痪。

2) 缓冲区溢出攻击的防范

缓冲区溢出攻击主要利用了 C 语言程序中数组边境条件、函数指针等设计不当的漏洞。大多数 Windows、Linux、UNIX 和数据库系统的开发都依赖于 C 语言,而 C 语言的缺点是缺乏类型安全。防火墙对这种攻击无能为力,因为攻击者传输的数据分组并无异常特征,没有任何欺骗。另外,可用来实施缓冲区溢出攻击的字符串非常多样化,无法与正常数据进行有效区分。缓冲区溢出攻击不是一种窃密和欺骗手段,而是从计算机系统的最底层发起的攻击,在它的攻击下系统的身份验证和访问权限等安全策略形同虚设。

缓冲区溢出攻击的目的在于扰乱具有某些特权运行的程序功能,使攻击者取得程序的控制权,如果该程序具有足够的权限,那么整个主机就被控制了。为了达到这个目的,攻击者不仅要在程序的地址空间里安排适当的代码,还要通过适当地初始化寄存器和存储器,让程序跳转到事先安排的地址去执行。因此采用在程序的地址空间里安排适当的代码、控制程序的执行流程使之跳转到攻击代码、综合代码植入和流程控制等方法实现缓冲区溢出攻击。

可以采用以下几种方法防范缓冲区溢出攻击。

(1) 编写正确的代码。可利用一些工具和技术来帮助程序员编写安全正确的程序,如使用具有类型安全的 Java 语言编程以避免 C 语言的缺陷;在 C 语言环境下编程避免使用 Gets、Sprintf 等未限定边境溢出的危险函数和使用检查堆栈溢出的编译器等。

(2) 非执行缓冲区保护。通过使被攻击程序的数据段地址空间不可执行,使攻击者不可能植入缓冲区的代码,从而进行非执行缓冲区保护。

(3) 数组边界检查。数组边界检查可防止缓冲区溢出的产生。为了实现数组边界检查,所有对数组的读写操作都应当被检查以确保在正确的范围内对数组进行操作。最直接的方法是检查所有的数组操作,但可采取一些优化技术来减少检查的次数。

(4) 程序指针完整性检查。该项检查可在程序指针被引用之前检测到它的变化。因此,即便一个攻击者成功地改变了程序的指针,由于系统事先检测到了指针的变化,这个指针就不会被使用。

此外,作为普通用户或系统管理员,应及时为自己的操作系统和应用程序添加补丁以修补漏洞,减少不必要的开放服务端口并合理配置自己的系统。

6.5 网络扫描、监听和检测

6.5.1 网络扫描

随着 Internet 的迅猛发展,越来越多的局域网(企业网络)接入 Internet。人们也越来越多地体会到网络信息安全受到的威胁,因此网络信息安全技术得到了人们的重视,作为网络攻击前提的网络扫描技术同样也得到了发展和应用。

1. 网络扫描简介

网络扫描就是对计算机系统或其他网络设备进行相关的安全检测,以便发现安全隐患和可被黑客利用的漏洞。就目前系统的安全状况而言,系统中存在着一定的漏洞,如果我们能够根据具体的应用环境，尽可能早地通过网络扫描来发现这些漏洞，并及时采取适当的处理措施进行修补，就可有效地阻止入侵事件的发生。系统管理员可根据安全策略，使用网络扫描工具实现对系统的安全保护。网络扫描是网络管理系统的重要组成部分，它不仅可以实现复杂烦琐的信息系统安全管理，也可从目标信息系统和网络资源中采集信息，帮助用户及时找出网络中存在的漏洞，分析来自网络外部和内部的入侵信号以及网络系统中的漏洞，有时还能实时地对攻击做出反应。

使用网络扫描技术，网络安全管理员可以了解网络的安全配置和运行的应用服务，及时发现安全漏洞，评估网络风险，并可以根据扫描的结果及时修补系统漏洞、更正系统错误的安全配置，保护网络系统的安全。相对于防火墙技术和入侵检测技术，利用扫描技术扫描系统存在的安全问题是一种更主动和积极的安全措施。

2. 网络扫描技术

网络扫描是保证系统和网络安全必不可少的手段。从实现的技术角度看，网络扫描可分为基于主机的扫描和基于网络的扫描。网络扫描通常要采用两种策略，一种是被动式策略，另一种是主动式策略。被动式策略是基于主机的，对系统中不合适的设置、脆弱的口令以及其他与安全规则相抵触的对象进行检查；而主动式策略是基于网络的，通过执行一些脚本文件模拟对系统进行攻击的行为并记录系统的反应，从而发现其中的漏洞。

基于网络的扫描可分为主机扫描、端口扫描、传输协议扫描、漏洞扫描等类型。下面主要介绍主机扫描和端口扫描。

1) 主机扫描

可进行主机扫描的技术主要有以下几种。

(1) Ping。Ping 命令是最基本的网络检测命令，通过 Ping 命令的回应信息可以作为判断对方主机是否存在的基本依据之一。网络安全管理员可以使用一些工具或设备使网络不回应对方的 Ping 信息。

(2) Ping Sweep。Ping Sweep(Ping 扫射)是一个发送 ICMP 回应请求(pings)给一个 IP 地址范围的攻击，目的是寻找能够被探查到的攻击主机。Ping Sweep 一般只适用于中小型网络，应用于大型网络时速度较慢。

(3) ICMP Broadcast。ICMP Broadcast 是通过向广播地址发送 ICMP ECHO 报文来发现网络中活动的主机，但它只适用于网络中的 UNIX 主机。

2) 端口扫描

由于计算机之间的通信是通过端口进行的，因此通过向目标主机的端口发送信息就可以检测出目标主机开放了哪些端口，进而可以连接目标主机的端口。端口扫描的目的是探测主机开放了哪些端口。实现的方法是对目标主机的每个端口发送信息，用扫描器对着目标主机查询，最终就会查出哪些主机开放了哪些端口。系统的某些端口默认是为一些固定的服务做预留，攻击者可以利用相应的端口检测到系统服务的漏洞，进而利用这些服务的漏洞入侵系统。一些比较重视安全的服务器可能会更改默认端口，这样就会比较安全，因为改变端口可以起到迷惑攻击者的作用。常见的系统服务端口如：FTP 对应 21 号端口、Telnet 对应 23 号端口、SMTP 对应 25 号端口、DNS 对应 53 号端口、HTTP 对应 80 号端口、POP HTTP 对应 110 号端口，等等。可进行端口扫描的技术主要有以下几种。

(1) TCP connect()扫描。TCP connect()扫描是最基本的端口扫描，系统中的任何用户都可以使用。如果 connect()返回成功,则说明端口开放。

（2）TCP SYN 扫描。TCP SYN 扫描也称为"半开放"扫描。发起扫描的主机只发送一个 TCP 的 SYN 报文,如果对方主机返回的是 SYN/ACK 报文,则说明对方的相应端口处于开放状态; 如果对方主机返回的是 RST/ACK 报文,则说明对方的相应端口处于关闭状态。

（3）TCP FIN 扫描。TCP FIN 扫描是通过对方主机只有关闭的端口才会进行回复,而开放的端口会忽略对 FIN 数据包的回复这一特性来判断对方端口是否开放。

端口扫描技术实际上都是通过向目标主机发送 TCP 报文,根据目标主机的回复状况来判断目标主机端口的开放情况。

3. 网络扫描器

实现扫描功能的网络安全工具就称为扫描器。扫描器实际上是一种自动检测远程或本地主机安全性弱点的程序。通过与目标主机 TCP/IP 端口建立连接,并请求某些服务(如 Telnet、FTP),记录目标主机的应答,搜集目标主机相关的信息,以此获得关于目标主机的信息,理解和分析这些信息,就可能会发现破坏目标主机安全性的关键因素。扫描器的重要性在于把极为复杂的安全检测,通过程序来自动完成,这不仅减轻了管理者的工作,还缩短了检测时间,使问题发现得更快。扫描器并不直接攻击网络漏洞,而是仅仅能帮助人们发现目标主机的某些内在弱点。一个好的扫描器能对它得到的数据进行分析,帮助查找目标主机的漏洞。

网络型扫描器具有服务扫描检测、后门程序扫描检测、密码破译扫描检测、应用程序扫描检测、阻断服务扫描测试、系统安全扫描检测和分析报表等功能。

目前,互联网上网络安全工具非常多,它们都集成了很多功能,既可以扫描,又可以监听和检测,还可以捕获和分析信息,如 SuperScan、GetNTUser、PortScan、X-Scan、Win Sniffer、pswmonitor、Sniffer、wireshark 等,用户可根据自己的使用情况下载网络安全工具。

6.5.2 网络监听

1. 网络监听的概念

网络监听是指利用工具软件监视网络上数据的流动情况。网络管理员可以通过监听发现网络中的异常情况,从而更好地管理网络和保护网络; 而攻击者可以通过监听将网络中正在传播的信息截获或捕获,从而进行攻击。

随着网络技术的发展,一般的黑客能够攻破网络安全设备的可能性还是较少的。但是攻破网络中安全性能较差的主机是有可能的。黑客在攻破相应的主机后,就可能利用它运行网络监听软件工具,从而获取网络中的信息,进一步扩大战果。因此,作为网络管理员,监听网络中数据的异常是很有必要的。

网络监听可以在网上的任何一个位置实施,如局域网中的一台主机、网关或远程网的调制解调器之间等。在以太网中,传输数据的工作方式是将要发送的数据包发给网络中的所有主机,在数据包头中包含着应该接收数据包的主机的正确地址。因此,只有与数据包中目标地址一致的那台主机才会接收数据包。但是,当主机工作在监听模式时,无论数据包中的目标地址是什么,主机都将接收。然后主机再对监听到的数据包进行分析,得到局域网中的通信信息。

网络监听在一般情况下是很难被发现的,因为运行网络监听程序的主机在网络上只是被动地接收网络上传输的信息,不会主动采取行动。它既不会与网络上的其他主机交换信息,也不会修改网络信息,因此检测网络监听的行为是比较困难的。

2. 检测网络监听的方法

1) 根据反应时间判断

由于运行网络监听程序的主机监听数据包的信息量是非常大的,因此主机 CPU 的负载很重,响应非常缓慢。网络管理员向网络上发送大量的垃圾数据包,就可以根据各个主机回应的情况判断出是否有监听。因为正常的主机系统回应的时间没有太明显的变化,而处于监听状态的主机系统由于对大量的垃圾信息照单全收,所以其回应时间会发生较大的变化,据此就可以判断出该主机可能在进行网络监听。

2) 利用 ping 模式进行监测

网络管理员可使用正确的 IP 地址和错误的 MAC 地址去 ping 被怀疑的主机。如果主机没有运行监听软件则会没有反应,否则,被测试的主机可能正在运行监听软件。

3) 利用 arp 数据包进行监测

这种模式是上述 ping 模式的一种变体。它使用 arp 数据包替代上述的 icmp 数据包,向局域网内的主机发送非广播方式的 arp 包。如果局域网内的某个主机响应了这个 arp 请求,那么就可以判断它很有可能就处于网络监听状态,这是目前相对较好的监测模式。

3. 避免网络监听的方法

(1) 从逻辑或物理上对网络分段。网络分段通常被认为是控制网络广播风暴的一种基本手段,但其实也是保证网络安全的一项措施。其目的是将非法用户与敏感的网络资源相互隔离,从而防止可能的非法监听。

(2) 使用交换式网络。由于以太网数据包采用广播式的传输方式,在同一网络中的任何一台主机均可能接收数据包,再由接收主机判断数据包的目标地址与其地址是否相同,从而决定是否接收数据包,这就可能导致网络数据被监听。如果在网络中采用交换式网络,由于交换式网络传输数据包是单播方式,数据包被直接传输到目标主机而不能传输到其他主机,这就减少了网络数据被监听的可能。因此,为了避免黑客对网络的监听,可采用交换式网络。

(3) 使用加密技术。对数据包加密后在网络中传输,实施网络监听的主机即使监听到了信息也无法了解信息内容,因此采用加密技术能够很好地保护信息的安全。

(4) VLAN 技术。采用 VLAN 技术可将大型网络变为小型网络,缩小网络范围。由于网络监听只能在同一个网络中进行,因此,采用 VLAN 技术可减少数据信息被监听的概率,提高网络信息的安全性。但采用 VLAN 技术会增加网络数量,也会增加实际网络管理的复杂性。

6.5.3 网络入侵检测

由于网络入侵事件的危害越来越大,人们对入侵检测系统(Intrusion Detection Systems,IDS)的关注也越来越多。对网络入侵攻击的检测与防范,保障计算机系统、网络系统及整个信息基础设施的安全等已经成为人们关注的重要课题。IDS 也就成为网络安全体系中的一个重要环节。

1. 入侵检测系统

1）入侵检测系统的功能

入侵检测系统(IDS)是用来监视和检测入侵事件的系统。它不仅能监测外来干涉的入侵者,同时也能监测内部的入侵行为,这就弥补了防火墙在这方面的不足。IDS 对网络传输进行即时监视,在发现可疑传输时发出警报或采取主动反应措施。如果把防火墙比作一幢大楼的门卫,IDS 就是这幢大楼里的监视系统。一旦窃贼爬窗进入大楼,或内部人员有越界行为,只有实时监视系统才能发现情况并发出警告。IDS 是通过对计算机网络系统中的若干关键点收集信息并对其进行分析,从而发现网络系统中是否有违反安全策略的行为和被攻击的迹象。

防火墙为网络安全提供了第一道防线,IDS 为防火墙之后的第二道安全闸门,在不影响网络性能的情况下能对网络进行监测,提供对内部攻击、外部攻击和误操作的实时保护,从而极大地减少各种攻击造成的损害。IDS 在发现入侵企图后通过向管理员提供必要的信息,提示网络管理员有效地监视、审计并处理系统的安全事件。

与其他安全产品不同的是,IDS 需要更多的智能,它必须能对得到的数据进行分析,并得出有用的结果。一个成功的 IDS 不但能大大简化管理员的工作,保证网络安全的运行,使管理员时刻了解网络系统(包括程序、文件和硬件设备等)的任何变更,还能给网络安全策略的制订提供指导。IDS 在发现入侵后,会及时做出响应,包括切断网络连接、记录事件和报警等。概括起来,IDS 具有以下功能。

(1) 监视网络系统的运行状况,查找非法用户的访问和合法用户的越权操作。

(2) 对系统的构造和弱点进行审计。

(3) 识别分析攻击的行为特征并报警。

(4) 评估重要系统和数据文件的完整性。

(5) 对操作系统进行跟踪审计,并识别用户违反安全策略的行为。

(6) 容错功能。即使系统发生崩溃,也不会丢失数据,或在系统重启后重建自己的信息库。

2）入侵检测过程

入侵检测的原理就是从收集到的数据中,检测出符合某一特征的数据。入侵者在攻击时会留下一些痕迹,这些痕迹与系统正常运行时产生的数据混合在一起。入侵检测的任务就是要从这些混合的数据中找出具有特征的数据,判断是否有入侵。如果判断有入侵存在,就产生报警信号。

IDS 进行入侵检测通常有信息收集和信息分析两个过程。

(1) 信息收集。入侵检测的第一步是信息收集,信息收集的内容包括系统、网络、数据及用户活动的状态和行为。网络管理员应在网络系统中的若干个不同的关键点(不同网段和不同主机)上收集信息。入侵检测很大程度上依赖于收集到的信息的可靠性和正确性。黑客对系统的修改可能会使系统的功能失常,但看起来却跟正常时一样,而实际上则不是。这需要保证用来检测网络系统软件的完整性,特别是 IDS 软件本身应具有相当强的坚固性,以防止因被篡改而收集到错误的信息。

入侵检测可利用的信息一般来自四个方面。

• 系统和网络日志文件。

- 目录和文件中的改变。
- 程序执行中的行为。
- 物理形式的入侵信息。

（2）信息分析。一般通过模式匹配、统计分析和完整性分析三种技术手段对收集到的系统、网络、数据及用户活动的状态和行为等信息进行分析。其中前两种方法用于实时入侵检测，而完整性分析则用于事后分析。

模式匹配就是将收集到的信息与已知的网络系统已有的模式数据库进行比较，从而发现违反安全策略的行为。该方法的优点是只需收集相关的数据信息，减少系统负担，且技术已相当成熟；但缺点是需要不断地升级系统以应对不断出现的黑客攻击，且不能检测未出现过的攻击。

利用统计分析方法为系统对象（如用户、文件、目录和设备等）创建一个统计描述，统计正常使用时的一些测量属性（如访问次数、操作失败次数和延时等）。测量属性的平均值将被用来与网络、系统的行为进行比较，任何观察值在正常值范围之外时，都可认为有入侵发生。该方法的优点是可检测到未知的入侵和更为复杂的入侵；缺点是误报、漏报率高，且不适应用户正常行为的突然改变。

完整性分析主要关注某个文件或对象是否被更改。它能发现导致文件或其他对象的任何改变。完整性分析一般以批处理方式实现，用于事后分析而不用于实时响应。

2. 入侵检测技术

入侵检测技术是一种能够及时发现并报告系统异常现象，用于检测网络中违反安全策略行为的技术。IDS所采用的基本技术有特征检测技术和异常检测技术。

1）特征检测技术

特征检测技术假定所有的入侵行为和手段都能够表达一种模式或特征。如果将以往发现的所有网络攻击的特征总结出来，并建立一个入侵信息库，则IDS可以将当前捕获到的网络行为特征与入侵信息库中的特征信息相比较，如果匹配，则当前行为就被认定是入侵行为。特征检测技术可以准确地检测出已知的入侵行为，并对每一种入侵都能提供详细的资料，使得使用者能够方便地做出响应，但它不能检测出未知的入侵行为。

特征检测技术具有检测准确度高、技术相对成熟、便于进行系统防护等优点，但也具有入侵信息的收集和更新困难、难以检测本地入侵和新的入侵行为、维护特征库的工作量大等缺点。

2）异常检测技术

异常检测技术是指根据用户的行为和系统资源的使用状况判断是否存在网络入侵，因此又被称为基于行为的入侵检测技术。异常检测技术首先假定网络攻击行为是不常见的或异常的，区别于所有的正常行为。如果能够用用户和系统的所有正常行为总结活动规律并建立行为模型，那么IDS可以将当前捕获到的网络行为与行为模型进行比较，若入侵行为偏离了正常行为轨迹，就可以被检测出来。

异常检测技术可识别主机或网络中不寻常的行为，识别攻击与正常活动的差异。异常检测的优点是能够检测出新的入侵或从未发生过的入侵，对操作系统的依赖性较小，可检测出属于滥用权限型的入侵；其缺点是报警率高和行为模型建立困难。

3）入侵检测技术的发展

随着互联网的发展和宽带、高速网络的普及应用，IDS 技术也有了很大的发展。近几年来出现了一些新的检测技术，如高速实时检测技术、大规模分布式的检测技术、基于生物免疫学原理的检测技术和数据挖掘技术等。

（1）高速实时的检测技术。

如今高速计算机网络系统应用已非常普及，IDS 要想在复杂的高速网络中继续扮演安全闸门的角色，必须在传统技术的基础上进行改进和突破，这也对 IDS 性能提出了更高的要求。目前，已有主流 IDS 厂商推出了能够适应千兆环境的实时入侵检测技术。高速实时入侵检测技术的实现主要采用以下措施。

① 协议分析融合模式匹配的检测方式。协议分析是新一代 IDS 探测攻击手法的主要技术，它利用网络协议的高度规则性快速探测攻击的存在，其优势在于能够详细解析各种协议，使用所有已知的协议信息排除各种异常协议结构的攻击，大大降低传统模式匹配带来的误报问题，提高检测效率，减少系统资源消耗。如基于命令解析和协议分析的千兆网络传感器具有 900M 网络流量的 100％检测能力。这种将协议分析和特征模式匹配技术相融合的方式，可满足高速用户的应用需求，成为高速网络发展的主流技术。

② 负载均衡技术。负载均衡通常是通过并行的几台设备，将处理流量尽量平均分配到各个设备上，使总体的处理负荷均衡，从而使总体性能得到大大提高。如千兆网 IDS 采用基于中央控制下并行和分布式共存的负载均衡设计，在高速网络环境中通过多台检测器进行分析，从而能够适应更大的网络流量。

③ 零拷贝方式。传统网络数据包的处理要通过系统调用将网卡中的数据包复制到上层应用系统中，这样会占用过多的系统资源从而使系统性能下降。一种改进的网络数据包处理方式是通过重写网卡驱动，使网卡驱动与上层系统共享一块内存区域，网卡从网络上捕获到数据包后直接传递给 IDS，这一过程避免了数据的内存备份，最大限度地将有限的CPU 资源让给协议分析和模式匹配等进程去利用，提高了整体性能。这种改进的网络数据包处理方式就是零拷贝方式。

（2）大规模分布式的检测技术。

传统集中式 IDS 的基本模型是在网络的不同网段放置多个探测器，收集当前网络状态的信息，然后将这些信息传送到中央控制台进行分析。这种方式存在难以应对大规模的分布式攻击、集中式的数据传输会增加网络负担和网络传输时延等问题。为了解决集中式IDS 问题，大规模分布式结构的检测技术应运而生。如采用本地代理处理本地数据、中央代理处理整体数据的分布式处理模式。与集中式不同，它强调通过全体智能代理的协同工作来分析入侵策略。美国普渡大学开发的 AAFID 系统就是一种采用树形分层的代理群体结构：最根部是监视器代理，提供全局的控制、管理以及分析由上一层结点提供的信息；树叶部分代理专门用来收集信息；中间层的代理收发器可实现对底层代理的控制和对信息进行预处理，并将精练的信息反馈给上层监视器。

（3）基于数据挖掘的入侵检测技术。

数据挖掘技术是一项通用的知识发现技术，该技术可从海量的数据中提取对用户有用的数据。将该技术用于入侵检测领域，利用数据挖掘中的关联分析、序列模式分析等算法提取相关用户的行为特征，并根据这些特征生成安全事件的分类模型，应用于安全事件的自动鉴别。将数据挖掘技术应用于网络安全审计数据中，对安全日志中的数据进行关联性分析，以发掘出入侵数据包的特征和攻击序列模型，从测试数据集中构造出入侵模型。一个完整的基于数据挖掘的入侵检测模型包括对审计数据的采集和预处理、特征变量选取、算法比较、挖掘结果处理等一系列过程。目前，国际国内对这个方向的研究很普遍，也很活跃。

（4）基于先进检测算法的入侵检测技术。

在入侵检测技术的发展过程中，新算法的出现可以有效地提高检测的效率。如下三种基于先进算法的入侵检测技术为网络系统安全注入了新的活力，它们分别是计算机免疫技术、神经网络技术和遗传算法。

基于生物免疫学原理的计算机免疫技术是由直接受到生物免疫机制的启发而提出的。生物系统中的脆弱性因素都是由免疫系统来妥善处理的，而这种免疫机制在处理外来异体时呈现出分布、多样性、自治以及自修复的特征。基于免疫技术的 IDS 充分考虑到检测数据源的多样性，赋予检测系统规则发现、辨识和扩展功能，能有效检测已知和未知的攻击行为，增强结点和网络的安全性，降低漏报率和误报率，使实时入侵检测成为可能。

神经网络是一种基于大量神经元广泛互联的数学模型，具有自学习、自组织、自适应的特点，广泛应用于模式识别领域。神经网络技术具备很强的攻击模式分析能力，在概念和处理方法上都适合 IDS 的要求，利用神经网络技术可以对各种入侵和攻击进行识别和检测，并能识别许多未知网络入侵的变种。目前，神经网络技术已成为入侵检测技术领域的热点技术之一。

遗传算法是一种借鉴生物界自然选择和遗传机制的高度并行、随机、自适应的全局优化概率搜索算法。利用遗传算法的优化能力开展基于遗传算法的网络入侵检测，可提高检测算法对未知入侵检测的速度以及有效性和准确性。目前，利用遗传算法进行入侵检测已经取得了许多研究成果。

总之，入侵检测技术作为当前网络安全研究的热点，得到了快速发展并且具有广阔的应用前景，就需要有更多的研究人员参与。IDS 只有在基础理论研究和工程项目开发等多个层面上同时发展，才能全面提高整体检测效率。

6.6　虚拟专用网

虚拟专用网（Virtual Private Network，VPN）是指依靠 Internet 服务提供者（ISP）和其他网络服务提供者（NSP）利用公用网络建立的专用数据通信网络。VPN 可使用户利用公用网的资源将分散在各地的机构动态地连接起来，进行低成本的数据安全传输。

VPN 是由物理上分布在不同地点的网络通过公用网络（如 Internet）连接构成的逻辑上的虚拟子网，并采用认证、访问控制、数据的保密性和完整性等安全措施，使得数据通过安全的"加密管道"在公用网络中传输。

6.6.1　VPN 技术基础

VPN 是通过公用网络建立的一个临时的、安全的连接，是对企业内部网的扩展。它可以实现不同网络的组件和资源之间的相互连接，能够利用 Internet 或其他公共互联网络的基础设施为用户创建隧道，并提供与专用网络一样的安全和功能保障。

VPN 技术实现内部网信息在公用信息网中的传输,就如同在茫茫的广域网中为用户拉出一条专线一样。VPN 对用户端是透明的,用户好像使用一条专用线路在客户计算机和企业服务器之间建立点对点的连接,进行数据的传输。VPN 允许远程通信方、销售人员或企业分支机构使用 Internet 等公用网络的路由基础设施以安全的方式与位于企业局域网端的企业服务器建立连接。对用户来说,公用网络起到了"虚拟专用"的效果,通过 VPN,网络对每个使用者都是"专用"的。使用 VPN 技术可以解决在当今远程通信量日益增大,企业全球运作广泛分布的情况下,员工需要访问企业网资源,企业相互之间必须进行及时和有效的通信问题。

1. VPN 的功能

VPN 技术同样支持企业通过 Internet 等公用网络与分支机构或其他公司建立连接,进行安全通信。这种跨越 Internet 建立的 VPN 连接逻辑上等同于两地之间使用广域网建立的连接。虽然 VPN 通信建立在公用网络的基础上,但是用户在使用 VPN 时却感觉如同在使用专用网络进行通信一样。

VPN 使用经过身份验证的链接以确保只有授权用户才可以连接到网络,而且可使用加密来确保其他人无法截获或使用通过 Internet 传送的数据。

一般来说,企业在选用一种远程网络互联方案时都希望能够对访问企业资源和信息的要求加以控制。所选用的方案应当既能够实现授权用户与企业局域网资源的自由连接和不同分支机构之间的资源共享,又能够确保企业数据在公用网络或企业内部网络上传输时安全性不受破坏。因此,一个成功的 VPN 方案应具有以下功能。

(1) 用户验证。VPN 方案必须能够验证用户身份并严格控制只有授权用户才能访问 VPN。另外,方案还必须能够提供审计和计费功能,显示何人在何时访问了何种信息。

(2) 地址管理。VPN 方案必须能够为用户分配专用网络上的地址并确保地址的安全性。

(3) 数据加密。对通过公用网络传输的数据进行加密,确保网络上其他未授权的用户无法读取该信息。

(4) 密钥管理。VPN 方案必须能够生成并更新客户端和服务器的加密密钥。

(5) 多协议支持。VPN 方案必须支持公用网络上普遍使用的基本协议。以 PPTP 或 L2TP 协议为基础的 VPN 方案既能够满足以上所有的基本要求,又能充分利用遍及世界各地的 Internet 优势。

2. VPN 的特点

一般情况下,一个高效、可靠的 VPN 应具备以下特点。

(1) 费用低。由于使用 Internet 进行传输相对于租用专线来说费用低廉,所以 VPN 的出现使企业通过 Internet 既安全又经济地传输内部机密信息成为可能。

(2) 安全保障。虽然实现 VPN 的技术和方式有很多,但这些技术和方式均应保证通过公用网络平台传输数据的专用性和安全性。在非面向连接的公用 IP 网络上建立一个逻辑的、点对点的连接,称为建立一个隧道。可以利用加密技术对经过隧道传输的数据进行加密,以保证数据只被指定的发送者和接收者知晓,从而保证数据的机密性和安全性。

(3) 保证服务质量(QoS)。VPN 可为企业数据提供不同等级的服务质量(QoS)保证。

(4) 可扩充性和灵活性。VPN 能够支持通过 Intranet 和 Extranet 的任何类型的数据流,方便增加新的结点,支持多种类型的传输媒介,可以满足同时传输语音、图像和数据等新应用对高质量传输以及带宽增加的需求。

（5）可管理性。在管理方面,VPN 要求企业将其网络管理功能从局域网无缝地延伸到公用网,甚至是客户和合作伙伴。虽然可以将一些次要的网络管理任务交给 ISP 去完成,企业仍需要自行完成许多网络管理任务。所以一个完善的 VPN 管理系统是必不可少的。VPN 管理主要包括安全管理、设备管理、配置管理、访问控制列表管理和 QoS 管理等内容。

3. VPN 的连接

VPN 支持以安全的方式通过公用网络连接来实现远程访问企业资源。

1）通过 Internet 实现远程访问

VPN 支持以安全的方式通过公用网络远程访问企业资源。与使用专线拨打长途或市话连接企业的网络访问服务器(NAS)不同,VPN 用户首先拨通本地 ISP 的 NAS,然后 VPN 软件利用与本地 ISP 建立的连接在拨号用户和企业 VPN 服务器之间创建一个跨越 Internet 或其他公用网络的 VPN。

2）通过 Internet 实现网络互联

可以采用两种方式使用 VPN 连接远程局域网络,一种是使用专线连接分支机构和企业局域网,另一种是使用拨号线路连接分支机构和企业局域网。第一种方式不需要使用价格昂贵的长距离专用线路,分支机构和企业端路由器可以使用各自本地的专用线路通过本地的 ISP 连通 Internet,VPN 软件使用与本地 ISP 建立的连接在分支机构和企业端路由器之间创建一个 VPN。第二种方式是分支机构端的路由器可以通过拨号方式连接本地 ISP,VPN 软件使用与本地 ISP 建立的连接在分支机构和企业端路由器之间创建一个跨越 Internet 的 VPN。

3）连接企业内部网络计算机

在企业的内部网络中,考虑到一些部门可能存储有重要数据,可以采用 VPN 方案来确保数据的安全性。通过使用一台 VPN 服务器既能实现与整个企业网络的连接,又可以保证保密数据的安全性。路由器虽然也能实现网络之间的互联,但是并不能对流向敏感网络的数据进行限制。而企业网络管理人员通过使用 VPN 服务器,指定只有符合特定身份要求的用户才能连接 VPN 服务器并获得访问敏感信息的权利。此外,可以对所有的 VPN 数据进行加密,从而确保数据的安全性。

上述 VPN 方案使用各种形式的隧道协议来实现连接。隧道协议先将网络数据包封装、加密,然后通过 Internet 安全地进行传送。在封装与加密数据包的过程中,隧道协议隐藏每个将要通过 VPN 发送的数据包的源与目的 IP 地址。

一个典型的远程访问 VPN 的组成如图 6.6.1 所示。VPN 服务器接受来自 VPN 客户机的连接请求,VPN 客户机可以是终端计算机,也可以是路由器。隧道是数据传输通道,在其中传输的数据必须经过封装。在 VPN 连接中,数据必须经过加密。数据经过封装、加密后在隧道上传输。公用网络可以是 Internet,也可以是其他共享型网络。

图 6.6.1　典型的远程访问 VPN 的组成

6.6.2　VPN关键技术

VPN是一种扩展企业网络和增加网络用户功能的极好途径。由于允许远程用户进入公司网络,因此必须采取一些措施确保远程用户访问网络时不会出现安全漏洞。VPN可采用多种安全技术来保证网络传输的安全性。这些安全技术主要有隧道(Tunneling)技术、加密/解密(Encryption&Decryption)技术、密钥管理(Key Management)技术、身份认证(Authentication)技术和访问控制(Access Control)技术。

1. 隧道协议和隧道技术

隧道技术是VPN的基本技术,它是在公用网上建立的一条数据通道(隧道),让数据包通过这条隧道传输。隧道技术就是一种利用互联网络基础设施在网络之间传递数据的技术。使用隧道技术传递的数据(或负载)可以是不同协议的数据帧或包。隧道协议将其他协议的数据帧或包重新封装在新的报头中发送。被封装的数据包在互联网上传递时所经过的逻辑路径称为隧道。隧道技术是包括数据封装、传输和解封在内的全过程。

目前,常见的隧道协议主要有第二层隧道协议和第三层隧道协议两类。这两类隧道协议的区别主要在于用户数据在网络协议栈的第几层封装。第二层隧道协议先把各种网络协议封装到PPP中,再把整个数据包装入隧道协议中,形成的数据包依靠第二层协议进行传输。第三层隧道协议把各种网络协议直接装入隧道协议中,形成的数据包依靠第三层协议进行传输。

第二层隧道协议对应OSI参考模型中的数据链路层,使用帧作为数据交换单位。第二层隧道协议将数据封装在点对点协议PPP帧中,再把整个数据包装入隧道协议中。这种由双重封装方法形成的数据包依靠第二层协议进行传输。第二层隧道协议有第二层转发协议(L2F)、点对点隧道协议(PPTP)和第二层隧道协议(L2TP)等。L2TP协议是IETF标准,由IETF融合PPTP与L2F而形成。

第三层隧道协议对应OSI参考模型中的网络层,使用包作为数据交换单位。第三层隧道协议把各种网络协议直接装入隧道协议中,形成的数据包依靠第三层协议进行传输。第三层隧道协议有IPSec、MPLS、SSL、VTP等。IPSec由一组RFC文档组成,它定义了一个系统来提供安全协议选择和安全算法,确定服务所使用的密钥,从而在IP层提供安全保障。

2. VPN中的安全技术

VPN是在不安全的Internet中进行通信的,通信的内容可能涉及单位或公司的机密数据,因此其安全性非常重要。VPN中的安全技术通常由认证、加密/解密、密钥管理和访问控制技术组成。

1) 认证技术

在正式的隧道连接之前,VPN要运用身份认证技术确认使用者和设备的身份,以便系统能够进一步实施资源访问控制或用户授权。在安全机制的协商和密钥的交换等阶段均需要进行身份的认证,以避免恶意用户的攻击。

VPN的用户认证机制分为数据链路层认证、网络层认证和应用层认证。其中数据链路层的认证有PPP协议的CHAP认证和RADIUS认证。网络层认证有IPSec协议认证和SSL协议认证。应用层认证有Kerberos协议认证。

2）加密/解密技术

加密/解密技术是在 VPN 应用中将认证信息、通信数据等由明文转换为密文和由密文变为明文的相关技术，其可靠性主要取决于加密/解密的算法及强度。

在 VPN 中为了保证重要的数据在公共网上传输时不被他人窃取而采用了加密机制。

PPTP 协议采用 Microsoft 设计的 MPPE 协议技术。MPPE 规定了在第二层对通信机密性保护的机制，可以支持 40 位密钥的标准加密方案和 128 位密钥的增强加密方案。

L2TP 协议采用 IPSec 机制对数据进行加密。IPSec 通过 ISAKMP/IKE/Oakley 协商确定几种可选的数据加密方法，如 DES 和 3DES。

3）密钥管理技术

密钥管理技术的主要任务是如何在公用数据网上安全地传递密钥。VPN 中密钥的分发与管理非常重要。密钥的分发主要采用密钥交换协议动态分发。密钥交换协议采用软件方式动态生成密钥，适用于复杂的网络且密钥可快速更新，可以显著提高 VPN 的安全性。

4）访问控制技术

访问控制技术决定允许什么人（用户）可访问系统，允许访问系统的何种资源以及如何使用这些资源等。访问控制能够阻止未经允许的用户有意或无意地获取数据和授权用户的访问资源等。

6.6.3　网络中 VPN 的连接

VPN 有很多端接设备，这些设备与 VPN 的端接点主要有路由器、防火墙和专用 VPN 设备。

1. 路由器端接 VPN

对企业网络来说，由路由器端接 VPN 并不常见。主要原因是路由器上有复杂的日志程序，并依靠外部日志资源来记录信息，再加上加密和解密 VPN 信息，因而会带来较大的负担，可能造成路由器负荷很重。Cisco 已为 2600 系列路由器引进 VPN 模块。带有 VPN 模块的 2600 路由器一般用来端接 T1(1.544Mb/s 标准)，它要求至少 128MB 的随机存取内存。

路由器端接 VPN 模式要求路由器处理好 VPN 的端接，包括加密和解密连接。

如图 6.6.2 所示，VPN 在边缘路由器上端接。先建立 VPN 连接到路由器，再由路由器将请求转送到 NAS。最后，NAS 验证允许访问网络的用户，并且授权用户访问网络。

对那些不想使用 VPN 客户机程序的小型网络或家庭用户而言，路由器端接 VPN 是很方便的，但对企业网络而言，路由器端接 VPN 通常并不方便。

2. 防火墙端接 VPN

目前，防火墙端接 VPN 模式是很流行的。Cisco PIX、Check Point 和 NetScreen 都有产品允许防火墙成为 VPN 端接设备。

防火墙和 VPN 的组合是很有意义的。防火墙已经记录了大多数的网络连接，一些额外的 VPN 连接记录不会增加特别大的负担，且防火墙也是网络入口点，所以由防火墙端接 VPN 意味着用户能够访问网络而不必开放防火墙规则中额外的漏洞。防火墙端接可为网络管理员提供了更多的控制权。

防火墙端接 VPN 和路由器端接 VPN 的操作大致相同。用户连接防火墙，防火墙向

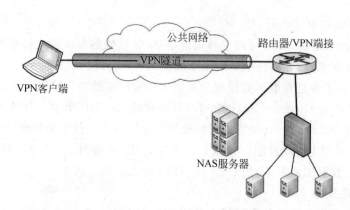

图 6.6.2　路由器端接 VPN

NAS 服务器转发验证。NAS 服务器验证用户,防火墙授权用户访问网络。如图 6.6.3 所示,从用户到公司网络的 VPN 被端接在防火墙上,防火墙收到验证请求并将它转送到处理实际验证过程的 NAS 服务器。

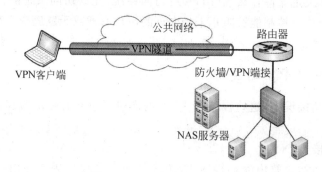

图 6.6.3　防火墙端接 VPN

　　防火墙端接 VPN 和路由器端接 VPN 有一个共同的缺点,就是 VPN 的加密/解密处理占用大量的系统资源。已经有负荷的防火墙,特别是带有活动 DMZ 的防火墙,可能会使很多同时运行的 VPN 隧道崩溃。

　　防火墙端接 VPN 方案适用于企业组织,用于密切监控信息流量以确保带有 VPN 隧道的防火墙没有超负荷。

3. 专用设备端接 VPN

　　一些公司更青睐于使用专用 VPN 设备端接 VPN。Cisco、AppGate、Lucent 和 Check Point 等公司都开发出专用的 VPN 设备或在专用 VPN 上能运行的软件。

　　专用设备端接 VPN 的主要优点是可以减轻路由器和防火墙管理 VPN 的负担。可由专用设备来处理加密和解密,即使由于过多的连接而导致过载,也不会影响到网络的其他部分。

　　专用设备端接 VPN 在 VPN 处理过程中可创建另一层安全防护。它们端接在网络内部,管理员会有更大的控制权。这样就没有在路由器或防火墙上端接隧道那样的风险。在网络内部端接使网络管理员可以限定网络某些部分的流量,这样即使 VPN 被攻破,它也可以阻止攻击者的破坏。

　　专用设备端接 VPN 的过程如图 6.6.4 所示,VPN 通过专用设备进行端接。用户可向专用设备请求验证,利用设备在网络中的位置,可限制验证后的用户到确定区域。VPN 设备也能处理验证过程,或向 NAS 转发请求。如果用户被验证成功,其就有访问网络的权限了。

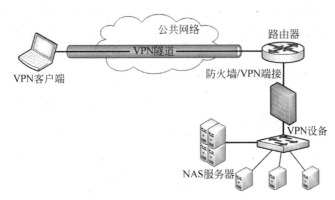

图 6.6.4   专用设备端接 VPN

尽管专用设备端接 VPN 有很多优点,但由于专用设备是额外的网络设备,因此需要对它进行管理和监控,以便软件升级和防止潜在的安全漏洞。专用 VPN 设备也存在安全漏洞,如果这些漏洞被利用,攻击者便可以访问整个网络,所以也要关注这些漏洞的安全问题。

专用 VPN 设备也会在公司的防火墙中产生额外的漏洞,因此必须打开一些端口来允许 PPTP 或 L2TP 隧道通过防火墙进入到网络。尽管这并没有引起较大的安全问题,但仍应该注意通过防火墙的网络流量。

习题和思考题

一、简答题

1. 何为计算机病毒?何为计算机网络病毒?
2. 计算机病毒有哪些特征?网络病毒有哪些特点?
3. 常用的防病毒软件有哪些?
4. 病毒的发展趋势如何?
5. 简述网络病毒的防范措施。
6. 简述木马的预防措施。
7. 何为防火墙?防火墙的主要功能和不足之处有哪些?
8. 何为黑客?简述黑客攻击的主要类型、攻击的手段和工具。
9. 简述黑客攻击的过程。如何应对黑客攻击?
10. 简述缓冲区溢出攻击的防范措施。
11. 何为入侵检测系统?简述入侵检测系统的功能。
12. 何为网络扫描?何为网络监听?它们各有什么作用?
13. 端口扫描技术有哪些?
14. 说出几种你熟悉或使用过的 IDS 软件、网络扫描软件和网络监听软件。

二、填空题

1. 网络病毒具有传播方式复杂、(   )、(   )和破坏危害大等特点。

2. 防范病毒主要从（　　　）和（　　　）两方面入手。

3. 计算机病毒是一种能破坏计算机系统的（　　　　）。

4. 防火墙通常设置在（　　　）。

5. 常用的防火墙技术有（　　　）、（　　　）、（　　　）和状态检测技术。

6. 黑客进行的网络攻击通常可分为（　　）型、（　　）型、（　　）型和（　　）型攻击。

7. （　　　）攻击是指通过向程序的缓冲区写入超出其长度的内容，从而破坏程序的堆栈，使程序转而执行其他的指令，以达到攻击的目的。

8. （　　　）攻击是攻击者通过各种手段来消耗网络带宽或服务器系统资源，最终导致被攻击服务器资源耗尽或系统崩溃而无法提供正常的网络服务。

9. IDS 是一种（　　　）的安全防护措施。

10. IDS 有基于（　　　）的 IDS、基于（　　　）的 IDS 和（　　　）的 IDS 三种类型。

11. VPN 采用了（　　　）、（　　　）、（　　　）和完整性等安全措施。

12. VPN 采用的安全技术主要有（　　　）技术、（　　　）技术、（　　　）技术、（　　　）技术和访问控制等。

13. VPN 的主要端接点有（　　　）、（　　　）和专用 VPN 设备。

三、选择题

1. 将防火软件安装在路由器上，就构成了简单的（　　　）防火墙。

    A. 包过滤　　　　　　B. 子网过滤　　　　C. 代理服务器　　　D. 主机过滤

2. 不管是什么种类的防火墙，都不能（　　　）。

    A. 强化网络安全策略　　　　　　　　　B. 对网络存取和访问进行监控审计

    C. 保护内部网的安全　　　　　　　　　D. 防范绕过它的连接

3. 网络病毒不具有（　　　）特点。

    A. 传播速度快　　　B. 清除难度大　　　C. 传播方式单一　　D. 破坏危害大

4. （　　　）是一种基于远程控制的黑客工具，它通常寄生于用户的计算机系统中，盗窃用户信息，并通过网络发送给黑客。

    A. 文件病毒　　　　B. 木马　　　　　　C. 引导型病毒　　　D. 蠕虫

5. （　　　）是一种可以自我复制的完全独立的程序，它的传播不需要借助被感染主机的其他程序。

    A. 文件病毒　　　　B. 木马　　　　　　C. 引导型病毒　　　D. 蠕虫

6. 端口扫描也是一把双刃剑，黑客进行的端口扫描是一种（　　　）型网络攻击。

    A. DoS　　　　　　B. 利用　　　　　　C. 信息收集　　　　D. 缓冲区溢出

7. （　　　）攻击是一种特殊形式的拒绝服务攻击，它采用一种分布、协作的大规模攻击方式。

    A. DoS　　　　　　B. DDoS　　　　　　C. 缓冲区溢出　　　D. IP 电子欺骗

8. 拒绝服务攻击的后果是（　　　）。

    A. 被攻击服务器资源耗尽　　　　　　　B. 无法提供正常的网络服务

    C. 被攻击者系统崩溃　　　　　　　　　D. A、B、C 都可能

第7章　互联网安全

本章要点

- TCP/IP 协议及其安全；
- Internet 欺骗；
- 网站安全；
- 电子邮件安全；
- 电子商务安全。

随着计算机网络技术的迅猛发展和普及应用,基于互联网(Internet)的安全性问题愈发显得突出,但绝大多数网络用户对于自己在互联网上的安全情况并不太注意,甚至毫不知情。因此,一些用户会遇到密码被盗、存储数据莫名地丢失或被毁、网络病毒的入侵、电子邮件攻击、Web 站点攻击、Internet 欺骗、网络交易的欺骗等安全问题。如何解决好互联网的安全问题已成为广大互联网用户非常关注的内容。本章将介绍用户在互联网上经常遇到的一些安全问题及其预防措施。

7.1　TCP/IP 协议及其安全

TCP/IP 协议是美国 DARPA 为 ARPANET 制定的一种异构网络互联的通信协议,通过它可实现各种异构网络或异种机之间的互联通信。TCP/IP 协议虽然不是国际标准,但已被广大用户和厂商所接受,成为当今计算机网络最成熟、应用最广的互联协议。国际互联网 Internet 上采用的就是 TCP/IP 协议。TCP/IP 协议也可用于其他网络,如局域网,以支持异种机的联网或异构型网络的互联。TCP/IP 协议同样适用在一个局域网中实现异种机的互联通信。网络上各种各样的计算机上只要安装了 TCP/IP 协议,它们之间就能相互通信。运行 TCP/IP 协议的网络是一种采用包(分组)交换的网络。

7.1.1　TCP/IP 协议的层次结构和层次安全

TCP/IP 协议是由 100 多个协议组成的协议集,TCP 协议和 IP 协议是其中两个最重要的协议。TCP 和 IP 两个协议分别属于传输层和网络层,在 Internet 中起着不同的作用。

1. TCP/IP 协议的层次结构

TCP/IP 协议的层次结构分为四层,分别是网络接口层、网络层(网际层、IP 层)、传输层(TCP 层)和应用层,如图 7.1.1 所示。

网络接口层负责接收 IP 数据报,并把这些数据报发送到指定的网络中。它与 OSI 模

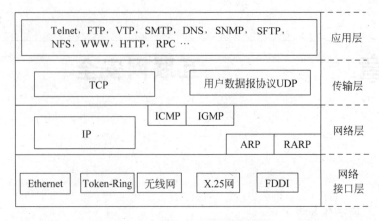

图 7.1.1　TCP/IP 协议层次结构

型中的数据链路层和物理层相对应。

网络层(也称网际层)主要解决主机到主机的通信问题,该层的主要协议有 IP 协议和 ICMP 协议。IP 协议是 Internet 中的基础协议,它提供了不可靠的、尽最大努力的、无连接的数据报传递服务。ICMP 协议是一种面向连接的协议,用于传输错误报告控制信息。由于 IP 协议提供了无连接的数据报传送服务,在传送过程中若发生差错或意外情况则无法处理数据报,这就需要 ICMP 协议来向源结点报告差错情况,以便源结点对此做出相应的处理。

传输层的基本任务是提供应用程序之间的通信,这种通信通常称为端到端通信。传输层可提供端到端之间的可靠传送,确保数据到达目的地时无差错、不乱序。传输层的主要协议有 TCP 协议和 UDP(User Data Protocol)协议。TCP 协议是在 IP 协议提供的服务基础上,支持面向连接的、可靠的传输服务。UDP 协议是直接利用 IP 协议进行 UDP 数据报的传输,因此 UDP 协议提供的是无连接、不保证数据完整地到达目的地的传输服务。由于 UDP 协议不使用很烦琐的流控制或错误恢复机制,只充当数据报的发送者和接收者,因此,UDP 协议比 TCP 协议简单得多。

应用层为协议的最高层,在该层应用程序与协议相互配合,发送或接收数据。TCP/IP 协议集在应用层上有远程登录协议(Telnet)、文件传输协议(FTP)、电子邮件协议(SMTP)、域名系统(DNS)等,它们构成了 TCP/IP 协议的基本应用程序。

2. TCP/IP 协议的层次安全

TCP/IP 协议的层次不同提供的安全性也不同。例如,在网络层提供虚拟专用网络(VPN),在传输层提供 SSL 服务等。

1) 网络接口层安全

网络接口层与 OSI 模型中的数据链路层和物理层相对应。物理层安全主要是保护物理线路的安全,如保护物理线路不被损坏,防止线路的搭线窃听,减少或避免对物理线路的干扰等。数据链路层安全主要是保证链路上传输的信息不出现差错,保护数据传输通路畅通,保护链路数据帧不被截收等。

网络接口层安全一般可以达到点对点间较强的身份验证、保密性和连续的信道认证,在大多数情况下也可以保证数据流的安全。有些安全服务可以提供数据的完整性或至少具有防止欺骗的能力。

2）网络层的安全

网络层安全主要考虑控制不同的访问者对网络和设备的访问，划分并隔离不同的安全域以及防止内部访问者对无权访问区域的访问和误操作。

IP 分组是一种面向协议的无连接的数据包，IP 包是可共享的，其寻址于特定位置的信息对大量网络组件来说是可读的，用户间的数据在子网中要经过很多结点进行传输。从安全角度讲，网络组件对下一个邻近结点并不了解，因为每个数据包都可能来自网络中的任何地方。因此如认证、访问控制等安全服务必须在每个包的基础上执行。国际上有关组织已经提出了一些对网络层的安全协议进行标准化的方案。网络层安全协议（NLSP）是由国际标准化组织为无连接网络协议（CLNP）制定的安全协议标准。事实上，网络层安全协议使用 IP 封装技术将纯文本的包加密，封装在外层 IP 报头里，当这些包到达另一端时，外层的 IP 报头被拆开，报文被解密，然后交付给收端用户。网络层安全协议可用来在 Internet 上建立安全的 IP 通道和虚拟专用网。其本质是，纯文本的包被加密，并被封装在外层的 IP 报头里，用来对加密的包进行 Internet 上的路由选择。到达另一端时，外层的 IP 报头被拆开，报文被解密，然后送到收报地点。

3）传输层的安全

由于 TCP/IP 协议本身很简单，没有加密、身份验证等安全特性，因此必须在传输层建立安全通信机制为应用层提供安全保护。传输层网关在两个结点之间代为传递 TCP 连接并进行控制。常见的传输层安全技术有 SSL、SOCKS 和 PCT 等。

在 Internet 中提供安全服务的一个想法便是强化它的 IPC 界面，如 BSD Sockets。具体做法包括双端实体的认证、数据加密密钥的交换等。Netscape 通信公司遵循了这个思路，制定了建立在可靠的传输服务（如 TCP/IP 所提供）基础上的 SSL 协议。

4）应用层的安全

网络层的安全协议可为网络连接建立安全的通信信道，传输层的安全协议可为进程之间的数据通道增加安全属性。本质上，这意味着真正的数据通道还是建立在主机（或进程）之间，但却不可能区分在同一通道上传输的一个具体文件的安全性要求。如果一个主机与另一个主机之间建立起一条安全的 IP 通道，那么所有在这条通道上传输的 IP 包就都要自动地被加密。同样，如果一个进程和另一个进程之间通过传输层安全协议建立起了一条安全的数据通道，那么两个进程间传输的所有消息就都要自动地被加密。

如果要区分一个具体文件的不同的安全性要求，那就必须借助于应用层的安全性。提供应用层的安全服务实际上是最灵活的处理单个文件安全性的手段。

应用层提供的安全服务，通常都是对每个应用（包括应用协议）分别进行修改和扩充，加入新的安全功能。现已实现的 TCP/IP 应用层的安全措施有基于信用卡安全交易服务的安全电子交易协议（SET）、基于电子商务安全应用的安全电子付费协议（SEPP）、基于 SMTP 协议提供电子邮件安全服务的私用强化邮件（PEM）和基于 HTTP 协议提供 Web 安全使用的安全性超文本传输协议（S-HTTP）等。

7.1.2　TCP/IP 协议的安全性分析

TCP/IP 协议在设计初期并没有考虑到安全性问题。因此 TCP/IP 协议的通信系统在应用过程中逐渐暴露出各种安全问题，导致各种利用安全漏洞的恶意攻击发生。

1. IP 协议安全分析

IP 地址是主机网络接口的唯一标识,攻击者为了隐藏攻击者来源或绕过安全防范措施,常常采用 IP 地址欺骗。对于攻击者来说,IP 地址欺骗的方法可以有两种:一种是直接更改本机的 IP 地址为其他主机的 IP 地址,但这种方法受到一定的限制。另一种是有意地用假的 IP 地址构造 IP 数据包,然后发出去。常见的基于 IP 协议的攻击有 IP 欺骗、Teardrop 攻击和数据包欺骗。

攻击者向一台主机发送带有某 IP 地址的消息(并非自己的 IP 地址),表明该消息来自于一台受信任的主机,以便获得对该主机的非授权访问。若要进行 IP 欺骗攻击,攻击者首先要找到一台受信任的主机 IP 地址,然后修改数据包的信息头,使得该数据包好像来自那台主机。

攻击者通过更改数据包偏移量和使用 Teardrop 程序发送不可重新正确组合起来的 IP 信息碎片,最终导致受害系统进行重新启动或异常终止。遭受了这种 Teardrop(泪滴)攻击之后,最好的解决办法就是重启计算机。

因为大多数网络应用程序利用纯文本格式发布网络数据包,所以数据包嗅探器可以向它的使用者提供有意义的通常也是敏感的信息,如用户的账户名称和密码,这就是数据包欺骗。数据包嗅探器也可以向攻击者提供只有询问数据库才能获得的信息,包括用于访问该数据库的用户账户名称和密码。

2. TCP 协议安全分析

常见的 TCP 协议攻击有 SYN 攻击和 Land 攻击。

TCP 序列号(SYN)攻击也称作 SYN 淹没,它是最流行的拒绝服务攻击的方式之一。它是利用了 TCP 协议缺陷,发送大量伪造的 TCP 连接请求,从而使得被攻击方资源耗尽的攻击方式,如使 CPU 满负荷或内存不足。由于 TCP 协议连接三次握手的需要,在每个 TCP 建立连接时,都要发送一个带 SYN 标记的数据包,如果在服务器端发送应答包后,客户端不发出确认,服务器就会等待查到数据超时,如果大量带有 SYN 标记的数据包发送到服务器端后都没有应答,会使服务器端的 TCP 资源迅速枯竭。导致正常的连接不能进入,甚至会导致服务器系统崩溃。这就是 TCP 序列号(SYN)攻击的过程。

Land 攻击的原理比较简单,它利用 TCP 连接三次握手中的缺陷,打造了一个特别的 SYN 包,向目标主机发送源地址与目标地址相同的数据包,造成目标主机在解析 Land 包时占用过多的资源,从而使网络功能完全瘫痪。研究发现很多基于 BSD 的操作系统都有这个漏洞。收到此类攻击的 UNIX 系统将会崩溃,而受到攻击的 Windows 系统将会变得非常缓慢。

要防止 TCP 协议的攻击,就要保护好 TCP 的序列号,使得攻击者难以猜测攻击目标当前所使用的包的序列号。其主要方法如下。

(1) 提高序列号的更新速率,使主机在两个相差很短的时间里所使用的初始序列号差异很大,从而增加攻击者对序列号搜索的难度。

(2) 加强初始序列号产生的随机性,减少攻击者猜测到序列号的可能性。

(3) 加密序列号,使得攻击者无法获取序列号的值。

3. UDP 协议安全分析

由于 UDP 协议上既没有使用序列号又没有使用认证包分组的机制,因此基于协议之上的所有应用软件在任何情况下都是以主机网络地址作为认证手续。那么攻击者通过冒充内部用户的网络地址,然后再利用适当的应用软件就会很容易地伪造 UDP 包分组,所以在外露的系统中应避免使用 UDP 协议。典型的 UDP 攻击是 UDP Flood 攻击。UDP Flood 攻击通过伪造与某一台主机的 Chargen 服务之间的 UDP 连接,回复地址指向开着 Echo 服务的一台主机,这样就能在两台主机之间产生无用的数据流,如果数据流足够多就会导致拒绝服务攻击。

4. ICMP 协议安全分析

ICMP 协议依附于 IP 协议。ICMP 包封装在 IP 包中,ICMP 协议具有自己的数据格式,共有 15 种不同类型的 ICMP 包。攻击者常利用 ICMP 的不同类型的包进行攻击,主要攻击有 ICMP 拒绝服务攻击和 PING 淹没攻击。

ICMP 协议被 IP 层用于向一台主机发送单向的告知性消息。在 ICMP 协议中没有验证机制,这就导致了使用 ICMP 可以造成拒绝服务的攻击。ICMP 拒绝服务攻击主要使用 ICMP"时间超出"或"目标地址无法连接"的消息。这两种 ICMP 消息都会导致一台主机迅速放弃连接。攻击者只需伪造这些 ICMP 消息中的一条,并发送给通信中的两台主机或其中的一台,通信连接就会被切断。当一台主机错误地认为消息目标地址不在本地网络中的时候,网关通常会使用 ICMP"转向"消息,它就可以导致另外一台主机经过攻击者的主机向特定连接发送数据包。

PING 是 ICMP 最普遍的应用,它向某台主机发送出一条 ICMP"响应请求",并等待该主机回复一条 ICMP"响应回复"的消息。攻击者只需向受害客户机中发送若干多条 ICMP"响应请求"的消息,就会导致受害客户机的系统瘫痪或速度减慢,这就是 PING 淹没(ICMP 淹没)攻击。这是一种简单的攻击方式,许多 PING 应用程序都支持这种操作,而且攻击者不需要掌握更多知识。

5. ARP 协议安全分析

通常,以太网利用 ARP 协议找出分配给 Internet 地址的以太网硬件地址,再产生适当的以太包分组。要做到这一点,需要将 ARP 分组以一种广播的形式发送到所有的网络用户。如果伪造的 ARP 分组也被产生出来寻找根本不存在的 IP 地址,这就会迅速导致网络的广播风暴。广播风暴将迅速充塞许多有用的传输带宽并使网络瘫痪。利用 ARP 协议缺陷实施的攻击称作 MITM 中间人攻击。ARP 协议的缺陷在于 ARP 协议以及 RARP 协议都没有对数据的发送方和接收方做任何的认证,这样在网络中可能会存在伪造的 ARP 和 RARP 数据包,导致中间人攻击发生的可能性。MITM 中间人攻击的具体做法是攻击者分别向源主机和目的主机发送伪造的 RARP 数据包以欺骗源主机和目的主机,使源主机和目的主机均认为攻击者主机是自己的通信方,这样攻击者就会成功获取他们传送的所有信息。

7.2　Internet 欺骗

Internet 欺骗是指攻击者通过伪造一些容易引起错觉的信息来诱导受骗者做出错误的、与安全有关的决策。电子欺骗是通过伪造源于一个可信任地址的数据包以使一台机器认证另一台机器的网络攻击手段。Internet 欺骗有 IP 电子欺骗、ARP 电子欺骗、DNS 电子欺骗和 Web 电子欺骗几种类型(Web 电子欺骗将在 7.3.3 节介绍)。

7.2.1 IP 电子欺骗

IP 电子欺骗(IP Spoof)攻击是指利用 TCP/IP 协议本身的缺陷进行的入侵,即用一台主机设备冒充另外一台主机的 IP 地址,与其他设备通信,从而达到某种目的的过程。它不是进攻的结果,而是进攻的手段,实际上是对两台主机之间信任关系的破坏。

IP 电子欺骗是攻击者攻克 Internet 防火墙系统最常用的方法,也是许多其他攻击方法的基础。IP 电子欺骗通过伪造某台主机的 IP 地址,使得某台主机能够伪装成另外一台主机,而这台主机往往具有某种特权或被其他的主机所信任。对于来自网络外部的 IP 电子欺骗,只要配置一下防火墙就可以了,但对同一网络内的其他机器实施的攻击则不易防范。

IP 电子欺骗是一种攻击方法,即使主机系统本身没有任何漏洞,入侵者仍然可以使用各种手段来达到攻击目的。这种欺骗是纯属技术性的,一般都是利用 TCP/IP 协议本身存在的一些缺陷。当然,进行这样的欺骗也是有一定难度的。

1. IP 电子欺骗原理

IP 协议是网络层面向无连接的协议,IP 数据包的主要内容由源 IP 地址、目的 IP 地址和所传数据构成。IP 的任务就是根据每个数据报文的目的地址和路由,完成报文从源地址到目的地址的传送。IP 不会考虑报文在传送过程中是否丢失或出现差错。IP 数据包只是根据数据报文中的目的地址发送,因此借助于高层协议的应用程序来伪造 IP 地址是比较容易实现的。

IP 电子欺骗是利用了主机之间的正常信任关系来发动的。例如,在 UNIX 主机中,存在着一种特殊的信任关系。假设有两台主机 A 和 B 上各有一个账户 Tomy。使用中会发现,在主机 A 上使用时要输入主机 A 上的相应账户 Tomy,在主机 B 上使用时必须输入主机 B 的账户 Tomy。主机 A 和主机 B 上的两个 Tomy 账户是两个互不相关的用户,这显然有些不便。为了减少这种不便,可以在主机 A 和主机 B 中建立起两个账户的相互信任关系。分别在主机 A 和主机 B 上 Tomy 的 home 目录中创建.rhosts 文件。在主机 A 的 home 目录中用相应的命令实现主机 A 与主机 B 的信任关系。这时,用户从主机 B 上就可以很方便地使用任何以 r 开头的远程调用命令了,如 rlogin、rsh、rcp 等,而无须输入口令验证就可以直接登录到主机 A 上。这些命令将允许以 IP 地址为基础的验证,允许或者拒绝以 IP 地址为基础的存取服务。这样的信任关系是基于 IP 的地址的。

假如某人能够冒充主机 B 的 IP 地址,就可以使用 rlogin 登录到主机 A,而不需任何口令验证。这就是 IP 电子欺骗的最根本的理论依据。但是,虽然可以通过编程的方法随意改变发出的数据包的 IP 地址,但 TCP 协议对 IP 进行了进一步的封装,它是一种相对可靠的协议,不会让黑客轻易得逞。

TCP 协议作为两台通信设备之间保证数据顺序传输的协议,是面向连接的,它需要在连接双方都同意的情况下才能进行通信。任何两台设备之间欲建立 TCP 连接都需要一个双方确认的起始过程,即"三次握手"。

由此我们可以想到,假如要冒充主机 B 对主机 A 进行攻击,就要先使用主机 B 的 IP 地址发送 SYN 标志给主机 A,但是当主机 A 收到后,并不会把 SYN/ACK 发送到冒充者的主机上,而是发送到真正的主机 B 上。这时,因为主机 B 根本没发送 SYN 请求,冒充者的企图将会立即被揭穿。因此,要冒充主机 B,首先要让主机 B 失去工作能力,如利用 DoS 攻击,让主机 B 瘫痪。

2. IP 电子欺骗过程解析

IP 电子欺骗由若干个步骤组成。首先假定信任关系已经被发现,黑客为了进行 IP 电子欺骗,首先要使被信任关系的主机失去工作能力,同时利用目标主机发出的 TCP 序列号,猜测出它的数据序列号。然后,攻击者的主机伪装成被信任的主机,同时建立起与目标主机基于地址验证的应用连接。连接成功后,黑客就可以设置后门以便日后使用了。

为了伪装成被信任的主机而不露馅,需要使其完全失去工作能力。由于攻击者将要代替真正的被信任主机,他必须确保真正的被信任主机不能收到任何有效的网络数据,否则将会被揭穿。有许多方法可以达到这个目的(如 SYN 洪泛攻击等)。

对目标主机进行攻击,必须知道目标主机的数据包序列号。通常是先与被攻击主机的一个端口(如 25)建立起正常连接。这个过程往往被重复 n 次,并将目标主机最后所发送的初始序列号(ISN)存储起来。然后还需要估计他的主机与被信任主机之间的往返时间,这个时间是通过多次统计平均计算出来的。

一旦估计出 ISN 的大小,就开始着手进行攻击。当然,攻击者的虚假 TCP 数据包进入目标主机时,如果刚才估计的序列号是准确的,那么进入的数据就将被放置在目标主机的缓冲区中。但是在实际的攻击过程中往往不会这么容易得逞,如果估计的序列号小于正确值,那么该数据将被放弃;而如果估计的序列号大于正确值,并且在缓冲区的大小之内,那么该数据就会被认为是一个未来的数据,TCP 模块将等待其他的数据;如果估计的序列号大于期待的数字且不在缓冲区之内,TCP 将会放弃它并返回一个期望获得的数据序列号。

攻击者可伪装成被信任的主机 IP,然后向目标主机的 513 端口发送连接请求。目标主机立刻对连接请求做出反应,发送更新 SYN/ACK 确认包给被信任的主机。因为此时被信任的主机仍然处于瘫痪状态,所以它无法收到这个包。紧接着攻击者向目标主机发送 ACK 数据包,该包使用前面估计的序列号加 1。如果攻击者估计正确,目标主机将会接收该 ACK,连接就正式建立,可开始数据传输。如果达到这一步,一次完整的 IP 电子欺骗就算完成了。入侵者已经在目标主机上得到了一个 Shell,接下来就是利用系统的溢出或错误配置扩大权限。

IP 电子欺骗攻击的整个过程可简要概括为以下几个步骤。

(1) 使被信任主机的网络暂时瘫痪,以免对攻击造成干扰。

(2) 连接到目标主机的某个端口来猜测 ISN 基值和增加规律。

(3) 把源地址伪装成被信任的主机,发送带有 SYN 标志的数据段请求连接。

(4) 等待目标主机发送 SYN/ACK 包给已经瘫痪的主机。

(5) 再次伪装成被信任的主机向目标机发送 ACK,此时发送的数据段带有预测的目标主机的 ISN+1。

(6) 连接建立,发送命令请求。

3. IP 电子欺骗的预防

可采取如下措施预防 IP 电子欺骗。

(1) 抛弃基于地址的信任策略。阻止 IP 欺骗的简单方法是放弃以 IP 地址为基础的验证。不允许使用 r 类远程调用命令,删除 rhosts 和/etc/hosts.equiv 文件,使所有用户使用其他远程通信手段。

（2）进行包过滤。如果用户的网络是通过路由器接入 Internet 的,则可利用路由器进行包过滤。应保证只有用户网络内部的主机之间可以定义信任关系,而当内部主机与网外主机进行通信时要慎重处理。另外,使用路由器还可以过滤掉所有来自外部的与内部主机建立连接的请求,至少要对这些请求进行监视和验证。

（3）使用加密方法。在通信时要求加密传输和验证,这也是一种预防 IP 欺骗的可行性方法。在有多种手段并存时,这种方法是最为合适的。

（4）使用随机的初始序列号。随机地选取初始序列号可防止 IP 欺骗攻击。每一个连接都建立独立的序列号空间,这些序列号仍按以前的方式增加,但应使这些序列号空间中没有明显的规律,从而不容易被入侵者利用。

7.2.2　ARP 电子欺骗

ARP 协议是一种将 IP 地址转化成 MAC 地址的协议。它靠在内存中保存的一张转换表来使 IP 得以在网络上被目标主机应答。通常主机在发送一个 IP 包之前,需要到该转换表中寻找与 IP 包对应的 MAC 地址。如果没有找到,该主机就会发送一个 ARP 广播包去寻找,该转换表以外的对应 IP 地址的主机将响应该广播,应答其 MAC 地址。于是,主机刷新自己的 ARP 缓存,然后发出该 IP 包。

1. ARP 电子欺骗实例

ARP 电子欺骗就是一种更改 ARP Cache 的技术。Cache 中含有 IP 与 MAC 地址的对应表(映射信息),如果攻击者更改了 ARP Cache 中 IP 的 MAC 地址,来自目标的响应数据包就能将信息发送到攻击者的 MAC 地址,因为依据映射信息,目标主机已经信任攻击者的机器了。

下面介绍一个在网络中实现 ARP 欺骗的例子。

一个攻击者想非法进入某台主机,他知道这台主机的防火墙只对 192.0.0.3 开放 23 号端口(Telnet),而他必须要使用 Telnet 来进入这台主机,所以他将做如下操作。

（1）研究 192.0.0.3 这台主机,发现如果他发送一个洪泛(Flood)包给 192.0.0.3 的 139 端口,该机器就会应包而死;

（2）主机发送到 192.0.0.3 的 IP 包将无法被机器应答,系统开始更新自己的 ARP 对应表,将 192.0.0.3 的项目删去;

（3）把自己的 IP 改成 192.0.0.3,再发一个 ping 命令给主机,要求主机更新 ARP 转换表;

（4）主机找到该 IP,然后在 ARP 表中加入新的 IP→MAC 对应关系;

（5）这样,防火墙就失效了,入侵的 IP 变成合法的 MAC 地址,就可以进行 Telnet 了。

假如该主机不仅提供 Telnet,还提供 r 命令(rsh、rcopy、rlogin 等),那么所有的安全约定都将失效,攻击者可以放心地使用这台主机的资源而不用担心被记录什么。

上述操作就是一个 ARP 电子欺骗过程,这是在同网段发生的情况。利用交换式集线器或网桥是无法阻止 ARP 电子欺骗的,只有路由分段是有效的阻止手段,因为 IP 包必须经过路由转发。在有路由转发的情况下,发送包的 IP 主机的 ARP 对应表中,IP 的对应值是路由的 MAC 而非目标主机的 MAC。ARP 电子欺骗如配合 ICMP 欺骗将对网络造成极大的危害,从某种角度讲,这时入侵者可以跨过路由监听网络中任意两点的通信。

2．ARP 电子欺骗的防范

可采用如下措施防止 ARP 电子欺骗。

（1）不要把网络的安全信任关系仅建立在 IP 基础上或 MAC 基础上，而是应该建立在 IP+MAC 基础上（即将 IP 和 MAC 两个地址绑定在一起）。

（2）设置静态的 MAC 地址到 IP 地址对应表，不要让主机刷新设定好的转换表。

（3）除非很有必要，否则停止使用 ARP，将 ARP 作为永久条目保存在对应表中。

（4）使用 ARP 服务器，通过该服务器查找自己的 ARP 转换表来响应其他机器的 ARP 广播，确保这台 ARP 服务器不被攻击。

（5）使用 proxy 代理 IP 的传输。

（6）使用硬件屏蔽主机，设置好路由，确保 IP 地址能到达合法的路径。

（7）管理员应定期从响应的 IP 包中获得一个 ARP 请求，然后检查 ARP 响应的真实性。

（8）管理员要定期轮询，检查主机上的 ARP 缓存。

（9）使用防火墙连续监控网络。

7.2.3　DNS 电子欺骗

DNS 是 TCP/IP 协议体系中的应用程序，其主要功能是进行域名和 IP 地址的转换，这种转换也称作解析。当攻击者危害 DNS 服务器并明确地更改主机名与 IP 地址映射表时，DNS 欺骗（DNS Spoofing）就会发生。这些更改被写入 DNS 服务器上的转换表中，因此当一个客户机请求查询时，用户只能得到这个更改后的地址。该地址是一个完全处于攻击者控制下的机器的 IP 地址。因为网络上的主机都信任 DNS 服务器，所以一个被破坏的 DNS 服务器可以将客户引导到非法的服务器上，也可以欺骗服务器使其相信一个 IP 地址确实属于一个被信任的客户。

1．DNS 的安全威胁

DNS 存在如下安全威胁。

（1）DNS 存在简单的远程缓冲区溢出攻击。

（2）DNS 存在拒绝服务攻击。

（3）设置不当的 DNS 会泄露过多的网络拓扑结构。如果 DNS 服务器允许对任何机构都进行区域传输，那么整个网络中的主机名、IP 列表、路由器名、路由 IP 列表，甚至计算机所在位置等都可能会被轻易窃取。

（4）利用被控制的 DNS 服务器入侵整个网络，破坏整个网络的安全。当一个入侵者控制了 DNS 服务器后，他就可以随意地篡改 DNS 的记录信息，甚至使用这些被篡改的记录信息来达到进一步入侵整个网络的目的。

（5）利用被控制的 DNS 服务器绕过防火墙等其他安全设备的控制。现在一般的网站都设置有防火墙，但由于 DNS 的特殊性，在 UNIX 机器上，DNS 需要的端口是 UDP 53 和 TCP 53，它们都需要使用 root 执行权限。因此，防火墙就很难控制对这些端口的访问，入侵者可以利用 DNS 的诸多漏洞获取 DNS 服务器的管理员权限。

（6）如果内部网络设置不合理，例如 DNS 服务器的管理员密码和内部主机管理员密码一致，DNS 服务器和内部其他主机就处于同一网段，DNS 服务器就处于防火墙的可信任区域内,这就等于给入侵者提供了一个打开系统大门的捷径。

2. DNS 电子欺骗原理

在域名解析的整个过程中,客户端首先以特定的标识向 DNS 服务器发送域名查询数据报,在 DNS 服务器查询之后以相同的 ID 号向客户端发送域名响应数据报。这时,客户端会将收到的 DNS 响应数据报的 ID 和自己发送的查询数据报的 ID 相比较,若匹配则表明接收到的正是自己等待的数据报,如果不匹配,则将其丢弃。

假如入侵者伪装成 DNS 服务器提前向客户端发送响应数据报,那么客户端的 DNS 缓存中的域名所对应的 IP 就是它们自己定义的 IP,同时客户端也就被带入入侵者希望的地方。入侵者的欺骗条件只有一个,那就是发送的与 ID 匹配的 DNS 响应数据报在 DNS 服务器发送响应数据报之前到达客户端。这就是著名的 DNS ID 欺骗。

DNS 电子欺骗有以下两种情况。

(1) 本地主机与 DNS 服务器,本地主机与客户端主机均不在同一个局域网内。这时,黑客入侵的可能方法有两种:一种是向客户端主机随机发送大量的 DNS 响应数据报;另一种是向 DNS 服务器发起拒绝服务攻击和 BIND 漏洞。

(2) 本地主机至少与 DNS 服务器或客户端主机中的某一台处于同一个局域网内,可以通过 ARP 电子欺骗来实现可靠而稳定的 DNS ID 欺骗。

3. DNS 电子欺骗的防范

直接使用 IP 地址访问重要的服务,可以避开 DNS 对域名的解析过程,因此也就避开了 DNS 电子欺骗攻击。但最根本的解决办法还是加密所有对外的数据流,服务器应使用 SSH (Secure Shell) 等具有加密功能的协议,一般用户则可使用 PGP 类软件加密所有发送到网络上的数据。

如果遇到 DNS 电子欺骗,应先断开本地连接,再启动本地连接,这样就可以清除 DNS 缓存。有一些例外情况不存在 DNS 电子欺骗:如果 IE 中使用代理服务器,那么 DNS 电子欺骗就不能进行,因为此时客户端并不会在本地进行域名请求;如果访问的不是本地的网站主页,而是相关子目录的文件,那么在自定义的网站上就不会找到相关的文件,DNS 电子欺骗也会以失败告终。

7.3　网　站　安　全

网站安全是指对网站进行管理和控制,并采取一定的技术措施,从而确保在一个网站环境中信息数据的机密化、完整性及可用性受到有效的保护。网站安全的主要目标就是要确保经由网站传达的信息总能够在到达目的地时没有任何改变、丢失或被他人非法读取。要做到这一点,必须保证网站系统软件、数据库系统具有一定的安全保护功能,并保证网站部件如终端、数据链路等的功能不变且仅能被授权的人访问。

网站安全是在攻击与防范这一对矛盾相互作用的过程中发展起来的。新的攻击导致必须研究新的防护措施,新的防护措施又招致攻击者新的攻击,如此循环反复,网站安全技术也就在双方的争斗中逐步完善发展起来。

7.3.1　Web 概述

1. Web

Web 又称 World Wide Web(万维网)，它就像一张附着在 Internet 上的覆盖全球的信息"蜘蛛网"，镶嵌着无数以超文本形式存在的信息。它把 Internet 上现有的资源统统连接起来，使用户能在 Internet 上已经建立 Web 服务器的所有站点提供超文本媒体资源文档。

Web 是 Internet 中最受欢迎的一种多媒体信息服务系统。整个系统由 Web 服务器、浏览器和通信协议组成。通信协议 HTTP 能够传输任意类型的数据对象来满足 Web 服务器与客户之间多媒体通信的需要。Web 带来的是世界范围的超级文本服务。用户可通过 Internet 从世界各地调来所希望得到的文本、图像(包括活动影像)和声音等信息。另外，Web 还可提供其他的 Internet 服务，如 Telnet、FTP、Gopher 和 Usenet 等。

Web 的成功在于使用了超文本传输协议(HTTP)，制定了一套标准的、易为人们掌握的超文本标记语言(HTML)，使用了信息资源的统一定位格式 URL。我们可以把 Web 看作是一个图书馆，而每一个网站就是这个图书馆中的一本书。每个网站都包含许多画面，进入该网站时显示的第一个画面就是"主页"或"首页"(相当于书的目录)，而同一个网站的其他画面都是"网页"(相当于书页)。

2. Web 服务器和浏览器

Internet 上有大量的 Web 服务器，这些 Web 服务器上汇集了大量的信息。Web 服务器就管理这些信息，并与 Web 浏览器打交道。Web 服务器处理来自 Web 浏览器的用户请求，并将满足用户要求的信息返回给客户。

Web 浏览器是客户阅读 Web 上信息的客户端软件。如果用户在本地机器上安装了 Web 浏览器软件，就可读取 Web 服务器上的信息。Web 浏览器将 Web 上的多媒体信息转换成人们可以看得到、听得见的文字、图形和声音。现在越来越多的浏览器都提供了插件型多媒体播放功能。常用的 Web 浏览器软件有很多，如 Internet Explorer(IE 浏览器)、火狐浏览器(Firefox)、腾讯 TT 浏览器、Opera 浏览器、猎豹浏览器、QQ 浏览器等。使用 Web 浏览器可在 Internet 上方便地浏览网页文件，这些网页文件包括文本、图像图形、语音等多媒体信息。

Web 最吸引人的地方是它的"简单性"，其工作过程也是 Client/Server 模式。信息资源以网页(HTML 文件)形式存储在 Web 服务器中，当用户希望得到某种信息时，要先与 Internet 建立连接(上网)，然后通过 Web 客户端程序(浏览器)向 Web 服务器发出请求。Web 服务器根据客户的请求给予响应，将在 Web 服务器中存放的、符合用户要求的某个网页发送给客户端，浏览器在收到该页面后对其进行解释，最终将图文等信息呈现给客户。这样，人们可以通过网页中的链接，方便地访问位于其他 Web 服务器中的页面或其他类型的网络信息资源。

7.3.2　网站的安全

1. Web 应用的安全威胁

Web 服务在为人们带来大量信息的同时，也面临着严峻的考验，即 Web 应用的安全性受到了极大的威胁。Web 应用面临的主要威胁有信息泄露、拒绝服务和系统崩溃。

（1）信息泄露。攻击者可通过各种手段,非法访问 Web 服务器或浏览器,获取敏感信息;或中途截获 Web 服务器和浏览器之间传输的敏感信息;或由于系统配置、软件等原因无意泄露敏感信息。

（2）拒绝服务。攻击者可在短时间内向目标机器发送大量的正常的请求包,并使目标机器维持相应的连接;或发送需要目标机器解析的大量无用的数据包,使得目标机器的资源耗尽,而无法响应正常的服务。

（3）系统崩溃。攻击者可通过 Web 篡改、毁坏信息,篡改、删除关键性文件,格式化磁盘等使 Web 服务器或浏览器崩溃。

2. Web 服务器的安全

1) Web 服务器的不安全因素

Web 服务器上的漏洞可涉及以下几方面的因素。

（1）在 Web 服务器上存放有秘密文件、目录或重要数据,容易受到不法分子的觊觎。

（2）当远程用户向服务器发送信息,特别是信用卡之类的信息时,中途可能会遭不法分子非法拦截。

（3）Web 服务器本身存在一些漏洞,使得一些人可能会侵入到主机系统,破坏一些重要的数据,甚至造成系统瘫痪。

（4）使用 CGI 脚本编写的程序,当涉及远程用户从浏览器中输入表格,并进行检索或在主机上直接操作命令时,可能会给 Web 主机系统造成危险。

因此,不管是配置服务器,还是在编写 CGI 程序时都要注意系统的安全性。尽量堵住任何存在的漏洞,创造安全的环境。

2) Web 服务器的安全需求

（1）维护公布信息的真实性和完整性。

（2）维护 Web 服务的安全可用。

（3）保护 Web 访问者的隐私。

（4）保护 Web 服务器不被攻击者作为"跳板"。

3) Web 服务器的安全措施

（1）限制在 Web 服务器中开设账户,定期删除一些中断进程的用户;对在 Web 服务器开设的账户的口令长度及定期更改方面做出要求,防止账户被盗用。

（2）尽量与 FTP 服务器、E-mail 服务器等分开,关闭无关的应用。

（3）删除 Web 服务器上那些绝对不用的系统。

（4）定期查看服务器中的日志 logs 文件,分析一切可疑事件。

（5）设置好 Web 服务器上系统文件的权限和属性,对允许访问的文档分配一个公用的组(如 WWW 组),并只分配它"只读"权限。把所有的 HTML 文件归属 WWW 组,由 Web 管理员管理 WWW 组。对于 Web 配置文件仅授予 Web 管理员有"写"权限。

（6）网站管理者应主动进行网站漏洞扫描,及时发现系统漏洞;时刻关注和应用官方发布的安全补丁堵塞 Bug。

（7）经常备份数据库等重要文件以免突发情况使重要资料难以恢复。

（8）提供详细的意外事件的处理预案,该预案应明确意外事件发生时需注意的事项和处理原则,甚至包括处理流程、应急小组的职责以及相关个人与安全急救组织的联系方式等。

3. Web 浏览器的安全

Web 浏览器可为客户提供一个简单实用且功能强大的图形化界面,使客户不必经过专业化训练即可在网络里漫游。但使用 Web 浏览器的客户可能会随时遇到安全问题。通常,Web 浏览器用户应做到如下安全保障。

(1) 确保运行浏览器的系统不被病毒或其他恶意程序侵害而被破坏。

(2) 确保客户的个人安全信息不外泄。

(3) 确保交互的站点的真实性,以免被欺骗,遭受损失。

4. Web 传输的安全

在 Internet 上,Web 服务器和 Web 浏览器之间的信息交换是通过数据包在 Internet 中传输实现的。这些传输过程的安全要求是很重要的,因为 Web 数据的传输过程直接影响着 Web 应用的安全。不同的 Web 应用对安全传输有不同的要求,通常应做到以下几点。

(1) 保证传输信息的真实性。

(2) 保证传输信息的完整性。

(3) 保证传输信息的机密性。

(4) 保证信息的不可否认性。

(5) 保证信息的不可重用性。

为了透明地解决 Web 应用的安全问题,最合适的入手点是浏览器。目前使用的绝大部分浏览器都支持 SSL 协议。在两个实体进行通信之前,先要建立 SSL 连接,以此实现对应用层透明的安全通信。利用 PKI(公钥基础设施)技术,SSL 协议允许在浏览器和服务器之间进行保密通信。此外,还可以利用数字证书保证通信安全,服务器端和浏览器端分别由可信的第三方颁发数字证书。这样,在交易时双方可以通过数字证书确认对方的身份。需要注意的是,SSL 协议本身并不能提供对不可否认性的支持,这部分工作必须由数字证书完成。结合 SSL 协议与数字证书,PKI 技术可以保证 Web 交易多方面的安全需求,使 Web 上的交易同面对面的交易一样安全。

7.3.3 Web 电子欺骗与防范

1. Web 电子欺骗攻击

Web 电子欺骗就是一种网络欺骗,攻击者构建的虚拟网站就像真实的站点一样,有同样的连接和页面。攻击者切断从被攻击者主机到目标服务器之间的正常连接,建立一条从被攻击者主机到攻击者主机,再到目标服务器的连接。实际上,被欺骗的所有浏览器用户与这些伪装页面的交互过程都受到攻击者的控制。虽然这种攻击不会直接造成计算机的软、硬件损坏,但它所带来的损失也是不可忽视的。通过攻击者的计算机,被攻击者的一切信息都会一览无余。攻击者可以轻而易举地得到合法用户输入的用户名、密码等敏感资料,且不会使用户主机出现死机、重启等现象,用户不易觉察。这也是 Web 电子欺骗最危险的地方。

Web 电子欺骗可使攻击者创建整个 WWW 的副本。映像 Web 的入口进入到攻击者的 Web 服务器,经过攻击者主机的过滤后,攻击者可以监控合法用户的任何活动,窥视用户的所有信息。攻击者也能以合法用户的身份将错误的数据发送到真正的 Web 服务器上,还能以 Web 服务器的身份发送数据给被攻击者。总之,如果攻击成功,攻击者就能观察和控制合法用户在 Web 上做的每一件事。

Web 电子欺骗有时看起来就像是一场虚拟游戏。如果该虚拟世界是真实的,那么用户所做的一切都是无可厚非的。但攻击者往往都有险恶的用意,这个逼真的环境可能会给用户带来灾难性的损失。

攻击者利用 Web 功能进行欺骗攻击,很容易侵害 Web 用户的隐私和数据完整性。这种入侵可在现有的系统上实现,危害 Web 浏览器用户。

用户如果仔细观察,也会发现一些迹象。例如在浏览某个网站时,如果速度明显变慢并出现一些其他的异常现象,就要留心这是否潜藏着危险。可以将鼠标移到网页中的一条超级链接上,查看状态行中的地址是否与要访问的地址一致,或者直接查看地址栏中的地址是否正确。还可以查看网页的源代码,如果发现代码的地址被改动了,即可初步判定是受到了攻击。

2. Web 电子欺骗原理

Web 电子欺骗是一种电子信息欺骗,攻击者创建了一个完全错误的但却似令人信服的 Web 副本,这个错误的 Web 看起来十分逼真,它拥有大家熟悉的网页和链接。然而攻击者控制着虚假的 Web 站点,造成被攻击者的浏览器和 Web 之间的所有网络信息都被攻击者所截获。

攻击者可以观察或修改任何从被攻击者到 Web 服务器的信息,也能控制从 Web 服务器返回用户主机的数据,这样,攻击者就能自由地选择发起攻击的方式。

由于攻击者可监视合法用户的网络信息,记录他们访问的网页和内容,所以当用户填写完一个表单并提交后,这些应被传送到服务器的数据,先被攻击者得到并被处理。Web 服务器返回给用户的信息,也先由攻击者经手。绝大部分的在线企业都使用表单来处理业务,这意味着攻击者可轻易地获得用户的账号和密码。在得到必要的数据后,攻击者可通过修改被攻击者和 Web 服务器间传输的数据,来进行破坏活动。攻击者可修改用户的确认数据,例如用户在线订购某个产品时,攻击者可以修改产品代码、数量及邮购地址等。攻击者也能修改 Web 服务器返回的数据,插入错误的资料,破坏用户与在线企业的关系等。

攻击者在进行 Web 电子欺骗时,不必存取整个 Web 上的内容,只需要伪造出一条通向整个 Web 的链路。在攻击者伪造提供某个 Web 站点时,只需要在自己的服务器上建立一个该站点的副本,来等待受害者"自投罗网"。

Web 电子欺骗成功的关键在于用户与其他 Web 服务器之间建立 Web 电子欺骗服务器。攻击者在进行 Web 电子欺骗时,一般会采取改写 URL、表单陷阱、不安全的"安全链接"和诱骗等方法。

攻击者的这些 Web 电子欺骗之所以成功,是因为攻击者在某些 Web 网页上改写所有与目标 Web 站点有关的链接,使得不能指向真正的 Web 服务器,而是指向攻击者设置的伪服务器。攻击者的伪服务器设置在受骗用户与目标 Web 服务的必经之路上。当用户点击这些链接时,首先指向了伪服务器。攻击者向真正的服务器索取用户所需的界面,当获得 Web 送来的页面后,伪服务器改写链接并加入伪装代码,再将页面送给被欺骗的浏览器用户。

3. Web 电子欺骗的预防

Web 电子欺骗攻击是 Internet 上相当危险且不易被觉察的欺骗手法,其危害性很大,受骗用户可能会在不知不觉中泄露机密信息,还可能遭受经济损失。采用如下措施可防范Web 电子欺骗。

(1) 在欺骗页面上,用户可通过使用收藏夹功能,或使用浏览器中的 Open Location 变换到其他 Web 页面下,这样就能远离攻击者设下的陷阱。

(2) 禁止浏览器中的 Java Script 功能,使攻击者改写页面上信息的难度加大。同时确保浏览器的连接状态栏是可见的,并时刻观察状态栏中显示的位置信息有无异常。

(3) 改变浏览器设置,使之具有反映真实 URL 信息的功能。

(4) 通过真正安全的链接建立从 Web 到浏览器的会话进程,而不只是表示一种安全链接状态。

7.4　电子邮件安全

电子邮件(E-mail)是一种用电子手段提供信息交换的通信方式,是互联网应用最广泛的服务之一。常用的电子邮件协议有 SMTP 协议和 POP3 协议,它们都属于 TCP/IP 协议集。默认状态下,分别通过 TCP 端口 25 和 110 建立连接。

SMTP 协议是一组用于从源地址到目的地址传输邮件的规范,用来控制邮件的中转方式。SMTP 协议要求用户使用 SMTP 认证,用户只有在提供了账户名和密码之后才可以登录 SMTP 服务器,使用户避免受到垃圾邮件的侵扰。

POP 协议负责从邮件服务器中检索电子邮件。POP 协议支持多用户互联网邮件扩展,允许用户在电子邮件上附带二进制文件,可以传输任何格式的文件。在用户阅读邮件时,POP 命令所有的邮件信息立即下载到用户的终端设备上而不在服务器上保留。

7.4.1　电子邮件的安全漏洞和威胁

电子邮件系统存在很多漏洞,这些漏洞很容易受到黑客的攻击。邮件攻击成为黑客渗透内部网络系统的重要方法。E-mail 系统存在如下安全漏洞。

(1) 邮件用户账号的弱口令。

(2) 邮件服务器泄露用户的账号信息。

(3) 邮件服务器允许随意转发。

(4) 邮件服务器的中继没有限制。

(5) 邮件服务器没有过滤功能。

(6) 邮件服务器无法完全识别恶意数据。

(7) 发送邮件地址不进行确认。

(8) 邮件服务器编码漏洞。

(9) 邮件明文传输,未经加密处理。

(10) 发件人身份无须验证和授权。

(11) 邮件客户程序的非安全触发机制。

邮件服务器的各种漏洞使得电子邮件面临以下几种典型的安全威胁。

(1) 邮件拒绝服务。攻击者通过某些手段,如电子邮件炸弹,以来历不明的邮件地址,重复地将电子邮件发送给同一个收信人。这种以重复的信息不断地进行电子邮件轰炸的操作,可以消耗大量的网络资源,同时使得用户邮箱存储资源的需求剧增,造成邮箱无法使用。

(2)非法利用邮件软件的漏洞。攻击者利用邮件软件程序的漏洞来攻击网站,特别是一些具有缓冲区溢出漏洞的程序。攻击者编写一些漏洞利用程序,使得邮件服务失去控制,一旦缓冲区溢出成功,攻击者就可以执行其恶意指令。目前,邮件成为渗透内网的重要攻击渠道。

(3)邮件密码的暴力破解。攻击者通过邮件密码猜测程序暴力破解用户邮箱的密码。

(4)用户邮箱地址泄露。攻击者利用邮件服务管理配置的漏洞,造成远程用户可以验证邮件地址的真实性以及获取用户电子邮件地址列表。

(5)非法监听邮件通信内容。一般情况下邮件服务使用的 SMTP 和 POP3 协议是明文传输的,攻击者可以通过监听手段获取邮件用户之间的通信内容。

(6)邮件恶意代码。攻击者通过电子邮件的附件携带恶意代码,如病毒、木马或蠕虫,然后诱骗用户触发执行,甚至利用邮件客户端软件的漏洞直接运行,进而控制用户机器,传播病毒或进行其他目的的攻击。

7.4.2 电子邮件欺骗

1. 匿名转发

在正常的情况下,发送电子邮件都会将发送者的名字和地址包含进邮件的附加信息中。但是,有时发送者将邮件发送出去后不希望收件者知道是谁发的,因此可以修改附加信息中的名字和地址。这种发送邮件的方法被称为匿名转发。

实现匿名转发的一种最简单的方法就是修改电子邮件中发送者的名字。但这是一种表面现象,因为通过信息表头中的其他信息,仍能够跟踪发送者。而让发信者地址完全不出现在邮件中的唯一方法是让其他人发送这个邮件,邮件中发信人的地址就变成了转发者的地址了。

Internet 上有大量的匿名转发者(或称为匿名服务器),发送者将邮件发送给匿名转发者,并告诉这个邮件希望发送给谁。该匿名转发者删去所有的返回地址信息,再将邮件转发给真正的收件人,并将自己的地址作为返回地址插入到邮件中。

2. 垃圾邮件

垃圾邮件,顾名思义就是不请自来的、大量散发的、对接收者无用的邮件。垃圾邮件是未经收件者同意,即大量散发的邮件,信件内容多半以促销商品为目的。它们可能是某些有商业企图的人想利用 Internet 散播广告或色情信息的媒介。

传送垃圾邮件只需付出极少的代价,即可造成收件者的重大损失。假设一个人在每个星期都收到几十封垃圾邮件,该用户遭受的损失或许不会立即显现,但若企业内每个人都收到此类信件时,这对企业网络环境的影响就不仅仅是一件麻烦事了。这些垃圾邮件对企业无任何益处,但是邮件服务器却要承担这些邮件的处理和转发工作。CPU、服务器硬盘空间、终端机用户硬盘空间都因此受到了影响。网络资源被这些毫无价值的信件利用来分类、储存和寄发,而那些真正对接收者有用的、含有重大商机的邮件却被淹没在垃圾邮件中。垃圾邮件除了浪费网络资源外,更令人担心的是其附件文件可能夹带着病毒,这些病毒将会危害企业网络。附件网址可能附加 Java 或 ActiveX 等恶性程序,许多特洛伊木马病毒就会借此大量扩散。可以想象,如果让这些未经许可的垃圾邮件继续为所欲为,将会给企业造成重大的损失。

3. 电子邮件炸弹

电子邮件炸弹是指发送者以来历不明的邮件地址,重复地将电子邮件发送给同一个收信人。由于这就像战争中利用某种战争工具对同一个地方进行狂轰滥炸一样,因此将其称为电子邮件炸弹。电子邮件炸弹是最古老的匿名攻击之一。

电子邮件炸弹可以消耗大量的网络资源。用户如果在短时间内收到大量的电子邮件,总容量将超过用户电子邮箱所能承受的负荷。这样,用户的邮箱不仅不能再接收其他人发送的电子邮件,也会由于"超载"而导致用户端的电子邮件系统功能瘫痪。

有些用户可能会想到利用电子邮件的回复和转发功能还击,将整个炸弹"回复"给发送者。但如果对方将邮件的 From 和 To 都改为用户的电子邮件地址,那么可想而知这种"回复"的后果就是所还击的"炸弹"都会"反弹"回来"炸"着了自己。如果邮件服务器接收到大量的重复信息和"反弹"信息,邮件总容量就会迅速膨胀。邮件服务器忙于处理超大容量的信息,有可能会导致邮件服务器脱网,系统可能崩溃。即使邮件系统还能工作,电子邮件处理的速度也会变得非常迟钝。

用户无法知道自己何时会遭遇电子邮件炸弹的袭击,因此,平时采取相应的防范措施是很必要的。比较有效的防范电子邮件炸弹的策略是采取防火墙或过滤路由器系统,这些系统可阻止恶意信息的传播。

4. 冒名顶替

由于普通的电子邮件缺乏安全认证,所以冒充别人发送邮件并不是难事。曾经假借某某公司发送中奖信息的电子邮件就使很多人遭受损失。要防止他人冒充用户的名义发送邮件,可以采用数字证书发送签名/加密邮件,这种方式已经被证明是解决邮件安全问题的有效策略。

7.4.3 电子邮件的安全策略

1. 电子邮件的安全服务需求

作为 Internet 传递消息的重要工具,人们希望电子邮件系统能够提供安全的服务。具体的电子邮件的安全服务需求可归纳如下。

(1) 保证邮件机密性。只有真正的收件者才能阅读邮件,且邮件是保密的。

(2) 进行邮件发送者身份认证。邮件服务能够向接收者保证发送者身份的真实性。

(3) 保证邮件完整性。邮件消息在传递过程中没有被修改过。

(4) 提供抗抵赖性安全服务。邮件系统能够提供邮件发送证据和邮件接收证据。

(5) 邮件系统可防泄露。邮件系统能够保证具有某种安全级别的信息不会泄露到特定区域的能力,能够防止系统管理员非授权阅读邮件。

(6) 邮件系统可防黑客。邮件系统能够阻止黑客攻击,保证邮件系统可用,防范非授权读取邮件。

(7) 邮件系统可防垃圾信息。邮件系统能够阻止垃圾邮件进入用户信箱,保证信箱的可用性。

(8) 邮件系统可防病毒。邮件系统能够阻止病毒传播,防止病毒破坏用户机器或网络系统。

2. 电子邮件的安全机制

针对电子邮件的漏洞和安全威胁,需要有相对应的安全机制来解决邮件系统安全服务的问题。具体的电子邮件安全机制如下。

(1) 邮件服务认证机制。

(2) 邮件服务访问控制机制。

(3) 邮件服务日志审计机制。

(4) 邮件过滤机制。

(5) 邮件行为识别机制。

(6) 邮件备份机制。

(7) 邮件加密保护机制。

(8) 邮件病毒防护机制。

(9) 操作系统安全机制。

3. 电子邮件安全技术

为保证电子邮件的安全传输与接收,除了采用本书前面介绍的各种网络安全技术,如访问控制技术、数据备份技术、信息过滤技术、防火墙安全技术、数据加密与身份认证技术、防病毒技术、防黑客攻击技术、网络监听和扫描技术等外,从 Internet 的互联通信协议 TCP/IP 层次角度考虑,还可以采用如下两类安全技术。

1) 应用层的安全电子邮件技术

应用层的安全电子邮件技术可保证邮件从被发出到被接收的整个过程中内容保密、信息完整且不可否认。成熟的应用层安全电子邮件标准有 PGP 和 S/MIME。

PGP 是长期以来在世界范围内得到广泛应用的安全邮件标准,其原理是通过单向散列算法对邮件内容进行签名,以保证信件内容无法修改,使用公钥和私钥技术保证邮件内容保密且不可否认。发信人与收信人的公钥都分布在公开的地方(如 FTP 站点),公钥本身的权威性由第三方、特别是收信人所熟悉或信任的第三方进行签名认证。

S/MIME(安全/多用途 Internet 邮件扩展)同 PGP 一样,也是利用单向散列算法和公钥/私钥的加密体系。S/MIME 将信件内容加密签名后作为特殊的附件传送。S/MIME 的证书也采用 X.509 格式。

2) 传输层的安全电子邮件技术

电子邮件包括信头和信体。通常的端到端安全电子邮件技术一般只对信体进行加密和签名,而信头则由于邮件传输中寻址和路由的需要,必须保证不变。在某些应用环境下要求信头在传输过程中也能保密,这就需要传输层的技术作为后盾。主要有两种方式来实现电子邮件在传输过程中的安全,一种是利用 SSL SMTP 和 SSL POP,另一种是利用 VPN 或其他的 IP 通道技术,将所有的 TCP/IP 传输(包括电子邮件)封装起来。

SSL SMTP 和 SSL POP 即是在 SSL 所建立的安全传输通道上运行 SMTP 和 POP 协议,同时又对这两种协议进行了扩展,以更好地支持加密的认证和传输。这种安全技术要求在客户端和服务器端的 E-mail 软件都支持,而且都必须安装 SSL 证书。

7.5 电子商务安全

Internet 已成为全球规模最大、信息资源最丰富的计算机网络,利用它组成的企业内部专用网 Intranet 和企业间的外联网 Extranet,也已经得到广泛的应用。Internet 所具有的开放性、全球化、低成本和高效率的特点也已成为电子商务的内在特征,并使得电子商务大大超越了作为一种新的贸易形式所具有的价值。它不仅改变了企业自身的生产、经营和管理活动,而且还将影响到整个社会的经济运行结构。

7.5.1 电子商务概述

电子商务是以 Internet 为基础进行的商务活动,它通过电子方式处理和传递数据,是商务活动的电子化运用。它通过 Internet 进行包括政府、商业、教育、保健和娱乐等活动。与传统商务相比,电子商务在三方面有了新的内涵和突破:一是交易的内容(电子商务信息流在很大程度上取代了物流和资金流),二是交易的场景(电子商务网络的虚拟交易取代了面对面的交易),三是交易的工具(电子商务中无纸化交易取代了手工的币货交易)。电子商务是一种现代商业方法,这种方法通过改善产品和服务质量、提高服务传递速度,满足政府组织、厂商和消费者的最低成本的需求;电子商务利用现有的计算机设备和网络设施,在通过一定的协议连接起来的电子网络环境下进行各种各样商务活动。

电子商务归根结底是商务的电子化。从广义方面讲,电子商务是指通过电子手段建立的一个新的经济秩序,它不仅涉及电子技术和商业交易本身,还涉及诸如政治、金融、税务、法律等社会其他方面;从狭义方面讲,电子商务是指各种具有商业活动能力和需要的实体(如政府机构、金融机构等)利用计算机网络和先进的数字化传媒技术进行的各项商贸活动。

随着经济全球化的进一步深入和互联网技术的飞速发展,电子商务已成为一切经济活动不可或缺的组成元素,其发展前景十分诱人。特别是在中国,目前电子商务发展十分迅速,互联网上的电商平台多如牛毛,很多商务实体店被逼关门休店,其中不乏原来很著名的百货公司。截至 2016 年年底,中国网民(中国 Internet 用户)规模达到 7.31 亿(接近于欧洲人口总量)之多,互联网普及率达到 53.2%,如图 7.5.1 所示。网络应用的一个重要方式就是在线购物,网民不出家门便可逛遍世界,衣食住行所需都可以在网络上解决。每年的双十一、双十二、国庆节、春节假期等都是中国网购一族血拼的季节,淘宝、京东、1 号店等著名在线购物平台的销售额高峰时以百亿元计,远远高于实体百货商店。2016 年我国参与网络购物的用户达到 4.67 亿,占网民比例为 63.8%,较 2015 年增长 12.9%,其中手机网络购物用户达 4.41 亿;使用网上支付的用户较 2015 年增加 0.58 亿人,使用网上支付的比例达到 64.9%,其中手机支付用户增长迅速,达到 4.69 亿,网民手机网上支付的比例达 67.5%。

7.5.2 电子商务的安全威胁

电子商务是随着互联网不断发展而出现的新经济形态,已经成为互联网上最有潜力的应用方向。在互联网迅猛发展的同时,互联网"开放、自由"的价值观所导致的网络安全和网络信任威胁却始终存在,而完全依赖互联网发展和运行的电子商务也逃脱不了安全威胁。世界各地的电子商务都面临着极大的安全隐患,如 2012 年,亚马逊旗下的电子商务网站

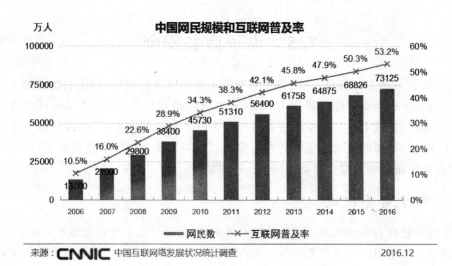

图 7.5.1　中国网民规模及互联网普及率

Zappos 受到黑客的攻击,导致高达 2400 万用户的电子邮件以及密码信息丢失;2012 年,雅虎服务器被攻击,导致 45.3 万份用户信息泄露。由此可见,电子商务安全形势极为严峻。

1. 电子商务的不安全因素

(1)互联网上的用户环境复杂多样。用户终端系统面临安全漏洞、恶意程序等风险。为攻击者提供可乘之机,攻击者借助已知的信息或未知的缺陷,向计算机发动攻击,加之用户浏览恶意网站、下载恶意程序,导致计算机遭受木马、蠕虫等恶意代码软件及计算机病毒的侵扰,这对于网络终端系统而言可谓是危机重重,使得安全问题无法得到保障。

(2)网络设备破坏严重,服务器被恶意攻击。除了用户环境外,大量的电子商务数据存放在服务器端,因而更会成为黑客等非法攻击的目标。对于正在实施交易的服务器而言,他们经常会遭到攻击者的恶意破坏,如 DDoS 攻击,用户难以防范,导致交易不能正常进行,在很长一段时间内不能恢复正常。如果服务器端没有有效的防攻击手段,攻击者会通过服务器的漏洞或软件程序缺陷,攻击服务器,盗取服务器、数据库口令,截取用户机密信息,让用户蒙受损失。服务器上的数据库中有电子商务活动过程中的一些保密数据,服务器特别容易受到安全的威胁,并且一旦出现安全问题,造成的后果是非常严重的。

(3)数据在网络上传递的过程中存在泄露风险。由于交易过程中需要在互联网上传递交易行为数据,因此数据在网络上传递的过程中也存在着广泛的风险。攻击者在网络上可谓是无孔不入,他们通过多种手段,如窃听、重放、流量分析等,截取用户信息,然后再利用自身分析所得的数据信息,使用户遭受巨大的经济损失,这也在某种程度上无法保障数据保密性。电子商务由于和经济行为直接相关,因此其所面临的上述安全威胁所造成的损害又远比普通门户网站、娱乐网站等严重得多。因此,必须采取有效的措施防范安全威胁。

(4)网络系统内在和外在因素的影响。系统内部工作人员的失误和误操作问题,病毒和木马等恶意代码的入侵问题,黑客/攻击者的蓄意窃取和破坏问题,交易协议的不安全问题,交易数据的泄露/改变问题,交易方身份的不确定问题等,都可能对电子商务活动造成不良的后果。

2. 电子商务的安全威胁

(1)信息泄露/被截收。在信息的传送过程中,如果信息没有采用加密保护措施或加密强度不够,攻击者就有可能通过物理或逻辑的手段,对传输的信息进行非法截收和监听,或通过对信息流量和流向等参数的分析,提取有用信息,例如在 Internet 上窃取消费者的银行账号和密码等。电子商务中的信息泄露则是商业机密的泄露。

(2) 信息被篡改/破坏。电子商务的交易信息在网络上传输的过程中,攻击者可能会通过各种技术手段和方法对信息进行修改、删除或多次使用;由于网络的硬件或软件本身出现问题而导致交易信息丢失或错误;网络系统本身遭到一些恶意程序的破坏,如病毒破坏、黑客入侵等,这样就使信息被篡改或破坏,失去了其真实性和完整性。

(3) 身份假冒。由于电子商务的实现需要借助于虚拟的网络平台,而在这个交易平台上,双方是不需要见面的,所以就带来了交易双方身份的不确定性。如果没有进行身份认证而进行交易,攻击者就可以通过非法手段盗用合法用户的身份资料,假冒合法用户与他人交易,或发送虚假信息,从而获得非法利益。身份假冒的主要表现有冒充他人身份、冒充他人消费、为他人栽赃、使用欺诈邮件和虚假网页等。

(4) 交易抵赖。电子商务是在网上通过电子化方式进行交易的,这就容易造成交易抵赖。交易抵赖包括诸如发信者事后否认曾经发送过某条信息、收信者事后否认曾经收到过某方面的消息,或是购买者不承认自己的订货单,商家因价格差异而否认原有的交易等。

(5) 其他安全威胁。电子商务的安全威胁种类繁多,来自各种可能的潜在方面,有蓄意而为的,也有无意造成的。同时电子交易也衍生了一系列法律问题,如网络交易纠纷的仲裁、网络交易契约的签订等问题。还有诸如操作人员不慎泄露信息、废弃的存储媒体导致信息泄露等均可对网上交易造成不同程度的危害。

7.5.3 电子商务的安全对策

电子商务是一种全球各地广泛的商业贸易活动中,在开放的网络环境下,基于浏览器/服务器应用方式,在买卖双方不谋面的情况下进行的各种商贸活动,实现消费者的网上购物、商户之间的网上交易和在线电子支付以及各种商务活动、交易活动、金融活动和相关的综合服务活动。

1. 电子商务的安全要素

电子商务交易的安全紧紧围绕传统商务在互联网上应用时产生的各种安全问题,在计算机网络安全的基础上,实现电子商务的安全要素,即信息的保密性、完整性,身份的可确定性和交易的不可否认性,则可保障电子商务过程的顺利进行。

(1) 保密性。电子商务是建立在一个较为开放的网络环境上的,交易中的商务信息均有保密的要求,维护商业机密是电子商务全面推广应用的重要保障,因此要预防非法的信息存取和信息在传输过程中被非法窃取。实现信息保密性直接有效的方法是采用数据加密手段。

(2) 完整性。交易各方的信息和文档均是不可被修改的,否则必然会损害各方的商业利益。数据输入时的意外差错或数据传输过程中的丢失、重复或传送次序变化或攻击者的恶意欺诈等,均可能导致交易各方信息和文档的变化。因此要防止交易过程中交易信息和文档的丢失或改变,可采取加密和数字签名技术保证信息的完整性。

(3) 身份的可确定性。网上交易的各方很可能素昧平生,相隔千里。要使交易成功,必须要能确认交易各方身份的真实性、合法性。因此准确而可靠地确认交易各方的真实身份是交易的前提。采用数字签名、数字证书、CA认证等方法可确定交易各方身份的真实性。

（4）不可否认性。由于商情的千变万化，交易一旦达成是不能被否认的，否则必然会损害一方的利益。因此电子交易通信过程的各个环节都必须是不可否认的。确定要进行交易的各方正是进行交易所期望的人是保证电子商务顺利进行的关键，这就要求在交易进行时，交易各方必须附带含有自身特征、无法由别人复制的信息，以保证交易后发生纠纷时有所对证。同时，还要保证交易各方不能对交易过程中自己所做的事予以否认（抵赖），对出现否认事件时要有充分的证据由公正的第三方做出正确的仲裁。采用数字签名、信息摘要、数字时间戳等方法可保证交易方的假冒行为和交易事件的不可抵赖性。

2. 电子商务安全策略

电子商务安全是保护在公开网络上进行的商务活动的安全，即在网络安全的基础上，保障商务交易的过程能够顺利进行，实现电子商务数据的保密性、完整性、信息和身份的可认证性和交易的不可抵赖性。下面从网络安全防御、网络信任体系和网络管理及法规建设等方面提出相对有效的策略，以此保障电子商务交易的安全性。

1）健全网络安全防御体系建设，创建安全的交易环境

电子商务交易面临各种各样的安全挑战，采取建立健全电子商务各个环节的安全防御体系，减轻或化解电子商务交易过程中的安全风险。

（1）为了保障网络交易的安全性，可利用防火墙自身的功能性，对内、外网络实施隔离，构建安全屏障；

（2）运用代理技术形成缓冲，借助前置服务器，分担电子商务的交易风险；

（3）运用访问控制技术阻挡非法用户访问，同时设置严格的访问权限；

（4）采取 VPN、SSL、SET 等安全技术进行电子交易；

（5）借助 EDI 或电子支付，提高网络交易的安全性；

（6）利用入侵检测技术和安全策略，降低对网络的威胁；

（7）强化网络拓扑结构，改进网络协议，降低网络交易被恶意攻击的风险。

2）基于密码技术实现网络信任体系，构建主动安全的防护体系

基于密码技术，系统规划和建设网络层面的网络信任体系，加强互联网的主动安全防护能力。网络信任体系实现的核心技术是密码技术（包括对称密钥加密体制和公开密钥加密体制），采用国家商用密码管理部门认可的密码算法，实现基于加密技术的交易信息的保密性和完整性，以及对交易数据的加密传输和加密存储，从而极大地降低网络交易信息外泄和变化的风险，确保数据在传输过程中的机密性和完整性；实现基于认证技术的身份认证和数字签名，确保电子商务交易各方身份的真实性和不可否认性。网络信任体系的实现，使得参与电子商务的各方在一个统一安全可信的平台上开展业务，从而从系统层面上保障交易的顺利进行。

3）完善管理和制度建设，强化法律监督

管理和技术向来都是网络安全问题的一体两面，在加大技术手段的同时，必须加大电子商务交易领域的管理制度和法律法规的建设，建立良好的电子商务发展环境，并确保管理制度和法律法规的有效落实和监督执行。

（1）对电子商务交易的参与机构和个人进行统一的资源管理，为实名化的电子交易奠定可信的管理基础。

（2）实行严格的认证上网机制，无论基于何种行为，网络上任何动作的前提都是必须要先通过网络信任体系的统一身份认证，防止匿名攻击、伪造身份等现象。

（3）实现严格的授权通行和访问控制机制，所有交易过程中的行为，必须是经过明确授权的，并且在行为的实施过程中能够依法依规鉴权，从而杜绝非法访问、未授权行为的出现。

（4）建立全网行为的可信记录和追溯机制，所有交易过程中的行为都由网络信任体系进行可信记录，并提供事后追溯查询和认定服务，确保发生安全事件后，能够追溯到具体的行为人、行为时间、安全地点等。

（5）要求网络系统管理员要充分利用各种先进的安全技术，如访问控制技术、防火墙技术、安全审计技术、系统漏洞扫描技术、入侵检测技术和安全管理技术，在用户、病毒、黑客与系统受保护的资源间建立多道严密的安全防线，加强无意或恶意攻击的难度，增加审核信息的数量等措施，确保电子商务交易环境的安全。

（6）加强对电子商务参与各方的安全教育，规范参与各方的行为。要求参与机构承担起保障电子商务安全的主要职责，要求用户必须提高自身的安全防范意识和风险意识，从根本上杜绝可能出现的安全风险。

（7）制订与电子商务安全交易相关的法律法规，以此保护电子商务交易，规范交易行为，为电子商务提供相对安全的网络环境。

3. 电子商务的安全技术

利用密码技术及其衍生技术（如数据加密技术、数字签名、数字证书、CA 认证、数字摘要、数字时间戳和 VPN 技术等）对电子商务交易过程中的交易信息和交易各方实施加密和认证管理，可保证交易数据的保密性和完整性，保证交易各方身份信息的保密性和合法性，保证交易各方对其所作所为不能否认和抵赖。

利用网络实体安全技术、访问控制技术、防火墙技术、扫描和监听技术、入侵检测技术、防病毒技术、黑客跟踪技术、安全审计技术等网络安全技术在网络系统中建立多道安全防线，检测并发现非法用户和入侵者（如攻击者、黑客、病毒、木马）的各种行为，并及时防范和清除其影响，以保护电子商务的交易环境和资源的安全，保证电子商务交易的顺利进行。

电子商务的发展无可限量，安全问题也将始终与之相伴，为进一步促进我国电子商务的健康有序发展，必须有效地运用技术和法律这两个有力的工具，去解决在实际应用中出现的各种问题，为我国电子商务又好又快的发展保驾护航。

习题和思考题

一、简答题

1. 简述 TCP/IP 协议的层次结构和主要协议的功能。

2. 何为垃圾邮件？如何防范垃圾邮件？

3. 简述电子邮件的安全漏洞。

4. 简述几种保护电子邮件安全的措施。

5. 简述 ARP 协议和 DNS 协议的作用。何为 DNS 电子欺骗？何为 IP 电子欺骗？

6. 简述 ARP 电子欺骗、DNS 电子欺骗和 IP 电子欺骗的防范措施。

7. 简述 Web 服务器、Web 浏览器的安全要求。

8. 何为虚拟专用网(VPN)? VPN 采用了哪些安全措施?

9. 简述 VPN 的功能和特点。

二、填空题

1. TCP/IP 协议集由上百个协议组成,其中最著名的协议是(　　)协议和(　　)协议。

2. TCP/IP 协议的网络层安全协议可用来在 Internet 上建立安全的(　　)通道和(　　)。

3. TCP/IP 协议的应用层提供对每个应用(包括应用协议)进行(　　)的安全服务,加入新的安全功能。

4. 已实现的 TCP/IP 应用层安全技术有(　　)、SEPP、(　　)和 S-HTTP 协议等。

5. 实现邮件加密的两个代表性的软件是(　　)和(　　)。

6. DNS 协议的主要功能是(　　)。

7. 避免 ARP 电子欺骗可采用(　　)的方法。

三、单项选择题

1. 以下(　　)项措施可预防垃圾邮件。

　　A. 加密邮件　　　　　　　　　　　B. 隐藏自己的邮件地址

　　C. 采用纯文本格式　　　　　　　　D. 拒绝 Cookie 信息

2. 以下(　　)项是 VPN 的功能。

　　A. 数据加密　　　　B. 用户认证　　　C. 多协议支持　　　D. A、B、C 都对

3. 以下(　　)项不是 VPN 的特点。

　　A. 低费用　　　　　B. 高安全性　　　C. 高速率　　　　　D. 高质量

4. 下列(　　)项不是电子邮件的安全措施。

　　A. 利用防火墙技术　　　　　　　　B. 对邮件进行加密

　　C. 利用防病毒软件　　　　　　　　D. 利用 TCP/IP 协议

5. 由于 IP 协议提供无连接的服务,在传送过程中若发生差错就需要(　　)协议向源结点报告差错情况,以便源结点对此做出相应的处理。

　　A. TCP　　　　　　B. UDP　　　　　C. ICMP　　　　　　D. RARP

6. TCP/IP 应用层的安全协议有(　　)。

　　A. 安全电子交易协议(SET)　　　　B. 安全电子付费协议(SEPP)

　　C. 安全性超文本传输协议(S-HTTP)　D. A、B、C 都对

第8章 无线网络安全

本章要点

- 无线网络的协议与技术；
- 无线网络安全。

无线技术与网络技术的融合提供了即时通信和永久在线的可能性，其发展前景也是很乐观的。随着移动电话、个人数字助理(PDA)、笔记本电脑等各种便携式终端的迅速发展，为移动设备提供支撑环境、采用无线链路实现数据通信的无线网络技术也得到了快速发展。无线网络在为用户提供便利的同时，也为基于无线链路和智能移动终端的蓄意破坏、篡改、窃听、假冒、泄露和非法访问信息资源的各种恶意行为提供了方便。无线网络比有线网络存在有更多的安全隐患和威胁。信息安全保密性、完整性和可用性的要求同样适用于无线网络。随着无线网络技术的发展，其安全技术也得到发展，无线网络安全标准也正在逐步得到完善。

8.1 无线网络的协议与技术

无线通信网络根据覆盖范围、传输速率及应用领域的不同可分为无线广域网、无线城域网、无线局域网和无线个域网，目前技术标准较成熟和应用较广泛的是无线广域网和无线局域网。随着无线通信技术的发展，也出现了许多无线通信网络标准。下面介绍无线广域网和无线局域网常用的通信技术和协议。

8.1.1 无线广域网及技术标准

无线广域网(Wireless Wide Area Network，WWAN)主要是为了满足超出一个城市范围的信息交流和网际接入需求，让用户可以与在遥远地方的公众或私人网络建立无线连接。WWAN 技术的主要用途是连接 Internet 和将分散在城市各处的用户点或小型网络连接起来。可使常用的个人计算机或其他设备在蜂窝网络覆盖范围内的任何地方连接到 Internet。在 WWAN 的通信中一般要用到 MMDS、LMDS、SST、GSM、GPRS、CDMA、3G、4G 等固定和移动式无线传输技术。

1. MMDS

MMDS(Multichannel Multipoint Distribution Services，多信道多点分配业务)是一种固定式无线技术，它始于 20 世纪 80 年代。MMDS 工作于 2.5～2.7GHz 频段。接收器通常是全方向的，允许从各个方向进行连接。由于 MMDS 工作于一个相对低的频率，所以它对气象条件有一定的抵抗力,并且一根天线就可以服务很大的范围。

MMDS 技术开始时服务于无线电视用户。在发展初期,FCC(美国联邦通信委员会)分配了 4 组 8 个频道,这意味着无线电缆公司只能向其用户发送 4 个频道的节目。因为在电视系统中,频道数越多越好,基于 MMDS 技术的电缆公司向 FCC 请示分配更多的频道,因而发展成后来的频率分发技术。由于其部署相对便宜,很多公司还支持 MMDS 应用于无线系统。一个安装足够高的单个天线,可以服务很大的区域。ISP(Internet 服务供应商)将连接接入 Internet 之前可以通过多个天线路由连接。这可使 ISP 通过设置连接多个天线形成骨干连接的方式以节省带宽投资。

2. LMDS

LMDS(Local Multipoint Distribution Services,本地多点分配业务)也是一种固定式无线技术。LMDS 工作于 $28 \sim 31 \mathrm{GHz}$ 频段,其服务范围比 MMDS 小,仅支持方圆 5 英里(1 英里 $=1609.344$ 米)的通信,且只有大约 2.5 英里的全带宽通信能力。LMDS 比 MMDS 更易受天气和其他干扰的影响。

LMDS 的优势在于它部署的单个访问天线的价格较低,且使用频率较高,可允许供应商为每个客户提供更大的带宽。LMDS 供应商可提供 10Mb/s 的下载速率和 2Mb/s 的上传速率。由于 LMDS 服务范围的限制及其所需的严格线路,LMDS 适合在城市或商业区域部署。

3. SST

SST(Spread Spectrum Technology,扩展频谱技术),简称扩频技术,是一种宽带无线电频率(Radio Frequency,RF)技术。在发送端,SST 将窄频固定无线信号转化为宽频信号输出;在接收端无线数据终端系统(WMTS)接收宽频信号,并将其转变为窄频信号并对信息进行重组。SST 采用一种比窄带传输消耗更多带宽的传输模式,但却能够产生更强、更能被其他设备接收到的信号。因此,SST 牺牲了带宽,却带来安全性、信息完整性和传输可靠性方面的优势。

4. GSM

GSM(Global System for Mobile Communications,全球移动通信系统)是世界上主要的蜂窝系统之一。20 世纪 80 年代,GSM 开始兴起于欧洲,到 20 世纪末已经在 100 多个国家和地区实施运营,到 2004 年全世界 180 多个国家和地区已经建立了 540 多个 GSM 通信网络。

GSM 基于时分多址(TDMA)制式,允许在一个射频同时进行 8 组通话。GSM 系统包括 GSM900MHz、GSM1800MHz 及 GSM1900MHz 等几个频段。GSM 系统具有通话质量高、稳定性强、不易受外界干扰、网络容量大、信息灵敏、设备功耗低等重要特点,因而直到现在,GSM 在移动通信市场中仍然占有相当大的份额。

5. GPRS

GPRS(General Packet Radio System,通用分组无线业务)是欧洲电信协会 GSM 系统中有关分组数据的标准。GPRS 是在现有的 GSM 网络上开通的一种新的分组数据传输技术,它和 GSM 一样采用 TDMA 方式传输语音,但是采用分组的方式传输数据。GPRS 提供端到端的、广域的无线 IP 连接及高达 115.2Kb/s 的空中接口传输速率。

GPRS 是分组交换技术,相对于原来 GSM 以拨号接入的电路数据传送方式,具有实时在线、高速传输、流量计费和自如切换等优点,能全面提升移动数据传输与语音传输服务。

因而,GPRS 技术广泛应用于多媒体、交通工具的定位、电子商务、智能数据和语音、基于网络的多用户游戏等领域。

6. CDMA

CDMA(Code Division Multiple Access,码分多址)是在 SST 上发展起来的,由扩频、多址接入、蜂窝组网和频率复用等几种技术结合形成的一种无线通信技术。CDMA 采用码分复用技术使所有移动用户都占用相同的带宽和频率,通过复用方式使得频谱利用率很高。

CDMA 采用软切换技术,可完全克服硬切换容易掉话的缺点;CDMA 采用功率控制和可变速率声码器,使 CDMA 无线发射功耗低及语音质量好。

CDMA 具有频谱利用率高、抗干扰性好、抗信号路径衰落能力强、语音质量好、保密性强、掉话率低、电磁辐射小、系统容量大、覆盖广等优点,被越来越多的用户所接受,使得 CDMA 在近些年发展迅速。目前 CDMA 在美国、东亚等国家和地区都占有很大一部分的市场份额。

7. 3G

3G(Third Generation)是国际电信联盟(ITU)于 2000 年确定的第三代移动通信系统,其技术基础是 CDMA。3G 是第一个将宽带数据通信和语音通信放到同等位置的无线蜂窝技术。3G 的设计目标是在与已有的第二代移动通信系统(2G)的良好兼容性的基础上,提供更大的系统容量和更好的通信质量,而且要能在全球范围内更好地实现无缝漫游和为用户提供包括语音、数据及多媒体等在内的多种业务。

目前推荐的 3G 主流技术标准有三种,分别为 WCDMA、CDMA2000 和 TD-SCDMA。它们虽然是三个不同的标准,但三种系统所使用的无线核心频段都在 2000MHz 左右。

WCDMA 是一种基于 GSM MAP 核心网、利用 CDMA 实现的宽带扩频的 3G 系统,支持 WCDMA 的厂商有爱立信、诺基亚和一些日本厂商。

CDMA2000 是由窄带 CDMA 技术发展而来的宽带 CDMA 技术标准,它是由美国主推的宽带 CDMA 技术标准,目前中国联通就是采用这一方案并已建成了 CDMA 网络。

TD-SCDMA 是由中国提出、以中国知识产权为主、被国际上广泛接受和认可的 3G 标准,大唐、华为、中兴等国内的著名公司和全球一半以上的设备商都宣布可支持该标准。

8. 4G

4G(Fourth Generation)即第四代移动通信系统,是集 3G 与无线局域网于一体并能够传输高质量视频图像且图像传输质量可比拟高清晰度电视的技术产品。4G 可以在不同的无线平台和跨越不同频带的网络中提供令几乎所有用户都满意的无线服务,可以在任何地方用宽带接入互联网(包括卫星通信),具有定位定时、数据采集、远程控制等综合功能。2012 年 1 月中国具有自主知识产权的通信标准 TD-LTE 正式成为 4G 国际标准。

4G 的关键技术主要有正交频分复用(OFDM)技术、空分多址(SDMA)技术和 MIMO技术。OFDM 技术具有频谱利用率高、抗衰落能力强、适合高速数据传输、抗码间干扰(ISI)能力强等优点。SDMA 技术利用信号在传输方向上的差别,将同频率或同时隙、同码道的信号进行区分,动态改变信号的覆盖区域,将主波束对准用户方向,旁瓣对准干扰信号方向,为每个用户提供优质信号,可充分利用移动用户信号并消除或抑制干扰信号。MIMO 技术是利用多发射、多接收天线进行空间分集的技术,它采用分立式多天线,能有效地将通信链路分解成许多并行的子信道,从而大大提高容量。

9. 5G

在 4G 技术刚刚走向商用,全球 4G 建设方兴未艾之时,5G(Fifth Generation)的研发工作已经如火如荼。5G 即第五代移动通信系统,也是 4G 的延伸,目前还没有在任何电信公司或标准订立组织的公开规格或官方文件中提到 5G。与 4G、3G 等不同的是,5G 并不是独立的、全新的无线接入技术,而是对现有无线接入技术(如 3G、4G 和 WiFi)的演进,以及一些新增的补充性无线接入技术集成后解决方案的总称。从某种程度上讲,5G 将是一个真正意义上的融合网络。以融合和统一的标准,提供人与人、人与物以及物与物之间高速、安全和自由的联通。

2013 年 2 月欧盟宣布拨款 5000 万欧元,加快 5G 移动技术的发展,计划到 2020 年推出成熟的标准;2013 年 5 月韩国三星电子宣布,已率先开发出基于 5G 核心技术的移动传输网络,预计 2020 年开始推向商业化;日本运营商 NTT 于 2013 年 10 月表示,正考虑在 2020 年东京奥运会前使用 5G;作为全球知名的电信服务及设备提供商,我国的华为公司在 2014 年 11 月宣布,已在英国等地为 5G 投入 200 多位研发人员,并在未来 5 年内为此继续投资 6 亿美元,华为预计首个 5G 商用网络将于 2020 年面世,届时移动宽带用户峰值速率将超过 10Gb/s。国际电信联盟(ITU)于 2015 年 6 月公布 5G 技术标准化的时间表,5G 技术的正式名称是 IMT-2020,将在 2020 年完成 5G 标准的制定。2016 年 1 月工信部宣布我国已于 2016 年年初正式启动了 5G 研发技术试验,搭建开放的研发试验平台,为中国 2020 年启动 5G 商用奠定基础。由此看来,2020 年将会是 5G 服务的关键年份,因为这正是全球许多电信商希望能够发布 5G 服务的时间点。

5G 系统的研发将面向 2020 年移动通信的需求,包含体系架构、无线组网、无线传输、新型天线与射频以及新频谱开发与利用等关键技术。对于普通用户来说,5G 带来的最直观的感受将是网速的极大提升。目前 4G-LTE 的峰值传输速率已达到 100Mb/s,而 5G 的峰值速率将达到 10Gb/s,这意味着用户可以几乎不受任何限制地传输大量的数据文件,瞬间下载一部电影,在线视频、3D 电影和游戏等高带宽的应用也将流畅无阻。当用户以任何方式接入移动网络、读取任何数据时都不需要等待网络。

以 5G 为基础的移动宽带网络的未来发展方向是,打造"移动智能终端+宽带+云"这样的一个平台,与其他的能源和公共事业一样,其将成为整个社会和各个行业赖以运转的基础。届时,利用 5G 技术构建的超高速、超高容量、超可靠性、超短时延、绝佳用户体验的移动宽带网络,将得以让各个产业的信息和数据在不同的平台上自由流动。未来的 5G 将为人们的日常学习、工作和生活的方方面面带来更好的转变,让移动医疗、智慧城市、无线支付、移动办公、智能家居、车联网(智能汽车)、无人驾驶、位置服务等现在已经发展的技术变得更为可靠。预估 5G 高速与稳定的无线通信,会带来更优秀的内容,从语音、实况,到车联网甚至物联网,许多原本在 4G 时代受限于速度、稳定性的服务与应用,都将在 5G 时代大施拳脚。对于一般使用者而言,一直被认为发展不够迅速的车联网、物联网、智慧城市等愿景,都有可能随着 5G 的普及加快实现的脚步。

8.1.2 无线局域网及技术标准

无线局域网(WLAN)是利用无线通信技术和设施在一定的范围内建立起来的网络,是计算机网络与无线通信技术相结合的产物,它以无线多址信道作为传输媒介,提供传统有线局域网(LAN)的功能,能够使用户真正实现随时、随地、随意的宽带网络接入。

作为企业网络的一部分,WLAN越来越受到人们的关注。利用WLAN,用户可以在建筑物内或大学校园里的任何地方自由地使用PDA和手机上网。

IEEE 802.11系列标准是IEEE制订的无线局域网标准,主要对网络的物理层和介质访问控制层进行规定,其中重点是对介质访问控制层的规定。

下面对IEEE已经制订且涉及物理层的四种IEEE 802.11系列标准(IEEE 802.11、IEEE 802.11a、IEEE 802.11b和IEEE 802.11g)进行简单介绍。

1. IEEE 802.11

IEEE 802.11是IEEE 802工作组于1997年制定的一个无线局域网标准,适用于有线站台与无线用户或无线用户之间的沟通连接,主要用于解决办公室局域网和校园网中,用户与用户终端的无线接入问题,业务主要限于数据存取,速率最高只能达到2Mb/s。IEEE 802.11定义了MAC层和物理层。物理层定义了工作在2.4GHz的ISM频段上的两种展频作调频方式和一种红外传输的方式,总数据传输速率设计为2Mb/s。

由于IEEE 802.11在速率和传输距离上都不能满足人们的需要,因此,IEEE工作组在1999年又相继推出了IEEE 802.11b和IEEE 802.11a两个新标准。IEEE 802.11a定义了一个在5GHz的ISM频段上的数据传输速率可达54Mb/s的物理层;IEEE 802.11b定义了一个在2.4GHz的ISM频段上数据传输速率达11Mb/s的物理层。因为2.4GHz的ISM频段为世界上绝大多数国家和地区所通用,因此IEEE 802.11b得到了广泛的应用。

2. IEEE 802.11a和IEEE 802.11b

IEEE 802.11a工作于5GHz频段,其物理层速率可达54Mb/s,传输层可达25Mb/s。IEEE 802.11a的物理层工作在红外线频段,波长为850～950nm,信号传输距离约为10m。IEEE 802.11a采用OFDM的独特扩频技术,并提供25Mb/s的无线ATM接口和10Mb/s的以太网无线帧结构接口,支持语音、数据、图像业务。IEEE 802.11a使用OFDM技术来增大传输范围,采用数据加密可达152位的WEP。

IEEE 802.11b是目前应用较为广泛的无线标准,它工作于2.4GHz频段,物理层支持5.5Mb/s和11Mb/s两个速率。IEEE 802.11b采用了DSSS技术,并提供数据加密,使用的是高达128位的WEP。IEEE 802.11b的技术成熟,使得基于该标准网络产品的成本大为降低,无论是家庭还是公司企业用户,无须太多的资金投入即可组建一套完整的无线局域网。当然,IEEE 802.11b并不是完美的,其也有不足之处,IEEE 802.11b最高11Mb/s的传输速率并不能很好地满足用户高数据传输速率的需要,因而在要求高宽带时,其应用也受到限制,且它与工作在5GHz频率上的IEEE 802.11a标准不兼容。

3. IEEE 802.11g

IEEE 802.11g是对IEEE 802.11b的一种高速物理层扩展,它也工作于2.4GHz频段,物理层采用了OFDM技术,传输速率最高可达54Mb/s。IEEE 802.11g除了具备高数据传输速率及兼容性的优势外,其信号衰减程度也比IEEE 802.11a轻,且还具备更优秀的穿透能力,能在复杂的环境中具有很好的通信效果。由于IEEE 802.11g的工作频段与IEEE 802.11b一致,因此其与IEEE 802.11b技术产品的兼容性问题得到了很好的解决。

IEEE 802.11g的出现为无线传感器网络市场增加了一种通信技术选择。但因IEEE 802.11g的工作频段是2.4GHz,因此极易受到来自微波、无线电话等设备的干扰。

4. IEEE 系列标准

除上述介绍的几种标准外,IEEE 系列的标准还有很多,有些已经推出多年且已被广泛应用,有些刚被推出仍在修改完善中,有些还在规划中。其中,每个标准都有其自身的优势和缺点。下面简单列出 IEEE 802.11 系列标准、推出年份及简单说明。

IEEE 802.11,1997 年,原始标准(2Mb/s,工作在 2.4GHz 频段)。

IEEE 802.11a,1999 年,物理层补充(54Mb/s,工作在 5GHz 频段)。

IEEE 802.11b,1999 年,物理层补充(11Mb/s,工作在 2.4GHz 频段)。它有时会被误认为是 WiFi,实际上 WiFi 是 WiFi 联盟的一个商标,与标准本身实际上没有关系。

IEEE 802.11c,符合 IEEE 802.11d 的 MAC 层桥接。

IEEE 802.11d,根据各国无线电规定做的调整。

IEEE 802.11e,对 QoS 技术的支持。

IEEE 802.11f,基站的互连性。

IEEE 802.11g,2003 年,物理层补充(54Mb/s,工作在 2.4GHz 频段)。

IEEE 802.11h,2004 年,无线覆盖半径的调整,室内和室外信道(工作在 5GHz 频段)。

IEEE 802.11i,2004 年,无线网络的安全方面的补充。

IEEE 802.11j,2004 年,根据日本规定做的升级。

IEEE 802.11k,无线局域网络频谱测量规范。

IEEE 802.11l,预留及准备不使用。

IEEE 802.11m,维护标准,互斥及极限。

IEEE 802.11n,更高传输速率的改善,支持多输入多输出(MIMO)技术。

IEEE 802.11o,针对语音服务制订。

IEEE 802.11p,车用无线通信,符合智能型运输系统的相关应用。

还有 IEEE q~z、IEEE aa~ae 等都在相关组织的修订或计划中,如极大吞吐量标准 IEEE 802.11ac 和 IEEE 802.11ad 在修订中(IEEE 802.11ac 是 IEEE 802.11n 的继承者,它通过 5GHz 频带进行通信。理论上它能够提供最多 1Gb/s 带宽进行多站式无线局域网通信,或最少 500Mb/s 的单一连接传输带宽)。

8.2　无线网络安全

8.2.1　无线网络的不安全因素与威胁

无线网络传输媒体的开放性、网络中应用终端的移动性、网络拓扑的动态性等都增加了无线网络安全的风险。一般而言,由电信等 ISP 部署的较大的无线网络,其安全机制较为完善,而中小规模的无线网络则可能由于技术水平、安全意识、硬件设备投入等因素影响而使其安全性较低。

1. 无线网络存在的不安全因素

(1) 窃听、截取和盗用。窃听是指偷听流经网络的未使用加密认证的通信内容,并通过终端获得有用的信息,或通过工具软件监听、截取并分析通信信息,以破解已加密信息的密钥得到明文。用户在运用无线网络进行信息传输的过程中,也会遭受非法用户的窃取和盗用,常常造成用户之间的信息被破坏或盗取,对用户的日常工作、生活造成不良影响。

(2) **网络隐蔽性差**。无线网络运用射频技术连接网络,通过一定频率范围的无线电波传输数据,在信号范围内黑客可能凭借一台接受设备(如配有无线网卡的计算机)便可轻易接入无线网。

(3) **链路泄密问题**。链路泄密主要是黑客或某些非法组织通过对无线网络的非法接入,或通过钓鱼软件等途径盗取客户重要信息(如银行卡号、网站账号和密码等),而其中涉及用户切身利益的信息。这些信息被盗取之后,将会给用户造成不同程度的损失。另外,黑客还会通过非法操作给用户造成其他方面的损害,由此可见,链路泄密对无线网络安全造成的影响较大。

(4) **数据安全问题**。由于无线网络操作方便,且信号具有开放性,能够有效地突破传统有线网络的时间及空间的限制,因此就会给一些攻击者创造大量的恶意入侵的机会。非法用户能够通过一些辅助工具对网络设置的密码进行破解,最终达到冒用用户合法身份的目的。

(5) **防范意识差**。很多无线网络用户都未设置安全机制或仅设置较为简易的密码,这一现象多见于家庭用户。这就为他人的非法入侵提供了条件,埋下重大安全隐患。

2. 无线网络面临的安全威胁

无线网络与有线网络相比只是在传输方式上有所不同,所有传统有线网络存在的安全威胁在无线网络中也存在。无线网络一般受到的攻击可分为两类:一类是关于网络访问控制、数据机密性保护和数据完整性保护的攻击;另一类是基于无线通信网络设计、部署和维护方式的攻击。前者在有线网络的环境下也会发生,无线网络的安全性是在传统有线网络的基础上增加了新的安全性威胁。总体来说,无线网络所面临的威胁主要表现下在以下几个方面。

(1) **插入攻击**。插入攻击以部署非授权的设备或创建新的无线网络为基础,这种部署或创建往往没有经过安全过程或安全检查。可对接入点进行配置,要求客户端接入时输入口令。如果没有口令,入侵者就可以通过启用一个无线客户端与接入点通信,从而连接到内部网络。有些接入点要求的所有客户端的访问口令竟完全相同,这是很危险的。

(2) **漫游攻击**。攻击者可使用网络扫描器(如 Netstumbler 侦测软件)进行攻击,可以在交通工具上用笔记本电脑或其他移动设备扫描无线网络,这种活动称为 wardriving;走在大街上或通过企业网站执行同样的任务,称为 warwalking。

(3) **窃取资源**。有些用户喜欢利用邻近的无线网络访问互联网(如蹭邻居的 WiFi),即使没有什么恶意企图,但仍会占用大量的网络带宽,严重影响网络性能。而更多的不速之客会利用这种连接从公司内发送邮件或下载盗版内容,这也会产生一些法律问题。

(4) **无线截获**。通过无线网络截获和监视通信内容是完全可能的,如无线数据包捕获和分析,并可用所捕获的信息来冒充合法用户,劫持用户会话和执行一些非授权的命令等。

(5) **拦截数据**。黑客通过 WiFi 拦截数据的现象已经日益普遍。虽然目前所有支持 WiFi 认证的产品均支持 AES-CCMP 数据加密协议,但仍存在一些早期产品还在被用户使用,这些产品仅仅支持存在安全漏洞的 TKIP,很容易被网络黑客盗取信号。

(6) **拒绝服务**。无线网络很容易遭受 DoS 攻击。随着越来越多的用户使用 IEEE 802.11n 标准,从而可减少 DoS 攻击发生,但仍会有一些 DoS 攻击现象存在。在这类攻击中攻击者恶意占用主机或网络资源,或是利用同频信号干扰无线信道工作,从而造成用户无法正常使用网络。目前的产品已经支持 IEEE 802.11w,即可很好地避免这一现象的发生。

(7) 非授权访问。无线网络的开放性身份验证只需提供 SSID 或正确的 WEP 密钥,这很容易受到黑客攻击。而共享机密身份验证的"口令—响应"过程则是通过明文传送的,故密钥极易被破解。此外,由于 IEEE 802.1x 身份验证只是服务器对用户进行验证,故容易遭到"中间人"窃取验证信息从而非法访问网络。非授权访问常见于部分用户对无线网络的安全防护等级设置得较低,或根本没有设置防护屏障,导致其他用户未经授权即可接入无线网络。

(8) 非法接入点和非授权用户入网。公共电磁波是无线网络传播的载体,而电磁波能够穿越玻璃、墙壁、天花板等物体,因此在一个无线接入点(简称无线 AP)所覆盖的区域中,包括未授权的客户端都可以接收到 AP 的电磁波信号。未授权用户非法获取 SSID 后将其修改为正确的 SSID,就可以接入无线网络了;如果 AP 实现 MAC 地址过滤方式的访问控制方式,入侵者可先通过窃听获取授权用户的 MAC 地址,然后修改自己计算机的 MAC 地址,从而冒充合法终端访问无线网络。

8.2.2 无线蜂窝网络的安全性

蜂窝网络(Cellular network)也称移动网络,是一种移动通信硬件架构。它把移动通信的服务区分为一个个正六边形的小子区,每个小区设一个基站,形成了形状酷似"蜂窝"的结构,因而把这种移动通信称为蜂窝移动通信。常见的蜂窝网络类型有 GSM 网络、CDMA 网络、3G 网络、AMPS(高级移动电话系统)等。蜂窝网络的组成主要有移动站、基站子系统和网络子系统三部分。移动站就是网络终端设备,如手机、笔记本电脑等。基站子系统包括移动基站(大铁塔)、无线收发设备、专用网络、无线数字设备等,它可以看作是无线网络与有线网络之间的转换器。

1. GSM 的安全性

GSM 网络体系结构如图 8.2.1 所示,由带有 SIM 卡的手机、基站收发信号台(BTS)、基站控制器(BSC)、移动交换中心(MSC)、认证中心(AUC)、归属位置登记数据库(HLR)、访问位置登记数据库(VLR)和运营中心(OMC)等部分组成。

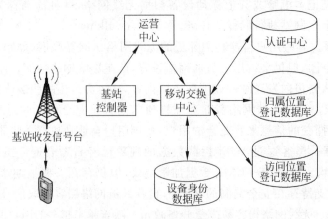

图 8.2.1 GSM 网络体系结构

1) GSM 的安全性概述

GSM 的安全性基于对称密钥的加密体系。GSM 主要使用了 A3、A5 和 A8 三种加密算法。A3 是移动设备到 GSM 网络认证的算法,A5 是认证成功后加密语音和数据的分组加密算法,A8 是产生对称密钥的密钥生成算法。

GSM 安全架构中的第一步是认证,确认一个用户和他的移动设备是授权访问 GSM 网络的。因为 SIM 卡和移动网络具有相同的加密算法和对称密钥,它们可以建立信任关系。在移动设备中,这些信息存储在 SIM 卡中。SIM 卡中的信息由运营商定制(包括加密算法、密钥、协议等),通过零售商分发到用户手中。

根据运营商提供的服务内容,单个用户还可以在 SIM 卡中存储电话号码和短消息。MSC 也保存着 A3、A5 和 A8 算法的副本,通常是存储在硬件设备中。

2) GSM 的认证过程

当一个手机开始通话时,GSM 网络的 VLR 会立刻与 HLR 建立联系,HLR 从 AUC 获取用户信息。这些信息会转发到 VLR 上,VLR 认证用户的身份,其认证过程如下(如图 8.2.2)。

(1) 基站产生一个 128 位的随机数或询问数(RAND),并将其发给手机。

(2) 手机使用 A3 算法和密钥 K_i 将 RAND 加密,产生一个 32 位的签名回应(SRES),同时 VLR 也计算出一个 SRES 值。

(3) 手机将 SRES 传输到基站,基站再将其转发到 VLR。

(4) VLR 将收到的 SRES 值与计算出的 SRES 值进行对比。

(5) 如果与 SRES 值相符,则认证成功,用户可以使用网络;否则,连接终止,错误信息将被报告到手机上。

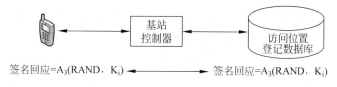

图 8.2.2　GSM 的认证过程

3) GSM 的保密性

在成功地进行认证后,GSM 网络和手机会完成一个建立加密信道的过程。首先需要产生一个加密密钥,然后该加密密钥被用来加密整个通信过程。

(1) SIM 卡使用 RAND,与 K_i 结合在一起,通过 A8 算法生成一个 64 位的会话密钥(K_c)。

(2) GSM 网络也计算出相同的会话密钥。

(3) K_c 与 A5 算法结合在一起,产生手机与 GSM 网络之间的加密通信数据。

2. CDMA 的安全性

CDMA 网络的安全性同样也建立在对称密钥体系上,其网络架构与 GSM 大致相同。

CDMA 手机使用 64 位对称密钥(称为 A-Key)进行认证。购买手机时,这个密钥被程序输入至手机内,同时也由运营商保存。手机内的软件计算出一个校验值,确保 A-Key 正确输入。

1) CDMA 认证

当用手机打电话时,CDMA 网络的 VLR 会对用户进行认证。CDMA 网络使用一种称为蜂窝认证的技术和语音加密(CAVE)的算法。

为了减少 A-Key 被截获的风险,CDMA 手机采用一种基于 A-Key 的动态生成数来进行认证。该生成数称为共享密钥(SSD),它是由用户的 A-Key、手机的电子序列号(ESN)和随机数 RAND 三个数值计算出来的,如图 8.2.3 所示。这三个数值通过 CAVE 算法产生一个杂凑值。该 CAVE 操作会生成 SSD_A 和 SSD_B 两个 64 位值。SSD_A 等同于 GSM 的 SRES,用于认证;SSD_B 等同于 GSM 的 K_c,用于加密。

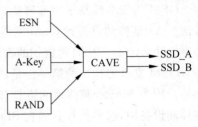

图 8.2.3 CAVE算法

当手机处于漫游状态时,SSD_A 和 SSD_B 被明文传输到正在访问的网络中。这可能会产生安全风险,因为黑客可以通过截获 SSD 值来复制手机信息。为了预防这种攻击,手机和网络使用一个同步通话计数器。每当手机和网络建立新的通话时,计数器就会更新,这样就能够检测出计数器没有更新的复制 SSD。

CDMA 的认证同样是建立在询问和应答过程上的。认证可以由本地 MSC 或者 AUC 来完成。如果一个 MSC 不能完成 CAVE 计算,认证就由 AUC 来实现。CDMA 的认证过程如下(见图 8.2.4 所示)。

图 8.2.4　CDMA 的认证过程

(1) 移动手机拨出电话,MSC 从 HLR 获取用户信息。

(2) MSC 产生一个 24 位的随机数用于询问(RANDU),并将 RANDU 传输到手机。

(3) 手机收到 RANDU 后,与 ESN 和 MIN 一起用 CAVE 算法生成杂凑值,得到一个 18 位的 AUTHU,并将其传输到 MSC。

(4) MSC 通过 SSD_A、ESN 和 MIN,用 CAVE 计算出自己的 AUTHU。

(5) MSC 将两个 AUTHU 进行比对,如两者一致,则继续进行通话;否则中止通话。

2) CDMA 的保密性

CDMA 采用与 GSM 类似的语音加密机制。虽然 CDMA 标准允许语音通信加密,但 CDMA 运营商并不会一直提供这种服务,因为 CDMA 采用的扩频技术和随机编码技术本身就比 GSM 采用的 TDMA 技术保密性好。

CDMA 采用的加密算法与 GSM 一样也是保密的,因此针对 CAVE 算法的攻击很少,但这并不意味着 CAVE 算法本身很强,它在理论上也很有可能存在着漏洞。CDMA 正开始逐渐过渡到公开加密算法上,这样会大大加强加密算法的强固性,同时也使 CDMA 运营商能够提供更多的移动商务服务。

3. 3G 的安全性

1) 2G 的安全缺陷

2G 系统主要存在如下安全缺陷。

（1）单向身份认证，无法防止伪造网络设备的攻击。

（2）加密密钥与认证数据在网络中使用明文传输，易造成信息泄露。

（3）加密功能没有延伸到核心网，从基站到基站控制器的传输链路中用户信息与信令数据均是明文。

（4）用户身份认证密钥不可变，无法抗击重放攻击。

（5）无消息完整性认证，不能保证数据在链路传输过程中的完整性。

（6）用户漫游时，服务网络采用的认证参数与归属网络之间没有有效的联系。

（7）无第三方仲裁功能，当网络各实体间出现纠纷时，无法提交给第三方进行仲裁。

2）3G 的安全特性

3G 是在 2G 基础上发展起来的，继承了 2G 系统的安全优点，同时针对 3G 系统的新特性，定义了更加完善的安全特征与安全服务。

3G 系统的安全设计充分考虑了 2G 系统存在的安全性缺陷，在结构设计及算法设计中予以克服。3G 系统不仅支持传统的话音与数据业务，还支持交互式业务与分布式业务，从而提供了一个全新的业务环境。这种全新的业务环境不仅体现了新的业务特征，还要求系统能够提供如下安全特征。

（1）存在不同的服务提供商，同时提供多种新业务及不同业务的并发支持。新的 3G 系统安全特征需综合考虑多业务情况下的被攻击性。

（2）采用固定线路传输。

（3）系统中存在各种预付费业务及对方付费业务，应提供相应的安全保护。

（4）系统的安全特征应能抗击用户可能进行的主动攻击。

（5）系统中非话音业务将占主要地位，对安全性的要求更高。

（6）系统中的终端能力进一步增强。

3）3G 的安全目标

基于上述原则和安全特性，3G 的系统安全应达到如下目标。

（1）确保所有用户产生或与用户相关的信息得到足够的保护，以防止滥用或盗用。

（2）确保归属网络与访问网络提供的资源与服务得到足够的保护，以防滥用或盗用。

（3）确保标准安全特性的全球兼容能力。

（4）确保安全特性的标准化，保证不同的服务网络间的漫游与互操作能力。

（5）确保提供给用户与运营商的安全保护水平高于已有的固定或移动网络。

（6）确保 3G 安全能力的扩展性，从而可以根据新的威胁不断扩展安全功能。

8.2.3　无线设备与数据安全

1. 无线频率安全

由于无线传输是通过无线电波进行的，这使所有人都不必经过物理连接到网络的任何部分即可监控传输过程。拥有无线网卡和一些无线网络系统基本知识的攻击者即可监控所有通过网络的通信。

大多数的固定式无线网络访问是通过 RF 频谱进行通信的。RF 频谱实际是一个宽范围的微波频率，范围是 500kHz～300GHz。常见的使用 RF 频谱的设备有移动电话、无绳电话、电视机、AM 和 FM 收音机、微波炉等。并不是 RF 频谱内所有的频率都要经过许可，还有一些频率范围为自由频段,最常用的是工业、科学和医学(Industrial、Scientific、Medical,ISM)界所用的频段。ISM 频率通常是固定式无线网络访问设备所最常用的频率。

RF 频谱内频率的使用,在美国由 FCC 授权许可,而世界其他地方由国际电信联盟(ITU)授权许可。这种差异会导致美国的设备与世界其他国家和地区的同类设备运行在不同的频率上。

最常用的两种固定式无线网络访问技术为 MMDS 和 LMDS。

2. 物理位置安全

无线网络重要设备的物理位置对于固定式无线通信环境来说是非常重要的,其主要原因是信息的可到达性和设备的安全性。

信息可到达性是固定式无线网络用户最关心的事,尤其是应用 LMDS 技术的用户。如果天线没有 ISP 的 WMTS 清晰视线,连接就会被认为是无用的。多数情况下,需要访问 WMTS 的视线意味着要求天线必须安装在无线网络设备所在的建筑物顶部或建筑物外的高塔上。这样可使信息有最大化的可到达性。另外,提高无线网络性能的一个途径是通过使用更好的电缆,这可有助于降低信号衰减。

为了保证设备的安全性,用户可考虑将一些重要设备(如无线 Modem、路由设备)固定在安全的箱柜里。应该修改 Modem 上的默认密码,而且还要限制能访问它的用户数量。一些公司希望将 Modem 放在天线附近,通常是放在屋顶,以保持信号的强度。在这种情况下可将 Modem 加锁封装,以防止自然环境的破坏和潜在的攻击者。如果条件允许,可建筑一道篱笆围起 Modem 和天线,以确保这些重要物理设备的安全。

3. 无线数据加密

固定式无线传输通过使用扩频技术来保证其安全。由于无线连接通过特定频段传输(如 FM 信号),所以某个拥有天线和类似网络设备的攻击者会很容易地嗅探到传输信息。

保护传送数据安全的最好办法是对数据进行加密。无线制造商开发了一种基于电缆的安全标准——缆上数据业务接口规范(DOCSIS+)系统。使用 DOCSIS+ 系统,ISP 可以对用户 Modem 和 IWMTS(无线消息测试平台)之间的数据流进行强制加密。DOCSIS+ 系统支持多种类型的密钥体制(如 x.509 数字认证、RSA 公钥加密算法和 TDES 加密)。WMTS 制定的加密策略,要求终端用户 Modem 必须遵守,否则 WMTS 不接收数据。这样既可防止攻击者查看数据,又可防止未授权用户使用 WMTS 获得对 ISP 的未授权访问。

采取访问控制措施可以防止网络的数据资源(如通信资源或信息资源)被非授权用户访问(如数据的未经授权使用、泄露、修改、销毁等)。用户通过认证,完成接入无线局域网的第一步,还要获得授权才能开始访问权限范围内的网络资源,授权主要是通过访问控制机制来实现。访问控制通过访问 BSSID、MAC 地址过滤、控制列表 ACL 等技术实现对用户访问网络资源的限制。

4. 无线 AP 安全

无线 AP 是一个包含广泛内容的名称,它不仅包含单纯性无线 AP,也同样是无线路由器(含无线网关、无线网桥)等类设备的统称。

智能手机、平板电脑、笔记本电脑、个人计算机、智能电灯等需要连接 WiFi 的设备越来越多,这些设备都可以通过室内的无线路由器或者无线 AP 连接互联网。那么,作为互联网入口的无线路由器和无线 AP 无疑是非常重要的设备,在我们离不开 WiFi 的同时,无线 AP

安全与否成为人们不得不关心的问题。目前,连接无线路由器的设备越来越多,无线路由器作为连接智能设备和互联网的桥梁如果遭到攻击,不仅用户的个人隐私和个人财产将受到损害,甚至生活都可能会被搅得鸡犬不宁。一旦无线路由器被攻击,攻击者就可以截取人们向互联网发送的信息,解读出其中的个人账号、密码等信息,并会进入路由器的系统后台,更改 DNS 服务器参数,误导用户访问黑客搭建的钓鱼网站。

无线 AP 是无线网络的核心,是用户进入有线网络的接入点。要想有效地提高无线网络的整体性能,用好无线 AP 就成为不可缺少的重要环节。

在 WLAN 中,无线 AP 必须从物理上加以保护,使攻击者不能轻易地访问。无线 AP 应靠近建筑物的中心,这样当信号到达边界时就变得弱了。假设一个机构有多个建筑物,准备建立覆盖整个园区的 WLAN,要把信号限制在建筑物的内部可能很困难,那么就要采取措施来确保园区自身的安全,阻止未经授权的用户进入该地区。

如果无线 AP 上存储有密钥和其他的过滤器,访问它们将受到限制。这就对大多数 WLAN 管理员提出了一个实际的问题,因为许多无线 AP 配有管理工具,这些管理工具有先天的不安全性。无线 AP 通常依靠 HTTP、Telnet 和 SNMP 技术来配置。Telnet 和 HTTP 的安全缺陷是所有数据都是明文发送的,而 SNMP、Telnet 和 HTTP 也都面临许多同样的安全问题。如果可以,在无线 AP 上应该禁用 HTTP、Telnet 和 SNMP 功能,并使用其他的安全访问技术(如 HTTPS 或 SSH)。如果厂商不支持对无线 AP 控制的安全技术,那么到无线 AP 的连接就只能通过有线网段进行。

应定期地扫描所有 AP 查找未经授权的通信,更重要的是查找未经授权的 AP。因为偶尔企业用户或用户组可能在实验室建立 WLAN 而没有通知 IT 管理部门,这些用户对安全保护 WLAN 的必需步骤并不知晓,因而可能会不经意地允许未经授权的通信访问网络。

8.2.4 无线网络的安全机制

1. 有线等价保密机制

WEP(Wired Equivalent Privacy,有线等效保密)是 IEEE 802.11 标准的部分封装形式,它使用对称密钥加密体系来保护终端用户和 AP 之间的数据。WEP 能够为 WLAN 应用提供数据加密和身份认证保护功能。

WEP 标准指定用 RC4 伪随机数生成(PRNG)算法来加密两设备间传输的密钥。密钥在 WLAN 网卡和 AP 上都有存储,且网卡和 AP 之间传输的所有数据都用该密钥加密。WEP 的认证功能是当加密功能启用且客户端连接上 AP 时,AP 会发出一个 Challenge Packet 给客户端,客户端再利用共享密钥将此值加密后送回 AP 以进行认证比对,如果正确无误,才能获准访问网络资源。

WEP 协议是对在两台设备间无线传输的数据进行加密的技术,可用以防止非法用户窃听或入侵无线网络。对多数管理员来说,SSID 本身没有提供足够的安全。为进一步保护WLAN,许多管理员会使用 WEP 协议。WEP 协议可保证在无线传输过程中的数据安全,是保障无线网络安全的一项重要措施,现已得到普遍应用。WEP 协议可实现数据安全性(防止数据在传输过程中被监听)、接入控制和数据完整性等目标。

2. 无线保护接入机制

由于 WEP 机制存在安全漏洞与威胁,因此 WiFi 联盟在 IEEE 802.11i 出台之前推出

WPA,作为中间过渡标准,确保 WLAN 在过渡期内的安全。

WPA(WiFi Protected Access,无线网络安全访问协议)是继承了 WEP 基本原理且可解决 WEP 安全缺陷的技术。它遵循 TKIP 和 IEEE 802.1x 机制,为移动客户机提供动态密钥加密和相互认证功能。

TKIP 为 WEP 引入了新算法,包括扩展的 48 位初始向量与相关的序列规则、数据包密钥构建、密钥生成与分发功能和信息完整性码(Michael 码)。在应用中与利用 802.1x 和 EAP(扩展认证协议)的认证服务器连接,认证服务器用于保存用户证书,实现有效的认证控制和与已有信息系统的集成。WPA 还具有防止数据被篡改和认证功能。

WPA 加密有 WPA、WPA-PSK、WPA2 和 WPA2-PSK 四种方式,它们都采用相同的加密机制,其区别仅在于认证机制。WPA 采用的加密算法有高级加密算法(AES)和临时密钥完整性协议(TKIP)两种。

3. IEEE 802.11i 增强安全机制

IEEE 802.11i 规定了使用 IEEE 802.1x 认证和密钥管理方式,定义了 TKIP 和 CCMP 两种数据加密机制,增强了 WLAN 中的数据加密和认证性能,并且针对 WEP 加密机制的各种缺陷做了多方面的改进,可大幅度提升无线网络的安全性。

1) 数据保密协议

IEEE 802.11i 的加密协议主要是针对 WEP 和 WLAN 的特点来设计的,目的是为了有效地抵抗各种主动和被动攻击,建立一个健壮的安全网络。IEEE 802.11i 的草案中定义了 TKIP 和 CCMP 两种数据加密协议。CCMP 是 IEEE 802.11i 所使用的最强的算法;TKIP 存在的主要目的是因为现在的大多数设备只支持这种 WEP,它可使这些设备升级。

(1) **TKIP(暂时密钥完整性)协议**。为了更系统地修正 WEP 中的安全漏洞,IEEE 提出了向后兼容 WEP 的升级算法 TKIP。TKIP 是一种对传统设备上 WEP 算法进行加强的协议,它可使用户在不更新硬件设备的情况下,提升系统的安全性。

(2) **CCMP 协议**。TKIP 是基于 RC4 算法设计的,所以 TKIP 只能是一种过渡解决方案。IEEE 802.11i 标准的最终方案是基于 IEEE 802.1x 认证的、以 AES 为核心算法的加密技术,CCMP 是 IEEE 802.11i 规范中的默认模式。

2) 认证和访问控制

访问控制是网络安全的重要组成部分,只有通过合理的控制方式才能保障合法用户使用网络资源。在访问控制的同时必然伴随着身份的认证,用户只有向他人证明自己的身份后才能享用为他所提供的资源。IEEE 802.11i 中的认证、授权和接入控制主要是由三个部分配合完成的,分别是 IEEE 802.1x 标准、EAP 协议和 RADIUS 协议。

(1) **IEEE 802.1x 标准**。IEEE 802.1x 是一种基于端口的认证协议,可通过认证和加密来防止非法接入无线网络。端口可以是一个物理端口,也可以是一个逻辑端口。IEEE 802.1x 认证的最终目的就是确定一个端口是否可用。IEEE 802.1x 协议解决了传统的 Web 认证方式带来的问题,消除了网络瓶颈,减轻了网络封装开销,降低了建网成本。它的优越性表现为简捷高效、认证与业务分离和安全可靠。

(2) **EAP 协议**。可扩展认证协议(EAP)是 PPP 认证中的一个通用协议,其特点是 EAP 在链路控制阶段没有选定认证机制,而是把这一步推迟到认证阶段,这样就允许认证者在确定某种特定认证机制前请求更多的信息,还可以采用一个后端服务器来实际实现各种认证机制,认证者仅仅需要传递认证信息。

EAP 可以与 IEEE 802.1x 很好地配合使用,因为 IEEE 802.1x 专门定义了在 LAN 上运行 EAP 的报文格式 EAPOL。在 IEEE 802.1x 中,AP 本身并不参与具体的认证过程,而只是对认证信息起传递作用,并把认证服务器认证的结果传递到端口,因此 AP 只需要知道 EAP 的报文类型和转换的方法,而不必知道认证服务器所使用的具体的 EAP 方法。

EAP 采用高层认证技术,并支持多种安全协议标准,从而可降低链路层运算资源在安全上的开销。它可运行在任何链路层之上,可方便扩展支持未来的认证协议,具有良好的适用性和可扩展性。

(3) **RADIUS 协议**。配置 AP 使用 RADIUS 对用户进行验证可进一步增强无线网络的安全。RADIUS 验证给管理员提供通过 AP 访问网络的更多精细粒度的控制。并不是所有的 AP 都支持 RADIUS 验证,但像 Cisco、Linksys、Lucent 和 Proxim 等著名供应商的 AP 都支持 RADIUS 功能。RADIUS 验证阻止未授权的用户通过 WLAN 访问网络。如果用户不能通过 RADIUS 服务器验证,就不允许访问网络。当用在强密码策略的连接中,RADIUS 验证有助于制止未授权用户获得对网络资源的访问。

使用 RADIUS 验证 WLAN 的过程如图 8.2.5 所示,RADIUS 服务器要求 WLAN 用户在获得网络访问前进行验证。用户连接到 AP,使用 SSID、WEP 或两者结合来进行网卡验证。AP 向 RADIUS 服务器提交 RADIUS 请求,RADIUS 服务器验证现在能够传送网络通信的用户。为保证可靠性,AP 还可以增加一个 RADIUS 备用服务器。如果主服务器失效,用户将自动转发给备用服务器。

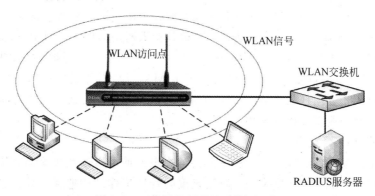

图 8.2.5　使用 RADIUS 验证 WLAN

8.2.5　无线网络的安全措施

可采取如下安全措施应对无线网络的安全威胁。

1. 进行网络整体安全分析、网络设计和结构部署

网络整体安全分析是对网络可能存在的安全威胁进行全面分析。当确定有潜在的入侵威胁时,要将其纳入网络规划,及时采取措施,排除无线网络的安全威胁。选择比较有安全保证的产品来部署网络和设置适当的网络结构是确保网络安全的前提条件,同时还要做到如下几点。

(1) 修改设备的默认值。

(2) 把基站看作 RAS(远程访问服务器)。

（3）指定专用无线网络的 IP 协议。

（4）在 AP 上使用速度最快的、能够支持的安全功能。

（5）考虑天线对授权用户和入侵者的影响。

（6）在网络上，针对全部用户使用一致的授权规则。

（7）在不会被轻易损坏的位置部署硬件。

2. 配置入侵检测系统

无线入侵检测系统（WIDS）相比传统的 IDS 主要增加了对无线网络的检测和对破坏系统反应的特性。WIDS 是通过分析网络中的传输数据来判断是否有破坏系统和入侵事件。WIDS 具有监视分析用户的活动、检测非法的网络行为、判断入侵事件的类型和对异常的网络流量进行预警等主要功能。WIDS 不但能找出大多数的黑客行为并准确定位黑客的详细地理位置，还能加强策略，大大提高无线网络的安全性。

3. 对无线网络进行加密

对无线网络进行加密是最基本的安全措施。但加密并不是万能的，对无线网络进行加密只是提高网络安全性的主要措施。目前常见的无线网络加密技术有 WEP、WPA 和 WPA2 三种。WEP 是一种运用传统的无线网络加密算法进行加密的方式。WPA 是在 WEP 基础上进行改进的，采用 TKIP 和 AES 进行加密的方式。WPA2 则是更高一级的安全类型，它提供一种安全性更高的加密标准 CCMP，其加密算法为 AES。

4. 设置 MAC 地址过滤

MAC 地址是网络设备独一无二的标识，具有全球唯一性。无线路由器可追踪经过它们的所有数据包源 MAC 地址，因此开启无线路由器上的 MAC 地址过滤功能，建立允许访问路由器的 MAC 地址列表，可达到防止非法设备接入网络的目的。MAC 过滤可以降低大量攻击威胁，对于较大规模的无线网络也是非常可行的选项。一是把 MAC 过滤器作为第一层保护措施；二是记录无线网络上使用的每个 MAC 地址，并配置在 AP 上，只允许这些地址访问网络，阻止非信任的 MAC 访问网络；三是可以使用日志记录产生的错误并定期检查，判断是否有人企图突破安全措施。

5. 有效管理 IP 分配方式

IP 地址有静态地址和动态地址两种方式。静态地址可以避免黑客自动获得 IP 地址，而动态地址可以简化 WLAN 的使用，降低繁重的管理工作。一般无线路由器默认设置应用 DHCP 功能，即动态分配 IP 地址。如果入侵者找到了无线网络，就会很方便地通过 DHCP 获得一个合法的 IP 地址，这是有安全隐患的。因此，在联网设备比较固定的环境中应关闭无线路由器的 DHCP 功能，然后按一定的规则为无线网络中的每一个设备设置一个静态 IP 地址，并将这些静态 IP 地址添加到在无线路由器上允许接入的 IP 地址列表中，可大大缩小接入无线网络的 IP 地址范围。最好的方法是将静态 IP 地址与其相对应 MAC 地址同步绑定，这样即使入侵者得到合法的 IP 地址，还要验证绑定的 MAC 地址，这相当于设置了两道关卡，大大提高了无线网络的安全性。

6. 利用协议过滤功能

协议过滤是一种降低网络安全风险的方式，在协议过滤器上设置正确适当的协议过滤功能会给无线网络提供一种安全保障。协议过滤功能可限制那些企图通过 SNMP 协议访问无线设备进而修改配置的网络用户，还可防止使用较大的 ICMP 协议数据包和其他会用作 DoS 攻击的协议。

7. 采用身份验证和授权

如果入侵者了解到网络的 SSID、MAC 地址或 WEP 密钥等相关信息,就可据此尝试与 AP 建立联系,从而使无线网络出现安全隐患。因此在用户建立与无线网络的关联前对其进行身份验证是很必要的。如果开放身份验证就意味着只需向 AP 提供 SSID 或正确的 WEP 密钥,而此时如果没有其他的保护,那么无线网络对每个获知网络 SSID、MAC 地址或 WEP 密钥等信息的用户来说将会处于完全开放的状态,其后果可想而知。

8. 防止非法接入

1) 防止非法用户的接入

(1) 基于 SSID 防止非法用户接入。服务设置标识符 SSID 是用来标识一个网络的名称,以此来区分不同的网络,最多可以有 32 个字符。无线客户机设置了不同的 SSID,可以进入不同网络。无线客户机必须提供正确的 SSID,与无线 AP 的 SSID 相同,才能访问 AP。如果出示的 SSID 与 AP 的 SSID 不同,AP 将拒绝它通过本服务区上网。因此可认为 SSID 是一个简单的口令,从而提供口令认证机制,阻止非法用户的接入。SSID 通常由 AP 广播出来。出于安全考虑,可禁止 AP 广播其 SSID 号。

(2) 基于无线网卡物理地址过滤防止非法用户接入。由于每个无线客户机的网卡都有唯一的物理地址,因此可以利用 MAC 地址来阻止未经授权的无限工作站接入。为 AP 设置基于 MAC 地址的访问控制表,确保只有经过注册的设备才能进入网络。可以在 AP 中手工维护允许访问的 MAC 地址列表,实现物理地址过滤。但是 MAC 地址在理论上可以伪造,因此这也是较低级别的授权认证。物理地址过滤属于硬件认证,而不是用户认证。这种方式要求 AP 中的 MAC 地址列表必须随时更新。如果用户增加,则扩展能力变差,因此只适用于小规模网络。如果网络中的 AP 数量很多,可以使用 802.1x 端口认证技术配合后台的 RADIUS 认证服务器,对所有接入用户的身份进行严格认证,杜绝未经授权的用户接入网络、盗用数据或进行破坏。

(3) 基于 802.1x 防止非法用户接入。802.1x 技术也是用于 WLAN 的一种增强性的网络安全解决方案。当无线客户机与无线 AP 关联后,是否可以使用 AP 的服务要取决于 802.1x 的认证结果。如果认证通过,则 AP 为无线客户机打开这个逻辑端口,否则不允许用户上网。

2) 防止非法 AP 的接入

无线局域网易于访问和配置简单的特性,增加了无线局域网管理的难度。因为任何人都可以通过自己购买的 AP,不经过授权而接入网络,这就给无线局域网带来很大的安全隐患。

(1) 基于无线网络的 IDS 防止非法 AP 接入。使用 IDS 防止非法 AP 的接入主要有发现非法 AP 和清除非法 AP 两个步骤。发现非法 AP 是通过分布于网络各处的探测器完成数据包的捕获和解析,它们能迅速地发现所有无线设备的操作,并报告给管理员或 IDS 系统。通过使用网络管理软件(如 SNMP),也可以确定 AP 接入有线网络的具体物理地址。发现 AP 后,可以根据合法的 AP 认证列表(ACL)判断该 AP 是否合法。如果判断新检测到的 AP 的 MAC 地址、SSID、Vendor、无线媒介类型或者信道异常,就可以认为其是非法 AP。当发现非法 AP 之后,应该立即采取相应的措施,阻断该 AP 的连接。可采用网络管理员利用网络管理软件确定非法 AP 的物理连接位置从物理上断开的方式阻断 AP 连接，也可采用禁止在交换机的端口连接非法 AP 的方式阻断 AP 连接。

（2）基于 802.1x 双向验证防止非法 AP 接入。利用对 AP 的合法性验证以及定期进行站点审查，防止非法 AP 的接入。在无线 AP 接入有线交换设备时，可能会遇到非法 AP 的攻击，非法安装的 AP 会危害无线网络的宝贵资源，因此必须对 AP 的合法性进行验证。AP 支持的 IEEE 802.1x 技术提供了一个客户机和网络相互验证的方法，在此验证过程中不但 AP 需要确认无线用户的合法性，无线终端设备也必须验证 AP，然后才能进行通信。通过双向认证可以有效地防止非法 AP 的接入。

（3）基于检测设备防止非法 AP 的接入。在入侵者使用网络之前，通过接收天线找到未被授权的网络。网络管理员应当尽可能频繁地对物理站点进行监测，因为频繁的监测可增加发现非法配置站点的机会。管理员可以通过小型的手持式扫描检测设备随时到网络的任何位置进行检测，清除非法接入的 AP。

9. 应用 VPN 技术

在大型的无线网络中，对工作站的维护、对 AP 的 MAC 地址列表设置、对 AP 的 WEP 加密密钥管理等都是一件相当繁重的工作，而 VPN 技术是 WEP 机制和 MAC 地址过滤机制的最佳代替者。VPN 可在客户端与各机构间设置一条动态的加密隧道，并同时支持用户进行身份验证，以此来实现高级别的安全保障，且多数操作系统都支持 VPN 隧道的普通客户端（如 PPTP、L2TP 和 IPSec）。无线网络数据用 VPN 加密后再用无线加密技术加密，可大大提高无线网络的安全性能。

在 WLAN 中 VPN 是通过在网络和 AP 之间加装 NAS 服务器实现保护功能的，如图 8.2.6 所示。使用 VPN 保护 WLAN，WLAN 用户建立通向访问服务器的隧道，加密所有在用户和网络间传输的通信。WLAN 用户连接 AP，请求转发给 NAS，NAS 再处理数据加密和验证，并创建隧道。一旦用户成功地通过 NAS 服务器的验证，隧道即可建立，加密的数据就可以在用户和网络间自由地传输了。

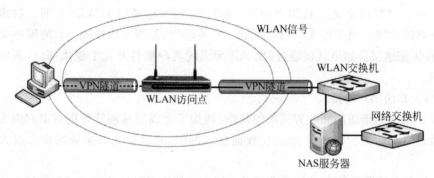

图 8.2.6　使用 VPN 保护 WLAN

尽管 VPN 技术很好，且许多人认为是企业网络的关键，但它仍然存在一些不足。如在 NAS 服务器和终端用户机器上都要建立隧道，需要额外的 CPU 开销。如果网络上没有建立 VPN，那么建立新的 VPN 还要花费很多的时间和费用。

除上述安全措施外，在实际使用中还可采取诸如对用户进行安全教育、设置附加的第三方数据加密方案、加强企业内部管理、提高技术人员对安全技术措施的重视、加大安全制度建设等措施加强无线网络的安全性。

习题和思考题

一、简答题

1. 简述无线广域网技术。

2. 何为扩频技术？何为 3G 技术？3G 技术有哪些标准？

3. 简述 3G 的安全目标。

4. CDMA 的主要特点是什么？

5. 无线局域网的主要标准有哪些？

6. 无线网络存在哪些不安全因素？

7. 无线网络的安全措施有哪些？

8. 无线网络防止非法 AP 接入的措施有哪些？

二、填空题

1. 无线网络主要有无线（   ）和无线（   ）两种类型。

2. 无线广域网的主要支持技术有（   ）技术、（   ）技术、（   ）技术和（   ）等。

3. CDMA 的安全性是建立在（   ）体系上的。

4. WEP 是一个用于（   ）的安全协议，该协议是对在两台设备间（   ）进行加密的技术，可用以防止非法用户窃听或侵入无线网络。

5. GSM 标准有（   ）和（   ）两个频段。

6. IEEE 802.11i 标准中主要包含加密技术（   ）、（   ）和认证协议（   ）。

7. WEP 是 IEEE 802.11 标准的部分封装形式，它能够为 WLAN 应用提供（   ）和（   ）保护功能。

8. WPA 是继承了（   ）基本原理且可解决（   ）安全缺陷的技术，它为移动客户机提供（   ）加密和（   ）功能。

9. 目前推荐的 3G 主流技术标准有三种，分别为（   ）、CDMA2000 和（   ）。（   ）是由中国提出、以中国知识产权为主、被国际上广泛接受和认可的。

10. 4G 的关键技术主要有（   ）技术、（   ）技术和 MIMO 技术。

三、单项选择题

1. 以下 3G 主流技术标准中（   ）是由中国提出、以中国知识产权为主、被国际上广泛接受和认可的。

    A. WCDMA   B. TD-SCDMA   C. CDMA2000   D. GPRS

2. 以下（   ）不是 3G 技术提供的安全目标。

    A. 确保安全特性的标准化   B. 确保 3G 安全能力的扩展性

    C. 确保标准安全特性的全球兼容能力   D. 确保单向身份认证功能的实施

第 9 章 网络安全实践

本章要点

- 常用网络工具的使用；
- 网络操作系统的安全设置；
- 网络部件的安全设置；
- 数据加密技术的应用；
- 网络安全防护的应用；
- 互联网应用案例；
- 无线网络路由器的安全设置。

本章主要介绍 21 个网络安全应用实例,这些实例的应用性和可操作性都较强。各个实例都可作为与前面各章知识相对应的"实验指导书",也可单独作为有一定网络安全基本知识的读者使用的网络安全实践教材或参考书。通过学习和实践相关实例,读者可了解和掌握网络安全软件(工具)的应用和操作技能。

9.1 常用网络工具的使用

本节主要介绍计算机网络常用工具 ping 和 ARP 的使用。

1. ping

ping 是 Windows 系列自带的一个可执行命令。利用它可以检查网络是否能够连通,当网络出现故障时,可用该命令预测故障和确定故障地点。ping 操作成功则说明当前主机与目的主机之间存在一条连通的路径;如果不成功,则考虑网线是否连通、网卡设置是否正确、IP 地址是否可用等。该命令只有在安装 TCP/IP 协议之后才能使用。

按照默认设置,ping 命令发送 4 个 ICMP 回送请求,每个 32 字节,如果一切正常,可得到 4 个回送应答。ping 以毫秒为单位显示发送回送请求到返回回送应答之间的时间。如果应答时间短,表示数据报不必通过太多的路由器或网络连接速度比较快。ping 还能显示 TTL(Time To Live,存在时间)值,用户可以通过 TTL 值推算数据包已经通过了多少个路由器:源地点 TTL 起始值(比返回 TTL 略大的一个 2 的乘方数)-返回时 TTL 值。如返回 TTL 值为 119,那么可以推算数据报离开源地址的 TTL 起始值为 128,而源地点到目标地点要通过 9(128-119)个路由器网段;如果返回 TTL 值为 248,TTL 起始值就是 256,源地点到目标地点要通过 8 个路由器网段。

1）ping 命令的语法

ping [－t] [－a] [－n count] [－l length] [－f] [－i ttl] [－v tos] [－r count] [[－j computer－list] | [－k computer－list]] [－w timeout] destination－list

2）参数说明

-t　校验与指定计算机的连接,直到用户按下 Ctrl＋C 键中断。

-a　将地址解析为计算机名。

-n count　发送由 count 指定数量的 Echo 报文,默认值为 4。

-l length　发送包含由 length 指定数据长度的 Echo 报文,默认值为 64 字节,最大值为 8192 字节。

-f　在包中发送"不分段"标志,该包将不被路由上的网关分段。

-i ttl　将"生存时间"字段设置为 TTL 指定的数值。

-v tos　将"服务类型"字段设置为 tos 指定的数值。

-r count　在"记录路由"字段中记录发出报文和返回报文的路由。count 值最小可以是 1,最大可以是 9。

-j computer-list　经过由 computer-list 指定的计算机列表的路由报文。中间网关可能分隔连续的计算机(松散源路由)。允许的最大 IP 地址数目是 9。

-k computer-list　经过由 computer-list 指定的计算机列表的路由报文。中间网关可能分隔连续的计算机(严格源路由)。允许的最大 IP 地址数目是 9。

-w timeout　以毫秒为单位指定超时间隔。

destination-list　指定要校验连接的远程计算机。

3）检测网络故障

使用 ping 命令来查找问题所在或检验网络运行情况时,需要使用许多参数,如果所有命令都运行正确,就可以判定基本的连通性和配置参数没有问题;如果某些 ping 命令出现运行故障,则可指明到何处去查找问题。检测次序及对应的可能故障如下。

ping 127.0.0.1　该命令被送到本地计算机的 IP 软件,永不退出该计算机。如果没有做到这一点,就表示 TCP/IP 安装或运行存在某些最基本的问题。

ping 本机 IP　该命令被送到用户计算机的 IP 地址,计算机始终都应对该 ping 命令做出应答。如果没有应答则表示本地配置或安装存在问题。用户可断开网络电缆,然后重新发送该命令。如果网线断开后本命令正确,则表示另一台计算机可能配置了相同的 IP 地址。

例如:本机 IP 地址为 172.168.200.2,则执行命令 ping 172.168.200.2。如果网卡安装配置没有问题,则应有如下显示。

```
Replay from 172.168.200.2: bytes = 32 time < 10ms
Ping statistics for 172.168.200.2:
Packets: Sent = 4,Received = 4,Lost = 0 < 0 % loss >
Approximate round trip times in milli－seconds:
Minimum = 0ms,Maximum = 1ms,Average = 0ms
```

如在 MS-DOS 方式下执行该命令,显示内容为 Request timed out 时则表明网卡安装或配置有问题。可将网线断开再次执行此命令,如果显示正常则说明本机 IP 地址可能与另一台正在使用的计算机的 IP 地址一样;如果仍然不正常则表明本机网卡安装或配置有问题,需继续检查相关网络配置。

ping 局域网内其他 IP　该命令表示应离开自己的计算机,经过网卡及网络电缆到达其他计算机,再返回。收到回送应答则表明本地网络中的网卡和载体运行正确;如收到 0 个回送应答则表示子网掩码不正确或网卡配置错误或电缆系统有问题。

ping 网关 IP　该命令的应答如果正确,则表示局域网中的网关路由器正在运行并能够做出应答。

ping localhost　localhost 是 127.0.0.1 的别名,每台计算机都应该能够将该名字转换成该地址。如果出现故障,则表示主机文件(/Windows/host)中存在问题。

ping www.yahoo.com　是对域名执行 ping 命令,如果出现问题则表示 DNS 服务器的 IP 地址配置不正确或 DNS 服务器有故障。用户也可以利用该命令实现域名对 IP 地址的转换。

如果上面所列出的 ping 命令都能正常运行,则表明网络运行正常。

2. ARP

在局域网中网络交换设备是以 48 位以太网地址(MAC 地址)传输以太网数据包,而在 Internet 中目标地址是由 IP 规定的 32 位地址来确定的。由于 MAC 地址与 IP 地址之间没有直接的关系,因此需要通过地址解析协议 ARP 进行转换。

ARP 工作时,首先请求主机在自己的 ARP 缓存中查找目标 IP 地址的 MAC 地址信息,如果该地址存在则直接读取,否则发送一个含有所希望到达的 IP 地址的以太网广播数据包;然后目标 IP 所有者将以一个含有 IP 和 MAC 地址对的数据包应答请求主机。这样就能获得目标 IP 地址对应的 MAC 地址,同时请求主机将该地址对放入自己的 ARP 表中缓存起来,以节约不必要的 ARP 通信。

ARP 缓存表采用了老化机制,在一段时间内如果表中的某一行没有使用(Windows 系统这个时间为 2 分钟,而 Cisco 路由器则为 5 分钟)就会被删除,这样可以大大减少 ARP 缓存表的长度,加快查询速度。

1) arp 命令的使用

依次选择“开始”→“程序”→“附件”→“命令提示符”命令,进入命令行模式,运行 arp-a 命令,即可查看当前 ARP 表,包括本机的 IP 地址和 MAC 地址信息。

2) arp 命令的语法

```
arp[-a[IP地址][-N接口IP地址]][-g[IP地址][-N接口IP地址]][-dIP地址[接口IP
地址]][-sIP地址MAC地址[接口IP地址MAC地址]]
```

3) 参数说明

-a　显示所有接口的当前 ARP 缓存表。带有 IP 地址参数显示特定 IP 地址的 ARP 缓存项,如果未指定 IP 地址,则使用第一个适用的接口;带有-N 接口 IP 地址,则显示特定接口的 ARP 缓存表。

-g　与-a 相同。一般情况下,-a 多用于 Windows 平台,-g 多用于 UNIX 平台上,二者可以通用。

-d IP 地址[接口 IP 地址]　删除指定的 IP 地址和指定的接口 IP 地址。要删除所有项,则使用星号(＊)通配符代替 IP 地址。

-s IP 地址 MAC 地址[接口 IP 地址 MAC 地址] 向 ARP 缓存添加可将 IP 地址[接口 IP 地址]解析成物理地址 EtherAddr 的静态项。

/? 在命令提示符下显示帮助。

注意：IP 地址和接口 IP 地址用点分十进制计数法表示。MAC 地址由六个字节组成，每字节用十六进制计数法表示,并用连字符隔开(如 00-AA-00-4F-2A-9C)。

9.2　网络操作系统的安全设置

本节介绍 Windows 7 系统、Windows Server 2008 系统和 Linux 系统的安全设置。

9.2.1　Windows 7 系统的安全设置

Windows 系统的安全设置一般可以通过管理计算机属性、配置组策略、修改注册表的方式进行。下面介绍常用的客户端操作系统 Windows 7 的安全设置方法。

1. 通过管理计算机属性来实现系统安全

管理计算机属性的操作方法：右击桌面上的"计算机"图标,在弹出的快捷菜单中选择"管理(G)"命令,弹出如图 9.2.1 所示"计算机管理"窗口。

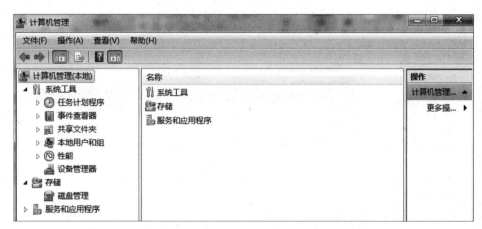

图 9.2.1　计算机管理界面

1) 关闭 Guest 账户

Guest 账户是 Windows 7 系统安装后的一个默认账户,用户和攻击者都可以使用该账户。使用 Guest 账户连接网络系统时,服务器不能判断连接者的身份,因此,为了安全起见最好关闭该账户。

第 1 步：在图 9.2.1 中,展开"本地用户和组",选择"用户"选项,在右侧的窗口中显示目前系统中的用户信息；

第 2 步：停用 Guest 账户。右击 Guest 选项,选择"属性"命令,弹出"Guest 属性"对话框。勾选"账户已禁用"复选框,单击"确定"按钮,Guest 账户即被停用(图标上有"↓"),如图 9.2.2 所示。

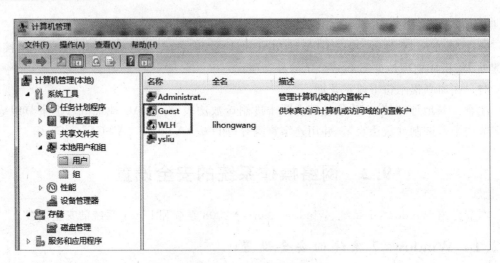

图 9.2.2　停用用户显示

2）修改管理员账户名称

Windows 系统默认的管理员账户是 Administrator 且不能删除。为了减少系统被攻击的风险,更改默认的管理员账户名称是很有必要的。右击 Administrator 选项,选择"重命名"命令,在用户名 Administrator 处出现闪烁的光标,如图 9.2.3 所示,即可修改 Administrator 的名称。必要时,可再给 Administrator 设置一个复杂的密码。

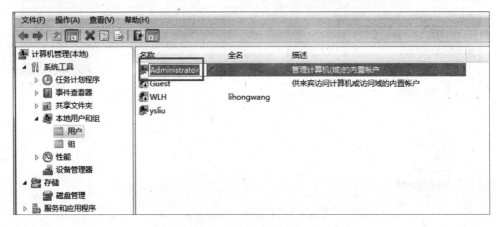

图 9.2.3　修改管理员账户名称

3）设置陷阱账户

所谓陷阱,就像生活中猎人挖的陷阱一样,是专门给猎物预备的。新建一个账户作为陷阱账户,名称可设置为 Administrator,但它不属于管理员组而仅仅是一个有最基本权限的用户,其密码设置得复杂一些。当攻击者检测到系统中的 Administrator 账户时,就会花费大量精力去破解,这样网络管理员就可以采取反追踪措施去抓住攻击者,即使 Administrator 账户被破解也没有关系,因为这个账户根本就没有任何权限。

4）关闭不必要的服务

作为网络操作系统,为了提供一定的网络服务功能,必须要开放一些服务。从安全角度出发,开放的服务越少,系统就越安全。因此,有必要将不需要的服务关闭。

依次展开"计算机管理"→"服务和应用程序"→"服务",在右侧窗口中即可看到系统服务的内容,如图9.2.4所示。如果用户不想使用家庭群组来共享图片视频及文档,那么就可以禁用为家庭群组提供接收服务的HomeGroup Listener;同样如果不想使用家庭组,则可以禁用为家庭组提供(支持)服务的HomeGroup Provider。Windows 7中可以禁用的服务有很多,如适用于大型企业环境下集中管理的Application Management,监视周围的光线状况以调节屏幕明暗的Adaptive Brightness,为系统防火墙、VPN以及IPSec提供依赖服务的Base Filtering Engine、为智能卡提供证书服务的Certificate Propagation等。

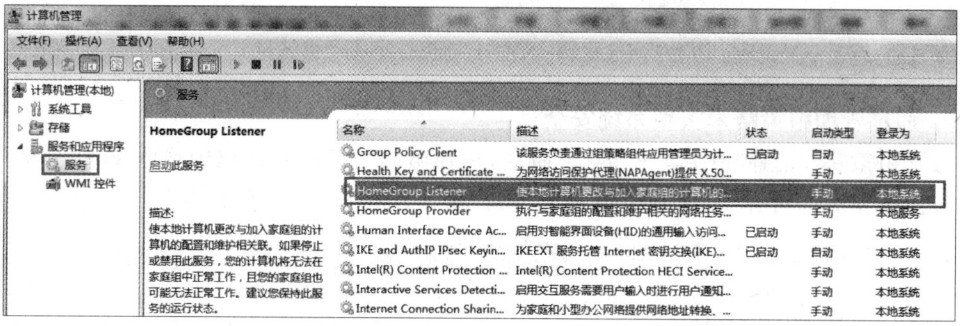

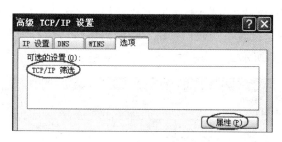

图9.2.4 服务名称及状态

5) 关闭不必要的端口

计算机之间的通信必须要开放相应的端口。但从安全角度考虑,系统开放的端口越少就越安全,因此有必要减少开放的端口,或从服务器角度出发指定开放的端口。如果不清楚某个端口的作用,可以在Windows\system32\drivers\etc中找到services文件并使用记事本打开,就可以得知某项服务所对应的端口号及使用的协议。关闭开放端口的操作如下。

第1步:进入网络连接,右击"本地连接",选择"属性"命令,在弹出的对话框中选择"Internet协议(TCP/IP)属性",单击"高级"按钮。在弹出的对话框中,选择"选项"选项卡,如图9.2.5所示。

图9.2.5 TCP/IP筛选属性

第2步:单击"属性"按钮,弹出如图9.2.6所示的对话框,勾选"启用TCP/IP筛选"复选框。

第3步:如果主机是Web服务器,只开放80端口,则可选择"TCP端口"上方的"只允许"单选按钮,再单击"添加"按钮。在弹出的"添加筛选器"对话框中填入端口号80,单击"确认"按钮即可,如图9.2.6所示。

网络安全实践

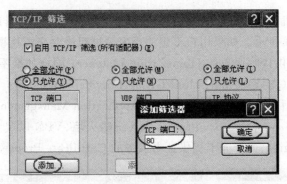

图 9.2.6　启用 TCP/IP 筛选并指定开放端口

2. 通过管理组策略来实现系统安全

打开组策略：选择"开始"→"运行"命令，在弹出的"运行"对话框中输入 gpedit.msc，单击"确定"按钮后即可弹出"本地组策略编辑器"窗口，如图 9.2.7 所示。

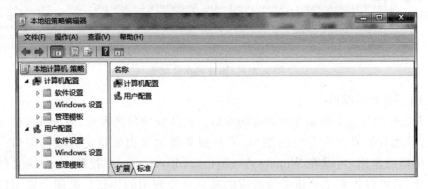

图 9.2.7　本地组策略编辑器

1) 配置系统密码策略

配置密码策略的目的是使用户使用符合策略要求的密码，以免出现某些用户设置的密码过于简单(弱口令)等问题。配置系统密码策略的操作如下。

第 1 步：打开"密码策略"。在"本地组策略编辑器"窗口中依次展开"计算机配置"→"Windows 设置"→"安全设置"→"账户策略"→"密码策略"，在右侧窗口中显示可进行配置的密码策略，如图 9.2.8 所示。

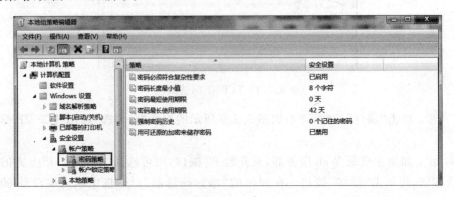

图 9.2.8　密码策略

第 2 步：配置密码复杂性要求。右击"密码必须符合复杂性要求"选项,选择"属性"命令,弹出如图 9.2.9 所示的对话框。选择"已启用"单选按钮,再分别单击"应用"和"确定"按钮,即可启动密码复杂性设置。

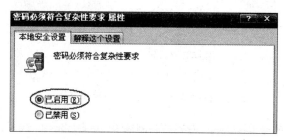

图 9.2.9　配置密码复杂性

用户在设置密码时必须符合相应的规则才能成功,如密码不能与账户同名、长度至少是 6 位字符、至少使用三种类型的字符(字母区分大小写)等。

第 3 步：配置密码长度。右击"密码长度最小值"选项,选择"属性"命令,如图 9.2.10 所示。输入字符的长度值,再分别单击"应用"和"确定"按钮即可。

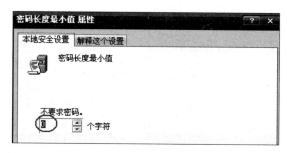

图 9.2.10　配置密码长度

第 4 步：配置密码最长使用期限。右击"密码最长使用期限"选项,选择"属性"命令,如图 9.2.11 所示。输入密码的过期时间(本例为 30 天,系统默认为 42 天),单击"确定"按钮即可。

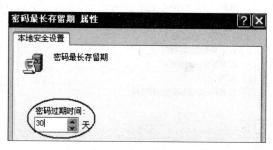

图 9.2.11　配置密码最长使用期限

第 5 步：配置密码最短使用期限。配置"密码最短存留期"的方法类似于"密码最长存留期",如图 9.2.12 所示。"密码最短存留期"是指用户在更改密码前使用的时间(天)。

"密码最短存留期"为"0"则意味着用户可以立即修改密码。另外,"密码最短存留期"必须小于"密码最长存留期"(本例为 5),除非"密码最长存留期"为 0。

图 9.2.12　配置密码最短使用期限

第 6 步：配置强制密码历史。右击"强制密码历史"选项，选择"属性"命令，弹出如图 9.2.13 所示的对话框。设置"保留密码历史"的个数(本例为 3)，再单击"确定"按钮即可。

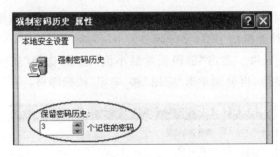

图 9.2.13　配置密码历史

"强制密码历史"的意思是用户在修改密码时必须满足所规定记住密码的个数而不能连续使用旧密码。本例选定"3"，说明用户必须在第 4 次更换密码时才能重复使用第 1 次使用的密码。

上述系统"密码策略"的各项配置结果如图 9.2.14 所示。

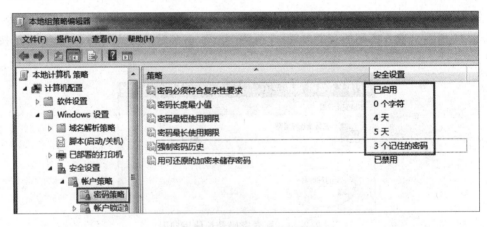

图 9.2.14　密码策略配置结果

2) 配置系统账户策略

第 1 步：展开账户锁定策略。在"本地组策略编辑器"窗口中依次展开"计算机配置"→"Windows 设置"→"安全设置"→"账户策略"→"账户锁定策略"，在右侧窗口中显示可进行配置的账户策略，如图 9.2.15 所示。

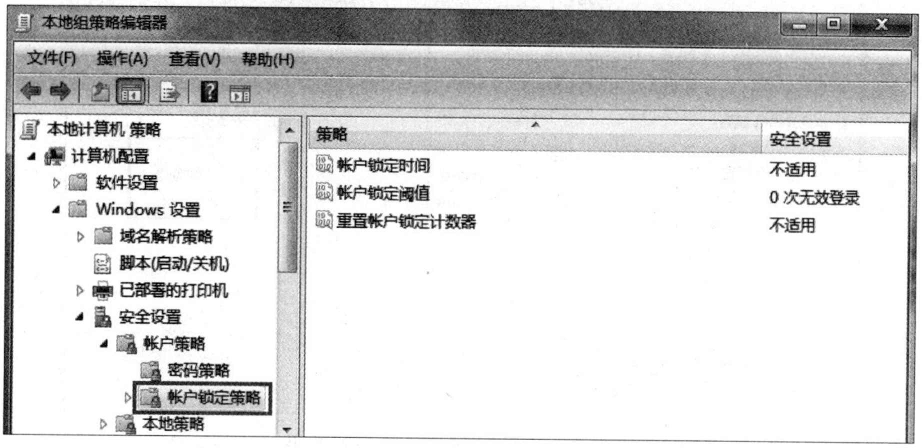

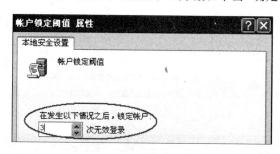

图 9.2.15　账户锁定策略

"账户锁定阈值"规定的是当用户登录系统时,导致账户被锁定的登录失败的次数。这样可避免非法用户无限制地进行密码尝试。这类似于日常生活中人们在 ATM 机上取款时允许输入错误密码的次数。

"账户锁定时间"是指用户登录系统时到达锁定阈值后,账户被锁定的时间(分)。该参数必须在设置"账户锁定阈值"后才能设置,如果"账户锁定时间"为 0,则意味着此账户会一直锁定直至管理员解除对此账户的锁定。

"重置账户锁定计数器"是指当用户账户被锁定后将用户登录失败计数器复位到 0 所需要的时间(分)。该参数必须在设置"账户锁定阈值"后才能设置。

第 2 步:配置账户锁定阈值。右击"账户锁定阈值"选项,选择"属性"命令,弹出如图 9.2.16 所示的对话框。设置无效登录锁定账户的次数,单击"确定"按钮即可。

图 9.2.16　配置账户锁定阈值

将"账户锁定阈值"设定(非 0)完成后,系统会建议将"账户锁定时间"和"重置账户锁定计数器"两项分别设定为 30 分钟和 30 分钟以后,其设置效果如图 9.2.17 所示。

3)配置审核策略

审核策略是对系统发生的事件或进程进行记录的过程,网络管理员可以根据对事件的记录检查系统发生故障的原因等,这可对维护系统起到参考作用。

在"本地组策略编辑器"窗口中依次展开"计算机配置"→"Windows 设置"→"安全设置"→"本地策略"→"审核策略",在右侧窗口中显示可进行配置的审核策略。

在"审核策略"中可配置项较多,实际应用中需要配置多少"审核策略"项,由网络管理员

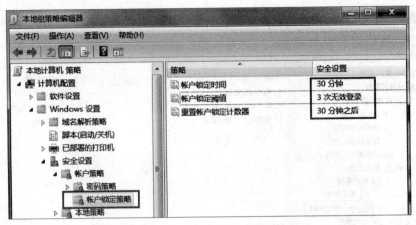

图 9.2.17　账户锁定策略配置效果

根据具体情况确定。审核策略包括"审核策略更改""审核登录事件""审核对象访问"等项。具体审核策略项的安全设置一般包括"无审核""成功""失败"等。"成功"项是指对事件或进程成功的情况进行记录;"失败"项是指对事件或进程失败的情况进行记录。

下面仅举例说明配置审核策略项的方法:右击某项策略,如"审核登录事件",选择"属性"命令,弹出如图 9.2.18 所示的对话框。勾选"成功"和"失败"复选框,单击"确定"按钮,系统对登录成功和失败的事件都会进行记录,设置效果如图 9.2.19 所示。

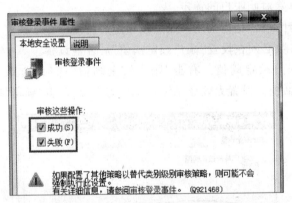

图 9.2.18　配置审核登录事件属性

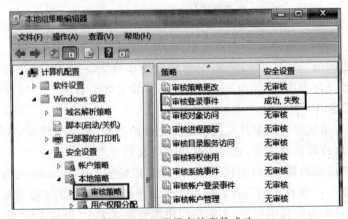

图 9.2.19　配置审核事件成功

4) 用户权限分配

"用户权限分配"是对系统中用户或用户组的权限进行分配的策略项。一般情况下可采用默认设置,网络管理员也可根据系统的实际情况进行修改。

配置方法:在"本地组策略编辑器"窗口中依次展开"计算机配置"→"Windows 设置"→"安全设置"→"本地策略"→"用户权限分配",在右侧窗口中显示出系统默认用户(组)所具有的权限,如图 9.2.20 所示。"用户权限分配"中的配置策略项较多,在实际网络系统中需要配置多少"用户权限分配"项,可由网络管理员根据实际情况对系统中"用户权限分配"的各策略项进行配置。

图 9.2.20　配置用户权限

5) 配置安全选项

配置方法:在"本地组策略编辑器"窗口中依次展开"计算机配置"→"Windows 设置"→"安全设置"→"本地策略"→"安全选项",在右侧窗口中显示可配置的安全选项策略。"安全选项"中的配置项较多,在实际的网络系统中需要配置多少"安全选项"项,需要网络管理员根据实际情况进行判断和配置。下面以配置"交互式登录:不显示最后的用户名"为例进行说明。

默认情况下,系统保留最后一个登录用户的账户。但这样会使非法用户在尝试登录系统时,利用已知的用户账户,其只需尝试用户的密码即可,使系统减少了一层安全屏障。因此可以采用配置安全策略方法使系统不显示最后一个登录系统的用户账户。其配置操作如下:右击策略里的"交互式登录:不显示最后的用户名"选项,选择"属性"命令。在弹出的对话框中选择"已启用"单选按钮,再单击"确定"按钮,该项策略已启用,其结果如图 9.2.21 所示。

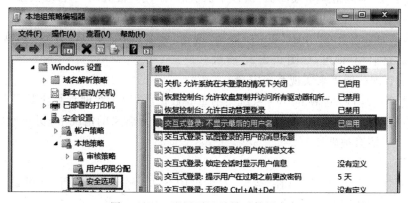

图 9.2.21　配置不显示最后的用户名

6）隐藏驱动器

在工作中有时因特殊用途,会对用户隐藏一些驱动器,在组策略中可以实现这一目的。其配置操作如下。

第1步：在"本地组策略编辑器"窗口中依次展开"用户配置"→"管理模板"→"Windows 组件"→"Windows 资源管理器",在右侧窗口列出很多"设置"项及其"状态"。

第2步：右击"隐藏'我的电脑'中的这些指定的驱动器",选择"属性"命令。

第3步：在弹出的如图 9.2.22 所示属性窗口中,选择"已启用"单选按钮,并在"选择下列组合中的一个"下拉列表框中选择设置限制项,最后单击"确定"按钮即可。

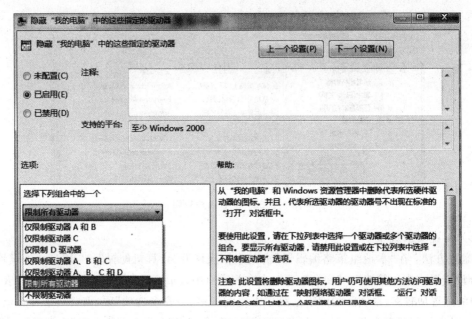

图 9.2.22　限制驱动器设置

7）配置开始菜单和任务栏

在某些特殊场所的应用中,需要对"开始"菜单和"任务栏"做特殊的管理。如在网吧,一般不允许用户使用"运行"命令,不允许注销用户等,这些要求都可以通过配置组策略来实现。

第1步：在"本地组策略编辑器"窗口中依次展开"用户配置"→"管理模板"→"开始"菜单和任务栏,在右侧窗口中显示出很多"设置"项及其"状态"。

第2步：如果需要在"开始"菜单中取消"搜索"命令,则配置"从『开始』菜单中删除'搜索'链接"为"已启用"即可,如图 9.2.23 所示。

3. 通过管理注册表来实现系统安全

注册表(Registry)是 Windows 系统中的重要数据库,用于存储计算机软硬件系统和应用程序的设置信息。因此,提醒用户在不清楚某项注册表含义的情况下,切勿进行修改或删除,否则系统可能会被破坏。

1）注册表的结构

选择"开始"→"运行"命令,在"运行"对话框中输入 regedit 并执行,即可进入注册表编辑器,注册表结构如图 9.2.24 所示。

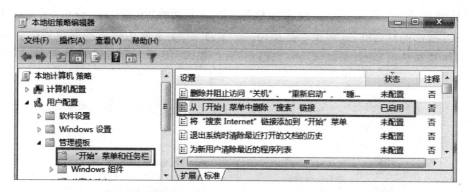

图 9.2.23 在开始菜单中取消"搜索"命令

图 9.2.24 "注册表编辑器"窗口

注册表结构：在左侧窗口中"我的电脑"项下有五个分支,每个分支名都以 HKEY 开头(称为主键 KEY),展开后可以看到主键还包含多级的次键(SubKEY),注册表中的信息就是按照多级的层次结构组织的。当选择某一主键或次键时,右边窗口中显示的是所选主键或次键包含的一个或多个键值(Value)。键值由键值名称(ValueName)和数据(ValueData)组成。

主键 HKEY_CLASSES_ROOT 用于管理文件系统,记录的是 Windows 操作系统中所有的数据文件信息。当用户双击一个文档或程序时,系统可以通过这些信息启动相应的应用程序来打开文档或程序。

主键 HKEY_CURRENT_USER 用于管理当前用户的配置情况。在该主键中可以查阅当前计算机中登录用户的相关信息,包括个人程序、桌面设置等。

主键 HKEY_LOCAL_MACHINE 用于管理系统中所有硬件设备的配置情况,该主键中存放用来控制系统和软件的设置,如总线类型、设备驱动程序等。由于这些设置是针对使用 Windows 系统的用户而设置的,是公共配置信息,与具体用户无关。

主键 HKEY_USERS 用于管理系统中所有用户的配置信息。系统中每个用户的信息都保存在该文件夹中,如用户使用的图标、开始菜单的内容、字体、颜色等。

主键 HKEY_CURRENT_CONFIG 用于管理当前用户的系统配置情况,其配置信息是从 HKEY_LOCAL_MACHINE 中映射出来的。

2) 注册表的备份与还原(导出与导入)

因为注册表中保存的是操作系统的重要配置信息,在对注册表进行操作前最好先对注册表做好备份。下面介绍对注册表进行备份及还原的操作。

导出注册表(备份)：在"注册表编辑器"窗口中选择"文件"→"导出"命令,弹出如图 9.2.25 所示的对话框,选择保存路径,并在"文件名"文本框中输入所保存的注册表文件的名称,再选择导出范围(全部或分支),最后单击"保存"按钮。这样即可完成注册表的导出工作。

图 9.2.25 "导出注册表文件"对话框

导入注册表(恢复)：当注册表出现错误时,可以将原来导出的注册表进行导入(恢复)操作以恢复注册表。选择"文件"→"导入"命令,在弹出的对话框中查找到原来所导出的注册表文件,单击"打开"按钮,即可完成注册表的导入工作。

3) 利用注册表进行系统的安全配置

(1) 禁止建立空连接。"空连接"实质上是建立的匿名连接。在 Windows 7 中,IPC $(Internet Process Connection)是共享"命名管道"的资源,它是为了让进程间通信而开放的命名管道。可以通过验证用户名和密码获得相应的权限,在远程管理计算机和查看计算机的共享资源时使用。利用 IPC $,连接者可以与目标主机建立一个空的连接而无须用户名与密码。利用这个空连接,连接者还可以得到目标主机上的用户列表。Windows 系统默认情况下是开放 IPC $的,通常所说的空连接漏洞就是指 IPC $漏洞。

禁止建立空连接的方法：在"注册表编辑器"窗口中展开 HKEY_LOCAL_MACHINE→SYSTEM→CurrentControlSet→Control→Lsa 注册表项,双击右侧窗口中的 restrictanonymous,在弹出的对话框中将其键值改为 1 即可,如图 9.2.26 所示。

(2) 不显示系统最后登录的用户账户。操作过程如下。

第 1 步：在"注册表编辑器"窗口中展开 HKEY_LOCAL_MACHINE→SOFTWARE→Microsoft→Windows NT→CurrentVersion→Winlogon,右击 Winlogon 选项,选择"新建"→"字符串值"命令,如图 9.2.27 所示。

图 9.2.26　配置注册表取消空连接

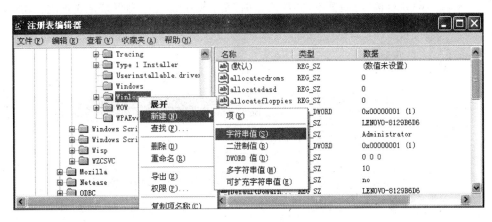

图 9.2.27　注册表登录项

第 2 步：在右侧窗口中，出现"新值♯1"项，如图 9.2.28 所示。右击"新值♯1"项，选择"重命名"命令，输入新名称 DONTDISPLAYLASTUSERNAME。再右击该项，选择"修改"命令，在弹出的如图 9.2.29 所示的对话框中，将"数值数据"设置为 1，单击"确定"按钮即可。

图 9.2.28　新建字符串值

图 9.2.29　为新建字符串值赋值

（3）禁止光盘的自动运行。默认情况下，当将光盘插入到计算机时，Windows 会执行自动运行功能，光盘中的应用程序就会被自动运行。这样，如果光盘中的应用程序具有危害性，系统的安全性就会受到威胁。通过修改注册表，就可以达到禁止光盘自动运行的目的。在"注册表编辑器"窗口中展开 HKEY_LOCAL_MACHINE→SYSTEM→CurrentControlSet→Services→Cdrom，如图 9.2.30 所示。右击右侧窗口中的 AutoRun 项，选择"修改"命令，在弹出的"编辑 DWORD 值"对话框中的"数值数据"文本框中输入 0，即可禁止光盘的自动运行。

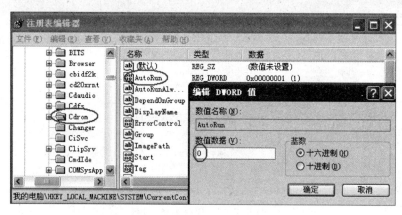

图 9.2.30　注册表中禁止光驱自动运行

（4）修改系统默认的 TTL 值。TTL（生存时间）是 IP 协议包中的一个值，其作用是提醒系统数据包在网络中传输的时间是否太长而应被丢弃。当人们对网上主机进行 Ping 操作时，本地机器会发出一个数据包，数据包经过一定数量的路由器传送到目的主机。当数据包通过一个路由器后，TTL 值就自动减 1。如果 TTL 值减少到 0 时，数据包还没有传送到目的主机，那么数据包就自动丢弃。当人们使用 Ping 工具连接时，Ping 的结果会显示对方系统的 TTL 值，如图 9.2.31 所示。

由于不同操作系统默认的 TTL 值不同，攻击者可以根据 TTL 值来判断系统主机的操作系统，进而采取相应的针对特定系统的漏洞扫描等操作。为了系统的安全，有必要对默认TTL 值进行修改。如果将系统默认的 TTL 值修改为非默认数值，或故意修改为其他操作系统的 TTL 值，那么当攻击者检测到 TTL 值时，再采用针对该系统的攻击时就不会成功。

修改系统默认 TTL 值的操作步骤为：在"注册表编辑器"窗口中展开 HKEY_LOCAL_MACHINE →SYSTEM→CurrentControlSet→Services→Tcpip→Parameters，右击 Parameters，选择"新建"→"DWORD 值"命令，如图 9.2.32 所示。将新建项命名为 defaultTTL。右击defaultTTL 项，选择"修改"命令，在弹出的"编辑 DWORD 值"对话框中，将"基数"项设置

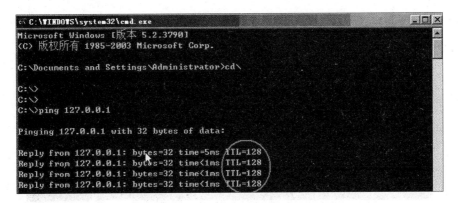

图 9.2.31 TTL 的显示

为"十进制",在"数值数据"文本框中输入希望系统显示的 TTL 值(小于或等于 255),如图 9.2.33 所示。

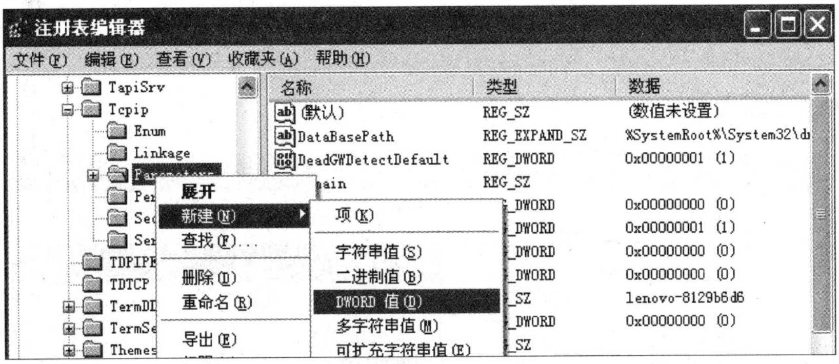

图 9.2.32 修改 TTL 之新建子项

图 9.2.33 修改默认 TTL 值

重启系统后再次使用 Ping 命令,显示界面的 TTL 值即为新设定的值,如图 9.2.34 所示。

图 9.2.34　显示修改后的 TTL 值

（5）禁止远程修改注册表。为了保护系统安全，一般情况下应该拒绝远程用户修改注册表。其操作步骤为：在"注册表编辑器"窗口中展开 HKEY_LOCAL_MACHINE→SYSTEM→CurrentControlSet→Control→Secure pipeservers→winreg 项。新建 DWORD 项，将其名称命名为 RemoteRegAccess，其值设置为 1，如图 9.2.35 所示。这样，系统即可拒绝远程修改注册表。

图 9.2.35　配置禁止远程修改注册表

9.2.2　Windows Server 2008 系统的安全设置

Windows Server 2008 系统凭借超强的功能及更胜一筹的安全优势，吸引了许多网络管理员和网络用户。利用其许多新增的安全功能，我们可以非常轻松地对本地系统进行全方位、立体式的防护。但这并不意味着 Windows Server 2008 系统的安全性能就无懈可击，因为在不同的使用环境下，系统表现出来的安全防范能力是不一样的，一些细节因素仍然可以威胁 Windows Server 2008 系统的安全。为此，我们还需要在平时多注重一些安全细节，这样才能让 Windows Server 2008 系统的安全更加可靠。下面介绍几则保护 Windows Server 2008 系统安全的设置与操作。

1. 拒绝修改防火墙规则

Windows Server 2008 系统新增加的高级安全防火墙功能，可以允许用户根据实际需要自行定义安全规则，从而实现更加灵活的安全防护目的。不过，该防火墙还有一些明显不足，对它进行的一些设置及创建的安全规则，几乎都是直接存储在本地 Windows Server

2008 系统注册表中的,攻击者只需要编写简单的攻击脚本代码,就能轻松地通过修改对应系统注册表中的内容,达到修改防火墙安全规则的目的,从而可以轻松跨越高级安全防火墙的限制。可以通过如下设置来达到拒绝非法攻击者通过修改系统注册表中的相关键值,以跨越高级安全防火墙功能的限制。

（1）选择"开始"→"运行"命令,在"运行"对话框中输入 regedit,单击"确定"按钮后即打开对应系统的注册表控制窗口。

（2）在左侧窗口中,依次展开 HKEY_LOCAL_MACHINE→SYSTEM→ControlSet001→Services→SharedAccess→Parameters→FirewallPolicy→FirewallRules,在该注册表子项对应的右侧窗口中保存了许多防火墙的安全规则以及设置参数,如图 9.2.36 所示。

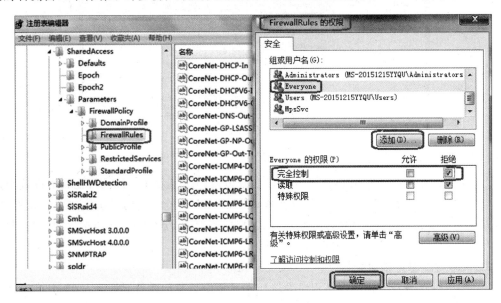

图 9.2.36　FirewallRules 子项及权限

（3）如果攻击者具有访问 FirewallRules 注册表子项的权限,那么他就能随意修改该分支下面的各个安全规则并设置参数。而在默认状态下普通用户是可以访问目标分支的。因此我们必须限制 Everyone 账号来访问 FirewallRules 注册表子项。右击 FirewallRules 注册表子项,在弹出的快捷菜单中选择"权限"命令,打开目标注册表子项的权限设置对话框。再单击该对话框中的"添加"按钮,打开用户账号选择对话框,从中选择 Everyone 账号并将它添加进来。然后选择 Everyone 账号,并将对应该账号的"完全控制"权限调整为"拒绝",单击"确定"按钮,如图 9.2.36 所示。这样,攻击者就不能随意修改 Windows Server 2008 系统高级安全防火墙的安全规则并设置参数了。

2. 使用加密解密保护文件安全

为防止他人趁自己不在时偷看其计算机中的重要文件,可使用专业工具来加密、解密重要文件。Windows Server 2008 系统自身就集成了加密、解密功能,只是在默认状态下使用该功能有些不太方便,因此很少人会使用该功能来保护本地系统中重要文件的安全。我们可以通过如下设置将 Windows Server 2008 系统自带的加密、解密功能集成到快捷菜单中,以便在打开目标文件的快捷菜单后可以轻松地选用加密、解密功能来保护文件的安全。

（1）选择"开始"→"运行"命令，在"运行"对话框中输入 regedit，单击"确定"按钮后即打开对应系统的注册表控制窗口。

（2）在左侧窗口中依次展开 HKEY_CURRENT_USER→Software→Microsoft→Windows→CurrentVersion→Explorer→Advanced，然后右击 Advanced 注册表子项，在弹出的快捷菜单中选择"新建"→"Dword 值"命令，同时将新创建的双字节值名称设置为EncryptionContextMenu，如图 9.2.37 所示。

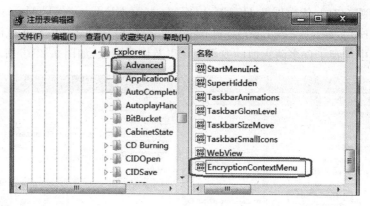

图 9.2.37　Advanced 子项及新建 Dword 值

（3）双击 EncryptionContextMenu 注册表键值，打开双字节值对话框，在其中设置十进制数字"1"，再单击"确定"按钮执行保存操作，最后按 F5 功能键刷新系统注册表。这样，在打开某个重要文件的快捷菜单时，就能发现其中包含"加密""解密"等功能选项，利用这些功能选项就能很轻松地保护文件安全了。

3. 及时监控恶意创建账号

有时，一些攻击者会利用木马程序偷偷地在系统中恶意创建登录账号，以便日后可以利用这些账号对本地系统实施非法攻击。我们可以巧妙地利用 Windows Server 2008 系统的附加任务功能添加自动报警任务，确保系统中有新的登录账号生成时，及时向系统管理员发出报警信息，确保系统管理员在第一时间判断出新创建的登录账号是否合法。其具体的操作设置如下。

第 1 步：选择"开始"→"运行"命令，在"运行"对话框中输入 secpol.msc，按"确定"按钮后即进入"本地安全策略"设置窗口。从该窗口的左侧逐一展开"安全设置"→"本地策略"→"审核策略"，再从右侧窗口中找到并右击"审核账户管理"组策略选项，选择"属性"命令，弹出如图 9.2.38 所示的设置对话框，将该对话框中勾选"成功"和"失败"复选框，再单击"确定"按钮保存好上述设置操作。

第 2 步：右击 Windows Server 2008 系统桌面中的"计算机"图标，从弹出的快捷菜单中选择"管理"命令，弹出"计算机管理"窗口。在该窗口的左侧依次展开"系统工具"→"本地用户和组"→"用户"，再右击"用户"选项，并在弹出的快捷菜单中选择"新用户"命令，在其后出现的新用户创建对话框中，随意创建一个用户账号（如 ysliu1），一旦创建成功，系统就会自动生成一个登录账号创建成功的日志记录，如图 9.2.39 所示。

第 3 步：单击"计算机管理"左侧窗口中的"事件查看器"选项，打开"事件查看器"控制台窗口。在该控制台窗口的左侧依次展开"Windows 日志"→"系统"，并从目标分支下找到

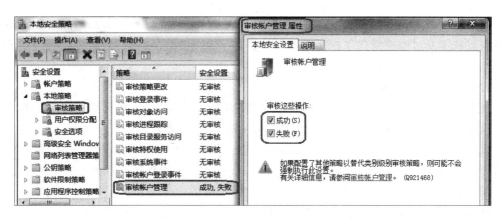

图 9.2.38　审核账户管理的安全设置

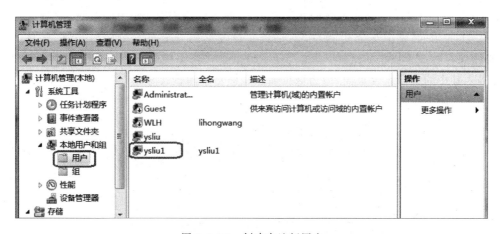

图 9.2.39　创建本地新用户

刚刚生成的新用户账号创建成功的日志记录。再右击该记录选项,在弹出的快捷菜单中选择"将任务附加到此事件"命令,弹出"创建基本任务向导"对话框,如图 9.2.40 所示。

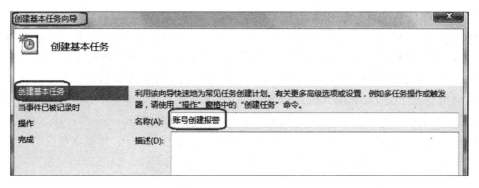

图 9.2.40　创建常见任务计划

第 4 步:按照向导提示将基本任务名称设置为"账号创建报警",将该任务执行的操作设置为"显示消息",然后设置消息标题为"谨防账号被恶意创建",将消息内容设置为"有新用户账号刚刚被创建,请系统管理员立即验证其合法性",最后单击"完成"按钮结束基本任务的附加操作。这样,当本地系统中有新用户账号被创建时,系统屏幕上会立即出现"有新用户账号刚刚被创建,请系统管理员立即验证其合法性"的提示信息,看到这样的提示后系统管理员就能及时监控到有人在创建用户账号了,此时只要采取针对性措施进行应对就能保证本地系统的安全运行。

4. 防止系统安全级别意外降低

在公共场合下,与他人共用一台计算机是经常会出现的情况,当我们将本地计算机的IE浏览器安全级别调整合适后,肯定不想让其他人再随意降低它的安全级别,毕竟随意降低IE浏览器的安全级别,容易导致本地计算机遭遇网络病毒或恶意木马的袭击,最终造成所有人都不能正常使用计算机。为了防止系统安全级别意外降低,可采取如下操作进行设置。

第1步:选择"开始"→"运行"命令,在"运行"对话框中输入gpedit.msc,单击"确定"按钮后即可弹出"本地组策略编辑器"窗口。

第2步:在该控制台左侧窗口中依次展开"用户配置"→"管理模板"→"Windows组件"→InternetExplorer→"Internet控制模板",再在右侧窗口中双击"禁用安全页"选项,弹出如图9.2.41所示的"禁用安全页 属性"对话框。设置禁用安全页为"已启用"状态,单击"确定"按钮保存好设置操作。这样,其他人日后即使进入到系统的Internet选项设置窗口,也不能进入其中的安全设置页面,因为该页面已经被自动隐藏起来了,他人不能随意在安全设置页面中改动本地计算机的安全访问级别,系统的访问安全性也就有了保证。

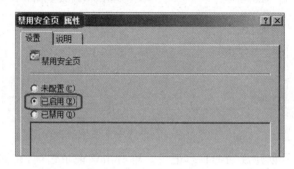

图9.2.41　设置禁用安全页

5. 巧妙备份系统所有账号信息

通常情况下,Windows Server 2008系统中往往会同时保存有多个用户的系统登录账号信息,这些登录账号信息在服务器系统突然遭遇崩溃故障时,很可能会永远丢失。网络管理员可能很难通过大脑记忆的方法将所有丢失的用户账号逐一恢复成功。为了防止重要用户的账号信息发生丢失,应在Windows Server 2008系统工作正常时,及时对用户账号信息进行备份,然后将备份文件保存到其他安全的地方。这样在Windows Server 2008系统发生故障而不能正常启动运行时,用户账号信息也不会受到任何损坏,只要将备份的用户账号恢复一下即可。备份用户账号的具体步骤如下。

第1步:选择"开始"→"运行"命令,在"运行"对话框中输入credwiz,单击"确定"按钮,弹出如图9.2.42所示的对话框。

第2步:选择"备份存储的用户名和密码"单选按钮,同时根据向导提示单击"下一步"按钮,在其后出现的对话框中单击"浏览"按钮,在弹出的文件选择对话框中指定保存用户账号的文件名称及保存位置,再单击"保存"按钮。这样在系统环境下创建的所有用户账号信息都将被自动保存到特定的文件中,该文件默认会使用crd扩展名。

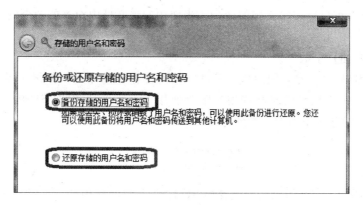

图 9.2.42　设置存储用户名和密码

日后若发现系统的用户账号意外丢失,先将之前备份好的用户账号文件复制到系统环境下。然后选择"开始"→"运行"命令,在"运行"对话框中输入命令 credwiz,进入备份还原设置对话框,在其中选择"还原存储的用户名和密码"单选按钮,然后将目标用户账号备份文件选择并加入进来,单击"还原"按钮,发生丢失或受到损坏的用户账号信息即可被成功恢复。

9.2.3　Linux 系统的安全设置

Linux 系统在大多数人看来比 Windows 系统安全,不像 Windows 系统那样经常出现安全漏洞,经常发布安全补丁。其实,从技术角度看,它们的安全性能差不多,都属于 C2 安全级系统。Windows 系统之所以被认为安全性能较差,主要是因为使用和研究 Windows 的人数众多,被研究和发现的系统漏洞自然也多。Linux 系统的安全性也值得关注,下面简单介绍 Linux 系统的安全性问题。

1. BIOS 的安全

虽然有很多种工具可以读取 BIOS 的密码,也有很多的 BIOS 有通用密码,但是设置 BIOS 密码保护是必要的。设置 BIOS 密码后可以防止通过在 BIOS 改变启动顺序,而从其他设备启动。这就可以阻止他人试图用特殊的启动盘启动系统,还可以阻止他人进入 BIOS 改动其中的设置。

系统安装完毕后,要在 BIOS 中禁止除硬盘以外的任何设备启动。

2. 加载程序的启动

启动加载程序时尽量使用 GRUB 而不使用 LILO。虽然它们都可以加入启动口令,但是 LILO 在配置文件中使用明文口令,而 GRUB 是使用 MD5 算法加密的。加密保护后可以防止他人使用被定制的内核来启动系统,并在没有其他操作系统的情况下,将启动等待时间设为 0。LILO 的配置文件在/etc/lilo.conf 中,GRUB 的配置文件在/boot/grub/grub.conf 中。

3. sudo 的使用

尽量不要对用户分配 root 权限,但有时用户会使用一些需要 root 权限的命令。sudo 是一种以限制在配置文件中的命令为基础,在有限的时间内给用户使用并且记录到日志中的工具,其配置在/etc/sudoers 文件中。当用户使用 sudo 时,需要输入自己的口令以验证使用者身份,随后可以使用定义好的命令。当使用配置文件中没有的命令时,将会有报警的记录。

4. 限制 SU 用户个数

SU(替代用户)命令允许用户成为系统中其他已存在的用户。如果不希望任何人通过 SU 命令改变为 root 用户或对某些用户限制使用 SU 命令,可以在 SU 配置文件(在/etc/pam.d/目录下)的开头添加如下两命令行。

```
auth   sufficient  /lib/security/pam_rootok.so  debug
auth   required    /lib/security/pam_wheel.so   group = wheel
```

这样,只有"wheel"组的成员可以使用 SU 命令成为 root 用户。可将允许的用户添加到"wheel"组,即可使用 SU 命令成为 root 用户。

5. 系统登录安全

通过修改/etc/login.defs 文件可以增加对登录错误延迟、记录日志、登录密码长度限制、过期限制等设置,以增加系统安全性。

```
/etc/login.defs
PASS_MAX_DAYS 90          ♯设置登录密码有效期为 90 天
PASS_MIN_DAYS 0           ♯设置登录密码最短修改时间
PASS_MIN_LEN 8            ♯设置登录密码最小长度为 8 位
PASS_WARN_AGE 5          ♯设置登录密码过期提前 5 天提示修改
FAIL_DELAY 10            ♯设置登录错误时等待时间为 10 秒
FAILLOG_ENAB yes         ♯将登录错误记录到日志
```

6. 关闭不必要的服务

安装 RedHat Linux 后会有上百种服务进程,但服务越多开放的端口也就越多,安全隐患就越大。因此系统只保留必要的服务就可以了。使用 chkconfig-list 命令可以查看系统打开的服务进程;使用 chkconfig-del 命令可以删除指定的服务进程。

7. 删除不必要的用户和组

Linux 系统可以删除的用户有 news、uucp 和 gopher,可以删除的组有 news、uucp 和 dip。

Linux 系统删除账号的命令为 userdel-r username;删除组的命令为 groupdel-r groupname。

8. 限制 NFS 服务

如果希望禁止用户任意地共享目录,可以增加对 NFS 的限制,锁定/etc/exports 文件,并事先定义共享的目录。如果不希望用户共享,只限制用户访问,就需要修改 NFS 的启动脚本,编辑/etc/init.d/nfs 文件,找到守护进程一行并将其注释。

```
/etc/init.d/nfs
♯daemon rpc.nfsd $ RPCNFSDCOUNT
```

9. 密码安全

Linux 系统在默认状态下其密码长度是 5 个字节,但该长度稍短,需要对密码长度进行修改。修改最短密码长度要编辑 login.defs 文件,将密码长度由 5 改为 8 的操作为:

将命令行

```
PASS_MIN_LEN  5
```

修改为：

```
PASS_MIN_LEN  8
```

10. 禁止显示系统欢迎信息

修改/etc/inetd.conf文件,将命令行

```
telnet  stream  tcp  nowait  root /usr/sbin/tcpd  in.telnetd
```

修改为：

```
telnet  stream  tcp  nowait  root /usr/sbin/tcpd  in.telnetd -h
```

11. 禁止未经许可的删除或添加服务

```
#  chattr  +i /etc/services
```

12. 禁止从不同的控制台登录 root

/etc/securetty 文件允许定义 root 用户可以从哪个 TTY 设备登录。通过编辑/etc/securetty 文件,在不需要登录的 TTY 设备前添加"#"标志,从而禁止从该 TTY 设备登录 root。

13. 禁止使用 Ctrl＋Alt＋Delete 命令

在/etc/inittab 文件中将命令行

```
ca::ctrlaltdel:/sbin/shutdown  -t3  -r  now
```

修改为：

```
#ca::ctrlaltdel:/sbin/shutdown  -t3  -r  now
```

然后,使命令生效：

```
#  /sbin/init  q
```

14. 给/etc/rc.d/init.d 下的 script 文件设置权限

给执行或关闭启动时执行的程序 script 文件设置权限。使只有 root 用户才允许读、写和执行该目录下的 script 文件。

```
#  chmod  -R  700  /etc/rc.d/init.d/*
```

15. 隐藏系统信息

默认情况下当用户登录到 Linux 系统时,会显示该 Linux 系统的名称、版本、内核版本、服务器名称等信息。这些信息足以使攻击者了解并入侵系统,因此需要通过修改配置使系统只显示一个 login:提示符而不显示其他任何信息。

(1) 编辑/etc/rc.d/rc.local 文件,在下面显示的每一行前加一个"#"符号,把输出信息的命令注释掉。

```
#  This will  overwrite  /etc/issue  at  every  boot. So, make  any  changes  you
#  want  to  make  to  /etc/issue  here  or  you  will  lose  them  when  you  reboot
#echo  ""  >  /etc/issue
#echo  "$R"  >>  /etc/issue
```

```
# echo "Kernel  $ (uname  - r)  on  $ a  $ (uname  - m)"  >>  /etc/issue
#
# cp  - f  /etc/issue  /etc/issue.net
# echo  >>  /etc/issue
```

（2）删除/etc 目录下的 isue.net 和 issue 文件。

```
#  rm  - f  /etc/issue
#  rm  - f  /etc/issue.net
```

16. 阻止系统响应 Ping 请求

Ping 命令是经常使用的命令,攻击者通过使用 Ping 命令可以判断对方是否在线,从而决定是否实施进一步的攻击行为。在 Linux 系统中,可以通过修改/etc/rc.d/rc.local 文件,使系统不响应 Ping 请求,从而使攻击者无法判断主机是否在线。修改该文件的方法如下:

```
echo 1 >; /proc/sys/net/ipv4/icmp_echo_ignore_all
```

9.3 网络部件的安全设置

本节主要介绍计算机网络系统的重要组成部件——路由器、交换机、服务器和客户机的安全设置。

9.3.1 路由器安全设置

1. 路由器的基本设置

1) 静态路由的设置

静态路由算法很难算得上是算法,只不过是开始路由前由网管建立的映射表。这些映射关系是固定不变的。使用静态路由的算法较容易设计,在简单的网络中使用比较方便。由于静态路由算法不能对网络改变做出反应,因此不适用于现在的大型、易变的网络。

定义目标网络号、目标网络的子网掩码和下一跳地址或接口:

ip route {nexthop - address|exit - interface} [distance]

默认路由的配置:

ip route 0.0.0.0 0.0.0.0 {nexthop - address|exit - interface} [distance]

标准静态路由的配置如图 9.3.1 所示,PC1 和 PC2 通过路由器 RouterA 和 RouterB 用静态路由实现互连互通。

注意:在配置静态路由时,一定要保证路由的双向可达,配置到远端路由器路由,远端路由器也要配置到近端路由器回程路由。如果必须配置静态路由,应尽量使用具体网段的静态路由,避免使用 ip route-static 0.0.0.0 0.0.0.0 默认路由,以防止路由环的产生。

默认路由是在没有找到任何匹配路由项的情况下使用的路由,是一种静态路由。只有当无任何合适的路由时,默认路由才被使用。默认路由通常用在末端设备上,配置命令为:

[Router]ip route - static 0.0.0.0 0.0.0.0 202.101.1.1 preference 60

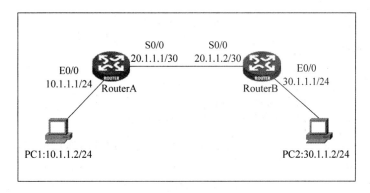

图 9.3.1　静态路由协议配置示意图

（1）RouterA 的详细配置如表 9.3.1 所示。

表 9.3.1　静态路由的 RouterA 的详细配置

当前路由器提示视图	依次输入的配置命令	简单说明
[Quidway]	interface ethernet0/0	进入以太 0/0 口
[Quidway-Ethernet0/0]	ip address 10.1.1.1 255.255.255.0	配置内网口 IP 地址
[Quidway]	interface serial0/0	进入串口 0/0
[Quidway-Serial0/0]	link-protocol ppp	封装 PPP 协议
[Quidway-Serial0/0]	ip address 20.1.1.1 255.255.255.252	配置串口 IP 地址串口
[Quidway]	ip route-static 30.1.1.0 255.255.255.0 20.1.1.1 preference 60	配置到对端 PC2 所在网段的静态路由,默认优先级为 60

（2）RouterB 的详细配置如表 9.3.2 所示。

表 9.3.2　静态路由的 RouterB 的详细配置

当前路由器提示视图	依次输入的配置命令	简单说明
[Quidway]	interface ethernet0/0	进入以太 0/0 口
[Quidway-Ethernet0/0]	ip address 30.1.1.1 255.255.255.0	配置内网口 IP 地址
[Quidway]	interface serial0/0	进入串口 0/0
[Quidway-Serial0/0]	link-protocol ppp	封装 PPP 协议
[Quidway-Serial0/0]	ip address 20.1.1.2 255.255.255.252	配置串口 IP 地址串口
[Quidway]	ip route-static 10.1.1.0 255.255.255.0 20.1.1.2 preference 60	配置到对端 PC1 所在网段的静态路由,默认优先级为 60

2）动态路由算法 RIP 的配置

RIP(路由信息协议)有 RIP v1 和 RIP v2 两个版本,可以指定接口所处理的 RIP 报文版本。其中 RIP v1 的报文传送方式为广播方式;RIP v2 有广播和组播两种报文传送方式,默认为组播方式,RIP v2 中的组播地址为 224.0.0.9。建议使用 RIP v2 协议,虽然其配置过程要多一条语句,但网络的广播信息却减少许多,即使网络中有监听主机,也不会捕捉到有关路由器 RIP 协议的组播报文,进一步保障了路由器的安全。

RIP v1 的配置:

```
Router(config)#router rip
```

```
Router(config - router) # network xxxx. xxxx. xxxx. xxxx
```

RIP v2 的配置：

```
Router(config) # router rip
Router(config - router) # version2
Router(config - router) # no auto - summary
Router(config - router) # network xxxx. xxxx. xxxx. xxxx
```

RIP 路由协议配置如图 9.3.2 所示。两台 PC 所在的网段，通过两台使用 RIP 协议的路由器实现互连互通。

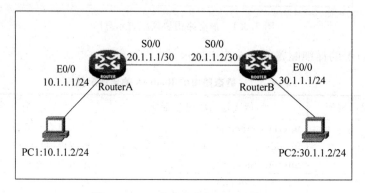

图 9.3.2　RIP 路由协议配置示意图

（1）RouterA 的详细配置如表 9.3.3 所示。

表 9.3.3　RIP 算法的 RouterA 的详细配置

当前路由器提示视图	依次输入的配置命令	简单说明
〔Quidway〕	interface ethernet0/0	进入以太 0/0 口
〔Quidway-Ethernet0/0〕	ip address 10.1.1.1 255.255.255.0	配置内网 IP 地址
〔Quidway〕	interface serial0/0	进入串口 0/0 口
〔Quidway-Serial0/0〕	link-protocol ppp	封装 PPP 协议
〔Quidway-Serial0/0〕	ip address 20.1.1.1 255.255.255.252	配置串口 IP 地址
〔Quidway〕	rip	启动 RIP
〔Quidway-rip〕	network 10.1.1.0	接口 E0/0 使能 RIP
〔Quidway-rip〕	network 20.1.1.0	接口 S0/0 使能 RIP

（2）RouterB 的详细配置如表 9.3.4 所示。

表 9.3.4　RIP 算法的 RouterB 的详细配置

当前路由器提示视图	次输入的配置命令	简单说明
〔Quidway〕	interface ethernet0/0	进入以太 0/0 口
〔Quidway-Ethernet0/0〕	ip address 30.1.1.1 255.255.255.0	配置内网 IP 地址
〔Quidway〕	interface serial0/0	进入串口 0/0 口
〔Quidway-Serial0/0〕	link-protocol ppp	封装 PPP 协议
〔Quidway-Serial0/0〕	ip address 20.1.1.2 255.255.255.252	配置串口 IP 地址
〔Quidway〕	rip	启动 RIP
〔Quidway-rip〕	network 30.1.1.0	接口 E0/0 使能 RIP
〔Quidway-rip〕	network 20.1.1.0	接口 S0/0 使能 RIP

3) ACL 配置

ACL(访问控制列表)提供了一种机制,可以控制和过滤通过路由器的不同接口去往不同方向的信息流。这种机制允许用户使用 ACL 来管理信息流,以制定公司内部网的相关策略。如网络管理员可以通过配置 ACL 来实现允许用户访问 Internet,但不允许外部用户通过 Telnet 进入本地局域网。

配置路由器的 ACL 是一件经常性的工作,通过配置 ACL,可以使路由器提供基本的流量过滤能力。ACL 是一个连续的允许和拒绝语句的集合,关系到地址或上层协议。ACL在网络中可实现多种功能,包括内部过滤分组、保护内部网络免受来自 Internet 的非法入侵和限制对虚拟终端端口的访问。

(1) 基本 ACL。

一个 ACL 是由 permit|deny 语句组成的一系列的规则列表。在配置 ACL 规则前,首先需要创建一个 ACL。

使用如下命令可创建 ACL:

```
acl number acl - number [ match - order { config | auto } ]
```

使用如下命令可删除一个或所有的 ACL:

```
undo acl { number acl - number | all }
```

参数 number acl-number 定义一个数字型的 ACL。acl-number 是访问控制规则序号(其值基于接口的 ACL 是 1000~1999,基本的数字型是 ACL2000~2999,高级数字型是ACL3000~3999,基于 MAC 地址的是 ACL4000~4999)。match-order config 是指定匹配该规则时用户的配置顺序;match-order auto 是指定匹配该规则时系统自动排序,即按"深度优先"的顺序。

默认情况下匹配顺序为按照用户的配置排序(即 config)。用户一旦指定某一条 ACL的匹配顺序,就不能再更改该顺序,除非把该 ACL 的内容全部删除,再重新指定其匹配顺序。

创建 ACL 后可进入 ACL 视图。ACL 视图是按照 ACL 的用途来分类的,如创建了一个编号为 3000 的数字型 ACL,将进入高级 ACL 视图,其提示符为[Quidway-acl-adv-3000]。

进入 ACL 视图后,就可以配置 ACL 的规则了。对于不同的 ACL,其规则是不一样的。基本 ACL 可以基于网络、子网及主机 IP 地址允许或拒绝整个协议组(如 IP)。如从接口 E0处进入的分组经过检查其源地址和协议类型,并且与 ACL 条件判断语句相比较,若匹配则执行允许或拒绝。如果该分组被允许通过,就从路由器的出口转发出去;如果分组没有被允许,就简单地将其丢弃。

基本 ACL 命令的命令格式为:

rule [rule - id] { **permit** | **deny** | **comment** text } [**source** sour - addr sour - wildcard | **any**]
[**time - range** time - name] [**logging**] [**fragment**] [**vpn - instance** vpn - instance - name]

可以通过在 rule 命令前加 undo 的形式,清除一个已经建立的基本 ACL,其语法格式为:

undo rule rule - id [**comment** text] [**source**] [**time - range**] [**logging**] [**fragment**]
[**vpn - instance** vpn - instance - name]

对已经存在的 ACL 规则,如果采用指定 ACL 规则编号的方式进行编辑,没有配置的部分是不受影响的。如先配置了一个 ACL 规则(rule 1 deny source 1.1.1.1 0),再对这个 ACL 规则进行编辑(rule 1 deny logging),此时 ACL 规则变为:rule 1 deny source 1.1.1.1 0 logging。

(2) 基本 ACL 的配置应用实例。

① 在系统视图下可实现的配置。

```
acl number 2000
rule 10 deny 172.31.2.1                    # 拒绝 IP 地址为 172.31.2.1 的主机的访问
rule 20 permit 172.31.2.0 0.0.0.255        # 允许从 172.31.2.0 子网来的任何主机的访问
rule 30 deny 172.31.0.0. 0.0.255.255       # 拒绝从 172.31.0.0 网络来的任何主机的访问
rule 40 permit 172.0.0.0 0.255.255.255     # 允许来自 172 网段的任何主机访问
```

② firewall packet-filter 命令应用。

firewall packet-filter 命令可把某个现有的 ACL 与某个接口联系起来。配置时必须先进入到目的接口(如 S0/0)的接口配置模式。命令格式如下。

```
firewall packet - filter acl - number { inbound | outbound } [ match - fragments{ normally |
exactly } ]
```

参数 acl-number 是 ACL 的序号,inbound 表示过滤从接口收到的数据包,outbound 表示过滤从接口转发的数据包,match-fragments 指定分片的匹配模式(只有高级 ACL 有此参数),normally 是标准匹配模式(默认模式),exactly 是精确匹配模式。

在实际应用中配置基本 ACL 时,可以应用基本 ACL 允许或禁止特定的通信流量,然后测试该 ACL 是否达到预期结果。

(3) 高级 ACL 的配置。

高级 ACL 比基本 ACL 使用更广泛,因为它提供了更大的弹性和控制范围。高级 ACL 既可检查分组的源地址和目的地址,也可检查协议类型和 TCP/UDP 的端口号。

高级 ACL 可以基于分组的源地址、目的地址、协议类型、端口地址和应用来决定访问是被允许还是被拒绝。高级 ACL 可以在拒绝文件传输和网页浏览的同时,允许从 E0/0 的 E-mail 通信流量抵达目的地 S0/0。一旦分组被丢弃,某些协议将返回一个回应分组到源发送端,以表明目的不可达。

高级 ACL 命令的完整语法为:

```
rule [ rule - id ] { permit | deny | comment text } protocol [ source sour - addr sour - wildcard |
any ] [ destination dest - addr dest - mask | any ] [ source - port operator port1 [ port2 ] ]
[ destination - port operator port1 [ port2 ] ] [ icmp - type { icmp - message |icmp - type icmp -
code} ] [ dscp dscp ] [ precedence precedence ] [ tos tos ] [ time - range time - name ] [ logging ]
[ fragment ] [ vpn - instance ]
```

可以通过在 rule 命令前加 undo 的形式,清除一个已经建立的高级 ACL。

单独的一个 ACL 可定义多个条件判断语句,每个条件判断语句都包含相同的 ACL 编号,以便把这些语句与同一个 ACL 相关联。但条件判断语句越多,该 ACL 的执行和管理就越困难。

一个简单的高级 ACL 配置实例如下。

```
rule 10 permit tcp 172.18.10.0.0.0.0.255 any eq telnet
rule 20 permit tcp 172.18.10.0.0.0.0.255 any eq ftp
rule 30 permit tcp 172.18.10.0.0.0.0.255 any eq ftp – data
rule 40 deny any any
```

第 1 条判断语句设置允许 172.18.10.0/24 网络使用 TCP 协议访问外部网的 Telnet 服务。

第 2 条判断语句设置允许 172.18.10.0/24 网络使用 TCP 协议访问外部网的 FTP 服务。

第 3 条判断语句设置允许 172.18.10.0/24 网络使用 TCP 协议访问外部网的 FTP 数据服务。

第 4 条判断语句设置拒绝满足前面三条 ACL 要求的其他网络服务。

高级 ACL 的功能非常强大,对于所使用的不同协议提供了不同的参数选项,根据所使用的协议,语法也会不同。可以使用的协议包括 ICMP、IGMP(Internet 组管理协议)、TCP 和 UDP。

4) 网络地址转换(NAT)技术

随着 Internet 的迅速发展,IP 地址短缺及路由规模越来越大已成为相当严重的问题。为了解决这个问题,出现了多种解决方案。一种在目前网络环境中比较有效的方法是使用网络地址转换(NAT)技术。

地址转换是指在一个组织的网络内部,可以根据需要自定义自己的 IP 地址(假 IP 地址)。本组织内部的各计算机间通过假 IP 地址进行通信,当组织内部的计算机要与外部的 Internet 通信时,具有 NAT 功能的设备负责将其假 IP 地址转换为真 IP 地址。地址转换的基本过程如图 9.3.3 所示。

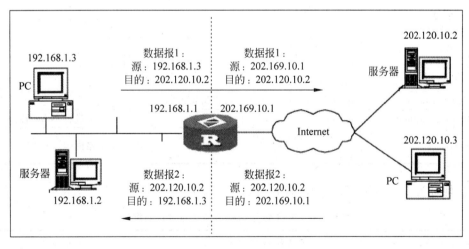

图 9.3.3　NAT 执行流程

237

(1) NAT 技术的应用。

① 连接 Internet,但不使网内所有的计算机都拥有真正的 IP 地址。通过 NAT 功能,可以对申请的合法的 IP 地址进行统一管理,当内部计算机需要连接 Internet 时,动态或静

态地将假 IP 地址转换为合法 IP 地址。

② 不使外部网络用户知道网络的内部结构。可通过 NAT 将内部网络与外部 Internet 隔离开。这样外部用户根本不知道网络内部的假 IP 地址，可有效地保障内部服务器的安全。

③ 实现多个用户同时共用一个合法 IP 地址与外部 Internet 通信。设置 NAT 功能的路由器至少要有一个内部端口和一个外部端口。内部端口连接网络内的用户，使用的是假 IP 地址，且内部端口可以为路由器的任意端口。外部端口连接的是外部的公用网络(如 Internet)，外部端口可以为路由器上的任意端口。

(2) NAT 地址转换实例。

如图 9.3.4 所示，用出口地址做 Easy NAT，完成将 192.168.0.0/24 内部网络接入 Internet，在出口地址进行地址转换，隐藏内部网主机地址，有效保障内部网主机的安全。

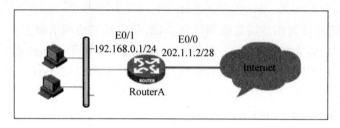

图 9.3.4　Easy NAT 网络服务结构

① RouterA 的详细配置如表 9.3.5 所示。

表 9.3.5　NAT 地址转换中 RouterA 的详细配置

当前路由器提示视图	依次输入的配置命令	简单说明
[Quidway]	acl number 2000	
[Quidway-acl-basic-2000]	rule permit source 192.168.0.0 0.0.0.255	配置允许进行 NAT 转换的内网地址段
[Quidway-acl-basic-2000]	rule deny	
[Quidway]	interface Ethernet0/1	
[Quidway-Ethernet0/1]	ip address 192.168.0.1 255.255.255.0	内网网关
[Quidway]	interface Ethernet0/0	
[Quidway-Ethernet0/1]	ip address 202.1.1.2 255.255.255.248	
[Quidway-Ethernet0/1]	nat outbound 2000	在出接口上进行 NAT 转换
[Quidway]	ip route-static 0.0.0.0 0.0.0.0 202.1.1.1 preference 60	配置默认路由

② 地址池方式 NAT 转换的配置如表 9.3.6 所示。

表 9.3.6　NAT 地址转换中地址池方式的配置

当前路由器提示视图	依次输入的配置命令	简单说明
[Quidway]	acl number 2000	指定 ACL 的序号为 2000
[Quidway-acl-basic-2000]	rule permit source 192.168.0.0 0.0.0.255	配置允许进行 NAT 转换的内网地址段
[Quidway-acl-basic-2000]	rule deny	

当前路由器提示视图	依次输入的配置命令	简单说明
[Quidway]	nat address-group 0 202.1.1.3 202.1.1.6	用户 NAT 的地址池
[Quidway]	interface Ethernet0/1	以太网 1 号插槽 1 号端口
[Quidway-Ethernet0/1]	ip address 192.168.0.1 255.255.255.0	内网网关
[Quidway]	interface Ethernet0/0	以太网 1 号插槽 0 号端口
[Quidway-Ethernet0/1]	ip address 202.1.1.2 255.255.255.0	
[Quidway-Ethernet0/1]	nat outbound 2000 address-group 0	在出接口上进行 NAT 转换
[Quidway]	ip route-static 0.0.0.0 0.0.0.0 202.1.1.1 preference 60	配置默认路由

③ 对外提供 FTP、WWW 等服务的路由器配置。以 WWW 服务为例，除了上述的配置外，公网接口需要增加如下配置：

[Quidway-Ethernet0/0]nat server protocol tcp global 202.1.1.2 www inside 192.168.0.2 www

如果需要其他用户可以 ping 通对外提供服务的服务器，必须增加如下配置：

[Router-Ethernet1]nat server protocol global icmp 202.1.1.2 inside 192.168.0.2

2. 路由器的安全配置

1) 包过滤 ACL 配置

包过滤访问控制结构如图 9.3.5 所示，RouterA 为中低端路由器（以 V3.40 为例）。网络功能的需求为：对内网地址 192.168.1.0/25 访问外网不作限制；对于内网地址 192.168.1.128/25 只允许收发邮件，不允许访问外网。

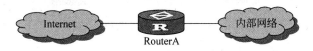

图 9.3.5　包过滤访问控制结构

V3.40 路由器包过滤 ACL 配置脚本如下。

```
#
sysname RouterA
#
firewall enable                              /启用防火墙功能/
firewall default deny                        /配置防火墙默认操作为 deny/
#
radius scheme system
#
domain system
#
acl number 2000                              /定义用于 NAT 转换的 ACL/
rule 0 permit source 192.168.1.0 0.0.0.255
rule 1 deny
#
acl number 3001                              /定义用于包过滤的 ACL/
rule 0 permit ip source 192.168.1.0 0.0.0.127
```

```
                                    /内网地址 192.168.1.0/25 访问外网不作限制/
rule 1 permit tcp source 192.168.1.128 0.0.0.127 destination - port eq pop3
rule 2 permit tcp source 192.168.1.128 0.0.0.127 destination - port eq smtp
                                    /内网地址 192.168.1.128/25 只能收发邮件/
#
interface ethernet1/0/0
ip address 192.168.1.1 255.255.255.0
firewall packet - filter 3001 inbound              /对 inbound 流量使用包过滤/
#
interface serial2/0/0
link - protocol ppp
ip address 202.101.1.2 255.255.255.252
nat outbound 2000
#
interface NULL0
#
ip route - static 0.0.0.0 0.0.0.0 202.101.1.1 preference 60
#
user - interface con 0
user - interface vty 0 4
#
return
```

2）标准 IPSec 配置

两台 V3.40 路由器通过 Internet 采用 IPSec tunnel 方式互通，网络结构如图 9.3.6 所示。

图 9.3.6　标准 IPSec 配置网络结构

V3.40 路由器标准 IPSec 配置脚本如下。

RouterA 配置脚本：

```
#
sysname RouterA
#
radius scheme system
#
domain system
#
ike proposal 1
#
ike peer a
pre - shared - key huawei - 3com
remote - address 202.0.0.2
#
ipsec proposal a
#
ipsec policy a 1 isakmp
security acl 3000
ike - peer a
```

```
proposal a
#
acl number 3000
rule 0 permit ip source 192.168.1.0 0.0.0.255 destination 192.168.2.0 0.0.0.255
#
interface ethernet1/0/0
ip address 192.168.1.1 255.255.255.0
#
interface serial2/0/0
link - protocol ppp
ip address 202.0.0.1 255.255.255.0
ipsec policy a
#
interface NULL0
#
ip route - static 0.0.0.0 0.0.0.0 202.0.0.2 preference 60
#
user - interface con 0
user - interface vty 0 4
#
return
```

RouterB 配置脚本：

```
#
sysname RouterB
#
radius scheme system
#
domain system
#
ike proposal 1
#
ike peer b
pre - shared - key huawei - 3com
remote - address 202.0.0.1
#
ipsec proposal b
#
ipsec policy b 1 isakmp
security acl 3000
ike - peer b
proposal b
#
acl number 3000
rule 0 permit ip source 192.168.2.0 0.0.0.255 destination 192.168.1.0 0.0.0.255
#
interface ethernet1/0/0
ip address 192.168.2.1 255.255.255.0
#
interface serial2/0/0
```

```
link - protocol ppp
ip address 202.0.0.2 255.255.255.0
ipsec policy b
#
interface NULL0
#
ip route - static 0.0.0.0 0.0.0.0 202.0.0.1 preference 60
#
user - interface con 0
user - interface vty 0 4
#
return
```

9.3.2 交换机安全设置

1. 交换机远程 Telnet 管理配置

交换机远程 Telnet 登录配置如图 9.3.7 所示。图中 PC(固定 IP 地址为 10.10.10.10/24)通过 VLAN10(接口地址为 10.10.10.1/24)连接到三层交换机 SwitchA,SwitchA 使用 VLAN100(接口地址为 192.168.0.1/24)与二层交换机 SwitchB 互连,SwitchB 使用 VLAN100(接口地址为 192.168.0.2/24)与 SwitchA 互连。SwitchA 通过以太网口 E0/1 和 SwitchB 的 E0/24 实现互连。

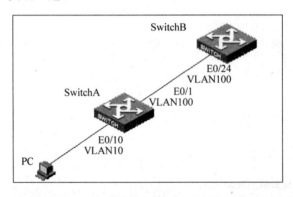

图 9.3.7 交换机远程 Telnet 登录配置

远程 Telnet 登录要求:SwitchA 只允许 10.10.10.0/24 网段地址的 PC 的 Telnet 访问,SwitchB 允许其他任意网段地址的 Telnet 访问。

如果一台 PC 要远程 Telnet 到一台设备上,首先要保证二者之间能够正常通信。SwitchA 可以有多个三层虚接口,其管理 VLAN 可以是任意一个具有三层接口并配置了 IP 地址的 VLAN。

SwitchB 只有一个二层虚接口,其管理 VLAN 即是对应三层虚接口并配置了 IP 地址的 VLAN。

Telnet 用户登录时,需要进行密码(口令)认证,如果没有配置口令而通过 Telnet 登录,则系统会提示 password required,but none set.。

1) SwitchA 的相关配置

PC 在 VLAN10 内,交换机上对应的端口为 E0/10-E0/20。

创建(进入)VLAN10:

```
[SwitchA]vlan 10
```

将连接 PC 的 E0/1 加入 VLAN10:

```
[SwitchA - vlan10] port ethernet 0/1
```

创建(进入)VLAN10 的虚接口:

```
[SwitchA]interface vlan - interface 10
```

给 VLAN10 的虚接口配置 IP 地址:

```
[SwitchA - vlan - interface10]ip address 192.168.0.1 255.255.255.0
```

创建(进入)VLAN100,并将 E0/10-E0/20 加入到 VLAN100:

```
[SwitchA]vlan 100
[SwitchA - vlan - interface 100] port ethernet 0/10 to ethernet 0/20
```

创建 VLAN100 的虚接口,并为 VLAN100 的虚接口配置 IP 地址:

```
[SwitchA]interface vlan - interface 100
[SwitchA - vlan - interface100]ip address 10.10.10.1 255.255.255.0
```

2) SwitchB 的相关配置

创建(进入)VLAN100,并将 E0/24 加入到 VLAN100:

```
[SwitchA]vlan 100
[SwitchA - vlan100] port ethernet 0/24
```

创建(进入)VLAN100 的虚接口,并为 VLAN100 的虚接口配置 IP 地址:

```
[SwitchB]interface vlan - interface 100
[SwitchB - vlan - interface100]ip address 192.168.0.2 255.255.255.0
```

一般,二层交换机允许其他任意网段访问时需要加入一条默认路由:

```
[SwitchB]ip route - static 0.0.0.0 0.0.0.0 192.168.0.1
```

3) Telnet 密码验证配置

进入用户界面视图:

```
[SwitchA]user - interface vty 0 4
```

设置认证方式为密码验证方式:

```
[SwitchA - ui - vty0 - 4]authentication - mode password
```

设置登录验证的 password 为明文密码 huawei:

```
[SwitchA - ui - vty0 - 4]set authentication password simple huawei
```

设置登录用户的级别为最高级别"3":

```
[SwitchA - ui - vty0 - 4]user privilege level 3
```

4）Telnet本地用户名和密码验证配置

进入用户界面视图：

```
[SwitchA]user - interface vty 0 4
```

设置本地或远端用户名和口令认证：

```
[SwitchA - ui - vty0 - 4]authentication - mode scheme
```

设置本地用户名和密码：

```
[SwitchA]local - user huawei
[SwitchA - user - huawei]service - type telnet level 3
[SwitchA - user - huawei]password simple huawei
```

\如果不改变 Telnet 登录用户的权限，用户登录后是无法直接进入其他视图的，可以设置 super password 来控制用户是否有权限进入其他视图。

```
[SwitchA]local - user huawei
[SwitchA - user - huawei]service - type telnet
[SwitchA - user - huawei]password simple huawei
[SwitchA]super password level 3 simple huawei
```

5）Telnet 访问控制配置

设置只允许符合 ACL1 的 IP 地址登录交换机：

```
[SwitchA - ui - vty0 - 4]acl 1 inbound
```

设置只允许某网段登录的规则：

```
[SwitchA]acl number 1
[SwitchA - acl - basic - 1]
[SwitchA - acl - basic - 1]rule permit source 10.10.10.0 0.0.0.255
```

设置只禁止某网段登录的规则：

```
[SwitchA]acl number 1
[SwitchA - acl - basic - 1]
[SwitchA - acl - basic - 1]rule deny source 10.10.10.0 0.0.0.255
```

2. 基于源 IP 地址的访问控制

在交换机（以锐捷交换机为实验设备，下同）上设置基于源 IP 地址的 ACL，只允许指定源 IP 访问网络，而禁止其他 IP 访问网络。实验拓扑环境如图 9.3.8 所示。

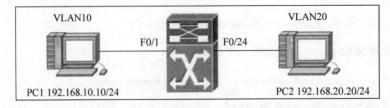

图 9.3.8　基于源 IP 地址的 ACL 网络拓扑

配置命令如下。

```
Switch# configure terminal
Switch<config># vlan 10
Switch<config-vlan># name vlan10
Switch<config-vlan># exit
Switch<config># vlan 20
Switch<config-vlan># name vlan20
Switch<config-vlan># exit
Switch<config># ip access-list standard test1
Switch<config-std-nacl># permit host 192.168.10.10
Switch<config-std-nacl># deny any
Switch<config-std-nacl># exit
Switch<config># interface f0/24
Switch<config-if># switchport access vlan 20
Switch<config-if># exit
Switch<config># interface f0/1
Switch<config-if># switchport access vlan 10
Switch<config-if># ip access-group test1 in
Switch<config-if># exit
Switch<config># interface vlan 10
Switch<config-vlan># ip address 192.168.10.254 255.255.255.0
Switch<config-vlan># no shutdown
Switch<config-vlan># exit
Switch<config># interface vlan 20
Switch<config-vlan># ip address 192.168.20.254 255.255.255.0
Switch<config-vlan># no shutdown
Switch<config-vlan># end
```

上述配置完成后,IP 为 192.168.10.10 的 PC1 能 ping 通 PC2,而其他连接到端口 1 的主机则 ping 不通其他机器。

3. 基于目的 IP 地址的 ACL 配置

在交换机上设置基于目的 IP 地址的 ACL,只允许主机访问指定目的 IP 地址的主机,而禁止访问其他主机。实验拓扑环境同图 9.3.8,配置命令如下(VLAN 10 和 VLAN 20 的划分步骤省略)。

```
Switch<config># ip access-list extended test2
Switch<config-ext-nacl># permit ip any host 192.168.20.20
Switch<config-ext-nacl># deny ip any any
Switch<config-ext-nacl># exit
Switch<config># interface f0/24
Switch<config-if># switchport access vlan 20
Switch<config-if># exit
Switch<config># interface f0/1
Switch<config-if># switchport access vlan 10
Switch<config-if># ip access-group test2 in
Switch<config-if># exit
```

上述配置完成后,PC1 能 ping 通 IP 为 192.168.20.20 的 PC2,而当 PC2 为其他 IP 时则 ping 不通。

4. 基于 TCP/UDP 协议的 ACL 配置

在交换机上设置基于 TCP/UDP 协议的 ACL,只允许通过指定的协议及指定的端口访问主机或网络。实验拓扑环境同图 9.3.8,在 PC2 上运行 WWW 和 MAIL 服务软件,使 PC2 能够提供 WWW 和 MAIL 服务。在交换机上设置基于 TCP 协议的 ACL,禁止 PC1 访问 PC2 的 MAIL 服务,但允许 PC1 访问 PC2 上的 WWW 网页,配置命令如下(VLAN10 和 VLAN20 的划分步骤省略)。

```
Switch<config>#ip access-list extended test3
Switch<config-ext-nacl>#permit tcp host 192.168.10.10 any eq www
Switch<config-ext-nacl>#deny tcp any any
Switch<config-ext-nacl>#exit
Switch<config>#interface f0/24
Switch<config-if>#switchport access vlan 20
Switch<config-if>#exit
Switch<config>#interface f0/1
Switch<config-if>#switchport access vlan 10
Switch<config-if>#ip access-group test3 in
Switch<config-if>#exit
```

上述配置完成后,PC1 可以使用 PC2 上的 WWW 服务,而不能使用 MAIL 服务。

5. 基于 MAC 地址的 ACL 配置

在交换机上设置基于 MAC 地址的 ACL,只允许指定 MAC 地址的主机访问网络,而禁止其他 MAC 地址的主机访问网络。实验拓扑环境同图 9.3.8,配置命令如下(VLAN10 和 VLAN20 的划分步骤省略)。

```
Switch<config>#mac access-list extended test4
Switch<config-ext-mcal>#permit host 0090.f510.e476 any
Switch<config-ext-mcal>#deny any any
Switch<config-ext-mcal>#exit
Switch<config>#interface f0/24
Switch<config-if>#switchport access vlan 20
Switch<config-if>#exit
Switch<config>#interface f0/1
Switch<config-if>#switchport access vlan 10
Switch<config-if>#mac access-group test4 in
Switch<config-if>#exit
```

上述配置完成后,只有 MAC 地址为指定地址的主机 PC1 才能 ping 通 PC2,而端口 1 上其他 MAC 地址的主机则 ping 不通。

6. 基于时间的 ACL 配置

在交换机上设置基于时间的 ACL,只允许指定时间段内访问网络,而禁止其他时间访问网络。实验拓扑环境同图 9.3.8,配置命令如下(VLAN10 和 VLAN20 的划分步骤省略)。

```
Switch<config>#time-range time1
Switch<config-time-range>#periodic daily 8:00 to 18:00
Switch<config-time-range>#exit
Switch<config>#ip access-list extended test5
Switch<config-ext-nacl>#permit ip any any time-range time1
```

```
Switch<config-ext-nacl># deny ip any any
Switch<config-ext-nacl># exit
Switch<config># interface f0/24
Switch<config-if># switchport access vlan 20
Switch<config-if># exit
Switch<config># interface f0/1
Switch<config-if># switchport access vlan 10
Switch<config-if># ip access-group test5 in
Switch<config-if># exit
```

上述配置完成后,PC1 只能在每天的 8：00～18：00 访问网络,其他时间段则被禁止访问网络。

9.3.3 服务器安全管理

为了安全起见,在服务器上关闭不需要的服务,关闭 User 账户,设置和修改管理员账户,设置陷阱账户,设置账户锁定策略,设置安全选项,设置审核策略,删除默认共享,关闭不必要的端口,修改默认端口,分配用户权限,禁止建立空连接,修改注册表等操作都是必要的。加强网络系统的日常管理对保证网络服务器的安全也是非常必要的。此外,网络管理员还可采取如下措施保护服务器的系统安全。

1. 安装补丁

管理员或用户可经常访问 Microsoft 和一些安全站点,下载最新的 service pack 和漏洞补丁,并及时更新程序,堵塞 bug。

2. 安装防病毒软件

在系统使用前最好安装一款防病毒软件。不论是金山毒霸,还是猎豹、诺顿、瑞星等其他防病毒软件,都可随用户的意愿选择,但一定要安装。当然,没有一款防病毒软件可以查杀所有的病毒,因此在实际使用中还应使用其他的安全手段。

3. 目录和文件权限管理

为了控制好服务器上用户的权限,也为了预防以后可能发生的入侵和溢出,必须精心地设置目录和文件的访问权限。Windows 系统的访问权限一般分为读取、写入、读取及执行、修改、列目录和完全控制。默认情况下,大多数文件夹对所有用户(Everyone 组)是完全控制的(FullControl),用户可根据应用需要进行权限重设。

可以采取如下措施来管理目录和文件的权限。

- 将 C 盘中的所有子目录和子文件继承 C 盘的 administrator(组或用户)和 SYSTEM 目录具有的全部权限。
- 修改 C:\ProgramFiles\CommonFiles,开放 Everyone 默认的读取及运行、列出文件目录和读取权限。
- 开放 Everyone 的修改、读取及运行、列出文件目录、读取和写入权限。
- 为防止非法访问,可将 cmd.exe 和 net.exe 两个文件的权限修改为特定管理员才能访问,如:

  cmd.exe root 用户所有权限

  net.exe root 用户所有权限

- 将 com. exe 改名为 _com. exe,然后替换 com 文件(可以记录所有执行的命令行指令)。

4. 敏感文件备份

虽然现在服务器的硬盘容量都很大,但为了安全起见,还应考虑经常把一些重要的用户数据(文件、数据表、项目文件等)进行备份并存放在另外一个服务器或安全保险处。

5. 服务器日常管理

(1) 服务器的定时重启(如每台服务器保证每周重新启动一次,重新启动之后要进行复查,确认服务器已经启动且其中的各项服务均恢复正常)。

(2) 服务器的安全、性能检查(如每台服务器至少保证每周登录两次和简单地检查两次,并将每次检查的结果进行记录)。

(3) 服务器的监控(如在每天的正常工作期间必须保证监视所有的服务器状态,一旦发现服务停止就要及时采取相应措施)。

(4) 服务器的相关日志操作(如每台服务器保证每月对相关日志进行一次清理,清理前对应的各项日志如应用程序日志、安全日志、系统日志等都应选择"保存日志")。

(5) 服务器的隐患检查(包括安全隐患、性能等方面的检查,每台服务器必须保证每月重点单独检查一次,每次检查的结果都必须做好记录)。

(6) 定期更改管理密码(如每台服务器保证至少每一个月或每两个月更改一次密码)。

除上述服务器安全措施外,还有一些其他安全手段,可以有选择地为服务器设置,如安全日志、SQL Server 数据库服务器安全、设置 IP 筛选、禁止木马常用端口等。

9.3.4　客户机安全管理

为了安全起见,在客户机上关闭不需要的服务,关闭 Guest 账户,修改管理员账户,设置陷阱账户,关闭不必要的端口,设置安全选项,隐藏驱动器,设置审核策略,关闭不必要的端口,分配用户权限,禁止建立空连接,修改注册表等操作都是必要的。加强网络系统的日常管理对保证网络服务器的安全也是必不可少的。此外,网络管理员还可采用如下措施保护客户机的系统安全。

1. 补丁管理

Windows 操作系统自发布以后,微软公司经常会发布安全更新和重要更新的补丁,已经发布的补丁修补了很多高风险的漏洞。补丁管理系统可以对系统软件进行修补从而最大限度地减少漏洞,降低病毒等利用漏洞的可能,减少安全隐患。在客户机配置相应的组策略后会自动从服务器上及时更新补丁。管理员在控制台能清楚地了解到网络中每台计算机的补丁安装情况,然后根据各成员单位不同的安全要求在配置客户端策略时选择自动安装补丁或提醒安装。

2. 病毒防护

对于每一个网络用户或个人用户,在客户机安装防病毒系统是最基本的安全要求。因此,建议安装网络版的病毒防护系统的客户,最好再配置一套不同厂商的病毒防护系统作为补充和备份,并及时更新病毒库。如果发现病毒流行,则启动相应的预案,对感染病毒的计算机采取相应的技术和紧急响应措施,保证系统的正常运行。

3. 客户机的安全访问

管理员账号通常是指 Windows 系统中的 Administrator 或 UNIX 系统中的 root。该账号对于系统中的所有程序和文件都具有完全的访问和管理权。管理员可以对系统配置进行全面修改,还可以增加和删除其他系统账号。

当网络用户以用户账号登录到客户机时,用户可通过远程服务器进行验证。用户通常也可在客户机上创建本地账号,该账号允许用户在不连接到网络的情况下登录客户机。

控制安装在客户机上的应用程序类型也是非常重要的。除具有管理权限的用户可以安装应用程序外,不允许其他用户安装任何东西。如果某些用户需要定期地安装测试软件,则可赋予这些用户管理员权限。也可以创建一个实验环境,在实验环境下,用户可以测试和安装软件,即给予他们有限的安装软件的权力。

4. 简单的客户机安全设置实践

1) 配合使用服务器的 DHCP 功能

在服务器上使用 DHCP 功能后,可以更好地保证局域网中每台客户机的安全性,但客户机也必须配合使用,否则会出现局域网 IP 冲突,或无故断线等现象。设置方法很简单,在"Internet 协议(TCP/IP)属性"对话框中选择"自动获得 IP 地址"和"自动获得 DNS 服务器地址"单选按钮,然后单击"确定"按钮即可,如图 9.3.9 所示。

2) 合理使用代理

合理有效地使用 Internet 上提供的代理服务器可以提高客户机的安全系数。客户机通过局域网服务器与互联网上的代理服务器连接,并通过代理服务器实现不同的网络方式,即使黑客查找到网络信息,但也只是代理服务器的信息,这样虽不是百分之百的安全,但也提高了整个网络的安全性。使用代理服务器会提高客户机的安全系数,但却以牺牲性能为代价,所以是否使用该方法应酌情而定。

设置代理的具体操作步骤如下。

第 1 步:对 HTTP、FTP 等网络方式设置代理时,在控制面板中单击"Internet 选项"图标,弹出"Internet 属性"对话框,选择"连接"选项卡,如图 9.3.10 所示。

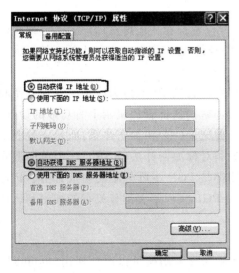

图 9.3.9　TCP/IP 属性

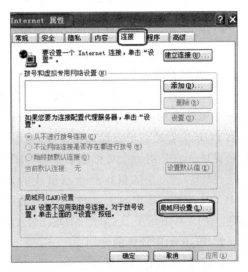

图 9.3.10　Internet 属性—连接

第2步：单击"局域网设置"按钮,在弹出的"局域网设置"对话框中"为 LAN 使用代理服务器"复选框,如图 9.3.11 所示。

第3步：单击"高级"按钮,弹出如图 9.3.12 所示的"代理服务器设置"对话框,在其中可填写详细的代理信息。

第4步：设置完毕后单击"确定"按钮,完成代理设置。

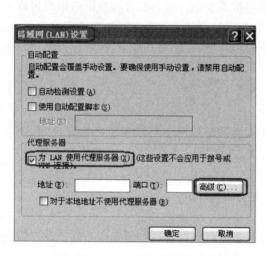

图 9.3.11　局域网设置

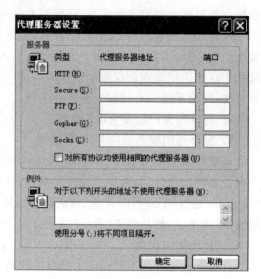

图 9.3.12　代理服务器设置

9.4　数据加密技术的应用

本节简单介绍数据加密/解密、数字签名、数字证书和身份认证的应用实例。

9.4.1　加密软件 PGP 及应用

PGP 可用来对文件或邮件进行加密,以防止非授权者查看。还可对用户的文件或邮件加上数字签名,从而可以让收件人能够确认发信人的身份,也可以防止发信人的抵赖行为。

1. PGP 简介

PGP(Pretty Good Privacy)是一个公钥加密程序。它把 RSA 公钥体系的管理方便和传统加密体系的高速度结合起来,并且在数字签名和密钥认证管理机制上有巧妙的设计。虽然 PGP 主要是基于公钥加密体系的,但它不是一种完全的公钥加密体系,而是一种混合加密算法。它是由一个对称加密算法(IDEA)、一个非对称加密算法(RSA)、一个单向散列算法(MD5)和一个随机数产生器组成的,每种算法都是 PGP 不可分割的组成部分。PGP集中了几种加密算法的优点,使它们彼此得到互补。PGP 实现了大部分流行的加密和认证算法,如 DES、IDEA、RSA 及 MD5、SHA 等算法。

2. PGP 加密软件的使用

PGP 软件兼有加密和签名两种功能,其加密功能和签名功能可以单独使用,也可以同时使用。

1) PGP 软件的下载与安装

在网上很多站点上都可以自由下载到免费版本的 PGP 软件,比较权威的地址是 http://www.openpgp.org。现在网上免费的 PGP 新版本有很多,但有些还不太成熟和稳定。这里仍以较权威和稳定的 PGP 8.0.2 全免费版本为例介绍其应用。

从 http://www.openpgp.org 上下载 PGP 8.0.2,其容量约为 10MB。下载后单击安装文件开始安装。出现 Welcome 界面、文档说明和 ReadMe 等页面。随后可按提示输入用户名和机构名,选择安装路径。如果是第一次使用 PGP,则在如图 9.4.1 所示的对话框中选择"No,I'm a New User"单选按钮。在接下来弹出的所有对话框中单击 Yes 或 Next 按钮即可。安装完毕后按要求重新启动系统,系统会自动缩为托盘上的一个小锁头图标。

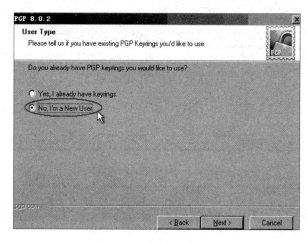

图 9.4.1　用户类型提示

2) 选取密钥

PGP 使用 IDEA 算法加密数据,IDEA 的密钥使用 RSA 或 DH 算法进行加密。

重启后进入密钥选取阶段。按提示给出用户全名和邮件地址后,选取密钥并再次确认该密钥,如图 9.4.2 所示。密钥选取后单击"下一步"按钮。这次选取的是对称密钥(即加密数据用的 IDEA 密钥)。

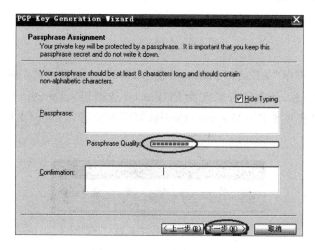

图 9.4.2　选取密钥并确认

　　RSA 和 DH 都是公钥密码系统算法,它们的密钥都有两个,即公钥和私钥。下面来选取公钥和私钥。

　　PGP 软件包中有 Documentation、PGPdisk、PGPkeys 和 PGPmail 四项。选择"开始"→"程序"→PGP→PGPkeys 命令,可得到如图 9.4.3 所示的 PGPkeys 窗口页面。选择该页面工具栏最左端的"选择密钥对"工具项,可得到相应的 PGP 加密和签名用的公钥(pubring)与私钥(secring),如图 9.4.4 所示。选取公钥和私钥对后,用户要小心保存自己的私钥,把公钥通过你的朋友签名发送给其他朋友,或发送到网上公共的 PGP 管理服务器中。

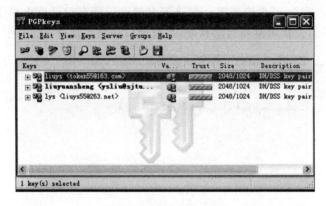

图 9.4.3　PGPkeys 窗口

图 9.4.4　公钥和私钥显示

3) 加密文件

　　选择"开始"→"程序"→PGP→PGPmail 命令,可得到如图 9.4.5 所示的工具箱。该工具箱中有 7 个按钮图标,从左到右依次为 PGPkeys(选密钥)、Encrypt(加密)、Sign(签名)、Encrypt & Sign(加密并签名)、Decrypt/Verify(解密并验证)、Wipe(文件销毁)和 Freespace Wipe(空间擦除)。

图 9.4.5　工具箱

单击工具箱中的"Encrypt"按钮,可进行文件加密。首先在单击 Encrypt 按钮后弹出的对话框中选择要被加密的文件,如图 9.4.6 所示。单击"打开"按钮后弹出如图 9.4.7 所示的对话框。在该对话框中选择要加密文件的阅读者(中间栏带有邮件地址的部分,可以是别人的,也可以是自己的)。该对话框中的选项 Text Output、Input Is Text、Wipe Original 和 Conventional Encryption 分别表示"输出文本形式的加密文件""输入的是文本文件""彻底销毁原始文件"和"用传统密码体制加密"(不用公钥系统,只能留着自己看)。勾选"Text Output"复选框,单击 OK 按钮,即可得到已加密的文件,密文并以文本形式存储,如图 9.4.8 所示。

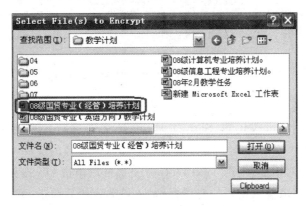

图 9.4.6 选择加密的文件

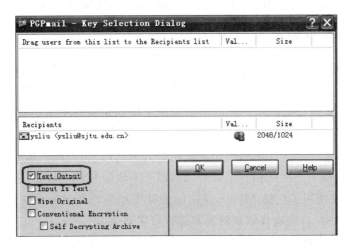

图 9.4.7 选择加密文件阅读者

4) 签名

单击工具箱中的 Sign 按钮,可进行文件签名。首先在单击 Sign 按钮后弹出的对话框中选择要被签名的文件。然后,单击"打开"按钮后弹出要求输入密码的对话框。输入密码后单击 OK 按钮,即可得到签过名的文件,签过名的文件会被加上较形象的标记,如图 9.4.8 所示。签名后会出现一个记录页面,该记录包括用户名、签名者、密钥 ID 号、有效(有法律效力)状态和日期。

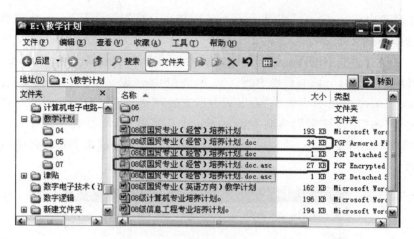

图 9.4.8　加密和签名的文件显示

5）加密并签名

使用工具箱中的 Encrypt & Sign 工具,可对文件进行加密并签名。首先在单击 Encrypt & Sign 按钮后弹出的对话框中选择要被加密和签名的文件,单击"打开"按钮后弹出如图 9.4.7 所示的对话框,勾选 Text Output 复选框后单击 OK 按钮(此时表示实现加密过程);然后又弹出要求输入密码的对话框,输入签名密码后单击 OK 按钮(此时表示实现签名过程),即可得到被加密和签名的文件,如图 9.4.8 所示。

此后的解密并验证、文件销毁和存储空间擦除等操作很简单,读者可尝试自己完成。

9.4.2　RSA 密钥软件的应用

由前面的介绍可知,RSA 是公开密钥加密方法的典型代表。使用 RSA 算法加密数据时,首先需要产生公钥和私钥,再用公钥将信息加密变成密文传给信息接收者。虽然公钥是公开的,但是只有掌握私钥的用户才能够解密密文得到正确的明文信息,从而保护信息的安全。

由于在日常工作中产生公钥和私钥需要耗费大量的时间,因此一般情况下人们会借助密钥产生工具软件随机产生密钥。下面介绍密钥产生软件 RSATool 的应用。

RSATool 软件使用了包括 MPQS 在内的各种不同的因数分解方法生成的整数因子,可生成强壮的密钥对、自动选择数制转换和进行密钥测试。

1. RSA 密钥的产生

第 1 步:打开 RSATool 程序,出现主界面。在其 Number Base 下拉列表框中选择数的模为十进制,如图 9.4.9 所示。

第 2 步:单击 Start 按钮,确定后再随意移动鼠标直到提示信息框出现,获取一个随机数种子,如图 9.4.10 所示。

第 3 步:在"Keysize(Bits)"文本框中输入数值作为公钥的位数(如 32),再单击 Generate 按钮,该工具软件会产生一些相应的数值,如素数 P=83003,Q=78347,其合数(即模数)N=P×Q=6503036041,私钥 D=1427344133,如图 9.4.11 所示。

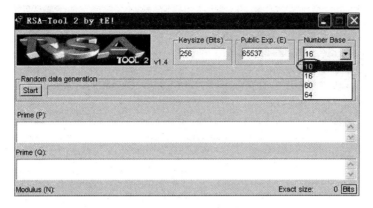

图 9.4.9　RSATool 主界面

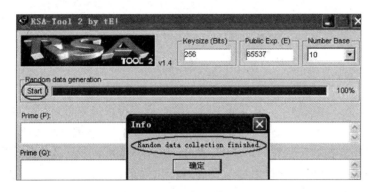

图 9.4.10　产生随机数的过程

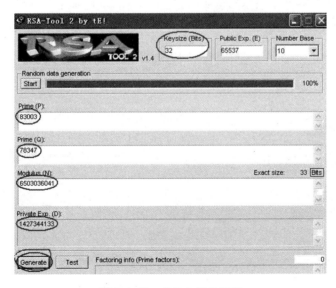

图 9.4.11　产生公钥的过程

第 4 步：将"Prime(P)"文本框中的数值复制到"Public Exp.（E）"文本框中,再将
Number Base 框中的进制数改为十六进制,此时"Prime(P)"文本框中的数值即为十六进制
公钥,如图 9.4.12 所示。

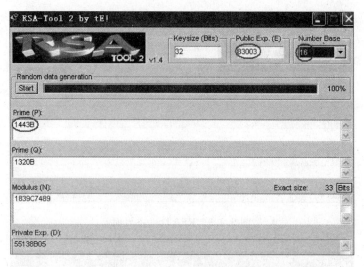

图 9.4.12 产生十六进制公钥

第 5 步:再次重复第 2 步,单击 Start 按钮,确定后再随意移动鼠标,以获取一个随机数种子。

第 6 步:在"Keysize(Bits)"文本框中输入所希望的密钥位数值,可从 32～4096,位数越多安全性越高,但运算速度也会越慢,选择 1024 位就足够了(本例选择 64)。单击 Generate 按钮,该工具软件会产生一些相应的数值,其中"Private Exp.(D)"文本框中的数值即是私钥,"Modulus(N)"文本框中的数值即是模数 N,如图 9.4.13 所示。

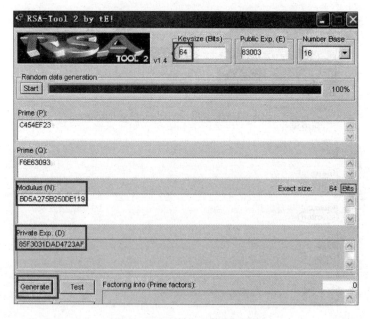

图 9.4.13 产生私钥的过程

2. 测试密钥的正确性

第 1 步:单击主界面中的 Test 按钮,弹出 RSA-Test 对话框,在其中的 Message to encrypt 文本框中随意输入信息,单击 Encrypt 按钮将数值进行加密处理,如图 9.4.14 所示。

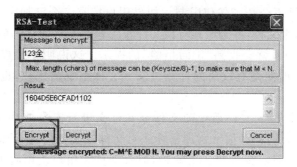

图 9.4.14　加密信息

第 2 步：单击 Decrypt 按钮进行解密，解密后的结果显示在 Result 文本框中，如图 9.4.15 所示。将解密后的结果与原输入的数值进行比较，若两者相同，则说明产生的密钥有效；若不同，则需要重新产生密钥。

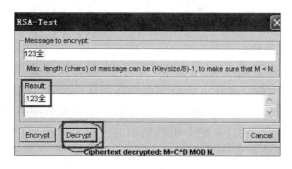

图 9.4.15　解密信息

9.4.3　EFS 及应用

1. EFS 软件

EFS(Encrypting File System，加密文件系统)是 Windows 文件系统的内置文件加密工具，它以公共密钥加密为基础，使用 CryptoAPI 架构，提供一种透明的文件加密服务。Windows 2000/XP/2003 都配备了 EFS。EFS 可对存储在 NTFS 磁盘卷上的文件和文件夹执行加密操作。对于 NTFS 卷上的文件和数据，都可以直接被操作系统加密保存，这在很大程度上提高了数据的安全性。

在使用 EFS 加密一个文件或文件夹时，系统首先会生成一个由伪随机数组成的 FEK (文件加密密钥)，然后利用 FEK 和数据扩展标准 X 算法创建加密文件，并把它存储到硬盘上，同时删除未加密的原文件。随后系统利用用户的公钥加密 FEK，并把加密后的 FEK 存储在同一个加密文件中。当用户访问被加密的文件时，系统首先利用用户的私钥解密 FEK，然后利用 FEK 解密原加密文件。在首次使用 EFS 时，如果用户还没有公钥/私钥对 (统称为密钥)，则会首先生成密钥，然后再加密数据。EFS 加密文件时，使用对该文件唯一的对称加密密钥，并使用文件拥有者 EFS 证书中的公钥对这些对称加密密钥进行加密。因为只有文件的拥有者才能使用密钥对中的私钥，所以也只有他才能解密密钥和文件。

EFS 加密系统对用户是透明的，即如果用户加密了一些数据，那么他对这些数据的访问将是完全允许的,并不会受到任何限制。如果用户持有一个已加密 NTFS 文件的私钥,那么他就能够打开这个文件,并透明地将该文件作为普通文档使用。而其他非授权用户试图访问加密过的数据时,就会收到"访问拒绝"的提示。这说明非授权用户无法访问经过 EFS 加密后的文件。即使是有权访问计算机及其文件系统的用户,也无法读取这些加密数据。

当使用 EFS 对 NTFS 文件系统的文件或文件夹进行安全处理时,操作系统将使用 CryptoAPI 所提供的公钥和对称密钥加密算法对文件或文件夹进行加密。EFS 作为操作系统级的安全服务,内部实现机制非常复杂,但管理员和用户使用起来却非常简单。EFS 加密的用户验证过程是在登录 Windows 时进行的,只要登录到 Windows,就可以打开任意一个被授权的加密文件,而并不像第三方加密软件那样在每次存取时都要求输入密码。

在保存文件时 EFS 将自动对文件进行加密,当用户重新打开文件时系统将对文件进行自动解密。除加密文件的用户和具有 EFS 文件恢复证书的管理员之外,没有人可以读写经过加密处理的文件或文件夹。因为加密机制建立在文件系统内部,它对用户的操作是透明的,而对攻击者来说却是加密的。

如果把未加密的文件复制到经过加密的文件夹中,那么这些文件将会被自动加密。若想将加密文件移出来,如果是移动到 NTFS 分区上,那么文件将依然保持加密属性。在 Windows 系统中,每一个用户都有一个 SID(安全标识符)以区分各自的身份,每个人的 SID 都不相同且是唯一的(SID 可类似人的指纹)。在第一次加密数据时,操作系统就会根据加密者的 SID 生成该用户的密钥,并把公钥和私钥分开保存起来,供用户加密和解密数据。这一切可保证 EFS 机制的可靠性。

发生诸如用户私钥丢失或雇员离开公司等突发事件时,EFS 提供了一种恢复代理机制,可以恢复经 EFS 加密的文件信息。当使用 EFS 时,系统将自动创建一个独立的恢复密钥对,并存储在管理员的 EFS 文件恢复证书中。恢复密钥对的公钥用于加密原始的加密密钥,并在紧急情况下使用私钥来恢复加密文件的密钥,从而恢复经过加密的文件。Windows 2000 系统在单机和工作组环境下,默认的恢复代理是 Administrator;Windows XP 系统在单机和工作组环境下没有默认的恢复代理;而在域环境中所有加入域的 Windows 2000/XP 计算机,默认的恢复代理全部都是域管理员。这一切又可保证被加密数据的安全性。

使用 EFS 加密功能要保证两个条件,第一要保证操作系统是 Windows 2000/XP/2003,第二要保证文件所在的分区格式是 NTFS 格式(FAT32 分区中的数据是无法加密的,如果要使用 EFS 对其进行加密,就必须将 FAT32 格式转换为 NTFS)。

值得注意的是,被 EFS 加密的数据也不是绝对安全的,如果没有合适的密钥,虽然无法打开被 EFS 加密过的文件,但仍可以将其删除。所以对于重要文件,最佳的做法是综合使用 NTFS 权限和 EFS 加密两项安全措施。这样,如果非法用户没有合适的权限,将不能访问受保护的文件和文件夹,因此也就不能删除文件了。而有些用户即使拥有权限,没有密钥同样还是打不开加密数据。

NTFS 分区上保存的数据还可以被压缩,但是一个文件不能同时被压缩和加密。Windows 的系统文件和系统文件夹无法被加密。

综上所述,可将 EFS 系统具有的特性概括如下。

• 用户加密或解密文件或文件夹很方便,访问加密文件简单容易。

- EFS加密系统对用户是透明的。
- 加密后的数据无论怎样移动都保持加密状态。
- EFS加密机制和操作系统紧密结合,用户不必为加密数据安装额外软件,可节约使用成本。
- EFS与NTFS紧密地结合在一起。
- 通过EFS加密敏感性文件,会增加更多层级的安全性防护。

2. EFS加密和解密

1) EFS加密文件或文件夹

例如要对C盘下的"4321"文件夹进行EFS加密,其操作过程如下。

第1步:右击要加密的文件夹,选择"属性"命令,弹出如图9.4.16所示的该文件夹的"属性"对话框。

第2步:在"属性"对话框中单击"高级"按钮,在弹出的"高级属性"对话框中,勾选"加密内容以便保护数据"复选框,如图9.4.17所示,单击"确定"按钮。

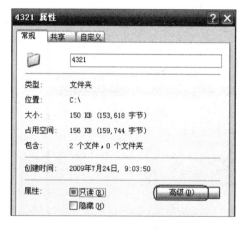

图9.4.16 加密文件夹属性

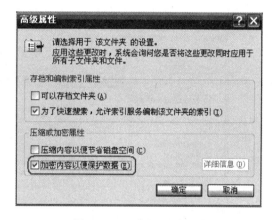

图9.4.17 高级属性设置

第3步:在"属性"对话框中单击"应用"按钮,弹出"确认属性更改"对话框,如图9.4.18所示。如选择"仅将更改应用于该文件夹"单选按钮,系统将只对文件夹加密,文件夹中已有的内容并没被加密,但是此后在文件夹中创建的文件或文件夹将会被加密;如选择"将更改应用于该文件夹、子文件夹和文件"单选按钮,文件夹中的所有内容均被加密。

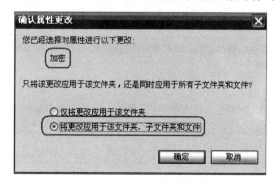

图9.4.18 确认属性更改—加密

第4步：单击"确定"按钮，完成加密操作。

现在已有了一个被 EFS 加密过的文件夹，以后如果用户要对某个文件或文件夹进行 EFS 加密，也可以把它们移到该文件夹中，这样这些文件或文件夹就会被自动加密。

2) 密钥备份和解密文件/文件夹

如果用户重装了系统，此后即使再利用原来的用户名和密码，也无法打开 EFS 加密过的文件或文件夹。这是因为加密时的密钥信息保存在原系统中，重装系统后原密钥信息丢失。因此用户在加密时应该及时备份密钥，这样以后即使重装系统，也可利用备份密钥打开加密文件或文件夹。

在 Windows XP 中，备份密钥的操作过程如下。

第1步：选择"开始"→"运行"命令，在"运行"对话框中输入 certmgr. msc 并按 Enter 键，打开证书管理器(密钥的导出和导入工作都将在这里进行)。

第2步：在左侧窗口中展开"个人"→"证书"，可以看见一个与用户名同名(Administrator)的证书，如图 9.4.19 所示(如果用户还没有加密任何数据，这里是不会有证书的)。假如有多份证书，可选择"预期目的"为"加密文件系统"的那份。

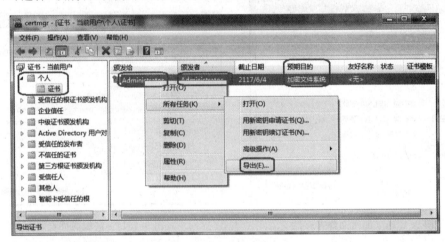

图 9.4.19　选择个人证书

第3步：在右侧窗口中右击证书，在弹出的快捷菜单中选择"所有任务"→"导出"命令，弹出"证书导出向导"对话框。

第4步：单击"下一步"按钮，弹出如图 9.4.20 所示的导出私钥对话框，在该对话框中会询问用户是否导出私钥。这里要选择"是，导出私钥"单选按钮。

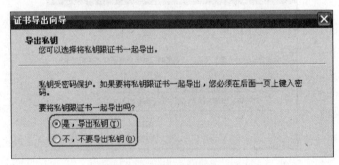

图 9.4.20　导出证书密钥

第5步：单击"下一步"按钮后在弹出的对话框再次单击"下一步"按钮,弹出如图9.4.21所示的对话框。按照提示要求,输入和确认该用户的密码后,单击"下一步"按钮后在弹出的对话框中选择想要保存的路径,单击"下一步"按钮,再单击"完成"按钮,最后私钥(文件后缀为PFX)便成功导出。若在图9.4.20中选择"不,不要导出私钥"单选按钮,那么按照提示要求输入后便可导出证书(文件后缀为CER)。

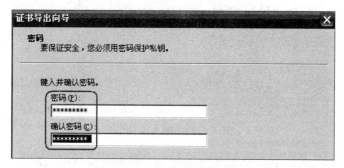

图9.4.21　输入并确认密码

至此,导出任务完成(导出成功)。

以后利用这些备份密钥(证书和私钥),即可恢复加密数据。其他用户如果获得本用户的备份密钥,也能轻松解密其加密文件,因此一定要保管好备份密钥。

3) 找回EFS加密文件

当加密文件的系统账户出现问题或重装系统后,EFS加密文件就无法访问了。可以采用如下两种解决方法。

(1) 利用备份的PFX私钥。

如果备份有PFX私钥文件,利用它打开加密文件很容易,其操作过程如下。

第1步：找到备份的PFX私钥文件,右击该文件,选择"安装PFX"命令,如图9.4.22所示,弹出"证书导入向导"对话框。

图9.4.22　选择PFX私钥文件并安装

第2步：单击"下一步"按钮,在弹出的对话框中输入要导入的文件名称,如EFS.pfx,如图9.4.23所示。

第3步：单击"下一步"按钮,在弹出的对话框中输入当初导出证书时输入的密码,如图9.4.24所示。

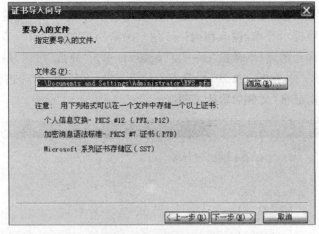

图 9.4.23　输入文件名

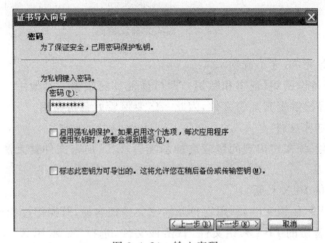

图 9.4.24　输入密码

第 4 步：单击"下一步"按钮，在弹出的证书存储对话框中选择"根据证书类型，自动选择证书存储区"单选按钮，如图 9.4.25 所示。

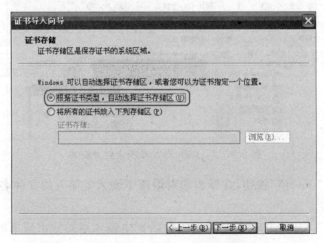

图 9.4.25　选择证书存储区域

第 5 步：单击"下一步"按钮并在弹出的对话框中单击"完成"按钮，出现导入成功提示。此后就可以访问 EFS 加密文件了。

（2）利用备份的 CER 证书。

假如用户以前未备份 PFX 私钥文件，但是备份过 CER 证书，如果又重装了系统，就没有办法打开加密文件了；假如用户还没有重装系统，则可利用备份的 CER 证书进行类似 PFX 的操作。

第 1 步：找到备份的 CER 证书文件，右击该文件，并选择"安装证书（I）"命令，如图 9.4.26 所示，系统将弹出"证书导入向导"对话框。

图 9.4.26　选择 CER 文件并安装

第 2 步：在该对话框中选择"将所有的证书放入下列存储区"单选按钮，并单击"浏览"按钮，如图 9.4.27 所示。

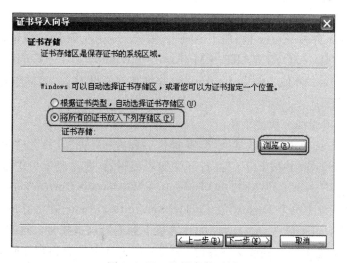

图 9.4.27　选择存储区域

第 3 步：在弹出的选择证书存储对话框中选择"个人"存储区并单击"确定"按钮，即可把证书导入到"个人"存储区。

第
9
章

网络安全实践

第4步：单击"确定"按钮,完成证书导入工作。可看到证书"导入成功"提示。

此后就可以访问 EFS 加密文件了。

4) 解密 EFS 加密的文件或文件夹

如果用户要对已被 EFS 加密过的文件或文件夹解密,或是想取消已对某个文件或文件夹进行的 EFS 加密,则可采取如下操作。

第1步：打开 Windows 资源管理器,右击已加密的文件或文件夹,选择"属性"命令。

第2步：在"常规"选项卡中单击"高级"按钮,弹出"高级属性"对话框,取消勾选"加密内容以便保护数据"复选框。

第3步：单击"确定"按钮后在弹出的"确认属性更改"对话框中就显示对属性的更改为"解密",如图 9.4.28 所示(可与图 9.4.18 比较),最后单击"确定"按钮即可。

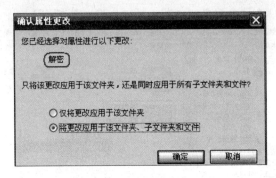

图 9.4.28　确认属性更改—解密

3. EFS 的其他操作

EFS 系统除了具有对文件或文件夹的加密和解密的功能外,还有如下一些常用操作。

1) 禁用 EFS 加密功能

如果用户不喜欢 EFS 功能,可以彻底禁用它。选择"开始"→"运行"命令,在"运行"对话框中输入 regedit 并按 Enter 键,打开注册表编辑器,在左侧窗口中依次展开 HKEY_LOCAL_MACHINE→SOFTWARE→Microsoft→WindowsNT→CurrentVersion→EFS 项,然后新建一个 Dword 值 EfsConfiguration,并将其键值设为 1。这样本机的 EFS 加密功能就被彻底禁用了。

2) 将 EFS 选项添加至快捷菜单

如果想将 EFS 选项添加至快捷菜单,其操作过程为：选择"开始"→"运行"命令,在"运行"对话框中输入 regedit 并按 Enter 键,打开注册表编辑器,在左侧窗口中依次展开 HKEY_LOCAL_MACHINE→SOFTWARE→Microsoft→Windows→CurrentVersion→Explorer→Advanced 项,然后新建一个 Dword 值 EncryptionContextMenu,并将它的键值设为 1。注意,为确保对注册表进行修改,应在自己的计算机上拥有管理员账号。这样当用户右击某一存储于 NTFS 磁盘卷上的文件或文件夹时,加密或解密选项便会出现在随后弹出的快捷菜单上。

3) 不加密加密文件夹下的子文件夹

在利用 EFS 加密的过程中用户常会遇到这种情况：用户需要加密某一个文件夹,此文件夹下还有很多子文件夹,而用户有时不想加密位于此文件夹下的某一个或几个子文件夹,这样,可采用如下两种方法进行解决。

方法一：将不需要加密的子文件夹剪切移出,单独设立文件夹,脱离与原文件夹的关系,然后再加密原文件夹。这也是很多用户常用的方法。这样做的缺点是破坏了原来的目录结构,加密和保持原有的目录结构产生了矛盾。

方法二：在不需要加密的子文件夹下建立一个名为 Desktop.ini 的文件,打开该文件并录入以下内容：

```
[encryption]
Disable = 1
```

录入完毕保存并关闭该文件。这样,以后如要加密其父文件夹,当加密到该子文件夹时就会遇到错误的信息提示,单击"忽略"按钮后即可跳过对该子文件夹的加密,而其父文件夹的加密不会受到影响。

4）在命令提示符下加密/解密文件

如果用户不喜欢在图形界面操作,还可以在命令提示符下用 cipher 命令完成对文件或文件夹的加密/解密操作。其命令格式为：

```
cipher [/e  /d]文件夹或文件名[参数]
```

如要为 C 盘根目录下的 ABCD 文件夹加密,就输入"cipher /e c:\ABCD"并按 Enter 键即可。如要对该文件夹进行解密,则输入"cipher /d c:\ABCD"并按 Enter 键即可。格式中 e 是加密参数,d 是解密参数,其他更多的参数和用法请在命令提示符后输入"cipher /?"查询即可得到。

9.5 网络安全防护的应用

本节主要介绍网络防火墙、防病毒软件、木马查杀软件、网络扫描工具、网络嗅探工具、网络攻击的防范和虚拟专用网（VPN）等七个网络安全防护应用设置实例。

9.5.1 网络防火墙设置实例——高级安全 Windows 防火墙设置

一般情况下,在使用 Windows 系统时,只需要设置一下 Windows 防火墙即可。但当需要对进出端口进行设置或对某些程序进行精确控制时,则需要使用高级安全 Windows 防火墙。Windows Server 2008 中的高级安全 Windows 防火墙（WFAS）是支持双向保护的,它将防火墙的规则分为入站规则和出站规则两部分,其默认是对内阻止、对外开放的。此外,它将 Windows 防火墙功能和 Internet 安全协议（IPSec）集成到一个控制台,即不论是对服务器的管理,还是高级安全 Windows 防火墙都是将相连的管理集中到一个控制台中。

在 Windows Server 2008 高级防火墙配置中,通过使用配置规则来响应传入和传出流量,以便确定允许或阻止哪种数据流量。当传入数据包到达计算机时,防火墙检查该数据包,并确定它是否符合入站规则中指定的标准,如果符合规则中指定的操作,则防火墙将执行该操作；如果数据包与规则中的标准不匹配,则丢弃该数据包,并在防火墙日志中创建相应条目。例如在一台服务器上安装了 FTP 服务,因为默认下禁止 FTP 入站连接,所以要新建一条入站规则来实现连接。对规则进行配置时,可以从各种标准中进行选择,包括应用程序名称、系统服务名称、系统端口、IP 地址等。下面就通过不同的实例，分别介绍高级安全 Windows 防火墙入站规则和出站规则的设置。

1. 入站规则

入站规则明确允许或阻止与规则条件匹配的通信。在默认情况下将阻止入站通信，若要允许通信，必须创建一个入站规则。例如，在一台服务器（192.168.1.25）上安装并启用 FTP 服务后，防火墙中将添加一条允许所有 FTP 入站连接的入站规则。如果要配置防火墙规则以阻止某客户端 192.168.1.10 通过 FTP 连接到服务器，而允许其他客户端都能通过 FTP 连接到服务器，其具体操作步骤如下。

第 1 步：通过"所有程序"→"管理工具"命令打开"高级安全 Windows 防火墙"窗口，右击"入站规则"选项，选择"新建规则"命令，弹出如图 9.5.1 所示的"新建入站规则向导"对话框，在"规则类型"页面中选择"端口"单选按钮。

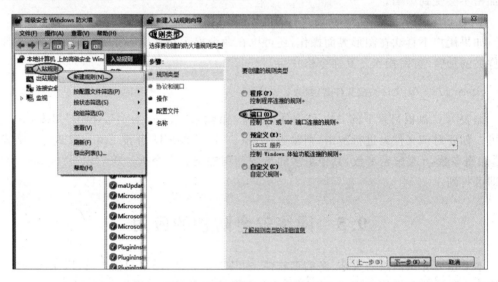

图 9.5.1　选择防火墙规则类型

第 2 步：单击"下一步"按钮，出现如图 9.5.2 所示的页面；在"协议和端口"页面中选择 TCP 和"特定本地端口"单选按钮，并输入端口号 21。

第 3 步：单击"下一步"按钮，在操作页面中选择"阻止连接"单选按钮，再单击"下一步"按钮，出现如图 9.5.3 所示的"配置文件"页面。

第 4 步：防火墙有域、专用和公用三个配置文件，分别用于域环境、单机环境和公用环境。一般可以勾选"域""专用"和"公用"复选框以便设定的规则适用于各种环境。在"配置文件"页面中勾选"域""专用""公用"复选框，单击"下一步"按钮，在出现的"名称"页面中输入名称"FTP 入站"和描述"阻止 FTP 入站"，单击"完成"按钮，基本入站规则即设置完成。

第 5 步：然后，再右击"入站规则"中的"FTP 入站"规则，选择"属性"命令，在弹出的对话框中的"作用域"选项卡中添加本地 IP 地址（192.168.1.25）和要阻止的远程 IP 地址（192.168.1.10），单击"确认"按钮，即可在右侧窗口中看到如图 9.5.4 所示的"FTP 入站"规则了。

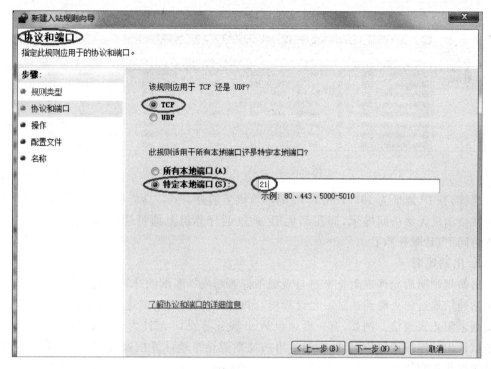

图 9.5.2 选择协议和端口

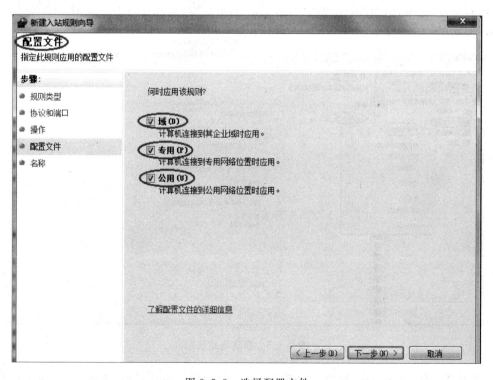

图 9.5.3 选择配置文件

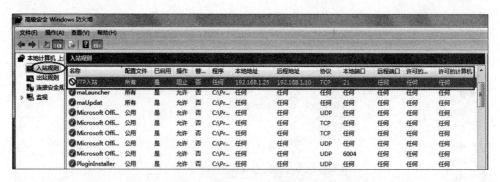

图 9.5.4　FTP 入站规则设置

这样,在 IP 地址为 192.168.1.10 的计算机上通过 ftp://192.168.1.25 访问 FTP 服务器时就会出现无法访问提示,而在其他 IP 地址的计算机上即可通过 ftp://192.168.1.25 正常访问 FTP 服务器了。

2. 出站规则

出站规则明确允许或阻止来自与规则条件匹配或不匹配的计算机的通信。若要阻止一个出站通信通过防火墙到达某一台计算机,而允许同样的通信到达其他计算机,必须创建出站规则来阻止该通信。例如,有一台远程 Web 服务器的 IP 地址为 192.168.1.10,本地计算机的默认出站连接设置为允许,则通过出站规则阻止本地计算机通过 IE 访问 Web 服务器的具体操作步骤如下。

第 1 步:通过"所有程序"→"管理工具"命令打开"高级安全 Windows 防火墙"窗口,右击"出站规则"选项,选择"新建规则"命令,在"规则类型"页面中选择要创建的规则类型为"程序",如图 9.5.5 所示。

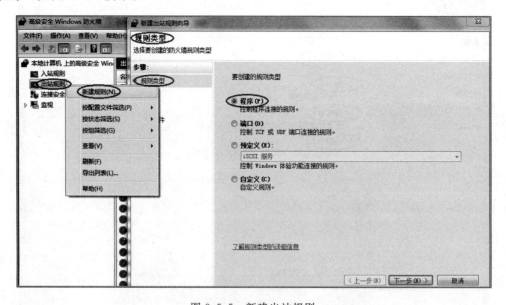

图 9.5.5　新建出站规则

第 2 步:单击"下一步"按钮,在"程序"页面中选择"此程序路径"单选按钮,并在其下的文本框中输入"%ProgramFiles%\InternetExplorer\ iexplore.exe",如图 9.5.6 所示。

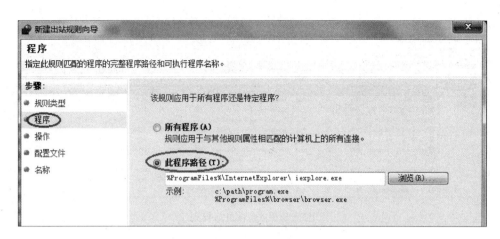

图 9.5.6　输入程序路径

第 3 步：单击"下一步"按钮，在"操作"页面中选择"阻止连接"单选按钮，单击"下一步"按钮后，在弹出的"配置文件"页面中勾选"域""专用""公用"复选框，单击"下一步"按钮，出现如图 9.5.7 所示的"名称"页面。

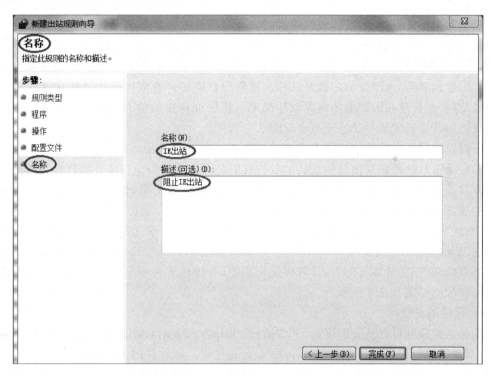

图 9.5.7　指定出站规则名称

第 4 步：在"名称"页面中的"名称"文本框中输入"IE 出站"在"描述"文本框中输入"阻止 IE 出站"，单击"完成"按钮，即完成出站规则的设置。再选择"出站规则"选项，可在右侧窗口中看到创建的"IE 出站"规则，如图 9.5.8 所示。

上述操作完成后，在本地计算机上通过 IE 访问 Web 服务器，就会出现"IE 无法显示该页面"的提示，说明在本地计算机上通过 IE 访问 Web 服务器是被禁止的。

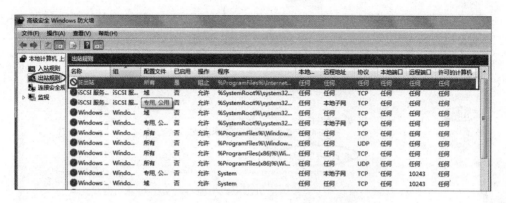

图 9.5.8 查看出站规则

通过对入站和出站规则的合理设置,系统的安全性将大大增强,从而能够更有效地增强计算机的安全性。

9.5.2 防病毒软件应用实例——瑞星杀毒软件 V17 的应用

防病毒软件是用于消除计算机中病毒和恶意程序的一类软件,它们通常集成监控识别、病毒扫描和自动升级功能,是构成网络系统安全的必要防御系统,是保障用户数据安全的屏障。防病毒软件的发展经历了从进口到国产,从单一功能到综合应用,从收费使用到免费使用的过程,目前使用较多的进口软件有诺顿、卡巴斯基、迈克菲思等类,国产防病毒软件有江民、瑞星、金山等类,大部分的防病毒软件从注册用户购买付费使用逐步过渡到注册用户免费下载使用,甚至现在国产的防病毒软件都无须注册可直接免费下载使用。大部分用户都会为自己的计算机安装一款甚至是多款防病毒软件。

下面以瑞星杀毒软件 V17 为例简单介绍防病毒软件的应用。

瑞星杀毒软件是北京瑞星信息技术股份有限公司出品的安全软件。该软件目前最新版本是 V17。瑞星杀毒软件 V17 采用瑞星最先进的四核杀毒引擎,性能强劲,能针对网络中流行的病毒、木马进行全面查杀,同时加入内核加固、应用入口防护、下载保护、聊天防护、视频防护、注册表监控等功能,可帮助用户实现多层次全方位的信息安全立体保护。该版本可运行在 Windows XP SP2+/Windows 7/Windows 8/Windows 10 以及相关的 X64 位系统中。具有病毒查杀、计算机防护、计算机优化功能,并提供多种安全工具应用。瑞星杀毒软件的操作界面如图 9.5.9 所示。

1. 软件的安装

瑞星杀毒软件可以从官网下载,下载地址:http://www.rising.com.cn/。软件下载完成后,双击其执行程序 RavV17std.exe,进入安装过程。该软件的安装已经高度自动化,用户可以选择快速安装(如图 9.5.10 所示)或选择自定义安装,按照选择语言(如中文简体)→接受用户许可协议→选择安装组件→设置安装路径等操作顺序完成软件的安装。安装完成后会自动检测病毒库,如果发现新的病毒库会提示用户进行升级(如图 9.5.11 所示)。新版本与以前版本的区别在于不再强行重新启动系统就能使用,但要完全发挥软件的功能,在安装设置完成后重新启动计算机的操作系统是必要的。

2. 软件的应用

软件程序安装后,进入操作界面,共有"病毒查杀""电脑防护""电脑优化""安全工具"四

图 9.5.9　瑞星杀毒软件操作界面

图 9.5.10　瑞星杀毒软件的安装

项功能选择,各项功能的使用可根据向导说明进行。

(1) **病毒查杀**。进入病毒查杀选项后用户可选择病毒的查杀方式,如图 9.5.12 所示,接下来根据窗口提示对查出的病毒进行处理。

(2) **电脑防护**。进入电脑防护选项后用户可以非常直观地看到系统所需要的各类防护,并且通过单击开关按钮来打开或关闭防护,操作非常简便,如图 9.5.13 所示。

图 9.5.11　病毒库的更新

图 9.5.12　病毒查杀应用

图 9.5.13　电脑防护应用

（3）**电脑优化**。进入电脑优化选项后，用户可根据软件窗口的提示对系统进行优化操作，如清理垃圾、释放内存和加速处理（开机加速、网络加速、系统加速）等。

（4）**安全工具**。瑞星杀毒软件还提供了许多安全工具。这些安全工具主要有瑞星安全产品（如瑞星防火墙、瑞星安全助手、软件管家、账号保险柜、安全游戏等）和系统优化产品（如系统修复、文件粉碎器、进程管理器、隐私痕迹清理、网络诊断、网速测试、网络查看器等）两大类。进入安全工具界面后用户可以方便地获取各类安全工具软件，即可应用这些软件进行系统安全防护。

瑞星杀毒软件使用完成后，用户可关闭主界面，同时瑞星处于后台运行状态对系统予以保护，用户可以在计算机的状态栏中看到一把打开的绿伞，桌面边缘有资源使用悬浮条。

9.5.3　木马查杀软件应用实例——木马清除大师软件的应用

木马清除大师安全套装 V8 是 Lofocus Lab（洛克思安全实验室）为网络游戏爱好者、聊天爱好者等量身定做的查杀木马病毒软件，目前已经能查杀 500 万余种国际国内的流行木马，如网络游戏盗号工具、QQ 盗密码工具、幽灵后门、流氓软件和间谍软件等。木马清除大师软件可以扫描注册表、Cookies、隐私纪录、系统服务、敏感区域等，并加强了对木马的启发式扫描，木马即使逃脱静态特征码查杀，也无法逃过启发式扫描。木马清除大师软件可运行在 Windows XP SP2＋/Windows 7/Windows 8/Windows 10 以及相关的 X64 位系统中。

1. 软件的安装

木马清除大师软件的官方网站地址是 http://www.lofocus.com，用户可以从官网上下载最新的版本。软件下载完成后运行安装程序"BTSecuritySuiteV8.exe"（双击该程序即可启动安装）。安装过程非常简便，按照选择所需套件→确定安装路径→升级注册等操作顺序，用户基本上只需单击"下一步"按钮就可以了。

安装过程中会启动配置向导对程序的特征库进行升级，指导用户配置实施监控模式，对软件进行注册以达到最佳的查杀效果和服务支持，如图 9.5.14 所示。

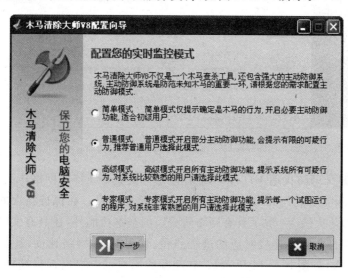

图 9.5.14　配置监控模式

2. 大师软件的应用

木马清除大师由三个功能程序组成,即木马清除大师 V8、木马清除大师防火墙 V4 和 Windows 升级精灵。

(1) **木马清除大师 V8**。该功能程序的全新启发式扫描引擎,使得不在病毒库中的恶意程序也能扫描到,并可在源头拦截恶意程序;其流氓软件智能识别引擎能判断用户运行的程序是否是流氓软件;其误报控制系统可使误报率显著降低;其文件系统实时防护功能可使恶意程序只要在硬盘生成就会被清除;其全新的主动防御优化了 32 位系统的防御,新增多种防御点,完全支持 64 位系统,在拦截网络事件时更加人性化,用户不仅可以随时在事件页面中查看被拦截的详细信息,还可以在拦截行为发生时得到实时提示提升自我防护。

木马清除大师 V8 功能程序具有状态显示(可查看当前状态/组件状态)、扫描、软件设置、安全工具使用和软件注册等操作功能,如图 9.5.15 所示。其主要是扫描功能,单击"扫描"功能项,根据向导的指示可对系统进行全面扫描并处理扫描结果,还可对硬盘进行扫描和处理。

图 9.5.15　木马清除大师 V8 的功能

(2) **木马清除大师防火墙 V4**。该功能程序是一款简单纯粹的网络防火墙,且终身免费使用。它易于操作且功能强大,是防止黑客攻击的重要工具。在保持强大的防护性能前提下,木马清除大师防火墙 V4 除了具有网络防火墙的基本功能外,还具有实时监测网络连线的功能,可以看到每个网络连接对应的进程路径、远程 IP 和网络速度,甚至还能查询远程 IP 对应的地理位置(如图 9.5.16 所示)。有经验的用户可以根据远程端口、本地端口等判断网络连接是否可疑,如果怀疑是恶意行为,用户就可以随时禁止程序的联网行为,这是防范各种高级木马(如 Rootkit)的利器。利用木马清除大师防火墙 V4,用户可以清楚地查看到哪些程序在连接网络,网速值是多少,因此可以限制非法联网程序连接网络。木马清除大师防火墙 V4 内置的智能识别引擎,每当有程序试图访问网络或进行网络通信时,引擎会自动探测此连接是否可疑,并返回三个危险等级给用户选择,所以对计算机系统不熟悉的用户也能轻松地使用该功能程序。木马清除大师防火墙 V4 还会在计算机的任务栏上实时显示流量占用悬浮窗,方便用户监测网速等。

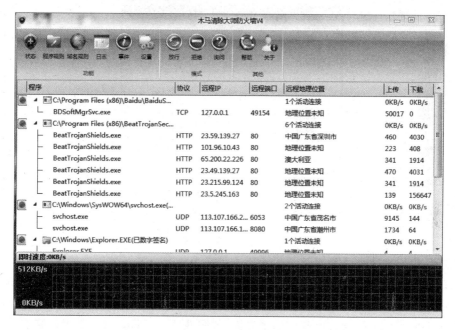

图 9.5.16　木马清除大师防火墙 V4 的功能

(3) **Windows 升级精灵**。该功能程序能帮助修复 Windows 操作系统、IE 浏览器和 Windows Media Player、.NET FrameWork、Office 办公软件的漏洞和大量第三方软件,同时支持 32 位和 64 位 Windows 系统,如 Windows 2000/XP/2003/Vista/Windows 7/Windows 7 X64/Windows 8,并自带在线升级功能,随时将漏洞库升级到最新。该功能程序的软件功能强大,更新安装的整个过程可全自动运行,不仅能修复漏洞,还能将系统软件升级到最新,如图 9.5.17 所示。

9.5.4　网络扫描工具应用实例

网络扫描工具 SuperScan 是由 Foundstone 开发的一款免费且功能强大的网络安全工具,当然它也是一款黑客工具。黑客可以利用其拒绝服务攻击(DoS)收集远程网络的主机信息。作为安全工具,SuperScan 能够帮助用户扫描检查网络中的弱点。

SuperScan 是一款功能强大的网络主机及端口扫描工具软件,具有如下主要功能。

- 通过 ping 来检验 IP 是否在线。
- IP 地址与域名相互转换。
- 检验目标计算机提供的服务类别。
- 检验目标计算机是否在线及其端口情况。
- 自定义要检验的端口并可保存为端口列表的文件。

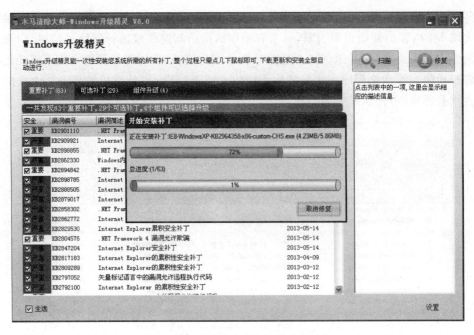

图 9.5.17　Windows 升级精灵的功能

目前 SuperScan 的版本更新至 4.0,新版本可在 Windows 7 及以上的操作系统中运行,并已经有汉化版本供国内用户使用。对一些老版本的操作系统,用户可使用其 SuperScan3.0 版。

下载 SuperScan4.0 并解压后,在桌面会有一个名为 SuperScan4.exe 的运行文件,双击该文件即可进入 SuperScan4.0 软件的主界面,如图 9.5.18 所示,其界面清晰简洁。

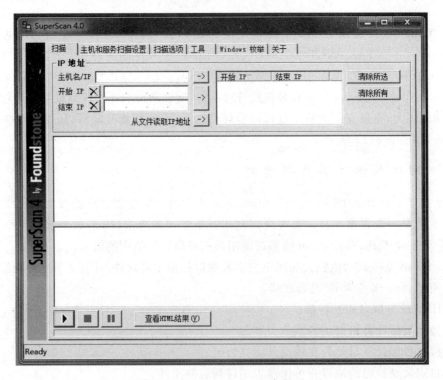

图 9.5.18　SuperScan4.0 主界面

1. SuperScan4.0 的扫描操作

打开主界面后,默认显示为"扫描"(Scan)选项卡,用户可以在其中输入一个或多个主机名或 IP 范围,也可以选择文件,导入所包含的地址列表。输入主机名或 IP 范围后,单击文本框右侧的箭头按钮导入,再单击"运行"按钮(下端的三角按钮 ▶),SuperScan 开始扫描地址,如图 9.5.19 所示。

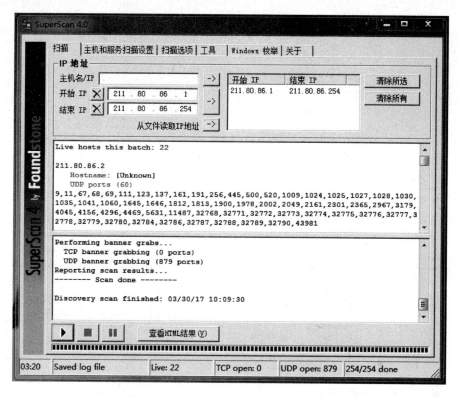

图 9.5.19 对输入的 IP 地址段进行扫描

扫描进程结束后,SuperScan 将提供一个主机列表,列出每台扫描过的主机被发现的开放端口信息。SuperScan 还具有选择以 HTML 格式显示信息的功能,如图 9.5.20 所示。

2. 关于主机和服务器扫描选项

很多时候用户需要定制扫描内容,以获取自己所需的信息。通过定制扫描设置可以在扫描时查看到更多信息,如图 9.5.21 所示。

窗口上部是"查找主机"(Host Discovery)选项组。默认时是通过回显请求(echo requests)发现主机的,通过选择或取消各种扫描方式选项,用户也可通过利用时间戳请求(timestamp)、地址掩码请求(address mask requests)和消息请求(information requests)来发现主机。但选项越多,扫描用的时间就越长。

如果想要尽量多地收集一个明确的主机信息,建议首先执行一次常规的扫描以发现主机,然后再利用可选的请求选项来扫描。在窗口的中下部,还有"UDP 端口扫描"和"TCP 端口扫描"选项组。

3. 关于扫描选项

利用扫描选项(如图 9.5.22 所示)允许进一步地控制扫描进程。窗口中最上方的选项

277

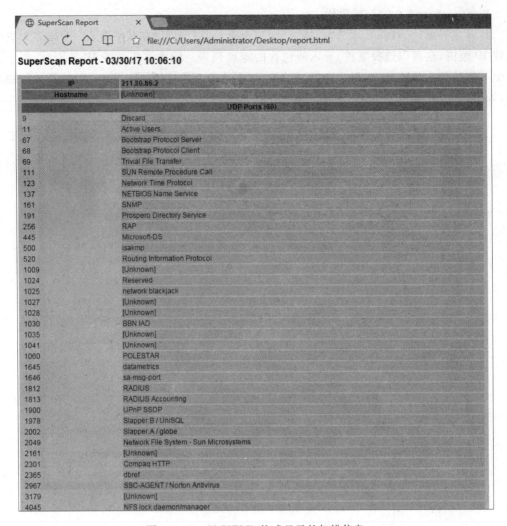

图 9.5.20 以 HTML 格式显示的扫描信息

组是定制扫描过程中主机和通过审查的服务数。"1"是默认值,一般来说已经足够了,除非网络的连接不太可靠。在扫描选项中,能够控制扫描速度和通过扫描的数量,还能够设置主机名解析的数量。

扫描选项中"获取标志"选项组的设置:该选项是通过显示一些信息尝试得到远程主机的回应。默认的设置延迟是 8000ms,如果所连接的主机较慢,这个时间就显的不够长,需要增加延迟。右侧的滚动条用于调节扫描速度,非常直观,能够利用它来调节 SuperScan 在发送每个包时所要等待的时间。最快的扫描是调节滚动条为 0。但扫描速度设置为 0 时,有数据包被溢出的潜在可能。为了避免由于扫描速度过快而引起的数据包溢出,可以调慢扫描的速度。

4. 关于工具选项

SuperScan 的工具选项(Tools)是非常有用的选项之一。它可使用户很快地得到一台主机的许多信息。输入所要探测主机的正确主机名或者 IP 地址和默认的连接服务器,然后单击要得到相关信息的按钮,SuperScan 就会调用相应的工具对主机进行探测并且返回所

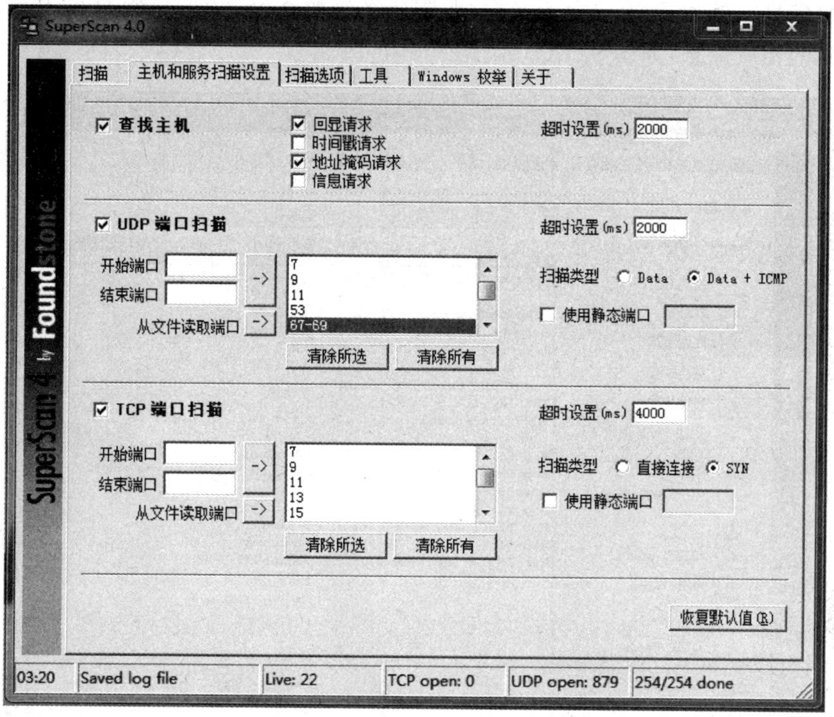

图 9.5.21　主机和服务器扫描设置

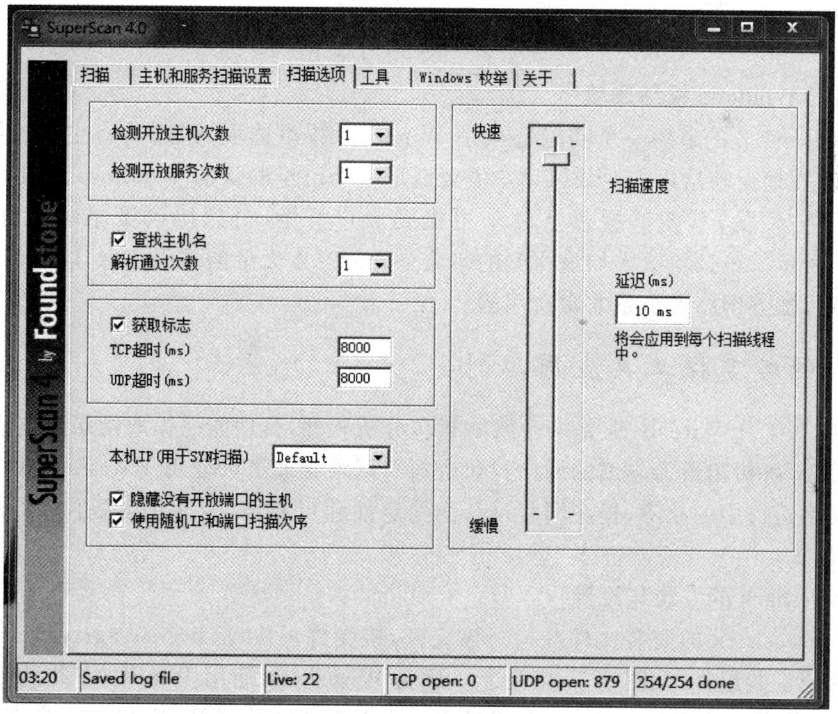

图 9.5.22　扫描选项

得到的各种信息。例如 ping 一台服务器、跟踪所经过的路由、发送一个 HTTP 请求即可得到关于主机的相应信息，如图 9.5.23 所示。

图 9.5.23　通过不同的工具按钮获得主机的各类信息

5. 关于 Windows 枚举选项

SuperScan4.0 的最后一个功能选项是 Windows 枚举选项，该选项将主机的网络应用信息非常直观地反映给用户。如果用户需要获取一个已经确认的 Windows 主机信息，利用该选项是很方便的，其能够提供从单个主机到用户群组，再到协议策略的所有信息，如图 9.5.24 所示。该选项给人们最深刻的印象是它能产生大量的透明信息，这些信息对于分析网络威胁，加强网络安全是非常有用的。

9.5.5　网络嗅探工具应用实例

网络嗅探工具 Wireshark 是一个网络封包分析软件，其功能是抓取网络封包，并通过分析尽可能多地解析出最为详细的网络封包资料。网络管理员可使用 Wireshark 检测网络问题，查找网络运行中的故障，提高网络运行的稳定性和可靠性，为使用者提供一个安全的网络应用环境。

1. Wireshark 的安装与设置

下载 Wireshark 的安装文件并运行该文件，接受许可协议（license agreement），设置安装路径，选择安装组件，如图 9.5.25 所示。因为 Wireshark 使用 WinPCAP 作为接口，直接与网卡进行数据报文交换，所以在安装过程中会自动检测安装环境，提示用户安装必要的WinPCAP 组件，如图 9.5.26 所示。组件安装完成后，安装过程会自动完成剩下的步骤，并在桌面生成程序运行的快捷方式。

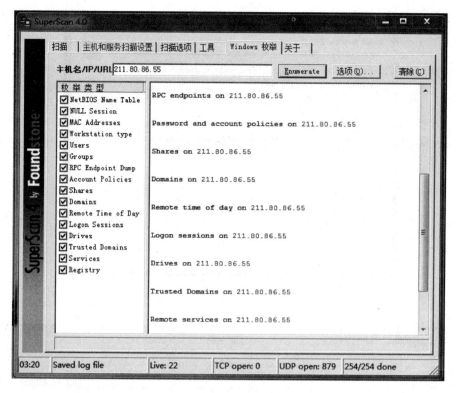

图 9.5.24 枚举主机的相关信息

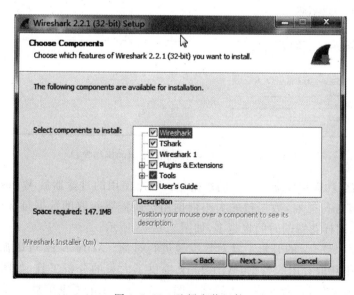

图 9.5.25 选择安装组件

2. Wireshark 的应用

（1）确定 Wireshark 选用的网络连接接口，软件中将其称为过滤器。该接口就是用户计算机连接网络的接口，一般是有线网卡或无线网卡接口，也有特殊的蓝牙或红外接口，如图 9.5.27 所示是选定 Wireshark 使用无线网络接口。

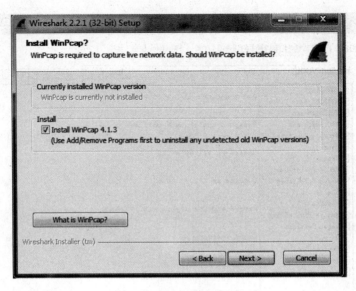

图 9.5.26　安装必要的 Winpcap

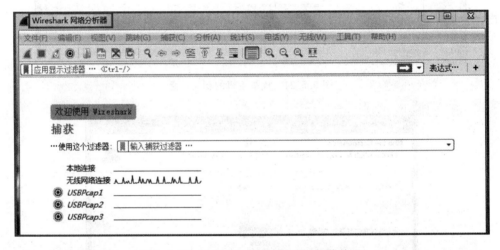

图 9.5.27　确定 Wireshark 使用的网络接口

（2）利用捕获功能抓取通过接口的数据包。确定使用的过滤器后 Wireshark 对经过这个接口的数据包进行抓取，数据包的大小根据用户所需要获取的数据量来决定，数据包越大，信息量越多，同样花费的时间也越多，如图 9.5.28 所示。

（3）使用 Wireshark 的分析工具对数据包进行过滤。Wireshark 可以抓取接口大量的数据包，为了从中获取有用的数据，Wireshark 提供了大量的分析工具，如图 9.5.29 所示。选择"分析"→"专家信息"命令即可查看到如图 9.5.30 所示的专家信息。

（4）利用统计功能建立统计数据和图表。Wireshark 的特色就是可以从抓取的数据包中获取到用户想要的数据并提供各种直观的统计信息，如图 9.5.31 所示。在"统计"菜单中分别选择"I/O 图表"和"流量图"命令，即可查看到 I/O 图表统计和网络流量统计，如图 9.5.32 和图 9.5.33 所示。

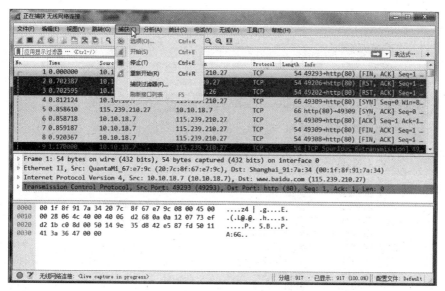

图 9.5.28 Wireshark 的数据捕获

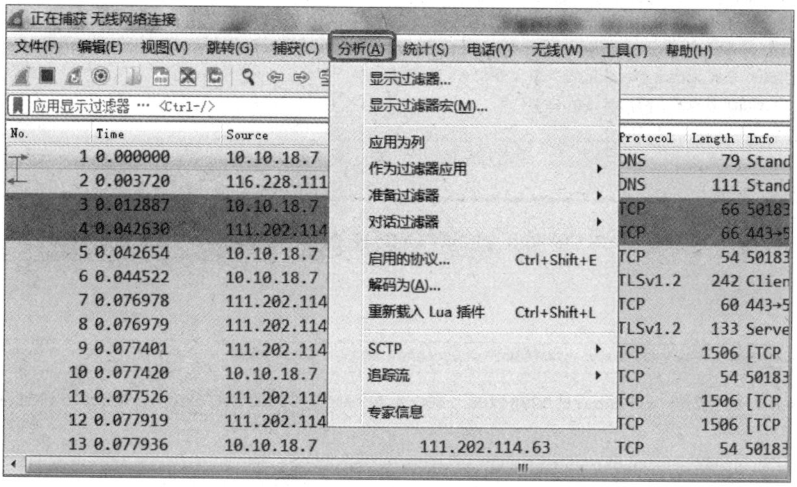

图 9.5.29 Wireshark 的分析工具

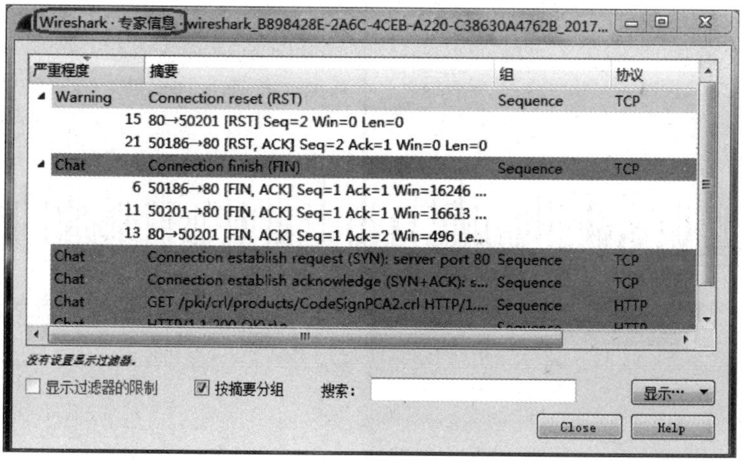

图 9.5.30 Wireshark 专家分析功能

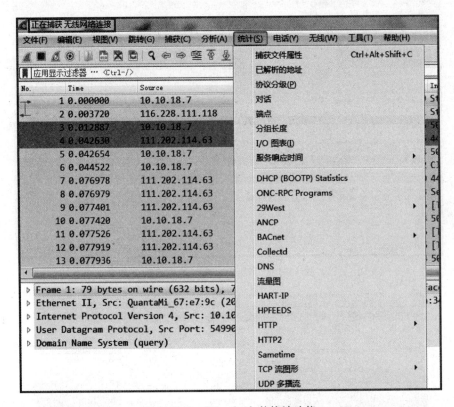

图 9.5.31　Wireshark 的统计功能

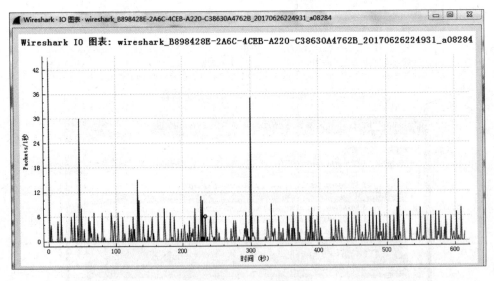

图 9.5.32　I/O 图表统计

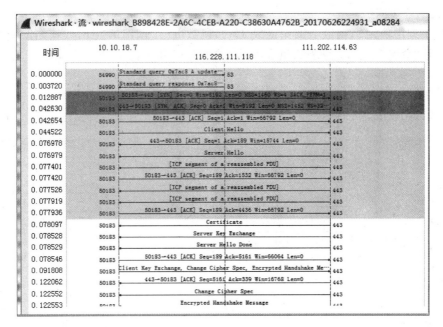

图 9.5.33　网络流量统计

9.5.6　网络攻击的防范设置——缓冲区溢出攻击实例

缓冲区溢出是一种在各种操作系统、应用软件中广泛存在且危险的漏洞。利用缓冲区溢出攻击可以导致程序运行失败、系统崩溃,利用它甚至可以执行非授权指令,可以取得系统特权,从而进行各种非法操作。

1. 缓冲区基础

缓冲区存在于"堆"或者"栈"中,这取决于缓冲区的分配方式。因此,缓冲区溢出分为"堆溢出"和"栈溢出",这两种溢出的利用方式是不同的。

1)几个重要的寄存器及其作用

eax 寄存器:通常用于存放函数的返回值。

eip 寄存器:存放要执行的下一条指令的地址。

ebp 寄存器:栈帧的基址。

esp 寄存器:栈顶的地址。

栈帧其实就是栈中一小片连续的内存。在程序的执行过程中,一个函数会调用另一个函数,属于这个函数的栈部分就称为该函数的栈帧,属于另一个函数的栈部分就称为另一个函数的栈帧。

2)堆和栈的分配

new 和 malloc 的变量都位于堆中,而局部变量则位于栈中。

一般情况下都是堆位于比栈更低的地址,但在 Windows 中,堆是位于比栈更高的地址。用 VC 写个程序就可以看到这种现象,堆是位于 0x003XXXXX,而栈是位于 0x0012XXXX 或者 0x0013XXXX。

栈是由高地址向低地址增长的,而堆和其他的内存使用都是从低地址到高地址的。

3) 栈的环境演示

函数1调用函数2,函数2调用函数3,…,函数 n−1 调用函数 n,栈帧如图 9.5.34 所示。再把栈"放大"一点,以便看得更详细,如图 9.5.35 所示。

图 9.5.34 栈帧图(1)   图 9.5.35 栈帧图(2)

调用一个函数时,会把该函数的参数从右到左依次压入栈中,因此,首先压入栈的是最后一个参数,最后压入栈的是第一个参数。

从 ebp 往下(往高地址)包括 ebp 都是调用函数的栈帧,从 ebp 往上(往低地址)不包括 ebp,是被调用函数的栈帧。

4) call 和 ret 的原理

call 和 ret 这两条指令是很重要的,必须要清楚 CPU 执行这两条指令时的工作过程。

调用一个函数时,在压完这个函数的所有参数后,就开始执行 call 指令。call 指令做的事情是,首先 CPU 会把下一条指令的地址压入栈中,以便该函数执行完成后知道回到哪里继续执行,这就是著名的"返回地址"。如:

00421E23	. 51	push	ecx
00421E24	. E8 F8F3FDFF	call	00401221
00421E29	. 83C4 0C	add	esp,0C
00421E2C	. 8945 E4	mov	dword ptr [ebp−1C],eax
00421E2F	. 8B55 E4	mov	edx,dword ptr [ebp−1C]

这里要执行 0x00401221 函数,CPU 会把返回地址(0x00421E29)压入栈中,然后就跳到 0x00401221 处执行。栈顶也就由

0012FF88	00000001	
0012FF8C	003B1028	
0012FF90	003B10B0	
0012FF94	7C930738	ntdll.7C930738

变为

0012FF84	00421E29	返回到 seh.<模块入口点>＋0E9 来自 she.00401221
0012FF88	00000001	
0012FF8C	003B1028	
0012FF90	003B10B0	
0012FF94	7C930738	ntdll.7C930738

在执行完函数后,会执行 ret 指令,如:

004015DA	. 8BE5	mov	esp,ebp
004015DC	. 5D	pop	ebp
004015DD	. C3	retn	
004015DE	. CC	int3	

ret 指令会把栈顶的"返回地址"弹回 eip 中,然后执行"返回地址"处的指令,在本例中,就是执行 0x00421E29 处的"add esp,0c"指令。

2. 缓冲区溢出实例说明

我们看一下如下小程序:

```
/ * the overflow of the stack * /
void Func(char * str)
{
    char buffer[4];
    strcpy(buffer,str);
}
int main(int argc,char * argv[])
{
    int i; char largestr[128];
    for(i = 0; i < 128; i++)
        largestr[i] = 'A';
    func(largestr);
    return 0;
}
```

该程序就会产生缓冲区溢出。很明显 buffer 只有 4 个字节,却用 128 个字节来填充它,于是溢出就发生了。

缓冲区溢出破坏了程序的堆栈,使程序出现特殊的问题转而执行其他指令。一般的溢出只是让程序运行失败。但如果黑客们精心设计溢出字符串,则可以达到攻击的目的。最常见的手段是通过制造缓冲区溢出使程序运行一个用户 shell,再通过 shell 执行其他命令。如果该程序属于 root 且有 SUID 权限,攻击者就会获得一个有 root 权限的 shell,继而就可以对系统进行任意操作了。

1) Windows 下的例子

在执行溢出的机器上开 DOS(shell),只要很简单的如下一段程序:

```
/ *  running in windows open command.com * /
# include < windows.h >
```

```
# include < winbase. h>
typedef void ( * MYPROC)(LPTSTR);
int main()
{
  HINSTANCE LibHandle;
  MYPROC ProcAdd;
  LibHandle = (MYPROC) GetProcAddress(LibHandle,"System");    //查找 system 函数地址
  (ProcAdd)("command.com");    //相当于执行 system("command.com")
  return 0;
}
```

2）Linux 下的例子

```
/////////////////////////////////////////////////////////
/ * open a shell -- for linux */
# include < stdio. h>
void main()
{
  char * name[2];
  name[0] = "/bin/sh";              //开个 bash
  name[1] = NULL;
  execve(name[0],name,NULL);        //调用程序
}
```

只要到这里就可获得一个 shell，再通过 shell 执行其他命令，黑客就拥有了一台可以掌控的机器。

缓冲区溢出攻击之所以成为一种常见的安全攻击手段其原因在于缓冲区溢出漏洞普遍存在且易于实现。缓冲区溢出漏洞为攻击者希望得到的一切提供了植入并执行攻击代码的便利，因此缓冲区溢出已成为远程攻击的主要手段。被植入的攻击代码以一定的权限运行有缓冲区溢出漏洞的程序，从而得到被攻击主机的控制权。

3. 缓冲区攻击步骤

对 root 程序进行试探性攻击，然后执行类似 exec(sh) 的执行代码来获得具有 root 权限的 shell。

该攻击分为代码安排（在程序的地址空间里安排适当的代码）和控制程序执行流程（通过适当初始化寄存器和内存使程序跳到安排的地址空间执行预先设定好的程序）两个步骤。

1）在程序的地址空间安排适当的代码

在程序的地址空间安排适当的代码有以下两种方法。

（1）植入法。攻击者向被攻击的程序输入一个字符串，程序会把这个字符串放到缓冲区里。这个字符串包含的资料是可以在这个被攻击的硬件平台上运行的指令序列。在这里，攻击者用被攻击程序的缓冲区来存放攻击代码。

（2）利用已经存在的代码。该方法的前提是攻击者想要的代码已经在被攻击的程序中。攻击者所要做的只是对代码传递一些参数。如攻击代码要求执行 exec（"/bin/sh"），而在 libc 库中的代码执行 exec（arg），其中 arg 是指向一个字符串的指针参数，那么攻击者只要把传入的参数指针改为指向/bin/sh 即可。

2）控制程序转移到攻击代码

该方法可通过溢出一个没有边界检查的缓冲区，扰乱程序的正常执行顺序。通过溢出

缓冲区,攻击者可以用暴力的方法改写相邻的程序空间而直接跳过系统的检查。

使用暴力方法寻求改变程序指针有如下三种方法。

(1)堆栈溢出攻击。该方法强制改变函数结束时返回的地址。这样当函数调用结束时,程序就跳转到攻击者设定的地址,而不是原先的地址。此种方法是最常用的缓冲区溢出攻击方式。

(2)函数指针。该方法通过改变函数指针来定位任意地址空间。如 void(* foo)( )表明一个返回值为 void 的函数指针变量 foo,所以攻击者只需在任意空间内的函数指针附近找到一个能够溢出的缓冲区,然后溢出这个缓冲区来改变函数指针。在某一时刻,当程序通过函数指针调用函数时,程序的流程就按攻击者的意图实现了。

(3)长跳转缓冲区。该方法有点类似函数指针,setjmp/longjmp 也是跳转。

9.5.7　VPN 配置实例

本节主要介绍在 Windows 7 环境下虚拟专用网的构建及实现 VPN 服务器端和客户机端的简单配置过程。VPN 连接可以通过 Internet 提供远程访问和到专用网络的路由选择连接。通过建立的 VPN 连接,使用自动安装在计算机上的点对点隧道协议 PPTP 或第二层隧道协议 L2TP,就可以经由 Internet 或其他网络连接到 Windows 7 下的远程访问服务器(即 VPN 服务器)来安全地访问网络资源。

如图 9.5.36 所示为用户直接连接到 Internet 并建立 VPN 连接的示意图。在图中可见用户主机(客户机)直接连接到 Internet,并通过 Internet 连接到远程访问服务器上。Windows 7 系统下的 VPN 服务器也称作远程访问服务器。VPN 服务器必须具有一个公有IP 地址,以便使 Internet 上的主机访问 VPN 服务器或使 VPN 客户机通过 Internet 访问VPN 服务器。VPN 服务器一般具有双网卡,分别连接到 Internet 和内部局域网络。

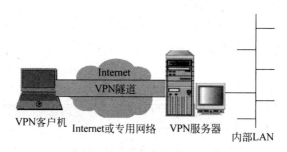

图 9.5.36　用户直接连接到 Internet 并建立 VPN 连接

1. Windows 7 系统 VPN 服务端配置

现在以 Windows 7 系统为例建立 VPN 服务器。配置过程如下。

第 1 步:打开"控制面板",单击"网络和共享中心"图标,出现如图 9.5.37 所示的页面,再选择"更改适配器设置"选项;

第 2 步:在菜单栏中选择"文件"→"新建传入连接"命令,在出现如图 9.5.38 所示的页面中选择"允许连接这台计算机"的用户。如果用户还未创建,请单击"添加用户"按钮,在弹出的"新用户"对话框中按要求输入用户名、密码和确认密码,单击"确定"按钮,创建新用户(如 ysliu);

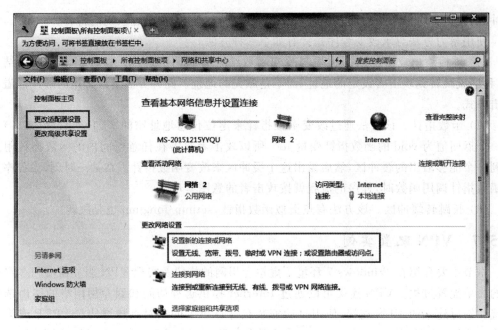

图 9.5.37　更改适配器设置

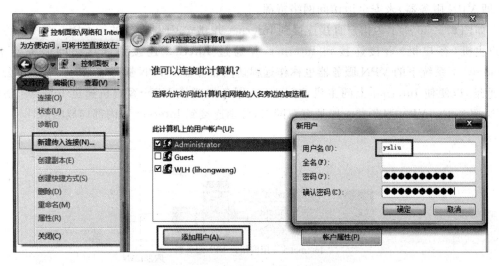

图 9.5.38　选择或设置允许连接的账户

第 3 步: 单击"下一步"按钮, 在出现的页面中勾选"通过 Internet"复选框(如果显示有多项, 请选择正确的方式)。单击"下一步"按钮, 勾选"Internet 协议版本 4(TCP/IPv4)"复选框, 单击"属性"按钮, 如图 9.5.39 所示;

第 4 步: 在弹出的"传入的 IP 属性"对话框中, 选择"指定 IP 地址"单选按钮, 如果你的IP 地址是 192.168.1 开头的, 则可尝试选择从 192.168.1.180~192.168.1.191 共 12 个地址段, 设置后请单击"确定"按钮, 如图 9.5.40 所示。然后单击图 9.5.39 中的"允许访问"按钮。

按照上述设置之后, 其他用户就可以用设置的账号及你的 IP 地址利用 VPN 连接到你的网络了。

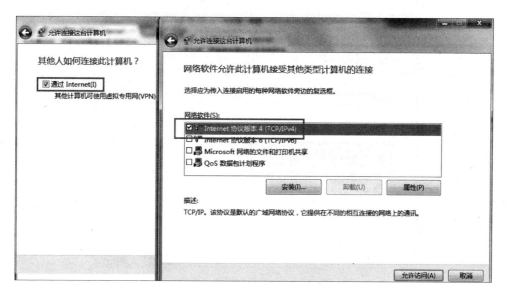

图 9.5.39　选择网络软件

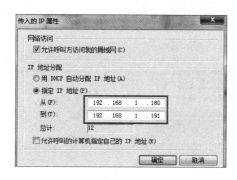

图 9.5.40　选择传入 IP 的地址或地址段

2. Windows 7 系统 VPN 客户端配置

第 1 步：在控制面板中打开"网络和共享中心"页面，在其中选择"设置新的连接或网络"选项；

第 2 步：弹出如图 9.5.41 所示的"选择一个连接选项"页面，选择"连接到工作区"选项，单击"下一步"按钮；

第 3 步：如果此时系统中已经存在其他连接，则在这一步选择"否，创建新连接"单选按钮（本例中已存在 2 个连接）；如果不存在其他连接，则选择"是，选择现有的连接"单选按钮，如图 9.5.42 所示；

第 4 步：单击"下一步"按钮，在出现的"你想如何连接"页面，选择"使用我的 Internet 连接(VPN)"选项，如图 9.5.43 所示；

第 5 步：在出现的页面中的"Internet 地址"文本框中输入服务器的 IP 地址（如 211. 95.78.2），如图 9.5.44 所示。单击"下一步"按钮，出现如图 9.5.45 所示的页面，在其中输入已经设置好的 VPN 连接的用户名和 VPN 登录密码，单击"创建"按钮；

第 6 步：出现如图 9.5.46 所示的页面，显示连接已可使用，说明此次设置成功，可以正常使用了。

第 9 章

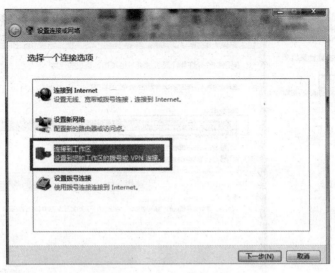

图 9.5.41 选择连接到工作区

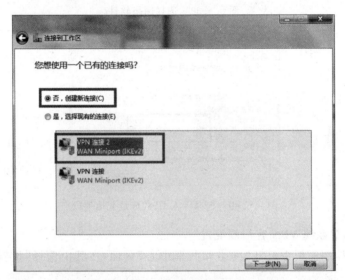

图 9.5.42 创建或选择连接

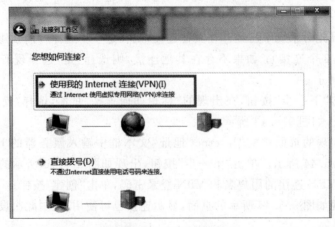

图 9.5.43 使用 VPN 链接

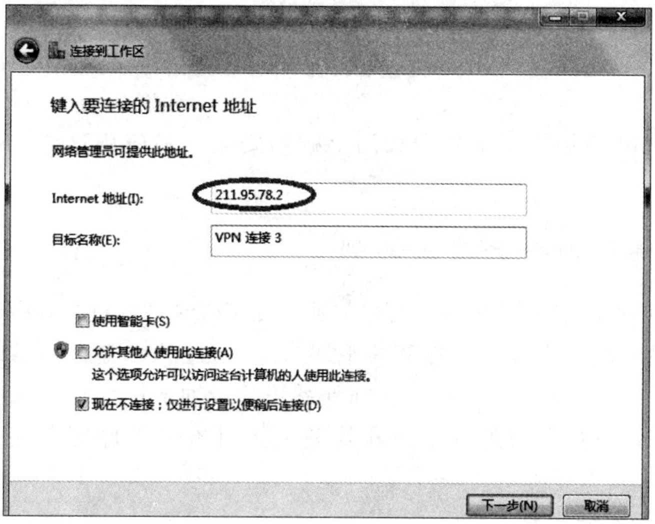

键入要连接的 Internet 地址

网络管理员可提供此地址。

Internet 地址(I): 211.95.78.2

目标名称(E): VPN 连接 3

☐ 使用智能卡(S)

🛡 ☐ 允许其他人使用此连接(A)
　　这个选项允许可以访问这台计算机的人使用此连接。

☑ 现在不连接；仅进行设置以便稍后连接(D)

下一步(N)　取消

图 9.5.44　输入要连接的 Internet 地址

键入您的用户名和密码

用户名(U): ysliu

密码(P): ●●●●●●●●●

☐ 显示字符(S)
☐ 记住此密码(R)

域(可选)(D):

创建(C)　取消

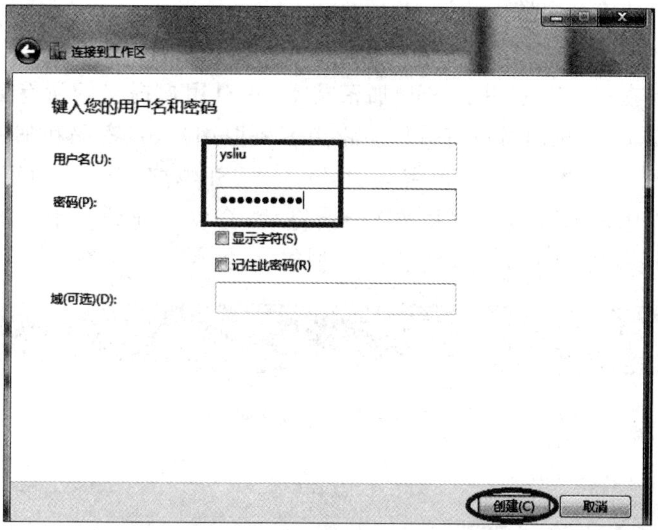

图 9.5.45　输入用户名和密码

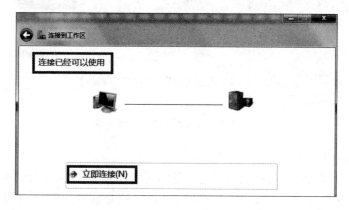

连接到工作区

连接已经可以使用

➡ 立即连接(N)

图 9.5.46　设置成功

9.6　互联网应用案例

本节主要介绍电子邮件安全应用和网上购物安全交易应用这两个互联网安全应用实例。

9.6.1　电子邮件的安全应用实例

针对电子邮件的安全问题,用户可有目的地增加邮件规则和进行系统安全方面的设置。一般不同的邮件服务商会提供不同的 Web 管理方式,通过 Web 进入自己的邮箱(如网易邮箱、Hotmail 邮箱、Yahoo 邮箱等),可以在邮件系统的帮助下进行邮件的安全设置。另外,Outlook 和 Foxmail 等专用的邮件收发和管理工具对电子邮件的安全也有更具优势的地方。

1. Web 邮箱的安全配置

Web 邮箱有很多种,用户可根据个人习惯选择合适的邮箱。下面以网易的 163 邮箱为例,介绍 Web 邮箱的安全配置。

1) 防密码嗅探

网易 163 邮箱在登录时采用了 SSL 加密技术,它对用户提交的所有数据先进行加密,然后再提交到网易邮箱,从而可以有效地防止黑客盗取用户名、密码和邮件内容,保证用户邮件的安全。用户在输入用户名和密码时,选择"SSL 安全登录"即可实现该功能,如图 9.6.1 所示。当用户单击"登录"并按 Enter 键后,会发现地址栏中的 http:// 瞬间变成 https://,之后又恢复成 http://,这就是 SSL 加密登录。

图 9.6.1　网易 163 邮箱登录界面

2) 来信分类功能

邮箱的来信分类功能是根据用户设定的分类规则,将来信投入到指定的文件夹,或拒收来信。这样不仅能够防止垃圾邮件,还可以过滤掉一些带病毒的邮件,减少了病毒感染的机会。

登录网易邮箱，选择"设置"→"常规设置"命令，进入"常规设置"页面，如图9.6.2所示。选择"来信分类"选项，在右侧窗口中单击"新建来信分类"按钮，在打开的"收到邮件时"界面中设置分类规则。在这里用户可根据发件人地址、收件人地址、邮件主题设置规则条件，对满足条件的邮件可拒收或转发到指定用户、指定文件夹，或使用自动回复功能。例如，创建把从sjtu.edu.cn邮箱发来的信件存放在"工作组"文件夹内的规则，如图9.6.3所示。首先设置发件人地址"@sjtu.edu.cn"，再将新建文件夹命名为"工作组"，选择将符合条件的邮件移动至"工作组"，选中适用账号（自己的邮箱），单击"保存"按钮，即可完成设置。

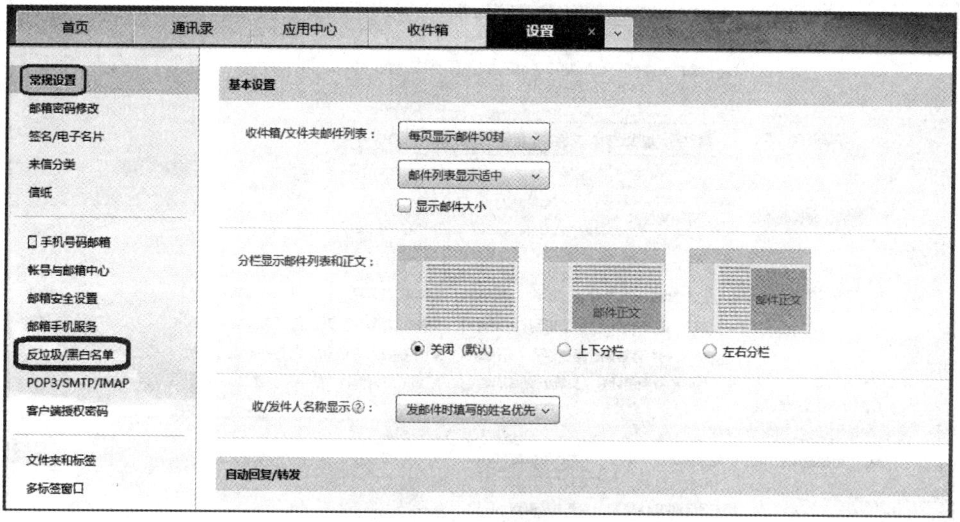

图9.6.2　邮箱设置界面

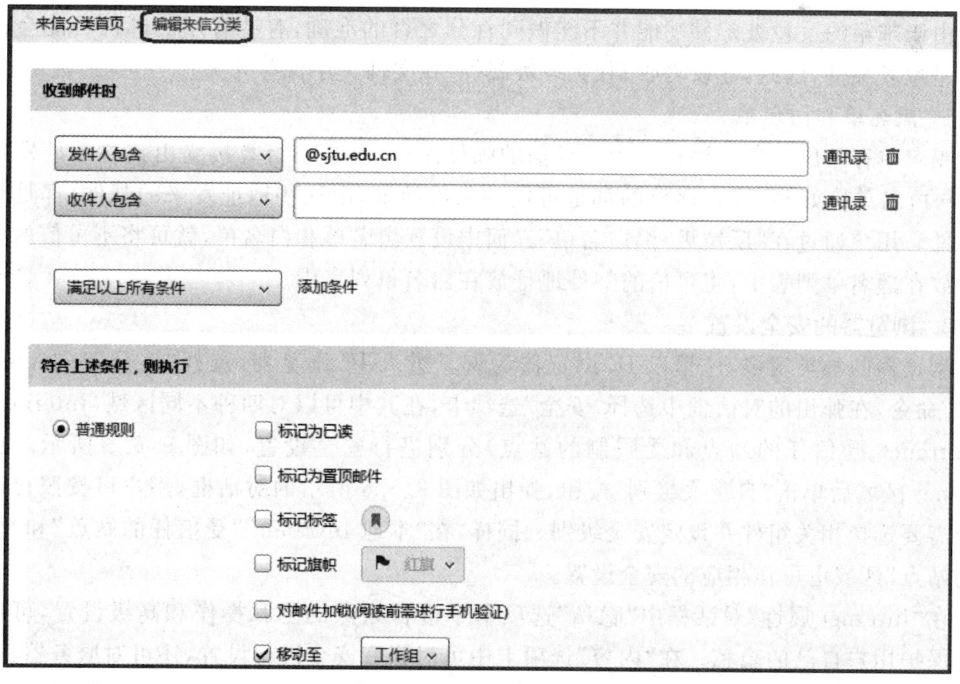

图9.6.3　创建新规则界面

296

3）反垃圾邮件处理

默认情况下网易邮箱具有反垃圾邮件的功能,在"常规设置"中选择"反垃圾/黑白名单"选项,打开"反垃圾/黑白名单"界面,在其中设置反垃圾规则,如图9.6.4所示。用户在设置反垃圾邮件的级别时,建议使用系统提供的默认级别。如果用户只想接收已知地址的邮件,那么可将反垃圾邮件级别设置为"高级"。

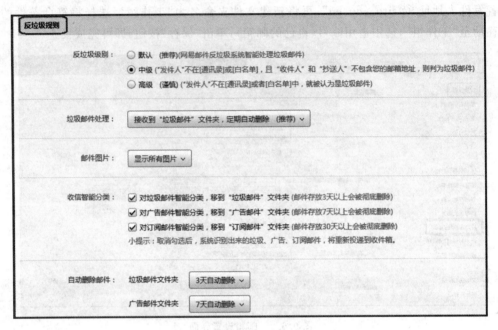

图 9.6.4　设置反垃圾规则

由于邮箱的反垃圾邮件功能并不能做到百分之百的准确,有些有用的邮件可能会被误认为是垃圾邮件,因此,建议将收到的"垃圾邮件"在文件夹中保存几天。

4）黑名单和白名单

黑名单存放的是那些用户认为不可信的邮件地址,并且不打算接受由这些地址发出的邮件;白名单恰好相反,它存放的都是可信的邮件地址,由这些地址发来的邮件,都是正常的邮件。用户通过在"反垃圾/黑白名单"界面中设置黑名单和白名单,就可将不可信的邮件地址放在黑名单列表中,将可信的邮件地址放在白名单列表中。

2. 浏览器的安全设置

浏览器的种类很多,这里以 IE 浏览器为例。进入 IE 浏览器,选择"工具"→"Internet属性"命令,在弹出的对话框中选择"安全"选项卡,在其中可以对四种不同区域(Internet、本地 Intranet、受信任的站点和受限制的站点)分别进行安全设置,如图 9.6.5 所示。选择Internet 区域后单击"自定义级别"按钮,弹出如图 9.6.6 所示的对话框,用户可按照自己的安全需要选择相关组件并设定安全级别。同样,在"本地 Intranet""受信任的站点"和"受限制的站点"区域也可作相应的安全设置。

在"Internet 属性"对话框中"隐私"选项卡中进行站点的隐私操作和高级设置,可以适当地保护用户自己的隐私。在"内容"选项卡中可对家庭安全进行设置,还可对服务器、客户端和个人身份验证证书进行导入、导出以及对证书的颁发机构进行设置和选择等操作。

图 9.6.5　浏览器 Internet 选项　　　　　　图 9.6.6　Internet 自定义安全设置

3. 邮件规则的设置

这里以微软的 Outlook 2007 为例介绍邮件规则的安全设置(先使用 Outlook 2007 启动向导完成 Microsoft Office Outlook 2007 的配置)。打开 Outlook 2007,选择"工具"→"规则和通知"命令,在弹出的对话框中单击"电子邮件规则"选项卡下的"新建规则"按钮,弹出"规则向导"对话框,如图 9.6.7 所示。可在"选择模板"选项组中根据需要进行选择。选择每项后在下面的"编辑规则说明"区域中就会出现相应规则的描述说明。

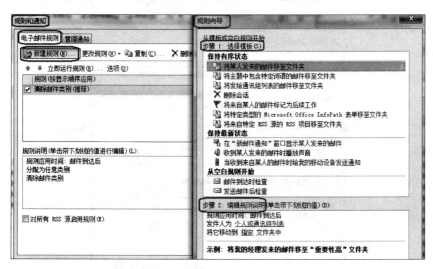

图 9.6.7　新规则设置

在"电子邮件规则"选项卡下的"更改规则"下拉列表中有"编辑规则设置""重命名规则""复制到文件夹"等选项。如要进行"编辑规则设置",选择该选项后会弹出"规则向导"对话框,在"选择条件"选项组中可选择多项要设定的条件,如图 9.6.8 所示。

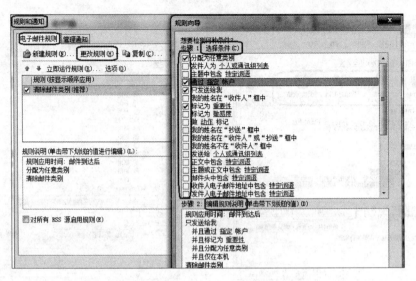

图 9.6.8　更改规则设置

4. 选择邮件格式

HTML 格式的文档可能含有在未得到用户许可情况下就能够执行某些操作的因素。在用户单击该文档时,它就可能将用户带到一个陌生的网站。虽然多数客户端软件可以起到保护作用,但用户最好禁用 HTML 格式,而采用纯文本格式。

Outlook 2007 下使用纯文本的方法:打开 Outlook 2007,选择"工具"→"选项"命令,在弹出的"规则向导"对话框中选择"邮件格式"选项卡,在"邮件格式"选项组中的下拉列表中选择"纯文本"选项,并单击"确定"按钮即可,如图 9.6.9 所示。

图 9.6.9　选择邮件格式/签名

5. 使用多层防御

就像对付恶意软件一样,要保护邮件系统的安全,需要采用多种防御措施,使这些措施能有效地对付网络威胁。

(1) **客户端的安全设置**。事实上，所有主要的邮件客户端都提供安全设置特性、防病毒、防钓鱼、垃圾邮件处理等功能，用户可通过这些功能阻止相关的威胁。在 Outlook 2007 中，对于垃圾邮件的处理操作为：选择"工具"→"选项"命令，弹出"选项"对话框在"首选参数"选项卡中单击"电子邮件"选项组中的"垃圾电子邮件"按钮，按要求可分别对垃圾邮件的保护级别、安全发件人、安全收件人和阻止发件人等项进行设置，如图 9.6.10 所示。

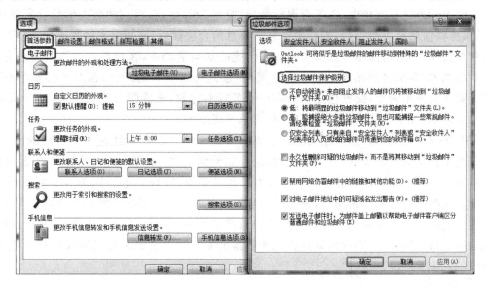

图 9.6.10　垃圾邮件处理

(2) **使用防火墙**。许多企业级防火墙不但可以阻止网络攻击，还可以通过过滤附件中的恶意代码来保障邮件系统的安全性。当然这需要预先在防火墙中设置相关的规则。

(3) **邮件加密和签名**。保护电子邮件的安全不但要防止恶意邮件到达用户邮箱，还要保证发出邮件的安全和保密。采用数字签名措施，可明确该邮件的发送人，可使邮件接收人鉴别发送人的合法性，也可使发送人对所发邮件的事实不可否认。在 Outlook 2007 中，选择"工具"→"选项"命令，弹出"选项"对话框，在"邮件格式"选项卡中单击"签名"按钮（见图 9.6.9），在弹出的对话框中即可进行电子邮件的签名操作。

在 Outlook 2007 中还可进行邮件更改账户和目录设置、邮件和文档的发收设置、更改存储邮件和文档的文件设置、更改邮件的编辑设置、检查拼写和自动更正、将旧有项目自动删除或存档、邮件日期时间及外观设置等操作。

9.6.2　网上购物安全交易过程

1. 电子商务安全协议

1）SSL 协议

SSL 协议是基于 Web 应用的安全协议，它包括服务器认证、客户认证、SSL 链路上的数据完整性和 SSL 链路上的数据保密性，参见 5.4.3 节。SSL 协议也是国际上最早应用于电子商务的一种网络安全协议，至今仍被许多网上商店所使用。对于电子商务应用来说，使用 SSL 协议可保证信息的真实性、完整性和保密性。但由于 SSL 协议不对应用层的消息进行数字签名，因此不能提供交易的不可否认性，这是 SSL 协议在电子商务中使用的最大不足。

有鉴于此,Netscape 公司在从 Communicator 4.04 版开始的所有浏览器中引入了一种被称作"表单签名(Form Signing)"的功能,在电子商务中,可利用这一功能对包含购买者的订购信息和付款指令的表单进行数字签名,从而保证交易信息的不可否认性。因此,在电子商务中采用单一的 SSL 协议来保证交易的安全是不够的,但采用"SSL＋表单签名"模式能够为电子商务提供较好的安全性保证。

在电子商务交易过程中,由于有银行参与,按照 SSL 协议,客户的购买信息首先发往商家,商家再将信息转发给银行,银行验证客户信息的合法性后,通知商家付款成功,商家再通知客户购买成功,并将商品寄送给客户。在传统的邮购活动中,客户首先寻找商品信息,然后汇款给商家,商家将商品寄给客户。这里,商家是可以信赖的,所以客户先付款给商家。在电子商务的开始阶段,商家也是担心客户购买后不付款,或使用过期的信用卡,因而希望银行给予认证。SSL 安全协议正是在这种背景下产生的。

SSL 协议运行的基点是商家对客户信息保密的承诺。但在上述流程中可以看出,SSL协议有利于商家而不利于客户。客户的信息首先传到商家,商家阅读后再传至银行,这样,客户资料的安全性便受到威胁。商家认证客户是必要的,但整个过程中,缺少了客户对商家的认证。在电子商务的开始阶段,由于参与电子商务的公司大都是一些信誉较高的大公司,因此这个问题没有引起人们的注意。随着参与电子商务的厂商数量迅速增加,对厂商的认证问题越来越突出,SSL 协议的缺点就完全暴露出来了。于是 SSL 协议逐渐被新的电子商务协议(如 SET 协议)所取代。

2) SET 协议

SET 协议是一个为在线交易而设立的开放性电子交易系统规范。该规范是一种为基于信用卡而进行的电子交易提供安全措施的规则,它广泛应用于 Internet 的安全电子交易,能够将普遍应用的信用卡使用起始点从目前的商家扩展到消费者的家中和消费者的个人计算机中。该规范是目前电子商务中最重要的协议,它的应用会大大促进电子商务的繁荣和发展。SET 协议提供了消费者、商家和银行之间的认证,确保了交易数据的安全性、完整性和交易的不可否认性,具有保证不会将消费者的银行卡号暴露给商家等优点,因此它成为目前公认的信用卡/借记卡网上交易的国际安全标准。

SET 协议主要用于保障网上购物信息的安全性,它可达到以下目标。

(1) 保证电子商务参与者信息的相互隔离,客户的资料加密或打包后经过商家到达银行,但是商家不能看到客户的账户和密码信息;

(2) 保证信息在 Internet 上的安全传输,防止数据被第三方窃取;

(3) 解决多方认证问题,不仅要对消费者的信用卡认证,而且要对在线商家的信誉程度认证,同时还有消费者、在线商家与银行间的认证;

(4) 保证网上交易的实时性,使所有的支付过程都是在线的;

(5) 提供一个开放式的标准,规范协议和信息格式,促使不同厂家开发的软件具有兼容性和互操作性,并可运行在不同的硬件和操作系统平台上。

2. SET 协议的应用

SET 协议是 B2C 上基于信用卡支付模式而设计的,具有保证交易数据的机密性和完整性、交易各方身份的可确定性和交易的不可抵赖性等优点,可保证开放网络上使用信用卡进行在线购物的安全,因此成为目前公认的信用卡网上交易的国际标准。采用 SET 协议进行网上交易时,主要涉及消费者(客户)、发卡机构、商家、银行、支付网关和CA认证中心六个实体,如图9.6.11所示。

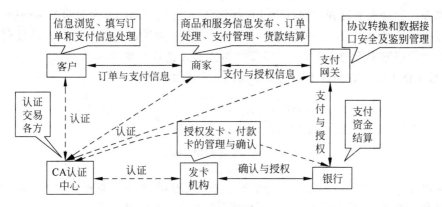

图 9.6.11　网上购物的交易方及其关联

- 消费者。消费者通过Web浏览器或客户端软件在网上购物,使用信用卡结算。
- 发卡机构。发卡机构是为消费者发行信用卡的金融机构,它为消费者开设账户,并发放可用于网上支付的信用卡。
- 商家。商家是交易商品的提供者,在Internet上提供在线商品,接受消费者持卡支付。
- 银行。银行接受发卡机构、消费者和商家的委托,处理支付卡的认证、在线支付和电子转账。
- 支付网关。支付网关将公共网络上传输的数据转换为金融机构的内部数据,处理商家的支付信息和持卡人的支付指令,并对商家和持卡人进行身份验证。
- CA认证中心。CA认证消费者、商家和银行身份,为交易参与方颁发证书,提供权威身份证明。

SET协议涉及的电子交易各方证书有消费者证书、商家证书、支付网关证书、银行证书和发卡机构证书。

3. SET 的交易过程

SET协议对交易过程中交易各方的信息进行加密/解密、签名和身份认证。一个持有信用卡的消费者进行网上购物的交易过程如下。

(1)消费者在客户机上浏览商家的网站,查看和浏览在线商品目录及性能等;

(2)消费者选择中意的商品(放入购物车);

(3)消费者填写订单,包括项目列表、单价、数量、金额、运费等;

(4)消费者选择付款方式,如网上支付。此时开始启动SET协议;

(5)消费者通过网络发送给商家一个完整的订单和要求付款的请求;

(6)商家接到订单后,通过支付网关向消费者信用卡的开户银行请求支付;在银行和发卡机构检验确认和批准交易后,支付网关向商家返回确认信息;

(7)商家通过网络向消费者发送订单确认信息;

(8)商家请求银行将钱从消费者的信用卡账号中划拨到商家账号;

(9)商家为消费者配送货物,完成订购服务。

至此,一次网上购物过程结束。可以说该过程是简单且完整的。说该过程简单,是指人们日常进行的网上购物流程可包括如图 9.6.12 所示的五个过程;说该过程完整,是指每次网上购物涉及的这五个过程中的每个过程都包含一些具体操作,甚至是很复杂的操作,如网上支付过程就涉及上述流程中的步骤(4)~(8)。SET 协议在完成一次交易的过程中要涉及很复杂的网络安全管理和安全支付问题,如持卡人的数字签名、CA 认证、信息流的加密和鉴别、数字证书等。它与网上购物所涉及的六个实体均有联系。

图 9.6.12　简单的网上购物流

由此可见,电子商务活动需要有一个安全的环境基础,以保证数据在网络中存储和传输的保密性和完整性,实现交易各方的身份验证,防止交易中抵赖行为的发生。电子商务的安全基础是建立在安全的网络基础之上的,这包括 CA 安全认证体系和基本的安全技术。利用安全的网络技术来提供各种安全服务,保障电子商务活动安全、顺利地进行。因此,电子商务应用涉及包括计算机网络、信息安全、电子支付和网络营销等在内的各种技术,如数据加密、身份鉴别、病毒防治、网络数据库安全、访问控制、认证技术、网络实体安全、入侵检测、网络监听、应急处理等。

9.7　无线网络路由器的安全设置

随着 IEEE 802.11n 草案(2009 年得到 IEEE 的正式批准)的推出,无线路由的传输速度也有了质的飞跃。但人们不应只关注传输速度而忽视无线网络的安全。据调查,有 90%的无线网络入侵是因为无线路由器或无线 AP(Access Point,访问点)没有进行相应的安全设置而引发的。通过相应的安全设置可以保证无线网络的安全。

TL-WR885N 是一款无线传输速率最高可达 450Mb/s 的无线路由器。相比上一代产品,TL-WR885N 的传输更高效,数据更流畅,可接入的无线终端更多,更适用于高带宽入户家庭的高清视频点播、家庭内部数据高速传输共享等应用,以及手机、Pad、机顶盒、笔记本电脑等无线终端较多的家庭使用。

TL-WR885N 采用了 Cyclic shift diversity、Tx Beamforming、STBC 三项先进的无线信号处理技术,在信号完整性和覆盖能力上表现出众。Cyclic Delay Diversity 技术,将空间分集转换为频率分集,避免码间串扰,从而降低误码率,有效减少信号失真;STBC 技术通过多根天线发送同一数据的不同副本,提高数据传输的可靠性;Tx Beamforming 技术在多天线通信系统中,通过精确调整每一路上信号的相位和幅度,使多路信号在接收端较好叠加,成为一个加强的单一信号,有效提高信号质量。

1. 路由器的 WAN 基本配置

现以 TP-LINK TL-WR885N 路由器为例介绍无线路由器的配置,过程如下。

第 1 步:打开 IE 浏览器,在"地址栏"中输入 192.168.1.1,按 Enter 键后会显示路由器要求设置管理密码的提示。

第 2 步:输入密码后,进入 TP-LINK TL-WR885N 路由器管理主界面,如图 9.7.1 所示。路由器管理主界面的左侧是一系列管理选项,通过这些选项,可以对路由器的运行情况进行管理和控制。

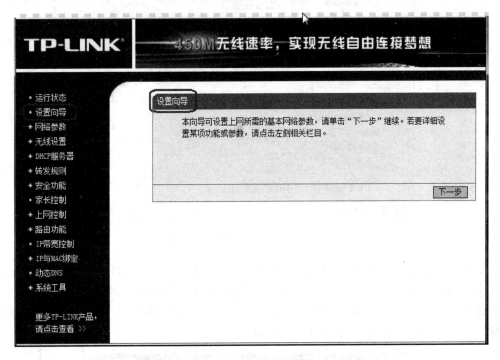

图 9.7.1　TL-WR885N 路由器管理主界面

第 3 步:第一次进入路由器管理界面,或在路由器管理主界面的左侧单击"设置向导"选项,弹出"设置向导"对话框,如图 9.7.2 所示。单击"下一步"按钮,进入设置向导。

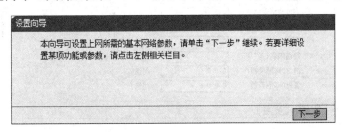

图 9.7.2　"设置向导"对话框

第 4 步:WAN 口设置。在弹出的如图 9.7.3 所示的"WAN 口设置"对话框中,用户需要根据实际情况选择适当的上网方式,这是极为重要的一步。目前宽带的接入方式已经由电话线加载的传统 ADSL 方式过渡到了光纤入户的方式,用户已经不再需要拨号连接,而是直接从光路连接设备获取外网 IP 地址和 DNS 地址,所以路由器的 WAN 口一般选择动态连接或自动识别。

第 5 步:路由器的 DHCP 功能设置。DHCP 是路由器的一个特殊功能,使用 DHCP 可以避免因手工设置 IP 地址和子网掩码所产生的错误,也可避免把一个 IP 地址分配给多台客户机所造成的地址冲突。使用 DHCP 不但能大大缩短配置或重新配置网络中客户机所花费的时间,而且通过对 DHCP 服务器的配置,还能灵活地设置地址的租期。

网络安全实践

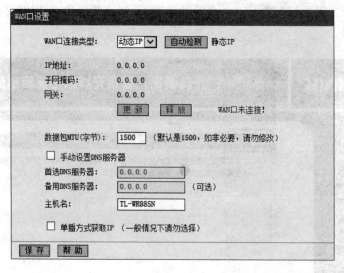

图 9.7.3　路由器的 WAN 口设置

单击路由器管理主界面左侧的"DHCP 服务器"选项,弹出"DHCP 服务"对话框,如图 9.7.4 所示。选择"启用"单选按钮,在"地址池开始地址"和"地址池结束地址"文本框中设置地址为 192.168.1.X 和 192.168.1.Y(X<Y,X 不能是 0 和 1,Y 不能是 255),在此输入确定 X、Y 后的 IP 地址后,单击"保存"按钮。

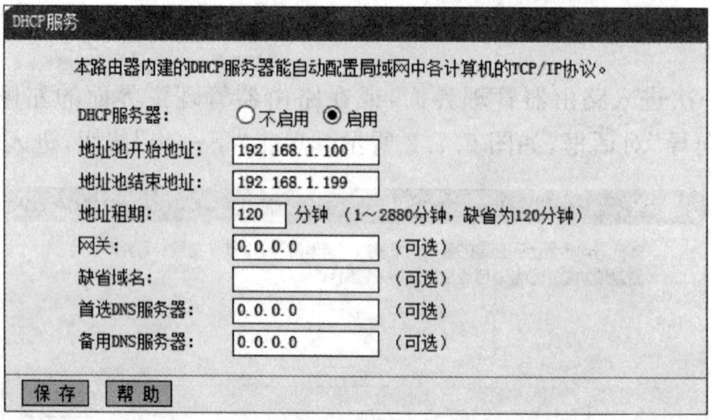

图 9.7.4　DHCP 设置

在进行上述设置后,只要打开网络中的任意一台计算机,启动 IE 浏览器,就可以上网了。

2. 无线路由器的配置

现以 TP-LINK TL-WR885N 路由器为例介绍 WLAN 路由器的配置,过程如下。

第 1 步:用网线将计算机和路由器连接起来,网线的一端接在路由器的 LAN 口上,另一端接在计算机的网卡上。

第 2 步:将计算机网卡 IP 设成 192.168.1.3,子网掩码设成 255.255.255.0,网关为192.168.1.1。在 IE 浏览器的地址栏中输入 192.168.1.1,按 Enter 键后进入管理员登录界面。旧的 TP-LINK 设备的用户名和密码一般都是 admin,新一代的设备在第一次设置时都会要求用户设置管理员密码,设置密码后单击"确定"按钮,进入如图 9.7.5 所示的 TL-WR885N 路由器管理主界面。

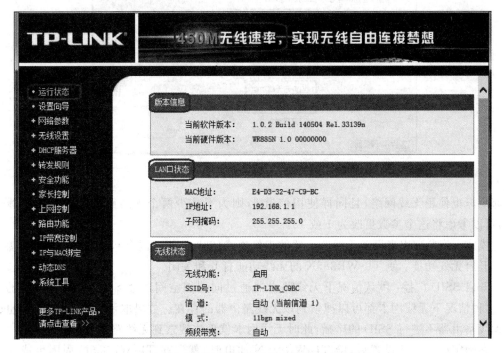

图 9.7.5　TL-WR885N 路由器管理主界面

第 3 步:由此可容易地设置 LAN 口参数,如图 9.7.6 所示。

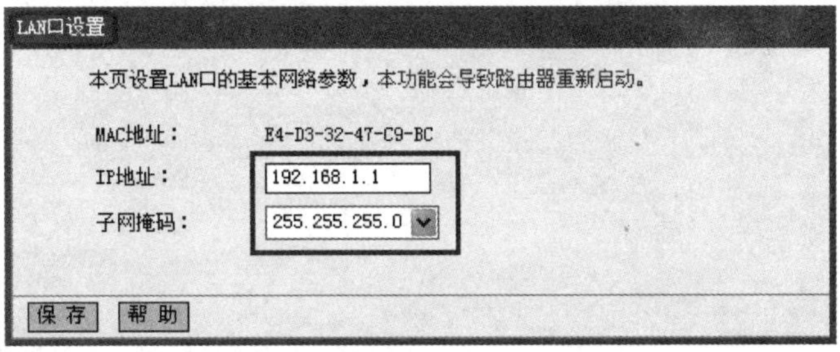

图 9.7.6　LAN 口设置

第 4 步:设置无线参数。进入 TL-WR885N 后在"无线网络基本设置"界面默认配置,如图 9.7.7 所示。

选择无线参数,基本设置有 SSID 号、信道、模式、开启无线功能、开启 SSID 广播等项。各参数的含义如下。

SSID 号:用于识别无线设备的服务集标识符。无线路由器就是用该参数来标识自己,以便无线网卡区分不同的无线路由器连接。该参数是由无线路由器来决定而不是由无线网卡决定的。如无线网卡周围有 A 和 B 两个无线路由器,分别用 SSID A 和 SSID B 标识,这时候无线网卡如何连接,则要通过 SSID 标识符来分辨。这里默认 SSID 就是 TP-LINK。

信道:用于确定本网络工作的频率段,选择范围为 1～13,默认为 6。要注意的是:假设

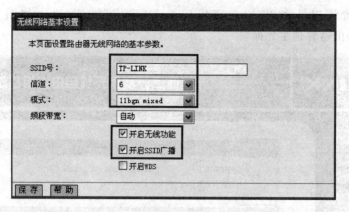

图 9.7.7　无线网络基本设置

相邻用户也使用无线网络,且同样使用信道6,则为了减少两个无线路由器之间的无线干扰,可以考虑将这个参数更改为1或13。

模式:该参数用来设置无线路由器的工作模式(802.11gbn 混合),一般选择默认参数。

开启无线功能:使 TL-WR885N 的无线功能打开和关闭。

开启 SSID 广播:默认情况下无线路由器通过向周围空间广播 SSID 来通告自己的存在,这种情况下无线网卡都可以搜索到该无线路由器的存在。如果取消勾选该复选框,也就是无线路由器不进行 SSID 的广播,此时无线网卡就无法搜索到无线路由器的存在了。

在确定以上默认设置后,给 TL-WR885N 加电时,就会在 TL-WR885N 周围生成一个无线网络,这个网络的 SSID 标识符就是 TP-LINK,工作信道是6,网络没有加密。这时一个没有加密的无线网络就存在于 TL-WR885N 周围了,可以提供给无线网卡来连接。

参 考 文 献

[1]   陈明.网络安全教程[M].北京:清华大学出版社,2004.

[2]   邵波.计算机网络安全技术及应用[M].北京:电子工业出版社,2005.

[3]   胡昌振.网络入侵检测原理与技术[M].北京:北京理工大学出版社,2006.

[4]   石志国,等.计算机网络安全教程[M].北京:清华大学出版社,2007.

[5]   徐茂智,等.信息安全与密码学[M].北京:清华大学出版社,2007.

[6]   林涛.计算机网络安全技术[M].北京:人民邮电出版社,2007.

[7]   张庆华.网络安全与黑客攻防宝典[M].北京:电子工业出版社,2007.

[8]   张敏波.网络安全实战详解[M].北京:电子工业出版社,2008.

[9]   王群.计算机网络安全技术[M].北京:清华大学出版社,2008.

[10]   马国富.网络安全技术及应用[M].北京:北京大学出版社,2010.

[11]   杨文虎.网络安全技术与实训[M].北京:人民邮电出版社,2011.

[12]   黄宇宪.Windows Server 2008 网络操作系统[M].北京:科学出版社,2011.

[13]   卢豫开.Windows Server 2008 网络服务[M].北京:机械工业出版社,2011.

[14]   卿斯汉,等.操作系统安全[M].北京:清华大学出版社,2011.

[15]   科教工作室.黑客攻防实战必备[M].北京:清华大学出版社,2012.

[16]   袁津生.计算机网络安全基础[M].北京:人民邮电出版社,2013.

[17]   彭新光.信息安全技术与应用[M].北京:人民邮电出版社,2013.

[18]   Saadat Malik.网络安全原理与实践[M].北京:人民邮电出版社,2013.

[19]   张同光,等.Linux 操作系统[M].北京:清华大学出版社,2014.

[20]   冯登国,等.信息安全技术概论[M].2 版.北京:电子工业出版社,2014.

[21]   Michael E Whitman,et al.信息安全原理[M].北京:清华大学出版社,2015.

[22]   张焕国.信息安全工程师教程[M].北京:清华大学出版社,2016.

[23]   黄永峰,等.网络隐蔽通信及其检测技术[M].北京:清华大学出版社,2016.

[24]   王清贤,等.网络安全实践教程[M].北京:电子工业出版社,2016.

[25]   Douglas Jacobson.网络安全基础[M].北京:电子工业出版社,2016.

[26]   兰巨龙,等.网络安全传输[M].北京:人民邮电出版社,2016.

[27]   张滨,等.移动网络安全体系架构与防护技术[M].北京:人民邮电出版社,2016.

[28]   汤永利,等.信息安全原理[M].北京:电子工业出版社,2017.

参 考 资 源

http://www.cnitsec.com.cn

http://hack-gov.lofter.com

http://www.21csp.com.cn

http://www.itsec.gov.cn

http://www.yunsec.net

http://www.secdoctor.com

http://www.cnhonkerarmy.com

http://www.ccidnet.com

http://www.csst.com

http://www.nsfocus.net

http://www.cert.org.cn

http://www.ijinshan.com

http://www.jiangmin.com

http://netsecurity.51cto.com

http://www.360.cn

http://czpzc.bokee.com/1847050.html

http://www.net130.com/2004/10-19/93811.html

http://www.bitscn.com/cisco/switchconfigure/200711/118066.html

http://www.360doc.com/content/05/0909/09/717_11300.shtml

https://msdn.microsoft.com/zh-cn/library/aa291801.aspx

https://wenku.baidu.com/view/d5cde38402d276a201292e06.html

http://www.2cto.com/article/200606/10251.html

http://www.2cto.com/article/201009/74159.html

http://www.docin.com/p-1521089853.html

http://baike.baidu.com/subview/158983/8747673.htm

http://www.etc.edu.cn/show/2003/xinx.htm

http://www.iplaysoft.com/encrypt-arithmetic.html

http://articles.e-works.net.cn/security/article67566.htm

http://u.sanwen.net/subject/pylknqqf.html

http://www.knowsky.com/714375.html

http://3y.uu456.com/bp_5bms39l7k18xzkp047j4_3.html